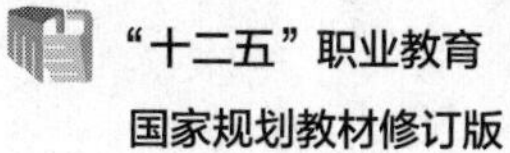

“十二五”职业教育
国家规划教材修订版

新形态一体化教材

烹饪原料学

（第四版）

主　编　王向阳
副主编　顾　双

高等教育出版社·北京

内容提要

本书是“十二五”职业教育国家规划教材修订版，是烹饪、餐饮等专业的基础课程教材。

本书共17章，主要内容包括烹饪原料的资源和分类、烹饪原料生物学基础、烹饪原料的色香味形基础和烹饪特性、烹饪原料的品质检验和保藏原理、粮食类烹饪原料、蔬菜类烹饪原料、果品类烹饪原料、花卉药草类原料、畜禽类烹饪原料、蛋品和乳品烹饪原料、鱼类烹饪原料、其他水产品烹饪原料、干货制品类烹饪原料、半成品烹饪原料、调料和食品添加剂、辅助烹饪原料以及烹饪原料的安全性等，较为详细地介绍了烹饪行业当今流行的烹饪原料，并紧密结合烹饪行业对原料的要求，着重介绍了其烹饪特性。本书知识讲解深入浅出，具有较强的适用性和实用性。

本书可作为高等职业院校、高等专科学校、中等职业学校、五年制高职院校、成人高等教育及应用型本科院校烹饪、餐饮等相关专业学生的学习用书，也可供烹饪、餐饮行业社会从业人员培训或工作使用。

图书在版编目(CIP)数据

烹饪原料学 / 王向阳主编. -- 4版. -- 北京：高等教育出版社，2021.9

ISBN 978-7-04-056420-4

Ⅰ.①烹… Ⅱ.①王… Ⅲ.①烹饪-原料-高等职业教育-教材 Ⅳ.①TS972.111

中国版本图书馆CIP数据核字(2021)第129943号

烹饪原料学(第四版)
PENGREN YUANLIAOXUE

策划编辑 张 卫　责任编辑 张 卫　封面设计 姜 磊　版式设计 徐艳妮
插图绘制 于 博　责任校对 吕红颖　责任印制 耿 轩

出版发行 高等教育出版社
社　　址 北京市西城区德外大街4号
邮政编码 100120
印　　刷 人卫印务（北京）有限公司
开　　本 787mm×1092mm 1/16
印　　张 19.75
字　　数 470千字
购书热线 010-58581118
咨询电话 400-810-0598
网　　址 http://www.hep.edu.cn
http://www.hep.com.cn
网上订购 http://www.hepmall.com.cn
http://www.hepmall.com
http://www.hepmall.cn
版　　次 2003年7月第1版
2021年9月第4版
印　　次 2021年9月第1次印刷
定　　价 43.80元

物 料 号 56420-00

第四版前言

2020年以来,新冠肺炎在世界范围内流行。鉴于野生动物可能带有病毒,为了保障人民生命健康安全,2020年2月,全国人大出台了《全国人民代表大会常务委员会关于全面禁止非法野生动物交易、革除滥食野生动物陋习、切实保障人民群众生命健康安全的决定》,这个《决定》聚焦滥食野生动物的突出问题,因此,原第九章的第五节内容需要全部修改。另外,该章还补充了一些家畜和家禽品种、动物血液利用等内容。

国家食品安全日趋严格,很多食品安全标准已经修订,如取消了有机转换产品、有机转换食品等。因此,需要对第十七章烹饪原料的安全要求进行修订。

近年来国家又批准一些食品新资源,因此,第一章需要补充新增的新资源食品内容。

随着经济发展,近年来,我国从国外进口烹饪原料越来越多,特别是来自五大洋,南极、北极地区的鱼虾,各大洲的水果等。因此,需要对第七章、第十一章、第十二章等相关章节进行大量补充。

另外,很多国家标准已经变化,需要根据这些标准对第五章的大米分类、第七章的荔枝分级等进行修订。

本书第四版由浙江工商大学食品与生物工程学院王向阳负责组织修订工作。浙江工商大学食品与生物工程学院顾双担任副主编,参与第一章、第五章、第九章、第十一章、第十七章等内容的编写和修订。王向阳负责第七章、第九章、第十一章、第十二章、第十七章的修订编写。最后由王向阳全面审核。

限于编者的水平及教学经验,书中错误及欠妥之处在所难免,希望读者批评指正。

编　者

2021年6月

第一版前言

烹饪与食品紧密相关,烹饪原料是做好烹饪的基础。烹饪专业的学生需要扎实地掌握烹饪原料学的基本知识。随着科学技术的发展和国内外烹饪原料、烹饪技术的交流,烹饪原料学已经有了很大的发展。本书把烹饪原料学放在大食品范畴下介绍,阐述了我国烹饪原料的发展动态。同时,为了方便今后烹饪的国际交流和写作,对主要的烹饪原料的名称附上了英文和拉丁文。烹饪原料的分类一直没有统一的方法,这次在与会烹饪和食品专家广泛讨论的基础上,充分吸收了前人的烹饪原料分类方法,在章的层次上,对烹饪原料按照食品商品学进行分类。章以下各节以及节以下分类,主要参考各行业公认的分类习惯,并结合生物学进行分类。这样,烹饪原料的分类基本上就与食品商品学分类接轨了,体现了实用、方便的原则。同时,与各行业的分类接轨,使烹饪原料分类融入食品生产的各行各业之中。烹饪原料范围很广,编者在取舍时,主要依据在北京召开会议时经烹饪专家们充分讨论确定下来的范围,同时多方征求了从事烹饪原料学教学的教师的意见。本书主要介绍烹饪行业当今流行的原料,同时紧密结合烹饪行业对原料的要求,重点介绍其烹饪特性。色、香、味、形以及营养和卫生是烹饪原料最重要的特征。本书比较详细地介绍了烹饪对烹饪原料的色、香、味、形的影响,使学生对烹饪原料的品质特性和烹饪特性有较全面的了解。营养和卫生因为另有专门书籍介绍,本书不作专门阐述。烹饪原料的品质检验和保藏对烹饪来讲是非常重要的,本书引入食品贮藏保鲜原理和技术加以介绍。

作为基础教材,编者的主观愿望是试图讲清楚所介绍的基本原理、烹饪原料的特点,并注意做到精简内容,深入浅出,使之适用于教学。本教材教学时数,一般为54学时或72学时。由于本课程是在修完烹饪化学后开设的,同时学生还要学习烹饪营养学、烹饪卫生学等课程,因此,本书对这些内容基本不作介绍。但由于相当多的烹饪学校没有开设烹饪化学课程,故本书对少量的烹饪化学的核心内容予以介绍,同时简单地介绍了烹饪原料的生物学分类方法。教学时可以根据情况灵活应用。

本书由浙江工商大学的王向阳负责编写绪论、第一章、第二章、第三章、第四章;浙江大学的唐桂香负责编写第五章;四川旅游学院的阎红负责编写第六章、第七章、第八章;武汉商学院的许睦农负责编写第九章、第十章、第十四章;浙江工商大学的王圣果负责第十一章、第十二章、第十三章;天津青年职业学院的谢义平负责编写第十五章、第十六章。王向阳任主编,许睦农任副主编,全书由浙江工商大学的钟立人教授审阅。

限于编者的水平,教学经验又有限,书中错误和欠妥之处在所难免,希望读者批评指正。

编　者

2002年12月

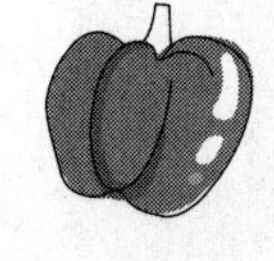

目　录

绪论 …………………………………… 1

第一章　烹饪原料的资源和分类 … 4

第一节　烹饪原料资源的特点和科学利用 ……………………… 4

第二节　烹饪原料的分类 ……………… 5

第三节　烹饪原料的新资源 ………… 7

第二章　烹饪原料的生物学基础 ……………………… 14

第一节　烹饪原料的化学组成 …… 14

第二节　烹饪原料的细胞结构和组织器官结构 …………… 28

第三章　烹饪原料的色香味形基础和烹饪特性 ………… 31

第一节　烹饪原料的化学成分与色香味的关系 …………… 32

第二节　烹饪原料的化学成分与功能作用 ………………… 35

第三节　烹饪原料的物理性质与形的关系 ………………… 38

第四节　烹饪对主要烹饪原料的色香味影响 ……………… 41

第五节　烹饪对功能成分和营养的影响 ………………… 45

第六节　烹饪对主要烹饪原料的形态和质地的影响 ……… 48

第四章　烹饪原料的品质检验和保藏原理 ……………… 50

第一节　烹饪原料的品质检验 …… 50

第二节　烹饪原料败坏和劣变的原因及其抑制原理 ……… 53

第三节　烹饪原料的保藏技术 …… 60

第五章　粮食类烹饪原料 ………… 70

第一节　粮食的原料概况 ………… 70

第二节　主粮类 …………………… 73

第三节　杂粮类 …………………… 76

第四节　粮食的品质检验与保藏 … 80

第六章　蔬菜类烹饪原料 ………… 84

第一节　蔬菜的原料概况 ………… 84

第二节　常见的种子植物蔬菜 …… 86

第三节　常见的野生蔬菜 ……… 105

第四节　常见的孢子植物和真菌蔬菜 ………………………… 106

第五节　蔬菜的品质检验与保藏 … 113

第七章　果品类烹饪原料 ……… 116

第一节　果品类原料概况 ……… 116

第二节　常见的果品 …………… 118

第三节　水果的品质检验与保藏 ……………………… 127

第八章　花卉药草类原料 ……… 129

第一节　烹饪常用的花卉类原料 ……………………… 129

第二节　烹饪常用的药草类原料 ……………………… 131

第九章　畜禽类烹饪原料 ……… 134

第一节　畜禽肉的物理性质和化学成分 ………………… 134

第二节　畜禽肉的结构与畜胴体分割 …… 139
第三节　家畜类 …… 144
第四节　家禽类 …… 150
第五节　其他可食用动物 …… 156
第六节　家畜和家禽副产品 …… 158
第七节　畜禽肉类的品质检验与保藏 …… 161

第十章　蛋品和乳品烹饪原料 … 167

第一节　蛋品 …… 167
第二节　乳品 …… 170
第三节　蛋品和乳品的品质检验与保藏 …… 171

第十一章　鱼类烹饪原料 …… 174

第一节　鱼类的原料概况 …… 174
第二节　淡水鱼 …… 179
第三节　咸水鱼 …… 186
第四节　鱼类的品质检验与保藏 … 194

第十二章　其他水产品烹饪原料 …… 198

第一节　水中无脊椎动物和藻类原料概况 …… 198
第二节　甲壳类 …… 199
第三节　软体动物类 …… 205
第四节　棘皮、腔肠类 …… 210
第五节　藻类 …… 212
第六节　其他水产品的品质检验与保藏 …… 215

第十三章　干货制品类烹饪原料 …… 217

第一节　干货制品类的原料概况 … 217
第二节　陆生植物性干料 …… 218
第三节　陆生动物性干料 …… 222
第四节　动物性海味干料 …… 224
第五节　藻类、菌类和植物性海味干料 …… 230
第六节　干料的品质检验与保藏 … 231

第十四章　半成品烹饪原料 …… 233

第一节　粮食制品 …… 233
第二节　蔬菜和水果制品 …… 236
第三节　肉制品 …… 237
第四节　水产制品 …… 240
第五节　蛋制品 …… 242
第六节　乳制品 …… 243

第十五章　调料和食品添加剂 … 245

第一节　调料和食品添加剂概况 … 245
第二节　调味料 …… 245
第三节　调香料 …… 252
第四节　食品添加剂 …… 255

第十六章　辅助烹饪原料 …… 259

第一节　食用油脂 …… 259
第二节　烹饪用水 …… 264

第十七章　烹饪原料的安全性 … 266

第一节　烹饪原料的安全性概述 … 266
第二节　烹饪原料的主要安全危害 …… 268
第三节　安全的烹饪原料 …… 290
第四节　主要烹饪原料常见的卫生问题和管理 …… 296

参考文献 …… 302

二维码资源目录

二维码对应资源 页码

资料:β-烟酰胺单核苷酸(NMN)的介绍 35

资料:丑八怪柑橘 123

资料:如何挑选山竹 127

资料:如何挑选西瓜 128

资料:香榧和木榧的区别 128

资料:适合高血糖人食用的桑叶 131

资料:不同部位牛肉的特性和用法 141

资料:国家林业和草原局关于规范禁食野生动物分类管理范围的通知 166

资料:抗冻鱼 186

绪论

一、烹饪原料和烹饪原料学的概念

烹饪原料是指能供烹饪使用的可食性原料,即安全卫生、具备营养价值且具有食用者可接受的感官性状的原料。《中华人民共和国食品安全法》规定,食品是指“各种供人食用或者饮用的成品和原料以及按照传统既是食品又是药品的物品,但是不包括以治疗为目的的物品”。烹饪原料及其经加工制成的菜点都属于食品的范围。烹饪原料主要来源于生物界,也有少量来源于矿物界。烹饪原料是通过烹饪加工制作烹饪制品的原料,包括制作主食、菜肴、面点以及风味小吃的各种原料,比工业加工制作食品原料更广泛一些。

烹饪原料的食用安全性最重要。有些动植物体具有营养价值,并且口感、口味良好,但是含有有害物质,就不能用作烹饪原料,例如一些含有毒素的鱼类、贝类等。此外,受化学污染或因微生物侵染而变质的原料,也不能作为烹饪原料。

烹饪原料绝大多数或多或少地含有糖类、蛋白质、脂质、维生素、矿物质和水这六大类物质。但是烹饪原料营养物质差别很大,例如谷类粮食中含淀粉比较多,蔬菜和水果中含维生素和矿物质比较多,畜禽肉中含蛋白质比较多。在目前已经利用的烹饪原料中,只有糖精、人工合成色素、防腐剂等极少数调辅原料不含营养物质。

烹饪原料的口感和口味直接影响菜点成品的质量。因此,口感或味感极差的原料,即使含有一定量的营养物质,通常也不宜用作烹饪原料。

另外,选用烹饪原料还应考虑资源产量等情况,以及是否易于繁殖或栽培等因素。

烹饪原料学是研究原料使用价值、使用方法的一门学科,是烹饪专业的基础课程之一。烹饪原料学的内容包括以下几方面。

(1) 烹饪原料的历史来源、发展过程、变化趋势以及新原料的开发等问题。

(2) 烹饪原料的品种、分类、分布、产供销情况等。

(3) 烹饪原料的组织结构、性质、品质特点、化学成分、营养价值及理化性质,在烹饪过程中的性能、特点以及它们的用途和用法。

(4) 烹饪原料经烹饪加工成各类食品对人的作用和效果。

(5) 烹饪原料品质检验方法、烹饪原料贮藏保鲜方法、外界因素对烹饪原料品质的影响及产生影响的原因等。

二、科学技术进步对烹饪原料的影响

烹饪原料是随时代发展的。早在夏商周奴隶社会,烹饪原料主要有五谷——稷、黍、麦、菽、麻,五菜——葵、藿、薤、葱、韭,五畜——牛、羊、猪、犬、鸡,五果——枣、李、栗、杏、桃,五味——醋、酒、糖、姜、盐。至汉魏六朝时期,水稻跃居粮食作物的首位,大豆制品增加，植物油（芝麻油、豆油）开始被利用。猪的数量超过牛、羊，成为肉食品的大宗，乳制品加工业发展很快。不少地方的奇珍异味（例如东北的鹿、犴、西南的菌菇、江浙的鲍贝、闽粤的蛇虫）摆上了餐桌。另外，还大量酿造米酒、香醋和豆酱，糖的品种增加了，花卉、香料、药材、蜜饯逐步成为烹饪原料。从隋唐五代至宋金元时期，烹饪业发展较快。蔬菜大量从国外引进，海产品用量也大量增加，海蜇、海蟹、墨鱼、蚝肉等成为大众菜。各地开始形成各自的烹饪风格。从明清时期开始，中国烹饪进入成熟期。弘治年间的烹饪原料已达 1 300 余种。其中引人注目的是大豆制品的发展，品种多达 50 余种。蔬菜种植技术提高了，出现保护地种植、利用真菌寄养茭白等。出现燕窝、鱼翅、海参、鱼肚等海味原料脱水处理。烹饪的各种流派得到大发展。到了现代，由于食品科学、生物化学、营养学、生物学、食品卫生学、微生物学、植物学和动物学等学科的发展，例如动物工厂化饲养、水产品的网箱人工饲养、大棚蔬菜的普及、转基因动植物的出现等，导致烹饪原料的构成发生巨大的变化，很多原来比较稀有的烹饪原料的产量大幅度上升。冷库的普及对烹饪原料的保存也产生了巨大的影响。食品加工技术的发展，例如冷冻干燥技术、罐头技术、酿造技术等的发展，使现在半成品烹饪原料的性质和质量与传统的半成品烹饪原料相比有了不可同日而语的差异。交通工具的发展，使烹饪原料的运输和原料各地的交流变得非常容易，这对烹饪风格产生了巨大的影响。科学仪器和工厂化设备近年来逐步介入烹饪行业：烹饪原料的清洗有清洗机器，烹饪原料的去皮、去核有去皮、去核机器，烹饪原料的切片、切丝有切片、切丝机器。机械化使容易机械化的烹饪原料品种得到很大发展。食品卫生学和营养学对烹饪原料也产生了很大的影响。人们意识到寄生虫、致病微生物、化学残留等的危害。生吃虾等菜肴开始减少，烤肉类菜肴、腌制食品菜肴的发展受到限制。国外在 20 世纪 70 年代后、我国在 20 世纪 90 年代开始兴起有机食品、绿色食品、无公害食品，人们对烹饪原料的安全性提出了更高的要求。

三、东西方文化交流对烹饪原料的影响

在中外交流过程中，我国从国外引进了许多烹饪原料，有些原料的名称仍然带有明显的引进的痕迹。例如，以“洋”开头的，有洋白菜（结球甘蓝的通称）、洋葱、西洋芹、洋橄榄（油橄榄的通称）、洋鸡等；以“番”开头的，有番薯、番杏、番茄、番瓜（南瓜）、番椒（中药上指辣椒）、番木瓜、番荔枝及番石榴等；以“胡”开头的，有胡萝卜、胡瓜（黄瓜）、胡豆（蚕豆）、胡桃（核桃）及胡椒等。

最早的烹饪原料从国外引进是从张骞通西域，开辟了丝绸之路开始的。从蔬菜来讲，此时引进了茄子、黄瓜、扁豆、大蒜等蔬菜。随后从西域、印度、南洋引进了菠菜、丝瓜、莴苣、胡椒及胡萝卜等。到了明清时期，番茄、辣椒、马铃薯、甘蓝开始引进。近几十年又引进了根用芹菜、根用甜菜、美洲防风、美国芹菜、抱子甘蓝、日本南瓜、朝鲜蓟、绿花菜、芦笋、苦叶生菜及网纹甜瓜等数十种蔬菜。近年来果品中引进了红毛丹、夏威夷果、腰果等，禽类中引进了火鸡、珍珠鸡等，两栖爬行类中引进了牛蛙等，鱼类中引进了非洲鲫鱼、加州鲈鱼、革胡子鲶等，虾蟹贝类中引进了罗氏沼虾、绿壳贻贝等。

西餐开始进入我国，各大城市出现了肯德基、麦当劳等连锁店。西餐进入我国将对我国烹饪原料产生巨大的影响。西餐在中国逐步本土化，开始出现中西餐结合，综合了中国烹饪和西餐的优点。例如，西餐的蔬菜主要是生食，其对原料的卫生要求很高，促进了蔬菜的卫生水平的提高，西餐的奶制品、啤酒、香肠、西式火腿、面包及蛋糕等已经全面进入

我国。美国的甜玉米、日本的日式豆腐、日本的生鱼片、东南亚的咖喱饭在中国并不罕见。味精、鸡精成了我国烹饪的日常调料,其技术都是从国外引进的。未来我国与世界各国的交流将越来越广泛,人员的交往将对烹饪交流和烹饪原料产生巨大的影响。

第一章　烹饪原料的资源和分类

学习目标

- 宏观地了解主要烹饪原料的来源和组成。
- 了解当今烹饪原料新资源的发展情况。
- 了解烹饪原料资源也有过度使用的危险，自觉科学地使用烹饪原料，保护地球环境。
- 掌握烹饪行业和烹饪专业人员常用的、对烹饪原料的两种分类方法。

第一节　烹饪原料资源的特点和科学利用

一、烹饪原料资源的特点

（一）资源的庞大性和广泛性

人类的食物几乎完全取自于生物资源。根据美国“生命百科全书”计划（2007年开始）全世界有科学记载的物种超过180万种。其中20%的种类生活于海洋，80%的种类生活于陆地。这些生物主要集中在无脊椎动物以及植物等。动物银行、国际植物名称索引等库中的物种存在重复申报现象。因此，物种数量难以准确。较保守的专家们认为全球已知的动物有130万种左右，植物40万种左右，微生物10万种左右。尽管uBio库中的生物种类已超过480万种，国际植物名称索引库中的植物已超过100万种。

现在地球上可供人类食用的植物约有75 000种，但只有约3 000种被人们尝试过，人工栽培的只有200种左右。在这200多种植物中，人类利用最多的、年总产量超过1 000万吨的主要粮食农作物只有7种，即小麦、水稻、玉米、大麦、马铃薯、甘薯和木薯。人类75%的粮食来自该7种植物。人类所需植物蛋白的95%来自30种农作物，一半以上的植物蛋白仅来自小麦、水稻、玉米3种农作物。该3种植物占粮食总产量的70%以上。豆科植物约有10 000种，是植物世界最大的蛋白质来源。我们利用的仅仅是大豆、花生等少数几种。有记载的真菌超过72 000种，其中可供食用的至少有2 000种，但是目前人工栽培的食用菌不足50种，形成大规模商业性栽培的仅15种左右。已经记载的藻类超过26 900种，目前已利用的主要有10多种。

全世界95%的畜禽产品（肉、奶、蛋）来自猪、牛、羊、鸡、鸭这5种动物。全世界有记载的鱼类超过22 000种，占脊椎动物的一半以上，但目前人类利用的只有约500种，其中利用较多的仅10多种。有记载的甲壳动物超过38 000种，昆虫超过900 000种，软体动物超过70 000种，绝大部分种类还没有被开发利用。

（二）烹饪原料的时限性

烹饪原料的时限性分为两方面。

(1) 烹饪原料本身有季节性,例如一些蔬菜水果有采收季节,部分鱼类等有捕捞季节。

(2) 烹饪原料在发展过程中,有不断地被淘汰与替代的过程。烹饪原料被淘汰主要有四方面原因。一是因为有些原料资源减少而不再运用,如豹胎、驼峰、麋鹿、野马及锦鸡等。二是因为有些原料质量较差而被质优的原料代替,如小麦和水稻等粮食取代了先秦时的菰米、沙蓬米、稗子等,品质好的蔬菜取代了先秦时的藿(大豆叶)、葵(冬葵)等。三是技术发展引起的,醋代替了梅汁,蔗糖代替了蜂蜜,植物油取代了动物油的主要地位。四是国家法律法规所禁止的,如许多陆生野生动物。

二、烹饪原料资源的科学利用

自 16 世纪以来,地球上已经灭绝了许多哺乳动物、鸟类和两栖爬行类动物。这些生物个体较大,尚能引人注目,至于灭绝的植物和其他个体微小的生物究竟有多少,就难以统计了。目前全世界濒临灭绝的野生动物超过 1 700 种,包括哺乳动物、鸟类、两栖爬行类动物和鱼类等。因此,对自然资源的保护已成为全球关注的问题。许多国家包括我国已制定了野生动物保护条例或法规。

另一个问题是许多本来资源较丰富的烹饪原料,由于人类无节制地利用,超过了自然再生能力,导致资源濒临枯竭。例如,在 20 世纪六七十年代我国“四大经济海产”中的野生大黄鱼产量锐减,这是由于人类无节制地向大自然索取所造成的。所幸的是我国现在已经成功开发了其养殖技术,使人们能重新经常吃到大黄鱼。但这个教训告诉我们必须科学地利用烹饪原料。

第二节 烹饪原料的分类

生物的分类就是根据生物的形态特征、结构特点和生活习性等,对各种生物加以比较研究,找出它们的共同点和不同点,将很多具有共同点的生物归并成一个大类群,又可将具有不同点的类群分成许多小类,形成分类体系。

1. 人为分类系统

人为分类系统是指不考虑生物的自然性质以及生物彼此之间的亲缘关系和演化关系,仅根据形态、习性或用途的一两个特点进行分类的方法。例如将植物性原料分为粮食、蔬菜、果品,将鱼类原料分为淡水鱼和咸水鱼等,将粮食作物分为禾谷类作物、豆类作物、薯类作物等。

2. 自然分类系统

自然分类系统是指根据生物的形态特征、结构特点、功能和发育等各个方面,进行综合深入的研究,尽可能反映出生物界的自然演化过程和亲缘关系的分类方法。自然分类系统比较严谨,也很重要,但对烹饪工作者来说较难被接受,所以在烹饪原料学中一般作为辅助参考。

生物学分类将所有的生物分为界(kingdom)、门(phylum)、纲(class)、目(order)、科(family)、属(genus)、种(species)这 7 个主要的分类等级。为了更精确地表达生物的分类地位,还可将原有的等级进一步细分出一些辅助的分类等级。通常在原有等级名称之前加上总(super-)或加上亚(sub-),于是就有了亚门、总纲、亚纲、总目、亚目、亚科、亚属和亚种等名称。

一、生物学分类

（一）生物的主要类群

1. 植物的主要类群

植物界一般分为藻类植物、地衣植物、苔藓植物、蕨类植物和种子植物。藻类、地衣、苔藓、蕨类用孢子进行繁殖，故合称“孢子植物”。裸子植物和被子植物用种子繁殖，故称为“种子植物”。藻类和地衣在形态上无根、茎、叶的分化，在构造上一般无组织分化，生殖器官单细胞，不形成胚，故合称为“低等植物”。苔藓、蕨类、裸子植物和被子植物形态构造复杂，在形态上有根、茎、叶的分化，在构造上有组织分化，生殖器官多细胞，形成胚，故合称为“高等植物”。根据种子外面有无包被结构，把种子植物分为裸子植物和被子植物。被子植物再分为双子叶植物和单子叶植物。前者胚中具有两片子叶，后者胚中仅有一片子叶。

2. 动物的主要类群

动物界一般分为 34 个门。常见的有原生动物门、多孔动物门、腔肠动物门、扁形动物门、线形动物门、环节动物门、软体动物门、节肢动物门、棘皮动物门和脊索动物门等。在这 10 个门中，除了脊索动物门外，都不具有脊椎，常称之为“无脊椎动物”或“低等动物”。其中，腔肠动物门、环节动物门、软体动物门、节肢动物门、棘皮动物门和脊索动物门有烹饪原料。脊索动物门分脊椎动物亚门、尾索动物亚门和头索动物亚门。脊椎动物亚门的动物具有脊椎，常称之为“脊椎动物”或“高等动物”。

3. 微生物的主要类群

微生物分为真菌、细菌、放线菌和病毒等。多细胞真菌一般称为霉菌，单细胞真菌为酵母和类酵母等。部分细菌和酵母在食品加工过程中起重要作用，但并非烹饪原料。只有食用菌是烹饪原料，主要指部分担子菌和子囊菌等。

（二）种、亚种、变种、品种

1. 种

种（species）又称为物种、生物种，是具有一定的形态和生理特征、与其他类群的个体存在着生殖隔离的一个生物类群，是分类的基本单位。例如马和驴是两个物种，两者生殖结合产生的骡不具有生殖能力。

2. 亚种

亚种（subspecies）是种内个体在分布上长期存在着地理隔离而形成的，彼此之间的形态特征有较大差异的生物群体。同一地区不存在两个亚种，但相邻地区的亚种彼此可进行生殖结合。亚种多用于动物分类，偶尔也用于植物分类。

3. 变种

变种（variety）是种内个体某些形态特征和遗传特性已与原种有一定的区别，但其基本特性仍未超出原种范围的一个生物群体。例如，大白菜（*Brassica pekinensis*）有 4 个变种，即散叶变种（var.*dissoluta*）、半结球变种（var.*infacta*）、花心变种（var.*laxa*）和结球变种（var.*cephalata*）。变种多用于植物分类，在动物分类上很少运用。

4. 品种

品种（breed）是种内具有共同来源和特有一致性状的一个群体，是人类按照自身的要求，对某一种栽培植物或家养动物经过人工长期选择培育形成的群体。凡称得上品种的，其群体数量都要达到一定的规模，并来自同一祖先，具有为人类需要的某些性状，其基本遗传性相对稳定。品种不是生物分类的一个单位，但品种是生物性烹饪原料的良种群体，在烹饪原料学中涉及较多。

二、食品商品学分类

烹饪原料的分类要兼顾实用性和科学性，应使之符合烹饪领域的习惯，兼顾商品流通领域和原料生产领域的习惯（食品商品学、园艺学、水产学、林学等都有自己的分类体系）。同时也要便于检索利用，符合种的唯一性。

（一）传统烹饪原料的分类

按原料的来源属性分类，可分为植物性原料、动物性原料、矿物性原料和人工合成原料等。按加工与否分类，可分为鲜活原料、干货原料和半成品原料等。按原料在烹饪中的地位分类，可分为主料、配料和调味料。按商品种类分类，可分为粮食、蔬菜、果品、肉类及肉制品、蛋奶、水产品、干货和调味料等。按原料行业分类，可分为农产食品、畜产食品、水产食品、林产食品及其他食品。

（二）本教材采用的分类体系

本教材烹饪原料的分类以食品商品学为主线，在细节上兼顾各原料本身学科领域的分类习惯，如图 1-1 所示。

烹饪原料
- 粮食类
  - 主粮类（谷和大米、小麦和面粉等）
  - 杂粮类（玉米、薯类、豆类、大麦、高粱及其他）
- 蔬菜类
  - 常见的蔬菜（叶菜类、茎菜类、根菜类、果菜类、花菜类及其他）
  - 野生蔬菜
  - 食用菌和地衣类（食用菌、地衣类）
- 果品类（仁果类、核果类、浆果类、柑果类、聚合果类、复果类、坚果类及瓜果类）
- 花卉药草类（烹饪常用花卉、烹饪常用药草）
- 畜禽类（家畜类、家禽类、其他动物）
- 蛋品和乳品
- 鱼类（淡水鱼、咸水鱼）
- 其他水产品（甲壳类、软体动物、海参、海蜇、水母及藻类）
- 干货制品类（陆生植物性干料、陆生动物性干料、动物性海味干料、藻类、菌类和植物性海味干料）
- 半成品（粮食制品、蔬菜制品、水果制品、肉制品、水产制品、蛋制品和乳制品）
- 调料和食品添加剂（常用的调料、食品添加剂）
- 辅助烹饪原料（食用油脂、烹饪用水）

图 1-1　烹饪原料的分类

第三节　烹饪原料的新资源

长期以来，人类致力于对烹饪原料进行品种改良，造就了许多优良品种。特别是近年来，遗传育种技术的发展，使烹饪原料的品种更加丰富。

一、植物

植物性烹饪原料的种类从世界范围来讲，其增加是有限的，但对我国特定的区域来讲，每年都有大量增加，这主要是相互引种实现的。另外，品种也在时刻改进之中。例如，我国柑橘过去主要是“黄岩本地早”“温州蜜柑”等。现在出现了“不知火”“华盛顿脐橙”等主栽品种。过去我国主要是水蜜桃，现在出现了没有桃毛的油桃。“丰香”草莓、“美人指”葡萄、“美味”猕猴桃和“秦美”猕猴桃等都是近些年出现的新品种。多年前，浙江省主要种植“玛丽·华盛顿500”芦笋，现在基本上都换成了“加州800”品种。近年来，随着基因工程技术的进展，植物性烹饪原料的品种改良的速度进一步加快。一些基因工程的马铃薯、玉米、番茄、大豆等已经悄悄进入我们的烹饪原料领域。

近年来，另一个发展比较快的烹饪原料领域是低等植物，主要是一些藻类。例如螺旋藻、微球藻等，能够生产大量优良的蛋白质，生产具有保健作用的ω-3脂肪酸（与脑黄金有关），生产胡萝卜素和虾青素等。这些藻类的粉剂或提取物作为食品添加剂，开始进入烹饪原料领域。

二、动物

动物性烹饪原料的种类的增加很有限，但目前通过对一些原来稀有种类和品种的养殖，提供了烹饪原料新资源。例如，鸵鸟、火鸡、蜗牛、蝎子等通过养殖来满足烹饪需要。其他例如黄鱼、青蟹、河鳗、黄鳝等也通过大量养殖，才降低了价格，满足了大众需要。

动物中目前比较受重视的新资源是昆虫食品。蚂蚁粉等昆虫蛋白通过食品工程手段，作为添加剂进入烹饪原料领域。这使部分不喜欢直接食用昆虫的人，变得能够接受。

动物食品中另一个发展趋势是人造动物食品进入烹饪原料领域。人造虾、人造鱼子、人造蟹等大量进入我国烹饪原料领域。人造虾在日本和美国也非常流行，主要用于汉堡包的馅。

三、微生物

食用微生物种类比较少。目前由于技术进步，微生物烹饪原料的各个种类出现了消长。例如食用菌中的“灰树花”过去很少应用，现在由于栽培技术进步，成为新资源，正在不断地走向餐桌。

四、新资源食品和药食两用食品

（一）新资源食品概况

所谓新资源食品，可以形象化地理解为“用新的资源原料制成的、人们以前从未吃过的食品”。新资源食品应当符合《中华人民共和国食品安全法》及有关法规、规章、标准的规定，对人体不得产生任何急性、亚急性、慢性或其他潜在性健康危害。简单来说，以下4类食品属于新资源食品。

（1）以前中国居民没有食用习惯的动物、植物和微生物，如蝎子、金花茶、仙人掌、芦荟、螺旋藻等。

（2）从以前中国居民没有食用习惯的动物、植物、微生物中提取的食品原料，如从柞蚕蛹中提取的氨基酸、从莼菜中提取的多糖等。

(3) 食品加工过程中使用的微生物新品种,如双歧杆菌、嗜酸乳杆菌等。

(4) 采用新工艺生产导致原有成分或者结构发生改变的食品原料,如转基因食品等。

我国在 2007 年 12 月 1 日起施行了《新资源食品管理办法》,新资源食品必须经过严格评估,通过国家原卫生部(现国家卫生健康委员会)的审核批准,确认对人体健康无害后才能进入市场,对于未经原卫生部(现国家卫生健康委员会)批准并公布作为新资源食品的,不得作为食品或者食品原料生产经营和使用。新资源食品应该适用于任何人群,但是有来源、用量和特定人群限制(主要是婴幼儿人群限制),例如人参(人工栽培)在 2012 年被批准为新资源食品,要求用于食品的人参须为 5 年及 5 年以下人工种植的人参,食用部位为根及根茎,食用量每天不得超过 3 g。规定孕妇、哺乳期妇女及 14 周岁以下儿童不宜食用。新资源食品品种的变化和食用限制可以通过国家卫生健康委员会网站查询。

食品新资源查询方法:进入食品伙伴网,再进入数据库,点击新食品原料信息查询系统。

2003 年批准为可用于保健食品的益生菌菌种名单如下:两歧双歧杆菌(*Bifidobacterium bifidum*)、婴儿双歧杆菌(*B. infantis*)、长双歧杆菌(*B. longum*)、短双歧杆菌(*B. breve*)、青春双歧杆菌(*B. adolescentis*)、保加利亚乳杆菌(*Lactobacillus. Bulgaricus*)、嗜酸乳杆菌(*L. acidophilus*)、干酪乳杆菌干酪亚种(*L. Casei* subsp. Casei)、嗜热链球菌(*Streptococcus thermophilus*)和罗伊氏乳杆菌(*L. reuteri*)。

2004 年批准油菜花粉、玉米花粉、松花粉、向日葵花粉、紫云英花粉、荞麦花粉、芝麻花粉、高粱花粉、魔芋、钝顶螺旋藻、极大螺旋藻、刺梨、玫瑰茄、蚕蛹列为普通食品管理。

2008 年批准低聚半乳糖、副干酪乳杆菌(菌株号 GM080、GMNL-33)、嗜酸乳杆菌(菌株号 R0052)、鼠李糖乳杆菌(菌株号 R0011)、水解蛋黄粉、异麦芽酮糖醇、植物乳杆菌(菌株号 299v)、植物乳杆菌(菌株号 CGMCC No.1258)、植物甾烷醇酯和珠肽粉为新资源食品。

2009 年批准 γ-氨基丁酸、初乳碱性蛋白、共轭亚油酸、共轭亚油酸甘油酯、植物乳杆菌(菌株号 ST-Ⅲ)、杜仲籽油、菊粉、多聚果糖、蛹虫草为新资源食品。

2010 年批准雨生红球藻、表没食子儿茶素没食子酸酯、蔗糖聚酯、玉米低聚肽粉、磷脂酰丝氨酸、金花茶、显脉旋覆花(小黑药)、诺丽果浆、酵母 β-葡聚糖、雪莲培养物、DHA 藻油、棉籽低聚糖、植物甾醇、植物甾醇酯、花生四烯酸油脂、白子菜、御米油、茶叶籽油、盐藻及提取物、鱼油及提取物、甘油二酯油、地龙蛋白、乳矿物盐和牛奶碱性蛋白为新资源食品。允许水苏糖、酸角、玫瑰花(重瓣红玫瑰 *Rose rugosa* cv. Plena)、凉粉草(仙草 *Mesona chinensis* Benth.)和针叶樱桃果作为普通食品生产经营。允许夏枯草(*Prunella vulgaris* L.)、布渣叶(破布叶 *Microcos paniculata* L.)、鸡蛋花(*Plumeria rubra* L.cv.Acutifolia)作为凉茶饮料原料使用。将费氏丙酸杆菌谢氏亚种列为可用于食品的菌种名单。

2011 年批准元宝枫籽油(*Acer truncatum* Bunge Seed Oil)和牡丹籽油(Peony Seed Oil)、玛咖粉(*Lepidium meyenii Walp*)、翅果油和 β-羟基-β-甲基丁酸钙作为新资源食品。

将乳酸乳球菌乳酸亚种、乳酸乳球菌乳脂亚种和乳酸乳球菌双乙酰亚种列入可用于食品的菌种名单。

2012 年批准人参(人工种植)、蛋白核小球藻、乌药叶、辣木叶、蚌肉多糖、中长链脂肪酸食用油和小麦低聚肽为新资源食品。批准梨果仙人掌(*Opuntia ficus-indica* (Linn.) Mill,米邦塔品种)、平卧菊三七(*Gynura Procumbens* (Lour.) Merr)、大麦苗(Barley Leaves)

和抗性糊精作为普通食品。将肠膜明串珠菌肠膜亚种(*Leuconostoc. mesenteroides* subsp. mesenteroides)列入可用于食品的菌种名单,增加菊芋作为新资源食品菊粉的原料。

2013 批准茶树花、盐地碱蓬籽油(*Suaeda salsa* seed oil)、美藤果油(Sacha inchi oil,也称星油藤果油,大戟科南美油藤种籽榨油,我国已经引种)、盐肤木果油(Sumac fruit oil)、广东虫草子实体(*Cordyceps guangdongensis*)、阿萨伊果(阿萨伊棕榈树,*Euterpe oleraceae* 的果实)和茶藨子叶状层菌发酵菌丝体(金银花菌,*Phylloporia ribis*)、裸藻(*Euglena gracilis*)、1,6-二磷酸果糖三钠盐、丹凤牡丹花(*Paeonia ostii*)、狭基线纹香茶菜(*Isodon lophanthoides*)、长柄扁桃油(*Amygdalus pedunculata* Pall. 俗称野樱桃或毛樱桃,属蔷薇科桃属扁桃亚属落叶灌木,主要分布于榆林境内的毛乌素沙地)、光皮梾木果油(山茱萸科梾木属光皮梾木,*Swida wilsoniana*,果实榨油)、青钱柳叶(*Cyclocarya paliurus*)、低聚甘露糖、显齿蛇葡萄叶(*Ampelopsis grossedentata*)、马克斯克鲁维酵母(*Kluyveromyces marxianus*)、磷虾油为新食品原料。批准沙棘叶、天贝(以大豆为原料经米根霉发酵制成)作为普通食品。以可食用的动物或植物蛋白质为原料,经《食品安全目录标准　食品添加剂使用标准》(GB2760—2014)规定允许使用的食品用酶制剂酶解制成的物质作为普通食品管理。

2014 年批准了枇杷叶、竹叶黄酮、燕麦 β-葡聚糖、清酒乳杆菌(*Lactobacillus sakei*)、低聚木糖、湖北海棠叶(茶海棠叶,*Malus hupehensis* Leaf)、产丙酸丙酸杆菌(*Propionibacterium acidipropionici*)、阿拉伯半乳聚糖、茶叶茶氨酸、线叶金雀花(*Aspalathus Linearis*)、塔格糖(Tagatose,以乳糖为原料,经水解获得半乳糖,然后经异构化酶处理半乳糖转化生成含酮基的六碳已酮糖)、奇亚籽(Chia Seed,*Salvia Hispanica* L. 薄荷类植物芡欧鼠尾草的种子,原产地为墨西哥南部和危地马拉等北美洲地区,我国有进口)、圆苞车前子壳(Psyllium Husk,*Plantago ovata*,原产于伊朗和印度,是一种传统草药,车前科车前属圆苞车前种子的外壳,富含可溶性膳食纤维,已经人工种植)、罗伊氏乳杆菌(*Lactobacillus reuteri*)、蛹虫草(*Cordyceps militaris*)、植物甾烷醇酯、壳寡糖、水飞蓟籽油(*Silybum Adans.* 菊科植物,分布中欧、南欧、地中海地区与苏联中亚,我国引种栽培)、柳叶蜡梅(*Chmonathus salicifolius* S. Y. H)、杜仲雄花、乳酸片球菌(*Pediococcus acidilactici*)、戊糖片球菌(*Pediococcus pentosaceus*)、番茄籽油。

2017 年批准了乳木果油(Shea butter,"乳油木"生长在非洲塞内加尔与尼日利亚等国,其果实也称乳木果,像鳄梨一样有美味的果肉,果核中的油脂就是乳木果油)、宝乐果粉(Borojo powder)、*N*-乙酰神经氨酸、顺-15-二十四碳烯酸、西蓝花种子水提物、米糠脂肪烷醇、*γ*-亚麻酸油脂(来源于刺孢小克银汉霉)、*β*-羟基-*β*-甲基丁酸钙、木姜叶柯(Folium,*Lithocarpus litseifolius*)、(3*R*,3′*R*)-二羟基-*β*-胡萝卜素。

2018 年批准了球状念珠藻(也称葛仙米,Nostoc sphaeroides)、黑果腺肋花楸果(Black chokeberry,*Aronia Melanocarpa*,原产美国东北部,现在我国东北已经引种种植)。

2019 年批准了弯曲乳杆菌(*Lactobacillus curvatus*)、明日叶(*Angelica keiskei*,是伞形科当归属植物,是一种药食兼用的蔬菜,外形酷似芹菜,嫩茎叶可作蔬菜食用)、枇杷花。

新资源食品大多数与保健食品原料有关。

(二) 部分新资源食品介绍

1. 嗜酸乳杆菌(*Lactobacillus acidophilus*)

嗜酸乳杆菌属于乳杆菌属,主要存在小肠中,释放乳酸、乙酸和一些对有害菌起作用的抗生素,但是抑菌作用比较弱。嗜酸乳杆菌可以调整肠道菌群平衡,抑制肠道不良微生物的增殖。嗜酸乳杆菌还能分泌抗生物素类物质(嗜酸乳菌素、嗜酸杆菌素、乳酸菌素),对肠道致病菌产生拮抗作用。

2. 低聚木糖(Xylo-oligosaccharide)

低聚木糖又称为木寡糖,是由2~7个木糖分子以β-1,4糖苷键结合。其理化性质稳定,耐酸、耐热,并有很强的增殖肠道益生菌、改善肠道微生态环境等功能。固体型低聚木糖呈乳白色至淡黄色粉末,主要是从富含木聚糖的植物(如棉籽壳、麸皮、玉米芯等),通过木聚糖水解酶酶解而得到的一种非消化低聚糖。低聚木糖主要成分为木二糖和木三糖,其中木二糖甜度约为蔗糖的40%。含量达50%的低聚木糖产品甜度约为蔗糖的30%,甜味纯正,类似蔗糖。

3. 透明质酸钠(Sodium hyaluronate)

透明质酸钠为从鸡冠中提取的物质,也可通过乳酸球菌发酵制得,为白色或类白色颗粒或粉末,无臭味。透明质酸钠是人体皮肤的构成之一,是人体内分布最广的一种酸性黏糖,存在于结缔组织的基质中,具有良好的保湿作用。透明质酸钠可以食用,但鉴于成本高,在化妆品领域中使用较多。

4. 叶黄素酯(Lutein Esters)

天然叶黄素酯是一种类胡萝卜素脂肪酸酯,广泛存在于万寿菊花、南瓜、甘蓝、苜蓿等植物中。高纯度的叶黄素酯可以直接应用于食用油品中,改善油品的色泽和营养价值。也可以替代人工合成色素添加到奶油制品中。叶黄素酯经过乳化处理后,可以制成水溶性色素,直接应用于饮料和水剂的赋色。叶黄素酯还可以添加到化妆品中,保护皮肤,免受紫外线的损伤。

5. L-阿拉伯糖(L-Arabinose)

L-阿拉伯糖又称为树胶醛糖、L-果胶糖,是一种新型的低热量甜味剂,广泛存在于植物中,具有抑制人体肠道内蔗糖转化酶活性、制约蔗糖转化为糖原被肝脏吸收等功效,现已被美国食品药品监督管理局(FDA)和日本厚生省批准列入健康食品添加剂。美国医疗协会也将L-阿拉伯糖列入抗肥胖剂的营养补充剂或非处方药。主要应用在乳制品、糕点、面包、儿童食品、冰淇淋、饮料、甜点、巧克力、家用蔗糖等食品中。

6. 短梗五加(*Acanthopanax sessiliflorus*)

短梗五加别名刺拐棒、刺五加,主要分布于我国东北、华北各地。其嫩茎和鲜叶食用价值很高,同时又是名贵的中药材,根皮、茎皮、枝叶、花果均可入药。目前,短梗五加野生资源已经枯竭。

7. 库拉索芦荟凝胶(Aloe Vera Gel)

库拉索芦荟凝胶来源于库拉索芦荟叶片的可食用部位凝胶肉,是一种无色透明至乳白色凝胶,可用于各类食品,每日食用量应不大于30 g。但是孕妇、婴幼儿不宜食用。

8. 玛咖粉(*Lepidium meyenii* Walp)

玛咖又称为玛卡、马卡,英文俗称为MACA,为十字花科独行菜属一年生草本植物,原产于秘鲁。玛咖含有玛咖烯、生物碱、芥子油苷、异硫氰酸酯、玛咖酰胺、生物碱和甾醇等。具有增强精力、提高生育力、促进性欲、抗抑郁、抗贫血、促进激素平衡等功效。

9. 低聚半乳糖(Galacto-Oligosaccharides)

低聚半乳糖是由2~8个单糖通过β-糖苷键连接形成直链寡糖,不能被人体上消化道消化吸收,可以直接进入大肠。其具有低能量、促进肠道双歧杆菌的增殖、改善矿物质元素的吸收、防止骨质减少、改善脂质代谢、预防和治疗便秘、低致龋齿性、提高免疫力、增强抗肿瘤和抗衰老等功能。低聚半乳糖在日本已经被广泛地用作甜味剂、糖的替代品、食品原料、功能性食品原料,在各类食品中添加。我国允许低聚半乳糖添加在婴幼儿食品、乳制品、饮料、焙烤食品、糖果中。

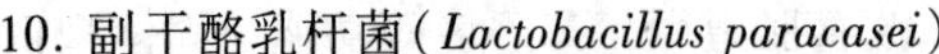

10. 副干酪乳杆菌(*Lactobacillus paracasei*)

副干酪乳杆菌属于乳杆菌属中的干酪乳杆菌群,广泛存在于奶酪、泡菜等发酵食品以及人体的口腔及肠道中。其能够抑制和杀死食品中的许多腐败菌及致病菌,且不影响食物性状。主要用于食品中作为发酵剂。

11. 鼠李糖乳杆菌(*Lactobacillus rhamnosus*)

鼠李糖乳杆菌属于乳酸杆菌属鼠李糖杆菌种,其能够耐受动物消化道环境,在人体肠道内定植调节肠道菌群,具有预防和治疗腹泻、排除毒素、预防龋齿和提高机体免疫力等功能。

12. 水解蛋黄粉(Bonepep)

水解蛋黄粉提取自鸡蛋黄,可在一般食品中使用。易与牛奶融合,促进骨骼生长。用于乳制品、冷冻饮品、豆类制品、可可制品、巧克力及其制品(包括类巧克力和代巧克力)、糖果、焙烤食品、饮料类、果冻、油炸食品、膨化食品,但不包括婴幼儿食品。

13. 异麦芽酮糖醇 (Isomaltitol)

异麦芽酮糖醇又称为帕拉金糖醇、巴糖醇、异构蔗糖,由 α-D-吡喃葡萄基-1,6-D -山梨醇和 α-D - 吡喃葡萄基-1,1-D 甘露醇二水物按大致相同的比例混合组成。异麦芽酮糖醇在国外被称为益寿糖,是一种理想的代糖品。化学性质极为稳定;微生物难以利用,可防龋齿;在人体内不被代谢,不会导致血液葡萄糖和胰岛素水平的波动,可供糖尿病患者使用。

14. 植物乳杆菌(*Lactobacillus Plantarum*)

植物乳杆菌是乳酸菌的一种,常见于乳制品、肉类、蔬菜、果汁,通过胃肠并定植于肠道发挥有益作用。植物乳杆菌在食品发酵等领域中均有广泛的应用。

15. 植物甾烷醇酯(Plant stanol ester)

植物甾烷醇酯是由大豆油提取的甾醇和食用低芥酸菜籽油制取的脂肪酸甲酯。分子式为 $C_{47}H_{84}O_2$。植物甾烷醇酯可以添加到植物油、植物黄油、人造黄油、乳制品、植物蛋白饮料、调味品、沙拉酱、蛋黄酱、果汁、通心粉、面条和速食麦片中使用,但是不允许添加到婴幼儿食品中。

16. 珠肽粉(Globin peptide)

珠肽粉是以检疫合格猪的血红细胞为原料,经黑曲霉蛋白酶酶解猪血红蛋白得到的寡肽混合物,具有降血脂和降血糖双重功能。适用于消化系统尚未完全发育、消化系统疾病、低过敏体质、老年人等,应用于奶粉、面包、饼干、运动型饮料、火腿肠、腊肠等。

(三)药食两用食品和可用于保健食品的物品

既是食品又是药品的物品可以用于食品,但是可用于保健食品的物品并不允许用于普通食品,具体可以到国家市场监督管理总局网站进行查询。在烹饪行业,这些原料实际上都有所涉及。

既是食品又是药品名单:

丁香、八角茴香、刀豆、小茴香、小蓟、山药、山楂、马齿苋、乌梢蛇、乌梅、木瓜、火麻仁、

代代花、玉竹、甘草、白芷、白果、白扁豆、白扁豆花、龙眼肉(桂圆)、决明子、百合、肉豆蔻、肉桂、余甘子、佛手、杏仁(甜、苦)、沙棘、牡蛎、芡实、花椒、赤小豆、阿胶、鸡内金、麦芽、昆布、枣(大枣、酸枣、黑枣)、罗汉果、郁李仁、金银花、青果、鱼腥草、姜(生姜、干姜)、枳椇子、枸杞子、栀子、砂仁、胖大海、茯苓、香橼、香薷、桃仁、桑叶、桑葚、橘红、桔梗、益智仁、荷叶、莱菔子、莲子、高良姜、淡竹叶、淡豆豉、菊花、菊苣、黄芥子、黄精、紫苏、紫苏籽、葛根、黑芝麻、黑胡椒、槐米、槐花、蒲公英、蜂蜜、榧子、酸枣仁、鲜白茅根、鲜芦根、蝮蛇、橘皮、薄荷、薏苡仁、薤白、覆盆子、藿香。

可用于保健食品的物品：

人参、人参叶、人参果、三七、土茯苓、大蓟、女贞子、山茱萸、川牛膝、川贝母、川芎、马鹿胎、马鹿茸、马鹿骨、丹参、五加皮、五味子、升麻、天门冬、天麻、太子参、巴戟天、木香、木贼、牛蒡子、牛蒡根、车前子、车前草、北沙参、平贝母、玄参、生地黄、生何首乌、白及、白术、白芍、白豆蔻、石决明、石斛(需提供可使用证明)、地骨皮、当归、竹茹、红花、红景天、西洋参、吴茱萸、怀牛膝、杜仲、杜仲叶、沙苑子、牡丹皮、芦荟、苍术、补骨脂、诃子、赤芍、远志、麦门冬、龟甲、佩兰、侧柏叶、制大黄、制何首乌、刺五加、刺玫果、泽兰、泽泻、玫瑰花、玫瑰茄、知母、罗布麻、苦丁茶、金荞麦、金樱子、青皮、厚朴、厚朴花、姜黄、枳壳、枳实、柏子仁、珍珠、绞股蓝、葫芦巴、茜草、荜茇、韭菜子、首乌藤、香附、骨碎补、党参、桑白皮、桑枝、浙贝母、益母草、积雪草、淫羊藿、菟丝子、野菊花、银杏叶、黄芪、湖北贝母、番泻叶、蛤蚧、越橘、槐实、蒲黄、蒺藜、蜂胶、酸角、墨旱莲、熟大黄、熟地黄、鳖甲。

思 考 题

1. 烹饪原料的资源有哪些特性?
2. 烹饪原料的资源有哪些分类方法?

第二章　烹饪原料的生物学基础

学习目标

- 掌握烹饪原料的主要化学组成及其性质。
- 了解烹饪原料的主要成分在烹饪过程中的可能变化。
- 了解烹饪原料色、香、味的化学物质构成。
- 掌握烹饪原料的细胞结构和组织器官结构。
- 理解烹饪原料的形状和质地等物理性质。

第一节　烹饪原料的化学组成

烹饪原料从其化学组成来看，主要有水分、糖类、蛋白质、脂质、维生素、矿物质、色素和有机酸等。

一、烹饪原料中的水分

(一) 水的结构和性质

水的分子式为 H_2O，分子量是 18。水分子是极性分子，水分子之间以氢键相互缔合。水的重要物理性质包括以下几方面。

(1) 水在接近 4℃时密度最大。水结冰后密度会变得更小。

(2) 水的沸点常压下为 100℃，并随压力的增大而升高。

(3) 水的比热容是最大的，约为 1 cal/(g · ℃)，即 4.187 kJ/(kg · K)。

(4) 水的解离和溶解能力较强。

(二) 食品组织中的水

1. 结合水和自由水

食品组织中水的存在状态一般划分为结合水和自由水两种类型。

(1) 结合水

结合水也称为束缚水，是食品组织中以氢键牢固结合的水，多为蛋白质、淀粉等物质分子上的极性基团所结合，如—OH、═NH、—NH_2、—COOH、—$CONH_2$ 等。它不具备溶剂的性质，不易结冰，冰点通常在-20℃，不易被微生物和酶活动所利用，常压下 100℃不蒸发；机械压榨不能排出。据测定，每 100 g 淀粉可结合 30~40 g 束缚水，每 100 g 蛋白质可结合 50 g 束缚水。

(2) 自由水

自由水也称为游离水，是食品组织中以机械力所阻留的水。自由水主要有 3 种存在形式，即食品内部结构所阻留的滞化水、毛细管力维系的毛细管水、食品内部可以相对自

由流动和表面的湿润水。游离水对溶质起溶剂作用，当其含量高时，容易被微生物利用，而且会引起酶促反应。游离水流动性大，在性质上和纯水比较接近。

在鲜活的动植物性原料的组织中，自由水一般占其总水分含量的70%以上。植物性原料含自由水的量较动物性原料多一些。干制的烹饪原料中结合水所占的比例较大。

2. 水分活度

水分活度是热力学中的一个概念，指溶液中水的逸度与纯水的逸度之比。我们可以近似地将它看作溶液的水蒸气分压与纯水的饱和蒸气压之比。水分活度的数值在0～1，a_W 值越小，说明食品中水受束缚的程度越大。

$$a_W = p/p_0 = n_2/(n_1+n_2) = ERH/100$$

式中：a_W——水分活度；

p——溶液或食品中水的蒸气压；

p_0——纯水或溶剂的饱和蒸气压；

n_1——溶质的物质的量；

n_2——溶剂的物质的量；

ERH——平衡相对湿度，即物料达到平衡水分时的大气相对湿度。

（三）烹饪原料中的水分变化对原料品质和菜肴质量的影响

1. 水分变化对原料品质的影响

水分蒸发不仅使新鲜蔬菜和水果等质量减轻，而且外观萎蔫干缩，色泽发生变化，硬度下降，不再脆嫩爽口。因此，新鲜原料在贮藏过程中，应降低环境温度，增大环境湿度，防止空气对流。

水分增多对干货原料的质量有巨大的影响，如果干货制品含水量超过一定的数值，则会引起在贮藏中的品质劣变、腐败和霉变，因此，应将干货原料的含水量控制在适宜的范围。特别是控制自由水的含量。

2. 水分变化对菜肴质量的影响

烹饪原料的水分变化对所烹制的菜肴的形态、色泽和质感都有一定的影响，特别表现在对菜肴质感的影响上。原料的含水量影响菜肴的硬度（软、硬）、脆度（酥、脆）、黏度（爽、滞、黏）、韧度（嫩、筋、老）和表面的滑度（滑、滞、糙）等。食物的含水量多，则质感鲜嫩。原料在烹调过程中，由于加热使原料表面水分蒸发，原料内部水分流失，蛋白质变性，导致持水性降低，影响菜肴的鲜嫩质感。因此，在烹调过程中常采用挂糊、上浆、勾芡、旺火速成和加水等方法，控制菜肴的水分含量。

二、烹饪原料中的糖类

（一）糖类的结构

糖类亦称为碳水化合物，是多羟基醛、多羟基酮以及它们的缩合物和某些衍生物的总称，主要由碳、氢、氧3种元素组成，一般可用通式 $C_n(H_2O)_m$ 表示。糖类广泛分布于植物体内，占植物干重的50%～80%。糖类在动物体内含量极少，仅占动物干重的2%以下。

（二）糖类的分类

天然存在的糖类一般分为单糖、寡糖和多糖3类。

1. 单糖

单糖是最简单的糖类，不能水解生成更简单的糖类。烹饪原料中较常见的有葡萄糖、果糖、半乳糖和甘露糖等。葡萄糖和果糖具有还原性,能进行各种发酵。

2. 寡糖

寡糖又称为低聚糖,由单糖缩合而成,缩合所形成的化学键常称为苷键。每个分子寡糖水解可生成2~10个单糖分子。根据聚合度不同,分为二糖(双糖)、三糖和四糖等。烹饪原料中常见的寡糖是双糖,主要有还原性双糖(有一个游离的半缩醛羟基),如乳糖和麦芽糖等;非还原性双糖(无游离的半缩醛羟基),如蔗糖和海藻糖等。蔗糖不能为酵母直接发酵。麦芽糖可被酵母直接发酵。

3. 多糖

多糖又称为多聚糖,也是由单糖缩合而成的,其聚合度一般在10以上,发生水解可生成多种中间产物,最终产物为单糖。食品中常见的多糖有淀粉、纤维素、果胶质、琼脂等。

(三)糖类的主要性质

1. 主要物理性质

(1) 溶解性和吸湿性

糖类物质中的单糖和寡糖都易溶于水。多糖一般难溶于水,但支链淀粉、果胶等可溶于水,并随着温度的升高,溶解度增大。糖类物质都具有一定的吸湿性,果糖的吸湿性大于葡萄糖的吸湿性,葡萄糖的吸湿性大于麦芽糖的吸湿性,蔗糖的吸湿性很小。多糖可以吸附一定量的水分,但一般不显出潮湿。

(2) 结晶性和熔点

大多数单糖和寡糖都有一定的结晶性。蔗糖晶粒较大,葡萄糖晶粒细小,果糖则不易结晶。多糖多为无定形态。糖类熔点较高,蔗糖的熔点为160~186℃,麦芽糖的熔点为102~108℃,葡萄糖的熔点为146~150℃。当温度达到糖类的熔点时,一般已接近其分解温度。

(3) 甜度

单糖和聚合度较低的寡糖具有不同程度的甜味,聚合度较高的寡糖和多糖没有甜味。一般将蔗糖的甜度规定为100;果糖最甜,甜度为175;葡萄糖的甜度较小,为74;麦芽糖的甜度仅为30~60。

2. 主要化学性质

(1) 水解反应

在酶作用下或酸性条件下加热,可使糖类水解。寡糖水解一般生成单糖,多糖的水解产物可能还有糊精。蔗糖的水解常称为"转化",其水解产物(葡萄糖和果糖的混合物)常称为"转化糖"。

(2) 酸的作用

室温下稀酸对单糖的稳定性没有影响,当温度和酸的浓度稍高时即可发生复合反应。

(3) 碱的作用

糖类物质在碱性条件下加热时不稳定,易发生异构化、分解、氧化等反应。

(四)烹饪原料中常见的糖类

1. 单糖

烹饪原料中常见的单糖主要有葡萄糖和果糖两种,水果、蜂蜜、动物血液及某些蔬菜(如豆类、洋葱等)中含有。

2. 寡糖

烹饪原料中常见的寡糖有蔗糖、麦芽糖等双糖。蔗糖主要存在于甘蔗和甜菜中，提取出来可制成烹饪常用的食糖，如白砂糖、红糖、绵白糖、冰糖等。它还分布于水果和蔬菜中，以核果类、柑橘类含量较多。麦芽糖是淀粉水解的产物之一，主要存在于利用淀粉水解制成的原料中，如饴糖、淀粉糖浆等。

3. 多糖

烹饪原料中常见的多糖有淀粉、纤维素、果胶质、琼脂等。淀粉几乎在所有的植物中都存在，主要积蓄于种子、块根、根和球茎等部位。淀粉分子有直链和支链两种结构，豆类淀粉中直链淀粉占比例较大；其他原料的淀粉以支链淀粉占优势；糯米、糯玉米、糯高粱等的淀粉几乎全是支链淀粉。天然淀粉颗粒不溶于冷水，在热水中会吸水溶胀，直到解体。纤维素是植物细胞壁的组成成分，广泛存在于植物性原料中。纤维素是由葡萄糖残基以 β-1,4 糖苷键相连接形成的。纤维素难以为人体所消化，其含量和木质化程度会影响原料品质。果胶质常与纤维素共存，使细胞黏结在一起，有原果胶、果胶和果胶酸 3 种形态，未成熟的果蔬中以原果胶为主，成熟的果蔬中以果胶为主，过熟的果蔬中以果胶酸为主。原果胶不溶于水。果胶溶于水，但与钙结合后不溶于水。琼脂又称为琼胶，俗称洋菜、洋粉等。它是红藻类细胞壁中的黏质物质。琼脂不溶于凉水，但可吸水溶胀；溶于 90℃ 以上的热水，其溶胶具有很强的胶凝能力。

（五）烹饪原料中糖类在烹调过程中的变化与应用

1. 蔗糖在烹调过程中的变化与应用

（1）水解反应

利用转化糖制作糕点，能提高甜度，使糕点松软可口，并有爽口的风味。

（2）重结晶现象

蔗糖的过饱和溶液降温后能重新形成晶体，这是制作挂霜菜的依据。

（3）无定形体（玻璃体）的形成

在蔗糖溶液过饱和程度稍低的情况下，逐渐降低含水量，当含水量为 2% 左右时，迅速冷却可形成无定形体（玻璃体）。

（4）焦糖化反应

蔗糖在含氨基的化合物存在的情况下，加热至 150～200℃ 时，会生成黏稠状的黑褐色产物，称为蔗糖的焦糖化反应。这是在烹饪过程中制造糖色、烹饪红烧类菜肴的依据。

2. 淀粉在烹调过程中的变化与应用

（1）淀粉的糊化

将淀粉液加热到一定程度时，淀粉粒被破坏而形成半透明黏稠状的淀粉糊，这种现象称为淀粉的糊化。其本质是随着温度的升高，淀粉粒的吸水量逐步增加，淀粉分子间氢键断裂，分散于水中形成均匀的胶体溶液。淀粉在烹调过程中常作为上浆、挂糊、扑粉、勾芡的原料，利用淀粉糊化这一特点，可使菜肴鲜嫩、饱满，而且淀粉糊化以后更有利于消化吸收。

（2）淀粉的老化

糊化后的淀粉放置一段时间后，会出现变硬变稠、产生凝结甚至沉淀等现象，称为淀粉的老化。其本质是已糊化了的淀粉分子又自动重新排列成序，形成新的氢键，形成致密的、高度晶化的不溶解性的淀粉分子微束。淀粉老化后，不仅口感变硬，而且不易被淀粉酶水解，消化率也会降低。淀粉老化作用的最适宜温度在 2～4℃，大于 60 ℃ 或小于

-20 ℃都不会发生老化。但制作粉丝、粉皮和米线等,却利用了淀粉老化这一特点。

三、烹饪原料中的蛋白质

(一) 蛋白质的组成和结构

蛋白质主要由碳、氢、氧、氮 4 种元素组成,大多数含有硫,有些含有磷。蛋白质的基本结构单位为氨基酸,常见的约为 20 种,可用如下通式表示:

$$\mathrm{R{-}\underset{\displaystyle|\atop\displaystyle NH_2}{CH}{-}COOH}$$

其中,R 为脂肪烃基、芳香烃基、杂环基等。

蛋白质分子是由氨基酸以肽键连接而成的多肽链。蛋白质分子量相当大,从几万至几百万。蛋白质的化学结构分为一级结构、二级结构、三级结构和四级结构。一级结构是指多肽链中氨基酸的种类、数目及其排列顺序。二级结构是指多肽链在一级结构基础上折叠形成的空间结构,常见的有 α 螺旋和 β 折叠结构。三级结构是在二级结构基础之上进一步盘曲折叠而形成的空间结构。四级结构是由数条多肽链在三级结构的基础上缔合而成的。天然蛋白质一般是三级结构,仅少数以四级结构存在,如血红蛋白等。蛋白质的空间结构由氢键、范德华力、疏水力、二硫键、盐键等来维持。

(二) 蛋白质的分类

天然蛋白质按化学组成的不同分为单纯蛋白质和结合蛋白质两大类。单纯蛋白质也称为简单蛋白,仅仅由氨基酸组成。根据溶解性的不同,可进一步分为 6 类。

1. 清蛋白(白蛋白)

清蛋白普遍存在于动植物体内,可溶于水及稀酸、稀碱溶液。

2. 球蛋白

球蛋白也普遍存在于动植物体内,一般难溶于水,可溶于稀酸、稀碱溶液。

3. 谷蛋白

谷蛋白属于植物蛋白,不溶于水、中性盐溶液和乙醇,但可溶于稀酸溶液。

4. 醇溶谷蛋白

醇溶谷蛋白也属于植物蛋白,不溶于水、中性盐溶液,但可溶于稀酸、稀碱溶液及 50%~80%的乙醇中。

5. 组蛋白

组蛋白属于动物蛋白,可溶于水和稀酸、稀碱、稀盐溶液,但不溶于稀氨水。

6. 精蛋白

精蛋白属于动物蛋白,以含精氨酸较多为特征,溶解性与组蛋白相仿。

结合蛋白质是化学组成中除氨基酸之外,还有其他物质的一类蛋白质,按所含非氨基酸成分的种类可分为以下几种。

1. 磷蛋白

分子中含无机磷酸。

2. 糖蛋白

分子中含有糖类物质。

3. 脂蛋白

分子中含有脂质物质。

4. 色蛋白

分子中含有色素物质。

5. 核蛋白

分子中含有核酸。

此外，蛋白质还可按来源分为动物蛋白和植物蛋白；按分子形状分为球状蛋白和纤维状蛋白；按功能分为酶、收缩蛋白、贮存蛋白、防御蛋白等。

（三）蛋白质的主要性质

1. 两性电离和等电点

蛋白质分子表面带有一定量的氨基（呈碱性）和羧基（呈酸性）。在水中可发生两性电离。如果将 pH 调节到某种蛋白质分子正好以两性离子的形式存在时，此时的 pH 称为该蛋白质的等电点。蛋白质处于等电点时，溶解性、黏性、溶胀性、导电能力等都降到最低值。大多数蛋白质的等电点偏酸性，也有的偏碱性。

2. 水化作用

水化作用也称为水合作用，指蛋白质分子对水的结合。蛋白质的分子表面带有极性基团，对水具有亲和能力。水化作用较强烈的蛋白质能分散于水而形成溶胶。水化作用较弱的蛋白质，虽然不能分散于水，但也能结合相当量的水分。适当升高温度、适量电解质、pH 偏离等电点都可增强蛋白质的水化作用。

3. 黏性

蛋白质分散于水所形成的溶胶具有较大的黏性。这是由于蛋白质的分子体积较大，且表面带有极性基团，从而使分子之间具有较大的相互作用。一般而言，表面带电荷较多者，黏性较大；浓度越大，其黏性也越大；球状蛋白质比纤维状蛋白质的黏性大。

4. 变性

天然蛋白质在一定的条件下，原有的性质和功能发生部分或全部改变的现象称为变性。变性的本质是维持蛋白质空间结构的作用力被破坏。较温和条件下的变性是可逆的，即一旦消除变性因素，蛋白质即可恢复原状。较强烈条件下的变性，是不可逆变性。变性之后的蛋白质在各种性质上均发生了改变，较明显的是水化作用减弱，黏度增大。

引起蛋白质变性的因素很多，例如酸、碱、重金属盐、乙醇等化学因素和温度、机械力、紫外线等物理因素。烹饪加工过程中常见的蛋白质变性一般是由温度、机械力和酸碱引起的。蛋白质的热变性一般在 45 ℃时开始，达 55 ℃以上有可见的变化。在酸或碱存在时，热变性速度加快。蛋白质加热成熟后是不可逆变性。冷冻和机械力搅拌蛋白质溶胶也会导致蛋白质变性。常温下，蛋白质在 pH 为 4～10 的范围内比较稳定，超出该范围即可引起变性。烹饪条件下常遇到的弱酸（乳酸、醋酸等）和弱碱（小苏打和纯碱的水解溶液）引起的变性是可逆变性。

5. 水解作用

蛋白质在酸、碱、酶的作用或长时间加热的情况下，其分子中的部分肽键被破坏，发生水解作用，逐步水解成分子量较小的产物。最终产物为氨基酸。

6. 羰氨反应

蛋白质在加热过度，特别是有还原糖类物质存在的情况下，蛋白质分子中的氨基和糖分子中的羰基之间能发生羰氨反应，引起食物的褐变和营养成分的损失，同时还降低了蛋白质分解酶的分解作用。在烹饪过程中也常利用这一反应,如焙烤面包产生金黄色,烤鸭刷上糖浆产生黄褐色,烤肉产生棕黄色等。

(四)烹饪原料中常见的蛋白质

动物体内蛋白质的含量一般高于植物,一般是完全蛋白质,比植物蛋白质量好。动物蛋白以肌肉组织中含量最丰富,其固形物几乎都是蛋白质。植物蛋白以种子中含量较多,大豆中蛋白质的含量可达40%左右。根据人体的需要,有的氨基酸在人体内可由其他物质转化得到,不一定依靠食物摄取,称为非必需氨基酸。有的氨基酸人体不能合成,必须从食物中摄取,称为必需氨基酸。必需氨基酸有8种。

1. 动物蛋白

烹饪中接触较多的动物蛋白是肌肉蛋白质和鸡蛋蛋白质。

(1)肌肉蛋白质

肌肉蛋白质是指存在于动物横纹肌组织中的蛋白质,包括肌质蛋白质、肌原纤维蛋白质和间质蛋白质3类。肌质蛋白质是存在于肌细胞中的可溶性蛋白质,主要有肌溶蛋白、肌红蛋白等,其中肌红蛋白与肌肉颜色有关。肌原纤维蛋白质是存在于肌细胞中的不溶性蛋白质,是肌肉蛋白质的主体,主要有肌球蛋白、肌动蛋白等,它们决定肌肉的烹饪加工性能。间质蛋白质是存在于结缔组织中的蛋白质,主要是胶原蛋白,也有少数弹性蛋白。它们决定着肉类在加热中的嫩度变化。间质蛋白质在皮肤、肌肉与骨骼连接处、韧带、血管等中大量存在。

(2)鸡蛋蛋白质

鸡蛋蛋白质在蛋清和蛋黄中的种类有很大不同。蛋清中主要为简单蛋白质,也有一定量的糖蛋白,有卵清蛋白、伴清蛋白、类卵黏蛋白、卵黏蛋白和卵球蛋白等,其中卵黏蛋白与蛋清的起泡性有关。蛋黄中的蛋白质主要为结合蛋白,其中卵黄磷蛋白含量最大,其次为卵黄黏蛋白。另外,还有卵黄高磷蛋白和卵黄球蛋白,卵黄蛋白质具有很强的乳化性。

2. 植物蛋白

烹饪加工中比较重要的植物蛋白有小麦蛋白质和大豆蛋白质。小麦蛋白质一般可分为麦胶蛋白、麦谷蛋白、清蛋白和球蛋白4类,其中麦胶蛋白和麦谷蛋白含量较多,它们不溶于水,但可吸水膨润,形成面筋,故又称为面筋蛋白质,它是小麦面粉调制成团并决定面团性质的关键成分,拉面需要高含量的面筋蛋白,而松脆的米饼含面筋蛋白很少。大豆含蛋白质丰富,所含蛋白质主要为大豆球蛋白。大豆球蛋白可溶于水,不发生热凝固,部分其他蛋白质会热凝固,用以生产腐竹。

(五)酶

酶是由生物活细胞产生的有催化功能的蛋白质。由酶催化的化学反应称为酶促反应。烹饪加工中比较重要的酶有淀粉酶、蛋白酶、酚氧化酶等。淀粉酶的功能是催化淀粉水解。它有α-淀粉酶和β-淀粉酶两种。前者可使直链淀粉水解生成低级糊精(聚合度为5~8),之后缓慢水解生成麦芽糖和葡萄糖,对支链淀粉水解的最终产物是麦芽糖、葡萄糖和异麦芽糖。后者主要存在于大麦、小麦等植物中,对直链淀粉水解的产物是麦芽糖,对支链淀粉水解的产物是麦芽糖和界限糊精。淀粉酶在面团发酵中起着重要作用。蛋白酶水解蛋白质,比较重要的有木瓜蛋白酶、菠萝蛋白酶、无花果蛋白酶等,它们能催化蛋白质的水解,从而使肉质嫩化。肉类原料上浆用的嫩肉粉,有效成分主要是木瓜蛋白酶。酚

氧化酶能催化酪氨酸、儿茶酚以及其他酚类物质发生褐变反应。它的作用常导致一些水果、蔬菜在组织受伤后发生褐变。虾死后头部褐变也是该酶引起的。

(六)烹饪原料中蛋白质在烹调中的变化与应用

食品中的蛋白质除了保证营养价值之外,还对感官性状起着重要的作用。蛋清在加热时凝固,瘦肉在烹调时收缩变硬等,都是由蛋白质的热变性作用引起的。这有利于人体的消化。同时,加热使胰蛋白酶抑制剂、抗生物素蛋白、血细胞凝集素等有害物质失去活性,提高了食用安全性。许多蛋白质在热变性以后,常伴随发生热凝固现象。这常应用于烹饪中,如动物性原料焯水去血污应冷水下锅。在烹饪过程中,常用少量食碱或蛋白酶对肉类进行嫩化处理;用烧、煮、炖、焖、煨等长时间加热的方法,使原料中的部分蛋白质水解为低聚肽等鲜味物质,不断地溶于汤中,使菜肴酥烂味浓。

四、烹饪原料中的脂质

脂质是脂肪和类脂的统称。脂肪在食品中的含量比类脂多,在烹饪中的作用也比类脂大。

(一)脂肪的化学组成

脂肪是由碳、氢、氧 3 种元素组成的一类有机化合物。它广泛分布于动植物组织中,一部分以基本脂肪的形式存在,另一部分以贮存脂肪的形式存在。化学本质是由甘油和脂肪酸构成的三酰甘油(甘油三酯)。脂肪的化学结构可用如下通式表示:

$$\begin{array}{l} \qquad\qquad\quad O \\ \qquad\qquad\quad \| \\ CH_2—O—CR_1 \\ | \qquad\qquad\ O \\ | \qquad\qquad\ \| \\ CH_2—O—CR_2 \\ | \qquad\qquad\ O \\ | \qquad\qquad\ \| \\ CH_2—O—CR_3 \end{array}$$

式中,R_1、R_2、R_3 分别代表 3 个脂肪酸分子的烃基部分。它们在构成脂肪分子时,可以完全相同,也可以部分相同或完全不相同。

(二)食用油脂的分类和化学成分

烹饪原料中的脂质化合物通常分为 3 类,即简单脂质(脂肪等)、复合脂质(磷脂、糖脂及脂蛋白等)和衍生脂质(是简单脂质或复合脂质的衍生物)。在以上几类中,最重要的是简单脂质中的脂肪,常称为真脂,而将其他称为类脂。食用油脂的主要成分为甘油酯,甘油酯中主要是三酰甘油,还有少量一酰甘油和二酰甘油。构成三酰甘油的 3 种脂肪酸若相同,则称为单纯甘油酯。若 3 种脂肪酸不相同,则称为混合甘油酯。在天然食用油脂中绝大多数为混合甘油酯。

脂肪酸有 80 多种,根据烃基成键情况不同,分为饱和脂肪酸和不饱和脂肪酸两类。饱和脂肪酸即烃基中碳原子之间全部以单键相连接。不饱和脂肪酸即烃基中碳原子之间含有双键。依含双键的数目不同,分别称为一烯酸、二烯酸、三烯酸和多烯酸。含双键数目相同,但双键的位置不同,也构成不同的不饱和脂肪酸。在油脂中的脂肪酸有一部分以游离态存在。饱和脂肪酸主要有软脂肪、硬脂肪和月桂酸等,链越长,一般越硬。不饱和脂肪酸按双键数目不同主要有油酸、亚油酸、亚麻酸、花生四烯酸等,这些不饱和脂肪酸常被称为必需脂肪酸。

类脂是一类性质与脂肪相近的有机物,包括磷脂、糖脂、蛋白脂、固醇和蜡等。其中与食品关系比较密切的是磷脂、固醇和蜡。磷脂主要有卵磷脂、脑磷脂、神经鞘磷脂等。卵磷脂等对人的心血管等有一定的保健作用。磷脂是良好的乳化剂,能降低液体体系的表面张力,还可防止油脂的氧化,减缓油脂的酸败过程。磷脂在粗制油中含量较多,在烹调加热时易起泡。动物胆固醇是引起高血脂的主要成分,但是也是性激素的前体物质。植物固醇一般有降血脂作用。蜡是由高级饱和脂肪酸与高级一元醇形成的酯,主要来自动植物体表面的组织。食用油脂中虽含蜡很少,但在冬季或低温时蜡经常析出悬浮在油脂中。

(三) 脂肪的主要性质

1. 主要物理性质

(1) 色泽和气味

纯净的脂肪无色、无臭,液态的为透明状,固态或半固态的为白色不透明体。食用油脂往往带有深浅不同的颜色并具有各自的特殊气味,这是油脂中含有脂溶性色素和嗅感物质所致。例如菜籽油呈琥珀色,花生油呈淡黄色,棉籽油呈棕红色等,压榨工艺制备的植物油带有比较深的色泽。动物油脂中色素含量较少,所以其油脂一般均为白色或淡金黄色。由高级脂肪酸组成的油脂,一般无气味,而含低级脂肪酸的油脂具有挥发性气味。例如牛、羊油脂中的腥味是由一些小分子的脂肪酸引起的,芝麻油的芳香气味主要是由乙酰吡嗪产生的。如果油脂长期存放,脂肪酸会因氧化分解成低分子醛、酮、酸等产生刺激气味。油脂精炼程度越高,其所含非脂肪成分就越少,颜色就越浅,气味也就越小。现在所用的色拉油就是应用溶剂提取精炼程度较高的植物油。

(2) 熔点和黏性

天然脂肪是多种三酰甘油的混合物,因此没有固定的熔点(见表2-1)。熔点低于体温时消化率高。高出体温越多,则越难消化吸收。油脂的黏度较大,随温度的升高而降低。在温度达到 100 ℃以上时,不同的油脂之间的黏度差异很小。

表 2-1 几种常见油脂的熔点范围

油脂	大豆油	花生油	棉籽油	猪油	牛油	鸡油	奶油
熔点/℃	-18~-8	0~3	3~4	28~48	40~50	33~40	28~36

(3) 溶解和乳化

脂肪难溶于水,可溶于非极性溶剂,即脂溶性。在有乳化剂存在时,油和水可形成均匀而稳定的水—油混合液或油—水混合液。这种使互不相溶的两种液体中的一种以微滴状分散于另一种液体中的作用,称为乳化或乳化作用。能引起乳化作用的物质,叫作乳化剂。乳化剂分子中既有亲水基团又有疏水基团。常见的油脂乳化剂有单甘酯、蔗糖酯等,另外,卵磷脂等也有良好的乳化作用。

2. 主要化学性质

(1) 水解

脂肪在酶、酸、热、碱等的作用下可发生水解。完全水解的产物是甘油和脂肪酸,不完全水解的产物是二酰甘油、一酰甘油、脂肪酸及少量甘油的混合物,水解会使油脂酸价提高。碱水解又称为“皂化”。烹饪过程中由热所引起的水解通常是不完全的。

（2）热分解和热氧化聚合作用

油脂中游离脂肪酸在 350~360 ℃时就会发生分解作用，其热分解的产物主要是酮类和醛类等，其中丙烯醛具有强烈的刺激气味，常以蓝色烟雾释放出来。油脂在温度≥300 ℃时，会发生氧化聚合反应，形成聚合物。

（3）油脂酸败

油脂在贮藏期间，受空气、日光、微生物、高温及酶的作用，发生一系列化学变化，产生令人不愉快的气味和味道的变质现象称为酸败。油脂酸败有水解型、酮型、氧化型 3 种形式。其中最普遍的是氧化型酸败，这是脂肪的自动氧化所致，氧化产物进一步分解生成低级脂肪酸、醛类和酮类，产生不良的气味，出现黏度增大、颜色加深等现象。光、热、金属离子等可促进脂肪的自动氧化。动物油脂较新鲜植物油易酸败，冷冻肉和鱼的肌肉在贮藏过程中，也容易发生脂肪氧化。油脂酸败会使亚油酸和亚麻酸遭到破坏，降低了油脂的营养价值，甚至引起食物中毒。因此，在烹调过程中应严禁使用酸败的油脂和发生油脂酸败的烹饪原料。

（4）加氢

加氢是指在一定的条件下脂肪分子中碳碳双键与氢之间发生的加成反应，使双键变成单键。油脂经加氢，饱和脂肪酸的含量增多，熔点提高，所以油脂加氢又称为硬化，也称为氢化。各种起酥油、人造奶油等都是由植物油加氢而成的，其营养价值大大下降。目前，各国开始限制这类氢化油脂的使用。

（四）烹饪原料中食用油脂的脂肪酸和类脂

食用的动植物组织中的甘油酯，如牛脂、羊脂、猪脂、花生油和菜籽油等通常称为油脂。在常温下，植物油脂多数为液态，习惯上称为油。动物油脂多为固态或半固态，习惯上称为脂。食用油脂是近乎纯态的脂肪。各类油脂在脂肪酸组成上以 16 碳和 18 碳的较多。不饱和脂肪酸的熔点低，消化率高，可达 97%~98%。饱和脂肪酸的熔点高，消化率低，约为 90%。由于不饱和脂肪酸在人体中不能自行合成，所以又称为必需脂肪酸。必需脂肪酸在脂肪中含量的多少，是脂肪营养价值高低的重要标志。植物性脂肪所含的必需脂肪酸比较丰富，动物性脂肪中所含的必需脂肪酸较少。陆生动物油脂主要含软脂酸和油酸，还含有一定量的硬脂酸。淡水鱼类油脂以 18 碳的不饱和脂肪酸的含量较多，咸水鱼类油脂以 20 碳和 22 碳的不饱和脂肪酸占优势。乳脂以含软脂酸、硬脂酸和油酸为主，还含有一定量的短链脂肪酸。在植物油脂中，种子油脂一般含软脂酸、油酸、亚油酸及（或）亚麻酸。

类脂中的甘油磷脂存在于大多数动植物体中，主要有卵磷脂和脑磷脂两种。蛋品和大豆当中磷脂含量较高，固醇在脑、神经组织、蛋黄中含量较高。其性质较稳定，在烹饪加工过程中几乎不被破坏。

（五）烹饪原料中食用油脂在烹调中的变化与应用

通常，油脂受热达到一定的温度会冒出青烟，该温度常称为油脂的发烟点。未精炼的植物油的发烟点为 160~180 ℃，这主要是脂溶性小分子物质挥发产生的。精炼的植物油的发烟点为 240 ℃左右。油炸含水量较大的原料时，热水解比较剧烈，食物中的水分渗入油中，或者油与水蒸气接触，都会引起油脂的水解，致使油脂的发烟点降低，在烹饪过程中很容易冒烟，油烟会污染环境，刺激人的感觉器官。油脂热劣变温度在 200 ℃以上，特别

是在温度≥300 ℃时，会使油脂黏度增大，引起油脂起泡，附着在油炸食物表面，有毒性。所以，在烹调食物的过程中应把油温控制在150 ℃左右，避免油温升高到200 ℃以上。马铃薯等淀粉类油炸食品，目前发现会产生丙烯酰胺，这是一类弱致癌物质，随着油炸温度的上升，产生量也增加。目前，食品工业已经开发出真空油炸设备和工艺，显著降低了油炸温度，这类设备已有部分进入烹饪领域。

五、烹饪原料中的维生素

维生素是生物活细胞为了维持正常的生理功能所必需，但需要量甚微的天然有机物质。现在被列为维生素的物质有30余种，其中被认为对维持人体健康和促进发育至关重要的有20余种。它们在结构上没有什么相似之处，在生理功能上也各不相同，因此，人们常根据溶解性将它们分为脂溶性维生素和水溶性维生素两大类。

（一）脂溶性维生素

脂溶性维生素有维生素A、维生素D、维生素E、维生素K等，只溶于脂质或脂溶剂，主要存在于动物性原料中，在食物中常与脂质共同存在，一起被吸收。食用过量维生素容易中毒，维生素A在少数动物原料的肝中含量特别高。维生素K对凝血有影响，心血管亚健康人群需引起注意。

（二）水溶性维生素

水溶性维生素的共同特点是易溶于水，除维生素B_{12}外，在人体内基本上都不能贮存，一旦在体内的浓度超过正常需要量，则随尿液排出体外，一般不发生过多症。水溶性维生素分为B族和C族两大类。其中维生素B_1、维生素B_2、维生素C、维生素PP等比较重要。

（三）烹饪过程中维生素的稳定性

烹饪原料在加工为菜点的过程中会破坏一些维生素，并会导致一些维生素的流失。水溶性维生素的损失主要是因为溶解流失（见表2-2）。维生素A、维生素E、维生素K、维生素B_1、维生素B_{12}、维生素C等对氧很敏感。水溶性维生素B_1、维生素B_2、维生素B_{12}、维生素C和叶酸均对热不稳定，易发生热分解作用。在碱性条件下，加热破坏作用更为迅速。脂溶性维生素A、维生素D、维生素E、维生素K和水溶性维生素B_2、维生素B_6、维生素B_{12}、维生素C及叶酸对光敏感。因此，在烹饪原料的保藏和加工过程中要注意这些条件。目前，不少人存在维生素摄入不足的问题。因此，市场上出现了复合维生素保健品，其在美国的销售量居保健食品市场首位。

表2-2　不同烹饪处理方法对蔬菜中维生素C含量的影响

处理方法	维生素C的损失率
先洗后切	0
切后冲洗2 min	2.3%
切后浸漂30 min	23.1%
沸水烫2 min，不挤汁	45.1%
沸水烫2 min，再挤汁	77.1%
浸泡过夜，再挤汁	95.5%

六、烹饪原料中的矿物质

(一) 烹饪原料中矿物质的主要种类

无机盐又称为矿物质或灰分,通常是指食品中除碳、氢、氧、氮 4 种元素之外的其他元素,根据矿物质元素在体内的含量和膳食中的需要量不同,分为大量元素和微量元素两类。大量元素是指在体内的含量在 0.01%以上,需要量每天在 100 mg 以上的元素,包括磷、硫、氯、钠、钾、镁和钙等元素。微量元素是指低于上述含量的其他元素,主要有 14 种,即铁、锌、铜、铬、钴、锰、钼、镍、锡、钒、硒、硅、氟和碘。无机盐在食品组织中主要以氯化物、硫酸盐、磷酸盐等形式存在,也有的与有机物相结合而存在。根据人体对食物与营养的需要,可将矿物质元素分为必需元素、非必需元素和有毒元素 3 类。必需元素是指在健康组织中含量和浓度比较稳定,缺乏时机体组织与功能出现异常的元素。非必需元素是指这类元素缺少时,其他元素可以替代起类似作用,缺乏时机体组织与功能不会出现异常的元素。有毒元素是指能使人致病的元素,通常指某些重金属元素,如镉、汞、铅等。人体中的必需元素如果摄取过量,也会产生毒性。

(二) 烹饪原料中的矿物质的分布

植物从土壤中获得矿物质并贮存于根、茎、叶等组织中,动物主要通过摄入植物得到矿物质。矿物质一般占动植物烹饪原料干重的 15%以下。在植物组织器官中,叶含矿物质多,占叶总干重的 10%~15%,茎和根含矿物质 4%~5%,种子约含矿物质 3%。种子中含磷和钾最多,茎和叶中含硅和钙较丰富,地下贮藏器官中则钾的含量较高。

(三) 烹饪原料中的矿物质在烹调过程中的变化

在烹饪加工过程中对无机盐的考虑主要是防止其流失。烹饪原料在烹饪和热烫过程中,常由于水的作用引起矿物质的损失。在某些情况下,有的矿物质在加工过程中含量有所增加。例如添加食盐($NaCl$)、纯碱(Na_2CO_3)、小苏打($NaHCO_3$)等。

七、烹饪原料中的色素

(一) 叶绿素

叶绿素在化学结构上属于卟啉类色素,可看作由叶绿酸、叶绿醇和甲醇生成的酯。叶绿素是使绿色蔬菜和未成熟的水果呈现绿色的色素。高等植物中主要有叶绿素 a 和叶绿素 b 两种。在通常的陆地植物中,叶绿素 a 占总含量的 3/4,叶绿素 b 占总含量的 1/4。两者都能溶于脂肪。叶绿素在植物中与蛋白质结合。叶绿素在叶绿体中存在时比较稳定,一旦游离出来,对酸、热、光等都较敏感,容易变色。它们在稀酸中不稳定,镁原子可被两个氢原子替代,生成暗绿色至绿褐色的脱镁叶绿素。加热可使这一反应加快。叶绿素在弱碱中稳定,但在弱碱中加热会水解生成叶绿酸、叶绿醇和甲醇,此时颜色更加鲜绿,叶绿酸的绿色比叶绿素的绿色更为稳定。叶绿素在高浓度的碱中则生成叶绿素的钠盐或钾盐,也呈绿色。高温和光照可使叶绿素发生氧化反应而失去绿色。

(二) 类胡萝卜素

类胡萝卜素是萜类多烯色素,在烹饪原料中常见的有胡萝卜素、叶黄素和虾青素等。

胡萝卜素最初从胡萝卜中提取获得,后来发现在其他植物的花、叶和果实以及动物的乳汁与脂肪中都存在。3 种异构体同时存在,一般 α 型占 15%,β 型占 85%,γ 型占0.1%,

故 β-胡萝卜素最为重要,其熔点为 184℃,比较稳定。其降解后成为维生素 A,故称为维生素 A 原。胡萝卜素主要分布于植物界,多与叶绿素共存于叶组织中,在花、果实、块根、块茎等组织中也有存在。

叶黄素类色素是共轭多烯烃的含氧衍生物,以醇、醛、酸和环氧化物等形式存在于自然界中,呈浅黄色、黄色或橙色等。叶黄素广泛存在于绿叶蔬菜中。叶黄素种类很多,例如玉米黄素存在于玉米、辣椒、柑橘、桃等原料中,辣椒红素主要存在于红辣椒中,番茄红素存在于西瓜、番茄等果实中。番茄红素抗氧化能力极强,其对预防前列腺癌有良好的作用,目前已有番茄红素保健食品在销售。

动物的类胡萝卜素主要有虾青素,虾青素又称为虾黄素,是各种虾类(如龙虾、对虾、沼虾等)和蟹类(如梭子蟹、膏蟹、毛蟹等)呈现出青灰颜色的重要色素。除虾蟹类以外,还有许多其他甲壳类动物也含有虾青素。虾青素在动物体内与蛋白质结合而呈青蓝色,因此活着的甲壳动物的体色呈现青色。但死后或加热后,会变成红色。动物体不合成它,但能通过食入藻类积累。

(三) 血红素

血红素是组成动物色素的主要成分,存在于许多高等动物的肌肉和血液中,分别以肌红蛋白(Mb)和血红蛋白(Hb)的形式存在。血红素是含有铁原子的卟啉类色素。在动物肌肉中的含亚铁血红素的肌红蛋白,在有氧的条件下加热,因珠蛋白发生热变性,血红素中的 Fe^{2+} 被氧化为 Fe^{3+},生成褐色的变性肌红蛋白或称为肌色质。但在缺氧的条件下贮存的动物肌肉,则因珠蛋白的弱氧化作用(其中的—SH 参与还原作用),将 Fe^{3+} 又还原成 Fe^{2+},因此又变成粉红色,称为血色质。这些现象在煮肉或肉类贮存过程中均可见到。上述变色过程可表示为

$$\underset{\text{(鲜红色)}}{\underset{\text{氧合肌红蛋白}}{MbO_2}} \longrightarrow \underset{\text{(紫色)}}{\underset{\text{肌红蛋白}}{Mb}} \longrightarrow \underset{\text{(褐色)}}{\underset{\text{变性肌红蛋白}}{MetMb}}$$

这个平衡体系的倾向性取决于氧分压,当氧分压在 133~2 666.5 Pa 时,变性肌红蛋白的生成率最大。鲜肉放置在空气中时,其切口处变成褐色,即此故。

肌红蛋白与亚硝基作用,即生成红色的亚硝基肌红蛋白。亚硝基肌红蛋白对氧和热的稳定性远大于氧合肌红蛋白。但亚硝基肌红蛋白能被可见光分解成肌红蛋白和气体,从而使肉制品呈褐色。这种情况在加入硝酸盐的食品如香肠上常常见到。

(四) 红曲色素

红曲色素是红曲菌产生的色素,属于酮类衍生物色素。现已发现的红曲色素有 6 种,即橙红色红曲色素(红斑红曲素、红曲玉红素)、黄色红曲色素(红曲素、黄红曲素)、紫色红曲色素(红斑红曲胺、红曲玉红胺)。部分产品可能含有微量的橘霉素。

烹饪着色用的红曲米是外表形状不规则的碎米,外表呈紫红色,质轻脆,断面为粉红色,微有酸气,味淡。它对 pH 不敏感,耐热性强,耐光性强,不受金属离子的影响,对氧化剂和还原剂都稳定,安全性较高,着色效果好,是一种相当理想的天然食用色素。

(五) 多酚类色素

多酚类色素主要有花青素和花黄素。前者往往呈现鲜艳的天然色泽,后者往往是烹饪加工过程中变色的主要原因。

1. 花青素

花青素是由苯并吡喃环与酚环组成的一类化合物。这类色素一般都与糖形成花色苷，存在于植物细胞液中。花青素广泛地存在于植物界，呈现紫色、红色、蓝色等颜色，构成叶、茎、花和果实的美丽色彩。烹饪原料中的花青素种类比较多，现已知的花青素有20种，如天竺葵色素、矢车菊色素、飞燕草色素、牡丹色素和紫丁香色素等。花青素分子中吡喃环上的氧显碱性，而酚环上的羟基显酸性，所以花青素具有两性性质。花青素随pH的变化而改变结构，从而改变颜色，在pH较低时呈红色，在pH较高时呈蓝色。因此，水果在成熟过程中，由于pH的变化会改变颜色。花青素还会因被水解酶水解成糖和配基而褪色。花青素与钙、镁、铁、锰等金属结合，生成紫红色、蓝色、灰紫色的淡色物质，这类物质比较稳定，不受pH变化的影响。花青素具有强大的清除自由基的能力，具有保健作用。

2. 花黄素

花黄素也属于多酚类色素，是α-苯基苯并吡喃酮类化合物。目前已知的这类色素有400多种，其中比较重要的是黄酮、黄酮醇、黄烷酮和黄烷酮醇，在自然界中以糖苷的形式存在，多呈浅黄色或无色。在自然情况下，花黄素对蔬菜、水果所起的赋色作用并不大。但花黄素能参与各种化学变化而产生褐色，使植物原料的色泽发生改变，影响成品的外观色泽。在pH变化时，花黄素色泽的变化更为明显，在碱性条件下呈现明显的黄色，这就是马铃薯、芦笋、荸荠等在硬水中（pH=8）会变成黄褐色的原因，避免这一变化可用柠檬酸调整水的pH。在金属离子存在时，花黄素色泽也发生变化，例如遇铁离子可变成蓝绿色。黄酮和类黄酮具有心血管保健作用，是目前功能食品的研究热门。

八、烹饪原料中的有机酸

有机酸对烹饪品质影响比较大。果蔬和发酵制品含有机酸较多，常呈酸味，肉类中也含有一定量的有机酸。一般果实的pH为2.2~5，蔬菜的pH为5~6.4，所含的有机酸主要为苹果酸、柠檬酸和酒石酸，另外还普遍含有草酸。莴笋、番茄、樱桃等果蔬中苹果酸含量较多。柑橘、番茄等果蔬中柠檬酸含量较多。葡萄中酒石酸含量较丰富。菠菜、竹笋等蔬菜中草酸含量较多，其带有涩味，会影响钙的吸收，在烹饪加工过程中需予以去除。发酵食品中含有的有机酸，主要是在发酵过程中形成的，如乳酸、醋酸等。乳酸在泡菜、酸菜、酸乳等食品中含量较多。醋酸是醋酸菌发酵的产物，食醋以它为主要酸味成分。鲜肉中主要含游离的乳酸。

九、烹饪原料中的有害成分

食品中的有害成分是指食品中能引起人类急性中毒或慢性中毒的物质。它主要来源于3个方面，即天然存在、生物污染和化学污染。天然毒素主要是指某些动植物体内含有的内源性有毒成分。动物性食品中较常见的是河豚毒素和贝类毒素。河豚毒素存在于河豚血液和内脏中，一般加热不能破坏。贝类毒素是海产贝类食入双鞭甲藻所致，这种毒素对热稳定，炊煮不能破坏。把带有毒素的贝类在清水中放养1~3周，可将此毒素排净。植物性天然毒素种类较多，人们较熟悉的包括马铃薯中低浓度的生物碱、杏仁中的氢氰酸、大豆和其他豆类中的酶抑制剂与红细胞凝集素、棉籽油中的棉酚以及菠菜中的甲状腺素等。维生素A、维生素D以及甲硫氨酸等过量也产生毒性。一些天然毒物在食品和烹饪加工过程中大部分被除去或失活。烧煮的热能能破坏豆中的酶抑制剂和红细胞凝集素以及鱼中的硫胺素等。水浸泡和发酵也能除去某些生氰化合物。除去鱼的性腺、皮和某些部分可以消除富集在这些组织中的毒素。

土壤和水通常含有具有潜在危害性的金属铅、汞、镉、砷、锌和硒等，当锌和硒以低浓度状态存在时，作为食品的天然组分不仅无害，而且还是必需的营养组分。另外，工业污染物、微生物在食品中产生的毒素和超过安全使用量的食品添加剂都是危害性物质。

第二节 烹饪原料的细胞结构和组织器官结构

一、细胞结构

地球上的生命分为 3 类。

1. 类病毒和病毒

类病毒和病毒不具有细胞结构，不能独立生活，当它们侵染细胞时，能够显示生命的特征。

2. 原核生物

蓝藻、细菌和放线菌的细胞，一般具有细胞壁、细胞膜、细胞质、拟核等细胞结构，但还没有真正的细胞核。

3. 真核生物

真核生物包括真核藻类、真菌、植物和动物等。生物性烹饪原料绝大多数属于真核生物。植物细胞一般都包括细胞壁、细胞膜、细胞质和细胞核等部分，动物细胞没有细胞壁。

（一）细胞壁

在大多数原核生物、植物、真菌的细胞膜外面，有一层硬而有弹性的结构，称为细胞壁。

（二）细胞膜

细胞膜由按一定的规律排列的蛋白质和磷脂分子构成，有的细胞膜中还含有少量糖类。细胞膜具有物质运输、信息传递、细胞识别、免疫等功能。细胞膜的物质运输表现出选择通透性。

（三）细胞质

细胞膜以内与细胞核以外的所有部分称为细胞质。细胞质主要由基质、内含物和细胞器 3 个部分构成。基质是细胞质中无定形结构的胶体物质，含有大分子胶体、溶液和离子，内含物和细胞器悬浮在基质中。内含物是指细胞代谢活动产生的，分布在细胞质中的代谢产物，如淀粉粒、糖原、脂肪滴、蛋白质、单宁（鞣质）、色素粒和结晶物质等。细胞器是分散在细胞质中具有一定的形态结构，执行一定的生理功能的结构，大致可分为两类。一类是由膜包围的，如内质网、高尔基体、线粒体、溶酶体、质体、液泡和过氧化物体等。另一类没有膜包围，如核糖核蛋白体、微管和微丝以及由微管构成的中心体等。质体是植物细胞所特有的细胞器，可分为白色体、有色体和叶绿体 3 类。

（四）细胞核

所有真核生物的细胞都有细胞核。细胞核的形状通常为球形或椭圆形。细胞核由核膜、核质、核仁和染色质等组成。细胞核染色质中含有大部分控制代谢的遗传密码，是细胞的基因“仓库”。

二、植物的组织

组织是生物体内由许多相同或相似的细胞组合形成的,具有一定的形态、结构和生理功能。种子植物的组织分为两大类,即分生组织和成熟组织。分生组织可以不断地分化成各成熟组织。成熟组织是除了分生组织以外的各种已经分化的组织,包括薄壁组织、保护组织、输导组织、机械组织和分泌组织。

(一) 分生组织

分生组织主要有顶端分生组织(叶芽和花芽的发生)、侧生分生组织(根、茎的加粗生长)和居间分生组织(茎节间拔高)。分生组织体积较小,不是主要的食用部位,通常连同其他组织一起供食用。

(二) 薄壁组织

薄壁组织广泛分布于植物体的各器官中,细胞较大,细胞壁较薄。薄壁组织是主要的食用组织。

(三) 保护组织

保护组织被覆于植物器官(如茎、叶、花、果实)表面,具有保护作用。其细胞排列紧密,没有细胞间隙,外壁较厚,常具有角质层甚至蜡层,与抗病及贮运性能有关。

(四) 输导组织

输导组织是植物体内运输水分和各种营养物质的组织。根据运输的物质不同,分为导管和筛管。

(五) 机械组织

机械组织在植物体内起着支持和巩固作用。细胞大多为细长形,纵行排列,细胞壁发生不同程度的加厚。常见的机械组织有厚壁组织和厚角组织两种。

(六) 分泌组织

分泌组织为植物体内具有分泌功能的组织,存在于植物体表面或体内。常由单个的或聚集的细胞特化为蜜腺、树脂道、乳汁管等。

三、动物的组织

高等动物有四大类组织,即上皮组织、结缔组织、肌肉组织和神经组织。其中,与食品加工质量和贮藏性能关系最密切的是肌肉组织和结缔组织。

(一) 上皮组织

上皮组织是由许多紧密排列的上皮细胞和少量的细胞间质组成的。上皮组织通常呈膜状被覆在机体的外表面或衬在体内各种管的内表面。上皮组织根据其形态和功能的不同,可分为被覆上皮、腺上皮和感觉上皮 3 类。被覆上皮是覆盖在机体内外表面的上皮组织。腺上皮由具有分泌机能的腺细胞组成。感觉上皮是由上皮细胞特化形成具有接受特定感受机能的上皮组织,如嗅觉上皮、味觉上皮、视觉上皮和听觉上皮等。

(二) 结缔组织

结缔组织由较少的细胞和较多的细胞间质构成。细胞间质包括基质和纤维,基质呈液体状、胶体状或固体状。纤维为丝状,包埋于基质中。结缔组织包括疏松结缔组织、致密结缔组织、网状结缔组织、软骨组织、骨组织和血液等。

(三) 肌肉组织

肌肉组织主要由具有收缩能力的肌细胞组成。肌细胞的形状一般细长,呈纤维状,因此又称为"肌纤维"。肌肉组织是肉制品加工的主要对象。根据肌细胞的形态结构和功能不同,可将肌肉组织分为骨骼肌、心肌和平滑肌3种。骨骼肌都附着在机体各部位的骨骼上。在显微镜下肌纤维显现明暗相间的横纹,故又称为横纹肌。心肌是由心肌纤维组成的,是构成心脏的肌层,分布在心脏的房、室壁上。平滑肌因其肌原纤维与骨骼肌、心肌不同,不显横纹,故名。其主要构成某些脏器和血管壁、胃后壁的肌层部分。

(四) 神经组织

神经组织主要由神经细胞(或称为神经元)组成。神经组织分散地分布在其他组织中,通常连同其他可供食用的组织一起被食用。

四、器官和系统

器官是多细胞生物体内由多种不同组织联合构成的结构单位,具有一定的形态特征,能行使一定的生理功能。例如,高等动物的消化器官有胃、肠、肝等,一般是由上皮组织、结缔组织、平滑肌、血管和神经等构成的。高等植物的营养器官有根、茎、叶等,也是由薄壁组织、分生组织、保护组织、输导组织、分泌组织和机械组织等组成的。

系统是多细胞生物体内由许多器官联系起来,共同完成某种连续的基本生理功能的结构单位。高等动物主要有10个器官系统,即皮肤系统、骨骼系统、肌肉系统、消化系统、呼吸系统、循环系统、排泄系统、生殖系统、神经系统和感官系统、内分泌系统。植物体可分为3个组织系统,即表皮系统(主要有表皮层和周皮)、维管组织系统(主要由输导组织构成)和基本组织系统(主要由薄壁组织构成)。

思 考 题

1. 试述烹饪原料中的水分的特点。
2. 试述多糖、蛋白质、脂质的物理化学性质。
3. 烹饪原料一般有哪些色素?这些色素的特点是什么?
4. 动植物体有哪些组织?

第三章　烹饪原料的色香味形基础和烹饪特性

学习目标

- 掌握烹饪原料的色香味形的化学本质和物理特性。
- 掌握烹饪原料的色香味形在烹饪过程中的变化。
- 了解烹饪原料风味的分类。
- 了解当今烹饪原料色香味的一些基本理论。

风味包括食物的色、香、味、形 4 个方面。在现代食品科学中,风味的实际含义仅指具有香味和滋味特征的一类化学物质,是专指被人们的味觉感受的物质。但在当代的中国烹饪中,风味既具有科学意义,又具有文化艺术特征。风味有以下 3 种含义。

（1）指气味、滋味、味道的意思。

（2）指某些香料、调味料等所引起的生理感觉。

（3）指风度、风格和风采。有研究机构分析后得出关于人类品味食物时的认识阶梯,如图 3-1 所示。

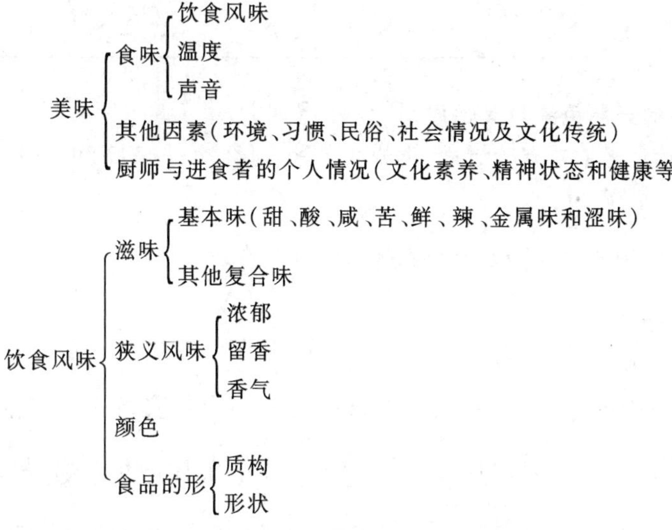

图 3-1　食物的可口性系统

第一节 烹饪原料的化学成分与色香味的关系

一、烹饪原料色泽与化学成分的关系

(一) 物质的颜色与其分子结构的关系

可见光的波长为400~800 nm,可以用棱镜片分为红橙黄绿青蓝紫七色。不同的物质能够吸收不同波长的电磁波。如果所吸收的电磁波在可见光内就表现出颜色,例如某一物质吸收绿色光(510 nm),我们将看到该物质是紫色的。这是颜色的互补现象。有机物质吸收光线是因为含有 π 键,其激发电子所需的能量比较低。含有此 π 键的物质在紫外线区和可见光区内(200~700 nm)具有吸收峰,这种含有 π 键的基团称为发色团。属于这种基团的有碳和碳、碳和氧、碳和硫、氮和氮、氮和氧之间的双键。

如果物质只含有一个这样的基团,其吸收的波段为200~400 nm,还是无色。如果分子有两个或两个以上发色团,形成共轭体系,就可以使其吸收峰向长波方向移动,从而显示出颜色。有些基团,本身吸收波段在紫外线区,但与发色团连接时,会使整个分子对光波的吸收向长波方向移动,从而使这些物体显色。这些基团称为助色团,其对吸收波长的影响如表3-1所示。

表3-1 助色团对吸收波长的影响

助色团	波长移动范围/nm
$—NR_2$	40~95
—SR	23~85
—OR	17~50
—X	2~30

(二) 食品中的天然色素及其性质

食品中的天然色素主要有叶绿素、类胡萝卜素、血红素、花青素和红曲色素等,详见第二章第一节内容。

二、烹饪原料香气与化学成分的关系

(一) 气味化学

1. 官能团和气味

含有醇羟基(—OH)、醚基(—O—)、巯基(—SH)、硫醚基(—S—)、氨基($—NH_2$)、羰基($>C=O$)、羧基(—COOH)和酯基(—COOR)等官能团的化合物,都有各自类似的气味,在同系物中,通常都是低碳原子数成员的气味强烈,而相应的高碳原子数成员则逐渐减弱。例如,低级酯类通常都具有水果香气味,高级酯类则无气味。

2. 分子结构与气味的关系

分子骨架结构和气味密切相关。如果化合物的官能团不是简单的置换基,而和分子的整体结构有关时,便可以根据一定的气味预测出共同的局部结构。有时官能团不同,但

分子骨架结构相同,也会表现出共同的气味。芳香族化合物尤甚。例如,苯乙酮、苯乙醛和苯乙醇都表现出花样的香气。类似的情况在萜类化合物中也常有发现。许多香精油具有相似的气味即此缘故。

3. 同分异构体与气味的关系

不同的对映异构体,不同的顺反异构体,甚至不同的构象异构体,它们常有不同的气味。例如,天然的 $S(+)$-香芹酮和人工合成的 $R(-)$-香芹酮有不同的气味。但是也有一些对映异构体没有气味上的差异,例如 α-苯乙醇等。可见气味的产生与分子的整体结构有很大的关系。

(二)食物原料的香

食物中的香气成分有各类化学结构,常见的有简单的无机物如 H_2S 和 NH_3、脂肪族有机物、芳香族有机物、萜类化合物、杂环化合物等。任何一种食物原料的香气,其成分一般都不是单一的。

1. 新鲜的蔬菜和水果香气

新鲜蔬菜有浓郁的香气。香辛类蔬菜气味更明显。例如,甘蓝和芜菁、萝卜等十字花科植物中,含有黑芥子苷,在水解酶的作用下水解。水解物异硫氰酸烯丙基酯呈辛辣气味,若放置时间过长,就会放出甲硫醇臭气。芦笋的香气则由于二甲基-β-巯基丙酸分解为甲硫醚和丙烯酸的作用。大蒜、洋葱、葱、韭菜等植物的强烈的辛辣气味来自二硫化合物,这些二硫化合物常为其组织中存在的蒜氨酸的降解物。例如,大蒜素在蒜苷酶的催化下,变成多种二硫化合物,产生辛辣气味。芹菜、香芹菜等伞形花科蔬菜具有浓郁的香气,它们的香气多为醇类和萜类化合物。黄瓜含有少量的黄瓜醇、堇菜醛,另外还含有乙醛、丙醛、正己醛、2-己烯醛和 2-壬烯醛等醛类,对其清香味也有贡献,其少量有机酸使口感清爽。番茄香气物质的浓度仅有 2~5 μg/g,随成熟的程度不同,其香气成分也有所变化,但其青草气味主要是青叶醇和青叶醛。而成熟的番茄,其香气组成有反-2-乙醇烯醛、丁二酮、柠檬醛、糖醛、香茅醛、丙酮、α-蒎烯、柠檬烯、正丁醇、异丁醇、正戊醇、异戊醇、2-甲基-1-丁醇(活性戊醇)、顺-3-己烯醇和水杨酸甲酯等。

食用菌类,例如香菇、冬菇等真菌类食物原料,其主香成分有桂皮酸甲酯、1-辛烯-3-醇等 20 余种化合物。但干香菇的香气是烘制过程中蘑菇氨酸分解而产生的一种环状的多硫化合物——香菇精。

水果香气的主要成分是有机酸酯、醛类和萜类化合物,其次是醇类、酮类和挥发性羧酸等。桃的香气主要成分是苯甲醛、苯甲醇、多种酯类、α-苧烯和多种内酯等。红玉苹果的主香成分为正丁醇、正丙醇、正戊醇和正己醇的乙酸酯类。

2. 海藻的香气

海藻香气的主要成分是二甲基硫醚。它在鲜海藻中的前体成分是二甲基-β-硫代烯丙酸,分解后产生二甲硫醚。海藻的鱼腥气来自三甲胺,此外,海藻中还含有一定量的萜类化合物。烤紫菜的香气来自烤制过程中的美拉德反应而生成的芳香物质。

3. 鱼贝类原料的气味

海参的气味主要是反-2-反-6-壬二烯醇(黄瓜醇的异构体)。而海鞘类的气味主要是 7-癸烯醇和正辛醇等。

淡水鱼的气味主体是六氢吡啶及其衍生物,六氢吡啶与附于鱼体表面的乙醛聚合形成鱼腥气味的物质,各种鱼体表面黏液中所含的 δ-氨基戊酸和 δ-氨基戊醛,都有强烈的腥味。不新鲜鱼贝类产生的臭气味，其主要成分是氧化三甲胺在还原酶的作用下生成的三甲胺。

4. 畜肉类原料的气味

畜肉的气味主要取决于它们所含有的特殊挥发性的脂肪酸，例如乳酸、丁酸、己酸、己二酸、辛酸等。这些物质的种类和含量随牲畜品种、性别、管理状况、饲料等而有所不同。例如，羊肉的膻气主要成分是4-甲基辛酸和4-甲基壬酸，绵羊肉的膻气较轻，山羊肉的气味像氨，羔羊肉和母牛肉相似，具有类似牛乳的气味，而阉割的公牛肉有轻微的香气。猪肉的气味相当淡，但母畜和作为种畜交配后的雄畜，其肌肉具有特别强烈的膻气。

宰杀后存放成熟的肉类，由于次黄嘌呤类、醚类和醛类等化合物的积累，将改善肉的气味。但腐败的肉，由于微生物的繁育，有 H_2S、硫醇、氨、尸胺和组胺等形成，产生了令人厌恶的腐败臭气。

5. 乳和乳制品的香气

新鲜的乳类具有一种诱人的香气，例如牛乳的香气的主体物质是二甲基硫醚。但其含量过高会造成乳牛臭。酸败后的乳类含有较多的丁酸，故有明显的酸败臭。

三、烹饪原料滋味与化学成分的关系

烹饪界常说的"味"有两层含义，一为广泛的味，即常说的风味；二为狭义的味，即口味。我们在这里讨论的是狭义的口味。按中国传统说法，味有酸、甘、苦、辛、咸五种基本味（原味），而在西方则有酸甜苦咸4种原味。在食品科学界，一般把后者作为基本味。

目前我们沿袭几千年来的习惯，把单纯性的味觉分为酸、甜、苦、辣、咸、涩等类型。目前，烹饪界一般认同美国化学家沙伦贝格（Shallenberger）对食品的酸味、甜味、咸味、苦味形成机制的解释。

（一）酸味

酸味是氢离子刺激味蕾的结果。无机酸的解离度虽然很大，但无机酸解离的酸根离子却不容易吸附到舌黏膜上去，而有机酸产生的离子易接近舌黏膜，所以其酸味效果反而比无机酸更好。一般无机酸还附带有苦涩味，所以不宜作为调味剂。酸味的感知阈值甚低，通常 10^{-3} mol/L 的 H^+ 就能被感知。沙氏认为，酸味是质子与受体上的 HA 作用的结果。在烹饪原料中酸味物质有乳酸、柠檬酸、苹果酸、酒石酸、葡萄糖酸、琥珀酸和抗坏血酸等，而常用的酸味调味料是醋，其呈味物质是醋酸。

（二）甜味

沙氏认为，一个甜味分子必须有一对氢键给予体 HA 和接受体 B，而且彼此相距 3×10^{-10} m，甜味受体上也具有一对相应的 B-HA 与之互补，两者形成一个双氢键而产生甜味。

（三）咸味

沙氏认为，咸味是阴离子与受体上的 B 作用的结果，这就是说，咸味不仅因阳离子作用而产生，也和阴离子的种类有很大的关系。许多中性的盐类都有咸味，特别是中性的无机盐类，例如氯化钠。但有许多盐类略带苦味，例如硫酸镁。氯化钠不只是调味剂，其对生理膜的平衡也很重要。

（四）苦味

许多苦味物质分子内部有很强的疏水性部位。沙氏认为，苦味是由于有疏水基团遇到空间阻碍的结果，即苦味物质分子中的氧供体和氢受体之间的距离在 1.5×10^{-10} m 之内，从而形成分子内氢键，使整个分子的疏水性增加。而这种疏水性是脂膜中多烯磷酸酯组合成的苦味受体相结合的必要条件。一般人们不喜欢食用苦味食品，但由于长期的生活习惯和心理作用的影响，人们偏爱有些苦味物质，例如茶叶、咖啡、啤酒和苦瓜等。

（五）辣味

辣味也常称为辛味，辣味物质是在舌根上部的触觉神经末梢所引起的痛觉。高浓度的辣味物质在人体其他部位的表皮上也能产生同样的刺激效果，因此它是一种触觉。辣味可以细分为以下几种。

1. 热辣味

在口腔中产生烧灼的感觉，在常温下没有刺鼻的感觉，在高温时能刺激口腔上部的喉黏膜，这说明呈味物质在常温下挥发性不大，辣椒的味感是热辣味的典型代表。

2. 辛辣味

辛辣味是一类冲鼻的刺激性辣味，除作用于口腔黏膜外，还有一定数量的易挥发成分刺激嗅觉器官，实际上是味觉和嗅觉的综合效应，相应的烹调原料有葱、蒜和韭菜等。

3. 麻辣味

麻辣味也是在口腔中引起烧灼感觉的味道，但同时兼有某种程度的麻痹感，相应的烹调原料是辣椒与花椒混合使用，是中国川菜常用的独特的基本味型之一。

（六）鲜味

一些学者根据当前具有鲜味的 40 多种化合物的结构上的共性，认为鲜味是由于食物中含有氨基酸、肽、蛋白质和核苷酸。当两性盐的分子中同时具有咸和甜两个中心时就会有鲜味。

中国烹饪传统的制鲜手段是用浓汤，常用动物骨头熬制汤汁，或用素菜中的黄豆芽、鲜竹笋、海带、蘑菇等熬制汤汁。自从 1912 年日本学者池田菊苗发现谷氨酸及其钠盐的增鲜作用后，现在已发现有 40 多种呈鲜物质。除了谷氨酸及其钠盐（味精）以外，主要有肌苷酸（5′-肌苷酸二钠，IMP）、鸟苷酸（5′-鸟苷酸二钠，GMP）、琥珀酸（贝类鲜味）。

（七）涩味

涩味不是作用于味蕾，而是刺激触觉的末梢神经所引起的感觉，是呈味物质作用于口腔黏膜引起黏膜蛋白质凝固而产生的一种收敛性的感觉。单宁（鞣质）类、草酸和明矾都是典型的涩味物质。强烈的涩味是一种不愉快的感觉，在烹调中要设法除去它。例如，未成熟的柿子有涩味，需要催熟。预煮也可以减少涩味。

资料：β-烟酰胺单核苷酸（NMN）的介绍

除了以上 7 种味道以外，还有如薄荷醇所引起的清凉味、氢氧根离子所引起的碱味、一些金属引起的金属味等。

第二节 烹饪原料的化学成分与功能作用

一、植物原料的功能成分与作用

（一）膳食纤维

膳食纤维是指不能被人体消化吸收的多糖类碳水化合物和木质素。膳食纤维按其溶解性可分为水溶性与非水溶性。纤维素、半纤维素和木质素是3种常见的非水溶性纤维，而果胶和树胶等属于水溶性纤维。

膳食纤维有吸水膨胀的作用，可形成胶体溶液，可吸附有毒物质，减少有毒物质在肠内的吸收，从而减少发生结肠癌的机会。水溶性纤维还可减缓消化速度和加快排泄胆固醇，使血液中的血糖和胆固醇控制在理想状态，有助于糖尿病患者降低胰岛素和三酸甘油酯。

（二）单不饱和脂肪酸

单不饱和脂肪酸是指含有1个双键的脂肪酸。现在已发现的单不饱和脂肪酸有肉豆蔻油酸、棕榈油酸、油酸、反式油酸、蓖麻油酸、芥酸和鲸蜡烯酸。坚果、茶油和橄榄油都富含单不饱和脂肪酸。

单不饱和脂肪酸对形成动脉粥样硬化有重要作用：降低总胆固醇（TC），甘油三酯（TG），低密度脂蛋白（LDL）值，维持正常作用；降低血小板聚集率；增强抗氧化酶活性，减少机体内自由基脂质超氧化物水平。单不饱和脂肪酸还可以预防高血压、冠心病等心血管疾病。

（三）n-3，n-6 脂肪酸

n-3 和 n-6 系列脂肪酸均属于多不饱和脂肪酸。n-3 系列脂肪酸含量较高的油脂有亚麻仁油、紫苏籽油、大豆油、低芥酸菜籽油、薄荷油等。n-6 系列脂肪酸含量较高的油脂有红花油、大豆油、向日葵油、棉籽油等。

n-3 系列脂肪酸对神经细胞的发育和神经细胞兴奋的传导具有重要作用，对胆固醇及三酰甘油均有明显的降低作用，可治疗高脂血症，对急性心肌梗死的预防具有重要作用。

n-6 系列脂肪酸中的亚油酸可降低乳腺癌的发生率。n-3 和 n-6 系列脂肪酸对免疫系统、心理压力和疼痛都有影响。

（四）大豆磷脂

大豆磷脂是一种混合磷脂，它由磷脂酰胆碱（卵磷脂）、磷脂酰乙醇胺（脑磷脂，简称 PE）、磷脂酰肌醇（肌醇磷脂，简称 PI）、磷脂酰丝胺酸（丝胺酸磷脂，简称 PS）等成分组成。

大豆磷脂在医药与保健工业中被誉为“细胞的保护神”“血管的清道夫”“健康补脑汁”等，是保护人体正常代谢和健康生存必不可少的营养物质，对人体的细胞活化、生存及脏器功能的维持、肌肉关节的活力及脂肪的代谢等都起到非常重要的作用。

（五）番茄红素

番茄红素是类胡萝卜素的一种，主要来自水果和蔬菜，尤其是成熟期的番茄，西瓜中的红色素也是番茄红素。由于最早从番茄中分离制得，故称为番茄红素。

番茄红素不具有维生素 A 的生理活性，但番茄红素是一种很强的脂溶性抗氧化剂，能预防心血管疾病、动脉硬化等，增强人体免疫系统、抑制前列腺抑癌，以及延缓衰老等。

（六）生育三烯酚

生育三烯酚的化学结构类似于生育酚。生育三烯酚有4种天然的异构体，分别为 α-生育三烯酚、β-生育三烯酚、γ-生育三烯酚和 δ-生育三烯酚，4种异构体的主要区别在于苯环上的甲基个数不同。生育三烯酚主要存在于棕榈油和谷粒。

生育三烯酚具有较明显的降低血清胆固醇的作用，以及抗 LDL 氧化和降血脂的特性，所以有抗动脉粥样硬化作用。有一定的抑制肿瘤细胞的生长的作用，主要抑制由激素调节的癌细胞生长，如可通过抑制雌激素分泌而抑制人乳腺癌细胞的增殖。

（七）葡多酚

葡多酚（GPC），国外多称为葡萄原花青素，GPC 是由不同数量的儿茶素或表儿茶素或儿茶素与表儿茶素缩合而成的，最简单地为二聚体，此外还有三聚体、四聚体至十聚体。GPC 有多个酚性羟基，容易被氧化而释放 H^+，竞争性地与自由基及氧化物结合，保护脂质，阻断自由基链式反应。GPC 是存在于葡萄中的一种天然植物多酚，在葡萄的皮、籽中含量丰富。

GPC 具有抗氧化、抗自由基损伤功能。GPC 可降低血液中的胆固醇，有利于血管扩张，保护血管内皮组织，抑制血栓形成，对心血管疾病有良好的预防和治疗作用。GPC 在抗辐射、抗突变、抗肿瘤方面有一定的作用。

二、动物原料的功能成分与作用

（一）牛磺酸

牛磺酸又称 2-氨基乙磺酸，最早由牛黄中分离出来，故得名。牛磺酸以游离状态存在于动物的细胞内。牛磺酸主要存在于哺乳动物的脏器中，如在心脏、脑、肝脏中含量较高。牛磺酸含量最丰富的是海鱼、贝类、海洋植物紫菜。陆地动物的肝脏中含有较丰富的牛磺酸，特别是牛的胆汁中的含量高。

牛磺酸能加速神经元的增生以及延长的作用，同时亦有利于细胞在脑内移动及增长神经轴突。牛磺酸与幼儿、胎儿的中枢神经及视网膜等的发育有密切的关系，长期单纯的牛奶喂养，易造成牛磺酸的缺乏。牛磺酸还是一种重要的渗质，它能帮助机体调节多种细胞的容量，特别是在脑、肾髓质、视网膜中。

（二）共轭亚油酸

共轭亚油酸（CLA）是一类含共轭双键的 18 碳脂肪酸的总称，是必需脂肪酸亚油酸的异构体。许多食物中含有 CLA，但含量都很低。反刍动物制品是 CLA 最主要的天然来源，如牛羊肉和奶制品。

共轭亚油酸具有清除自由基，增强人体的抗氧化能力和免疫能力，促进生长发育，调节血液胆固醇和甘油三酸酯水平，防止动脉粥样硬化，促进脂肪氧化分解，促进人体蛋白合成，对人体进行全面的良性调节等作用。

（三）卵磷脂和胆碱

胆碱是一种强有机碱，是卵磷脂的组成成分。在食物中，胆碱大多以卵磷脂的形式存在。鸡蛋黄、动物肌肉和器官中卵磷脂和胆碱的含量丰富，而谷物、蔬菜、水果则含量较少。

胆碱在维护身体健康，防止疾病发生方面扮演着重要的角色。胆碱有利于维持肝脏功能，还对胎儿和婴儿的大脑发育起着重要的作用。胆碱可以帮助传送刺激神经的信号，特别是为了记忆的形成而对大脑所发出的信号，有防止年老记忆力衰退的功效。人体机体也能合成胆碱，所以不易造成缺乏病。

（四）DHA 和 EPA

二十二碳六烯酸（DHA）和二十碳五烯酸（EPA）都是人体必需脂肪酸，属于 ω-3 系

列多不饱和脂肪酸，人体不能自身合成，只能从食物中摄取。EPA 和 DHA 的分子非常不稳定，在空气中很容易发生氧化而变质。DHA 和 EPA 广泛存在于水产品中，而普通植物源原料含量微弱。DHA 俗称“脑黄金”，主要来源于动物性的鱼油和植物性的藻油。EPA 是鱼油的主要成分。

DHA 是神经系统细胞生长及维持的一种主要元素，是大脑和视网膜的重要构成成分，在人体大脑皮质中含量高达 20%，在眼睛视网膜中所占的比例最大，约占 50%，对胎儿、婴儿智力和视力发育至关重要。另外，DHA 具有抗过敏、增强免疫作用。EPA 能降低胆固醇和甘油三酯的含量，促进体内饱和脂肪酸代谢，防止脂肪在血管壁的沉积，预防动脉粥样硬化，预防脑血栓、脑出血、高血压等心血管疾病，降低血液黏稠度，增进血液循环，提高组织供氧而消除疲劳。适合中老年人食用。

三、微生物原料的功能成分与作用

（一）益生素和益生原

益生菌是一种活性微生物，主要有乳酸菌和双歧杆菌等细菌和酵母菌，广泛存在于酸奶和发酵蔬菜中，对人体健康具有有益的作用。益生原是一种不能被消化的食品成分，主要是低聚糖，能够选择性地促进结肠内特定有利身体健康的细菌的繁殖和活性，对机体产生积极影响。

益生菌能产生有益的代谢产物；抑制有害菌的生长；防止有毒物质的积累；刺激免疫系统，强化特异性细胞免疫反应。益生原能减轻便秘，降低肠道 pH，调理细菌平衡，预防肠癌，增强免疫力。

（二）乳酸菌

乳酸菌是发酵糖类且主要产物为乳酸的一类无芽孢、革兰染色阳性细菌的总称。乳酸菌是一种存在于人类体内的益生菌。乳酸菌可用于制造酸奶、乳酪、泡菜等食品。

乳酸菌能使肠道菌群的构成发生有益变化，抑制腐败菌的繁殖，消解腐败菌产生的毒素，恢复人体肠道内菌群的平衡，改善人体胃肠道功能；提高食物消化率和生物效价；抑制胆固醇吸收，辅助降血脂、降血压；提高机体免疫力；防治乳糖不耐症（喝鲜奶时出现的腹胀、腹泻等症状）；促进蛋白质、单糖及钙、镁等营养物质的吸收，产生维生素 B 族等大量有益物质；提高超氧化物歧化酶（SOD）活力，消除人体自由基，具有抗衰老作用；预防女性泌尿生殖系统细菌感染；保护肝脏并增强肝脏的解毒、排毒功能；抗肿瘤、预防癌症作用。

（三）真菌多糖

真菌多糖是指广泛存在于香菇、灵芝、银耳、蘑菇等食用和药用真菌中，具有生理活性和保健功能的一类多糖。主要有香菇多糖、银耳多糖、金针菇多糖等。

真菌多糖具有增强免疫力、延缓衰老、抗辐射、降血脂、抗血栓、抗凝血、抗溃疡、抗肿瘤的活性作用。

第三节　烹饪原料的物理性质与形的关系

一、烹饪原料形态和质地与胶体性质的关系

食品的形有两种含义，一是指食品的外观形状，二是指食物原料组织构造、营养物分

子的聚集状态等。这主要涉及食品流变学和细胞组织结构的知识。

（一）胶体科学和流变学

胶体是物质的一种特殊的分散状态。当分散相的颗粒直径大小为 $10^{-9} \sim 10^{-7}$ m,并在分散介质中均匀分布时,便可形成一种透明、澄清、相对均一和稳定的分散系。这种分散系叫作胶体分散系。

胶体具有双电层结构,其中心为带有单一性质电荷的胶核,胶核表面有一层与胶核电荷性质相反的电荷,最外层为吸附层,在吸附层中的分子也是按电荷性质定向排列的,这就是胶体的双电层结构。胶体的双电层结构决定了它的相对稳定性。当其他物质微粒接近胶体颗粒表面时,会出现特有的表面吸附作用,这使水分子能够在表面形成许多氢键,造成相对稳定的水化层,使胶体颗粒能够生成相对稳定的分散体系。假如我们添加电解质,以中和胶体表面电荷,破坏双电层的结构,或用加热加速胶体的布朗运动,增加胶粒的碰撞机会,同时削弱胶核的吸附作用,加速溶剂的蒸发,减小水合膜的厚度,都会造成胶体颗粒的沉淀,破坏胶体体系,这便叫作胶体的聚沉。

胶体分为憎液胶体和亲液胶体两类。对于前者,加入表面活性剂以降低水的表面张力,可使胶体颗粒分散。而后者,因胶体粒子表面几乎都存在强极性的亲水基团如—OH、—NH_2、—COOH 等,和水有很大的亲和力,可以直接分散。所以亲液胶体也叫作溶胶。溶胶的分散相多为蛋白质、淀粉、果胶质等高分子化合物。烹饪过程中所涉及的胶体体系绝大多数属于这种高分子溶胶。

在一定的温度和一定的浓度的条件下,溶胶能够凝结成相当稠厚、富有弹性,具有一定形状的胶冻状的物质,称为凝胶。溶胶凝结成凝胶的变化过程叫作胶凝。凝胶仍属于胶体体系。影响胶凝过程的因素包括物质的本性、分散相的浓度和温度。凝胶在受热或干燥条件下,如果其中的水分过量蒸发,其体积便会缩小,即脱水收缩现象。溶胶和凝胶形式的食品有很多,例如豆腐。凡是以羹、冻、糕等命名的菜肴,一般都与胶体体系有关。

流变学是有关物质的形变和流动的科学。它主要研究胶体体系和高分子的黏弹性、异常黏弹性和塑性流变等方面。水和气体的流动现象不包括在内。食品流变学是研究食品流动和形变的科学。食品含有大量的胶状蛋白质、糖类等高分子物质,与流变学有关。

任何非理论刚体,在正向压力的作用下,总要发生一定程度的形变或位移,而物体本身的弹性总是阻止这种形变的发生。流体不具有固定的形状,它在外力的作用下,将产生沿外力方向上的流动,而流体的分子间力所产生的内摩擦力也力图阻止这种流动,它可在一定的条件下达到力的平衡。这些在外力作用下,产生流动、形变的性能,称为物体的流变性。

物体的弹性总是表现为物体对外力作用的适应性,而黏性表现为对外力的对抗性。它们在不同的条件下,表现为食品的硬、脆、韧、嫩、烂、软、滑和黏等口感。

在外力作用下的物体形变分为弹性形变和塑性形变两种。所谓弹性形变,是指物体在外力作用下,发生形变或位移,当外力作用消失后,物体能完全恢复原状(包括形状和空间大小)的形变。反之,如果外力作用消失后,物体原来的形状和大小不能恢复原样,这种形变就称为塑性形变。例如,未煮烂的肉类、蹄筋以及海蜇等都是弹性形变,而水调面团、糕点制作都是塑性形变。

番茄酱、巧克力、蜂蜜、淀粉糊、动物血液及牛奶等食品常呈现黏液状态,它们在外力作用下流动时,分子片层的滑动常有受阻的现象,从而表现出一定的黏性,称为黏性流动。

在层与层之间的摩擦力大小即为黏性的大小。在烹饪过程中,某些卤汁的浓稀稠薄与此有关。

食品通常同时具有弹性形变和黏性流动两种特征,因此把这种性质叫作黏弹性,这类物质叫作黏弹性体,例如,生面条、生面团、各种凝胶类食品,都属于这类黏弹性体。

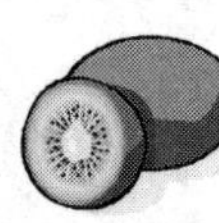

(二) 质构

口感是通过物理刺激产生的感觉,而不是物质分子产生的刺激。固体食品的硬度、粉末食品的粒度、流体食品的黏度以及胶体食品的乳浊、悬浊状态等都是质构的重要方面。脆度对有些食品很重要。例如,油炸食品的松脆性、腌制黄瓜的脆度。脂肪分布对食品的质构和口感也有很大的影响。例如,冰淇淋口感的好坏与它本身水包油型的胶体状态有关,而外国人喜欢的黄油是油包水的胶体食品。物理属性与菜点口感的关系如表 3-2 所示。

表 3-2 物理属性与菜点口感的关系

物理属性	菜点口感的类型
温度	冻(<0℃)、冷(<5℃)、凉(<15℃)、温(20~35℃)、热(40~50℃)及烫(>60℃)
黏度	爽、滞、黏
密度	松、酥、实
纤维强度	嫩、老、韧、脆
硬度	软、硬
湿度	干、浸、焦
光滑度	细滑、粗糙
含气量	少泡、多泡

二、烹饪原料形态和质地与细胞结构的关系

植物细胞壁的结构分为 3 层,即胞间层、初生壁、次生壁。胞间层又称为中胶层,位于两个细胞之间,主要成分是果胶类物质,有黏合细胞的作用,保持原料脆性。如果被果胶酶水解会导致细胞分离,果实发绵。初生壁位于胞间层两侧,主要成分是纤维素、半纤维素和果胶质,薄而有弹性。次生壁位于初生壁内侧,主要成分有纤维素、半纤维素、微纤丝和木质素,有机械支持和保护作用。

活细胞的细胞膜控制着细胞与外界环境的物质交换,维持着细胞的膨压,当细胞失水时,会出现萎蔫。当细胞死亡时,细胞膜破裂,许多细胞脆性消失。溶酶体和液泡与烹饪原料的品质关系很密切。当动植物丧失生命活动后,会使溶酶体或液泡中大量的水解酶进入细胞基质,引起细胞的损坏和自溶。白色体的主要功能与养分的贮存有关,根据贮存的物质不同,白色体可分为合成淀粉的造粉体、合成脂肪的造油体和合成蛋白质的造蛋白体等,这些与质构均有关系。

植物输导组织随着植物生长期的延长会因纤维含量增加而老化,从而使植物性食品原料的质地变得粗老,食用价值降低。机械组织中的厚壁组织是加厚的次生壁的细胞组织。厚壁组织根据形状的不同又可分为纤维和石细胞。厚角组织是特化了的活细胞,其

结构特点是常在细胞壁上加厚，含有较多的纤维素和果胶质，一般分布于幼茎和叶柄。例如芹菜叶柄的纵线、豆茎的四棱，食用品质不佳。

动物疏松结缔组织是一种柔软而富有弹性和韧性的结缔组织。在动物体内主要填充在组织之间或器官之间。疏松结缔组织纤维含量较少，主要成分为蛋白多糖，还含有大量的组织液。疏松结缔组织的纤维主要有胶原纤维、弹性纤维和网状纤维 3 种，以胶原纤维为主。胶原纤维常集合成束存在，韧性大，抗拉力强，其主要化学成分是胶原蛋白。弹性纤维比胶原纤维细，弹性大，易拉长，由弹性蛋白组成。胶原纤维和弹性纤维属于不完全蛋白，营养价值低。网状纤维较细，彼此交织成网，在疏松结缔组织中较少，其化学成分与胶原纤维相似。

致密结缔组织主要由排列紧密的大量的纤维组成，基质和细胞成分少。其主要由胶原纤维组成，少数主要由弹性纤维组成。皮肤的真皮、腱、韧带等都是由致密结缔组织组成的。致密结缔组织过多时，会使肉类口感老韧，降低肉类的食用价值。

脂肪组织与疏松结缔组织相似，特点是含有大量脂肪细胞，分布在许多器官周围和皮肤下。

软骨组织由软骨细胞、纤维和基质组成。基质呈透明凝胶状态，主要化学成分为水和软骨黏蛋白，富有韧性和弹性。软骨细胞和纤维包埋于基质中。软骨组织主要分布在肋软骨、鼻、气管、耳郭以及椎间盘、腱与骨相连接处。

骨组织是体内最坚硬的结缔组织，由骨细胞、纤维和基质组成。基质为坚硬的固体，内含大量钙盐，其余成分主要为骨黏蛋白。纤维大多成密集的纤维束，有规则地分层排列。

血液是由血浆和各种血细胞组成的一种结缔组织，血浆中透明的液体为血清，即为结缔组织的基质，血浆内的纤维蛋白可能变成纤维，加热时会出现凝固。

动物骨骼肌由许多平行排列成束的骨骼肌纤维构成。骨骼肌纤维呈长圆柱形。骨骼肌是构成肉类食品的基本部分，即通常所说的瘦肉的主体部分。心肌纤维（心肌细胞）呈短圆柱形，有分支并互相连接。心肌肌原纤维的结构和骨骼肌的相似，也有明暗相间的横纹，但不如骨骼肌显著。畜禽的心肌可作为烹饪原料供食用。平滑肌纤维呈长梭形，肌原纤维无横纹。平滑肌纤维按一定的方向成束排列构成平滑肌。肌纤维的间隙中常常有结缔组织。畜类的胃肠壁等平滑肌可作为烹饪原料供食用。在肉品加工中部分平滑肌可供制作肠衣等产品。

第四节　烹饪对主要烹饪原料的色香味影响

一、烹饪对烹饪原料色泽的影响及其原理

（一）烹饪中色素的变化

绿色蔬菜在烹调过程中，蔬菜本身含有的草酸、柠檬酸等有机酸会使叶绿素发生脱镁反应，使蔬菜变黄。

类胡萝卜素在烹调加工过程中，很容易发生异构化和氧化。

1. 异构化反应

烹饪原料中天然存在的类胡萝卜素大多是全反式的构型，在光和热的作用下发生异

构化，形成部分顺式或全部顺式的类胡萝卜素。结果使颜色变浅，而且使生理活性减少，降低营养价值。

2. 氧化反应

类胡萝卜素因含有许多不饱和双键，特别容易被氧化。尤其在高温和 Fe^{2+} 或 Cu^{2+} 存在时，在类胡萝卜素氧化酶的作用下，能加速类胡萝卜素的氧化。类胡萝卜素被氧化后颜色变浅，甚至无色，营养价值也降低。

虾蟹类原料经过烹调加热、贮藏或与无机酸、乙醇等相遇后，虾青素易被氧化（脱氧）成红色的虾红素，外壳变为橙红色。花青素容易受 pH 影响，遇金属离子变成紫罗兰色，从而影响食物的外观色泽。虾蟹类原料经过烹制后成为比较稳定的橘红色，经常被用于冷盘的拼配中。

脂肪有润色作用，会使原料色泽更加鲜艳。

（二）褐变及其防止

动植物食物在死亡离体以后的加工贮存过程中，色泽经常发生部分或全部变褐现象，称为褐变。褐变按其发生机制分为酶促褐变和非酶促褐变两大类。有时需要利用褐变，使菜点获得良好的色泽，如糖色及烤、煎、炸等制品的色泽。有时又需要防止褐变，以免它影响菜点色泽，例如制作拔丝菜、果蔬类必须防止褐变。

1. 酶促褐变

酶促褐变发生在水果、蔬菜等新鲜的植物性食物中，是由酚酶催化酚类物质氧化成醌及其聚合物的结果。这类变色作用非常迅速。酶促褐变需要有酚类底物、用作氧化剂的氧和催化物质——酚类氧化酶，三者缺一不可。另外需要机械、生理或病理损伤，造成底物与酶的接触。酚类物质主要有酪氨酸、儿茶酚、原儿茶酸、咖啡酸、绿原酸等。酶促褐变主要发生在颜色较浅的果蔬原料中，如藕、苹果、莴笋等。它们的细胞组织遭破坏后，如削皮、切破、撞伤等，暴露在空气中都会发生褐变。

2. 非酶促褐变

非酶促褐变的特点在于没有酶的催化，此类反应有以下 3 种情况。

（1）美拉德反应

胺类、氨基酸、蛋白质与糖类的醛基、酮基之间能起氨基羰基反应，简称羰氨反应。因最后产物是结构复杂的黑色素，故又称为黑色素反应。它是许多食品褐变的主要原因。

（2）焦糖化反应

焦糖化反应是指单一组分的糖，在没有任何含氨基的化合物的作用下，当其受到高温（150~200℃）时，自行发生一系列降解、缩合、聚合等反应，最后生成结构尚未清楚的黑褐色的焦糖。轻微的焦糖化发出令人愉快的香气，过度焦糖化就产生令人讨厌的焦煳气味和苦味。利用焦糖化反应熬制食用色素——糖色（酱油、食醋的常用着色剂）时，要认真控制火候。

（3）抗坏血酸氧化作用

果汁等富含维生素 C 的食品，在贮存期间的褐变，主要是因为维生素 C 自行分解生成糠醛等，糠醛再起一系列的缩合、聚合反应生成黑色素。

无论是哪一种形式的褐变，都有其两重性，其有有利的一面，例如咖啡、茶叶、面包、糕点、锅巴等食品的焦香风味，就是靠这些反应来完成的。但是更多的是对食品烹饪和加工过程有害的一面，产生变色。

3. 褐变的防止

(1) 酶促褐变的防止

一般采取降低酚类氧化酶的活性或者隔绝氧气的办法来防止酶促褐变。在烹饪加工过程中多采用加热处理、清水漫漂等方法。前者例如在70~95℃加热7 s,原料中大部分酶就失去活性,可有效地防止酶促褐变。后者将易变色的原料放入一定量的清水中(淹没原料),使之与空气隔绝以抑制酶促褐变。

(2) 非酶促褐变的调控

非酶促褐变是化学反应,与温度有关,不希望发生时要防止温度过高。如果需要时,应选择还原糖和氨基酸较多的原料,给予适当的高温。

(三) 烹饪配色

在烹饪技术中,中国厨师很讲究利用食物原料本身的色彩,看色取料,看菜配色。如果原材料中的主辅料的色彩不够理想,可加有色的调味料,像番茄酱、酱油、辣椒油等都是中餐厨师常用的加色调料,所以也能满足五彩纷呈的色彩要求。

二、烹饪对烹饪原料香气的影响及其原理

(一) 食品在加工和烹调过程中生成的香气

1. 发酵制品的香气

这是一类经过微生物的作用后,进行人工改制的食品或调味品的气味变化,其中主要有酒类、酱油和食醋3种,与烹饪的关系最密切。酒类的香气成分非常复杂,已发现的呈香物质总数已达100多种,以酯类为主,其他则是醇类、酸等。酱油是中国烹饪的特有调料,是以豆、麦等原料经霉菌和酵母等的综合作用制得的,其中的呈香呈味的物质,经检验的已达200余种。可分为焦糖香、花香、水果香、肉香、酒香等香型,其香气的主体是酯类化合物。食醋的气味来源于发酵过程中生成的各种酯类和人工添加的各种香辛料,酯类中以乙酸乙酯为主。我国的镇江香醋和山西陈醋,风味浓郁。

2. 烹调过程中形成的香气

在烹调过程中烹饪原料中的某些物质因受热分解,形成各种各样的风味物质。蔬菜在烹煮的过程中,会产生各种挥发性的物质,其中以H_2S、甲醛、甲硫醇、乙醛、乙硫醇、甲醇、二甲硫醚和丙硫醇为主要成分。煮青豌豆的香气便以H_2S和二甲硫醚为主香物质。

肉类烹调的变化更复杂,例如清炖牛肉的香气成分有300多种化合物。主要是含氧、氮、硫3种原子的杂环衍生物,是蛋白质和核酸在烹饪过程中变化产生的。根据这些研究结果,生产了很多肉类香精。例如,1,8-辛基二硫醇是烧鸡的香气,2,3-二巯基丁烷是焖牛肉的香气。

烘、烤、焙、炒等方法所制得的食品的香气,大体上都来自美拉德反应的中间步骤。例如烘咖啡、烘茶叶、炒花生、炒瓜子及炒芝麻等的香气都是吡嗪衍生物。

油炸食品的香气是链状的2,4-二烯醛和内酯。

米饭的香气是由H_2S、NH_3和乙醛造成的,特别是刚煮熟时。有人试验在L-半胱氨酸和L-胱氨酸的溶液中加入维生素B_2时,暴露在日光下就形成米饭的香气。

(二) 调香

最常见的调香是添加香料,例如加入八角茴香、小茴香、桂皮、丁香、胡椒、花椒、姜、

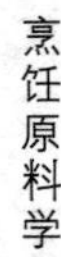

葱、蒜和芹菜等。八角茴香含有茴香脑、茴香醛，小茴香含有茴香脑、茴香酮，桂皮含有桂皮醛，丁香含有丁香酚，胡椒含有胡椒烯和黑椒素，花椒含有萜烯和柠檬醛，姜以姜酮和蒜油醇为主香。

食品的调香，其目的在于激发其正常的风味效果，具体有如下几个方面。

1. 增强

使那些好闻的气味得到充分发挥，用调香的方法增强其挥发性能。

2. 掩盖

对难闻的气味进行掩盖，即以香掩臭。用其他有气味的物质来造成一种综合效应，即所谓变调，变臭为香，例如喷洒香水，就是一种变调的方法。

3. 夺香

夺香即加入某种少量物质后，改变香气的格调。

4. 矫正

某些简单的挥发性物质，其气味恶臭，如 H_2S、NH_3 等，如果在一定的范围内，用多种成分组合得当，反而气味芳香。对有些臭味，可以通过反应加以消除。例如，鱼臭味物质都具有不同程度的碱性，且易挥发，故烹调前用醋洗或烹饪时加醋、酒都可以使腥臭气味大为减弱。

5. 稀释

有些物质如浓度太大，其气味不良，但稀释到一定的阈值，反而变得优雅温馨。例如 β-甲基吲哚是粪便臭气的主要成分，然而高度稀释便具有素馨花的香气。

三、烹饪对烹饪原料滋味的影响及其原理

（一）烹饪原料的味道

糖类中的淀粉、纤维素和四糖以上的寡糖均无味，单糖和双糖多数具有甜味，少数具有苦味，也有的无味。动植物油脂主要成分中甘油酯、磷脂和固醇酯均为生物膜的成分，其分解产物可能分别具有酸、辣、苦、甜等味道。脂溶性维生素因其不溶于水，所以往往无味。水溶性维生素则多呈酸、苦味，如维生素 C 为酸味，维生素 B_1、维生素 B_2 等为苦味。氨基酸有立体专一性，具体说来有以下几方面。

（1）酸性侧链长，呈酸味。

（2）侧链短或带有羟基，呈甜味。

（3）环亚胺型的 L 型呈甜味，D 型无味。

（4）具有长的疏水性侧链者，其 L 型呈苦味，D 型呈甜味。

（5）碱性侧链的除有苦味外，D 型和 L 型稍有甜味。多肽和蛋白质的味道，除有氨基酸味道叠加外，常还有很多特殊的变化。

（二）烹饪原料的调味

烹饪中的味道主要是外加调味品产生的。食盐在菜中的感觉阈值在 0.2%，一般清淡菜点中为 0.8%~1.2%，浓厚的菜点中为 1.5%~2.0%。味精一般添加 0.28%~0.48%，味精的呈味与 pH 有关，pH 为 6 时最鲜，pH 小于 6 时鲜味逐步下降，pH 大于 7 时，鲜味消失。味精在 120℃ 的高温下会变成焦性谷氨酸钠，失去鲜味。核苷酸中的 5′-肌苷酸和 5′-鸟苷酸具有鲜味。前者主要存在于肉类中，后者主要在香菇、酵母中比较多。核苷酸与谷氨酸钠混合可以使两者的鲜味大大增强。

其他调味品，例如辣味，通过加辣椒、胡椒、花椒、生姜、葱、蒜和芥末等，其辣味依次减弱，逐渐由热辣变为辛辣。酸味主要通过添加食醋、乳酸、柠檬酸、酒石酸等实现。只要pH小于5，都能引起酸味。对于甜味，主要通过加入蔗糖、蜂蜜、蛋白糖等。而对于苦味和涩味烹饪原料，在烹饪过程中通过焯水等使它减轻。

总的来讲，调味方法主要有"隐恶""扬善"和"创新"。所谓"隐恶"就是在预加工时，涤除恶劣之味的部位，以强烈的调味料盖压不良气味，用热处理技术化解异味为美味。所谓"扬善"就是用对比的手法烘托主味，用烹调的方法改进原来的口味。所谓"创新"就是利用多种主辅配料创造出一种新的美味来。近代食品科学把调味技术手段分成如下4种方法。

1. 对比法

对比法是在主味物质之外，又加入烘托性的辅助味物质。例如，在糖溶液中加少量盐。再如味精的鲜味必须在有一定量的食盐的作用下才能呈现出来，否则它就是无味的。

2. 相乘法

相乘法是把同一味觉的两种或两种以上的不同呈味物质互相混合在一起，从而呈现味感增强的相乘效果。例如，味精和肌苷酸的混合效果呈现相乘现象。若以95 g味精和5 g肌苷酸混合，则可以得到相当于500 g味精所呈现的鲜味。

3. 相消法

两种不同味觉的呈味物质以适当的比例混合时，可以使每一种味觉比单独存在时所呈现的味觉有所减弱，这便是味的相消作用。中餐厨师不慎把菜做得过咸、过酸，常常用加糖来抵消。

4. 转化法

反复多次品尝某一种滋味，立刻换尝其他滋味，结果尝不出后者的味道，好像产生了一种新的味觉，这种现象叫作味的转化。例如尝过食盐的咸味以后，再饮无味的开水，反而有一种甜的感觉。再如尝过某些苦味物质以后，再饮开水，也有这种效果。

第五节　烹饪对功能成分和营养的影响

一、烹饪对原料功能成分和营养的溶出与吸收

使用食用油有利于黄酮类物质的溶出。在烹调过程中适量加醋能使骨中的钙更易于溶解，从而有利于人体对钙质的吸收和利用。烧菜时将水煮沸后再将菜放入，可以减少维生素的损失。使用煮的方法可以促进无机盐和水溶性的维生素的溶解。蒸能在一定的程度上减少无机盐和矿物质流失，对米面等食物的营养起到较好的保护作用。卤能使材料中的部分营养物质溶于卤汁中。

烹饪肉类食物时，可先将水烧开再下肉，使肉表面的蛋白质凝固，其内部大部分油脂和蛋白质留在肉内，肉味就比较鲜美。以食肉汤为主时，先将肉下冷水锅，用文火慢煮，这样脂肪、蛋白质从内部渗出，汤的营养更佳。烹饪带来原料中蛋白质的变性。由于变性带来的肽链松散，可使蛋白质易受消化酶的作用，从而提高食物的消化率。另外，对一些植物蛋白而言，适宜的加热条件，可破坏抗胰蛋白酶，血细胞凝集素及其他抗营养的抑制素，使其失去活性，提高蛋白质的营养价值。为了肉类的营养不受损失或少受损失，挂糊和上

浆是一道很重要的加工工序,特别对于细嫩多汁的鲜活原料,可以减少原料中水分、含氮有机物、呈味物质及脂肪的溢出,避免了一些水溶性营养素随水分进入汤汁,使加工成熟的菜肴,如炒肉片、熘肉片等味鲜质嫩。可以减少原料中易氧化分解的营养素与空气直接接触的机会,使一些易被氧化的维生素,如维生素 C、维生素 A 等得到保护。可使原料中的蛋白质不至于遇高温变老、变焦。对于肌肉组织类原料,挂糊油炸对水分有较强的保护作用。对于脂肪丰富的动物性原料,挂糊操作对水分和脂肪均有保护作用。通过不同时间的水煮或不同时间的油锅煎炒的烹饪加工可以去除大部分甲醛。

二、烹饪对功能成分和营养的破坏

(一)烹饪前处置不当会造成功能成分和营养素的流失

1. 精深加工对营养素的影响

一些食物材料经过精深加工后,营养素会大量流失。如精深加工后的大米比普通米多损失蛋白质 16%,脂肪 6%,B 族维生素 75%,维生素 E 86%,叶酸 67%,钙、铁等矿物元素几乎全部损失。小麦的深加工也是如此。大米亦是硫胺素、核黄素、烟酸锌等微量元素的重要食物来源。但是大米中的营养素在加工过程中各个环节均有一定的损失,一般损失量大多在 50%以上。如果再加上烹饪过程中的损失,就致使硫胺素、核黄素、锌等各种微量元素的含量十分低微。据中国居民营养与健康状况调查报告数据,我国人均摄入的维生素 B_1、锌、硒、铁等明显不足主要是米饭在煮食的过程中流失过多。

2. 清洗加工对食物营养素的影响

很多人认为食材在烹饪前要多次整理和清洗才会卫生,其实不然。淘米次数越多,营养素流失就越大。蔬菜不能只要菜心,舍弃菜叶。大部分蔬菜的叶子和外皮所含的营养素往往高于菜心。另外,蔬菜应先洗后切。以新鲜蔬菜为例,先洗后切仅损失 1%的维生素 C,而蔬菜切完再泡的时间若超过 10 分钟,则维生素 C 的损失达 16%~18.5%,且浸泡时间越长,维生素损失越多。

3. 储藏方式对食物营养素的影响

很多人愿意大量采购食物在家备用,但是食物储藏的时间越长,受空气和光照的影响就越大,造成抗氧化物质、维生素等损失严重。新鲜的蔬菜还有生理代谢,营养素更容易受损失。如菠菜,其在刚采摘后,在 20℃室温条件下存放 4 天后叶酸下降 50%,若放在冰箱内 4℃冷藏,8 天后叶酸也会下降 50%。

(二)不合理的烹调方法会造成功能成分和营养素的损失

很多人总会忽略食物营养素在烹制时的实际状况,导致食物营养素损失。如做蔬菜总爱先烫后炒,易造成水溶性营养素的损失。当温度达到 70℃时,加热 5 分钟后,维生素 C 损失率高达 62%,高温烹调法的破坏作用会更加剧烈。原料高温过油会使食品含有的维生素遭到严重破坏,造成蛋白质过度变性,影响口感。煎炸食物会使食物中产生含丙烯酰胺等一定毒性的物质。不同的烹饪方式对胡萝卜中胡萝卜素的保留率的影响不同,但均会导致其胡萝卜素流失。在烹饪过程中,某些环节产生有害物质的可能性很大,比如油温过高、使用香辛佐料及劣质调料、味素放法不当、熏或烤制食品等。合理的烹饪加工可以有效地控制或消除食品的不安全因素,而不科学的烹饪操作不仅不能降低食品的危害因素,甚至还会成为食品污染的途径,使食品中的有害物质增多,影响食品的安全质量。

菜肴烹饪方法有炒、爆、熘、烤、炸、炖、焖、煨、蒸、煮、涮等。这些烹饪方法差异会导致植物性原料的细胞壁被破坏,有利于人体消化吸收;导致动物性原料中的蛋白质变性凝固,部分分解成氨基酸和多肽类,增加了菜肴的鲜味;促进芳香物质的挥发、水溶性物质的浸出,使食品具有鲜美的滋味和芳香的气味。烹饪方法和加热时间的不同,对菜肴中的营养素数量和种类有较大影响。下面做简要介绍。

1. 烧

烧是指将预制好的原料加入适量汤汁和调料,用旺火烧沸后,改用中火、小火加热,使原料适度软烂,而后收汁或勾芡成菜的方法。烧过的动物性原料的汤汁中水溶性的维生素 B_1、维生素 B_2、钙、磷、氨基酸及糖类在加热后,会部分发生水解反应,有利于消化。

2. 煮

煮是将处理好的原料放入足量的水,用不同的时间加热到原料成熟时出锅的方法。原料在煮制时,其所含的蛋白质、脂肪酸、无机盐、有机酸和维生素会溶入汤中。例如煮米饭的米汤、面条汤、饺子汤会含有较多的淀粉和 B 族维生素。

3. 汆、涮

汆与涮都是以水作为传热媒介,把加工成丝、条、丸子或者薄片的小型原料放入烧沸的汤水锅中,短时间加热的方法。由于原料在沸水中停留的时间极短,水溶性的钙、铁、锌、硒、维生素 C、蛋白质以及维生素 B_1、维生素 B_2、维生素 B_5 流失较少。

4. 炖、焖、熬、煨

炖、焖、熬、煨以水作为传热媒介,通常选料较大,火力较小,加热时间很长,成菜时具有熟软或酥烂的特点,适合老年人、孕妇、哺乳期的妇女食用。肉类原料中的氨基酸、多肽等溶解于汤汁中,骨骼组织中的钙质、脂肪组织中的脂肪酸溶出,结缔组织中坚韧的胶原蛋白质水解成可溶的明胶,但植物性原料的维生素 C、维生素 B_1 等容易被破坏。

5. 炸

炸是将处理过的原料放入油量较多的锅中,用不同的油温、不同的时间加热,使菜肴内部保持适度水分和鲜味,并使外部酥脆香爽、一次成菜的技法。油炸食品可增加食品的脂肪含量,高温加热后 B 族维生素破坏较大,蛋白质严重变性,脂肪发生一系列反应,使营养价值降低。选择较低的油炸温度是油炸菜肴保持营养的关键。

6. 煎、贴、塌

煎、贴、塌都是用较少的油量遍布锅的底部作为传热介质的烹饪技法。将原料加工成扁形或厚片,用小火将原料煎至两面金黄,使表层蛋白质变性形成薄膜,淀粉糊化后又失水结成硬壳。食品内部的可溶性营养物质流失较少。但容易出现外熟里生的现象。

7. 炒、爆、熘

炒、爆、熘的菜肴通常以油作为传热媒介。除蔬菜以外,挂糊或上浆是不可缺少的工序。原料表面裹上稀薄的蛋清和淀粉,与热油接触以后,表面形成一层保护膜,且加热时速度快、时间短,其中的营养素等不易损失。

8. 熏、烤

熏、烤都是将加工处理或腌渍入味的原料,置于器皿内部,用明火、暗火或烟气等产生的热辐射和热空气进行加热的方法。原料受到高热空气作用,表面形成一层硬壳,内部浸出物流失较少。但因为烤炉温度高,烤制时间长,所以导致脂肪和维生素 A、维生素 E 损失较大。烟熏食品虽然具有其特殊的风味,但是熏制容易产生致癌物(3,4-苯并芘)。

建议此类方法少用或采用液体烟熏水来制作菜肴。

9. 蒸

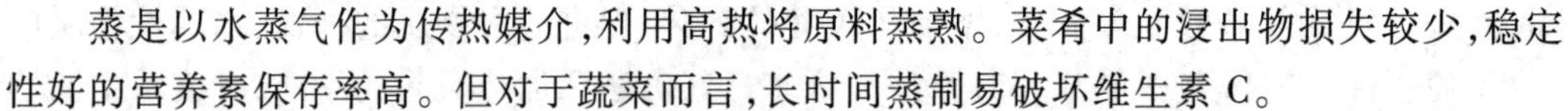

蒸是以水蒸气作为传热媒介，利用高热将原料蒸熟。菜肴中的浸出物损失较少，稳定性好的营养素保存率高。但对于蔬菜而言，长时间蒸制易破坏维生素 C。

第六节　烹饪对主要烹饪原料的形态和质地的影响

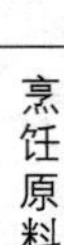

一、烹饪对植物性烹饪原料的形态和质地的影响

烹饪对植物性原料来讲，植物细胞的细胞膜对质构很重要。当加热时，植物细胞膜破裂，植物性烹饪原料的外形和质地失去了膨压，脆性会消失。同时，果胶质由于热水作用，大量溶解，也造成了细胞脆性消失。对于淀粉类烹饪原料，其淀粉粒会吸水糊化，表现为黏性上升，流变性改变。淀粉结构由 β-淀粉变成 α-淀粉结构，口味明显好转。淀粉糊化的温度如表 3-3 所示。烹饪中的用油可使蔬菜柔嫩可口，用植物油黏度小，形成的油膜也薄，口感柔和。用动物油，黏度大，油膜较厚，口感肥腻。烹饪中用油对面团会有起酥作用。因为脂肪的加入降低了面团的黏性、弹性和韧性，使面团比较松软，加热时膨松受阻力较小。同时，面粉颗粒被油膜隔开，空隙较大，调制时充满空气，加热时空气膨胀，使制品膨松。另外，面粉颗粒被油膜包围，吸水量很小，不能充分膨润，受热时水分蒸发和被淀粉吸收，大部分自由水转变成结合水，使制品变得焦脆。面团如果进行发酵，会产生 CO_2 和乙醇，加热后形成酥松结构。

表 3-3　各种粮食的淀粉糊化温度

淀粉来源	开始糊化温度/℃	完全糊化温度/℃
粳米	59	61
糯米	58	63
小麦	58	64
玉米	62	72
土豆	59	68

二、烹饪对动物性烹饪原料的形态和质地的影响

对于动物组织来讲，加热会造成蛋白质变性，引起质构上的大变化，其持水性降低，而且胶原蛋白大幅度收缩，不仅自身弹性、韧性增强，还将肉类中的水分排挤出去，使肉变得特别老韧。如果在水中较长时间加热，胶原蛋白在沸水中就会溶解成为胶水状。如果胶原蛋白过度水解，就会彻底破坏肉的组织，致使肉块散而老。适度破坏肉中的结缔组织，使肉中的汁液量有所回升，可形成酥烂的感觉。加入嫩肉粉也可以使肉嫩化。结缔组织中的弹性蛋白，在沸水中不易水解，在一般烹调条件下也难以溶解，也不易被胃液消化。肌肉含有肌球蛋白，肌球蛋白存在于肌纤维中，不溶于水，但可溶于中性盐溶液。将原料切成片、丁、丝、粒等小块时，会破坏一些肌纤维，使肌球蛋白容易抽提，加入食盐，可使部分肌球蛋白溶解，形成较大的黏性。蛋清有较好的起泡性，可利用机械搅拌使空气大量进

入其中，使产品非常酥松。例如烹制蛋泡糊。富含胶原蛋白的干料油炸时，会出现酥松结构，这也是一种涨发，与水涨发一样，能够明显改变原料的质地和口味。

思 考 题

1. 气味的主要理论有哪些？常见的烹饪原料中的香气有哪些成分？
2. 烹饪原料有哪些味？
3. 烹饪原料的形态和质地主要由什么构成？
4. 烹饪原料在加热过程中有哪些变化？

第四章　烹饪原料的品质检验和保藏原理

学习目标

- 了解烹饪原料品质的影响因素和烹饪原料的品质检验要点。
- 掌握烹饪原料败坏和劣变原因及其抑制原理。
- 掌握目前烹饪原料的常见的主要贮藏保鲜技术。

第一节　烹饪原料的品质检验

烹饪原料的品质检验是指依据一定的标准,运用一定的方法,对烹饪原料的质量优劣进行鉴别或检测。烹饪原料品质的好坏对所烹制成的菜肴的质量有决定性的影响。品质好的烹饪原料,才能烹制出色、香、味、形俱佳,营养丰富又卫生安全的菜肴。烹饪原料有时在生长、采收(屠宰)、加工、运输和销售等过程中受到有害、有毒物质的污染,或由于微生物的生长繁殖而引起腐败变质,这样的原料一旦被利用,就可能引起传染病、寄生虫病或食物中毒。因此,掌握烹饪原料的品质检验的方法,客观、准确、快速地识别原料品质的优劣,对保证烹饪制品的质量和食用安全性具有十分重要的意义。

一、影响烹饪原料品质的主要因素

(一) 原料的种类对原料品质的影响

各类原料都有自己的结构特点和化学组成,其品质也各不相同。植物性原料有细胞壁、质体和液泡,所以植物性原料比较硬,水分含量高,色彩比较丰富。动物性原料没有细胞壁、质体和液泡,所以动物性原料一般比较柔软,韧性较强,但色泽比较单调。同一种原料的不同品种之间也存在着质量的差异。金华火腿原料品质与瘦肉型猪“两头乌”有关。

(二) 上市季节对原料品质的影响

生物性原料受季节因素的影响较大。例如,9—10 月份的螃蟹品质最佳,甲鱼以菜花和桂花开时为最好,刀鱼以清明前上市的质量最佳。因此,我们必须掌握好原料在不同生长时期的特点,在不同的季节选择不同的原料,从而烹制出不同的时令佳肴。

(三) 原料的产地和栽培饲养方法对原料品质的影响

各地区自然环境、气候条件、动植物饲养和种植方法以及加工方法并不同,所产的原料的品质也会有差异。例如,浙江省台州市的黄岩蜜橘的优良品质与当地的栽培技术、土壤和气候有关。又如玉环文旦柚的原产地是福建省漳州市,种植在浙江省后,甜度下降,酸度上升。

(四) 同一原料的不同部位对原料品质的影响

烹饪原料各部分的组织结构、化学成分、色泽、质地老嫩、风味和营养等因素都存在差

别，其适合的烹调方法也有所不同。例如，家畜肉各个部位的肉有肥、瘦、老、嫩之别，必须根据各部分的特点使用不同的烹制方法，有的适合炒，有的适合烧煮，有的适合酱卤，有的适合煨汤。

(五) 原料的卫生状况对原料品质的影响

烹饪原料大多来自动植物，其品质极易劣变。不卫生的原料不仅直接关系到菜肴的质量，更重要的是关系到健康。

(六) 原料的加工贮存方法对原料品质的影响

原料加工不当或贮存不好，会使原料的质量下降，使营养价值降低，感官性状发生劣变，严重时甚至会影响到原料的食用价值。

二、烹饪原料品质检验的标准

在我国，烹饪原料品质检验的标准分为4级，即国家标准、行业标准、地方标准和企业标准。国家标准和行业标准分为强制性标准和推荐标准。食品质量主要有国家标准、行业标准、企业标准，地方标准使用比较少。企业生产的产品没有国家标准和行业标准的，应当制定企业标准作为组织生产的依据。已有国家标准和行业标准的，国家鼓励企业制定严于国家标准或行业标准的企业标准，在企业内部使用。烹饪原料中的半成品、干货、调料、食品添加剂、辅料等也常涉及企业标准。大多数烹饪原料按照国家标准和行业标准进行检验。

(一) 国家标准

烹饪原料品质检验的指标主要包括以下几个方面。

1. 感官指标

感官指标主要是指原料的色泽、气味、滋味、外观形态、杂质含量、水分含量、有无霉变和有无腐败变质等。

2. 理化指标

理化指标主要是指原料的营养成分、化学组成、农药残留量、重金属含量，以及腐败变质和霉变后产生的有毒、有害物质等。

3. 微生物指标

微生物指标主要是指原料中的菌落总数、大肠杆菌群数、致病菌的数量与种类等。

(二) 商业标准

商业标准是商业流通部门和烹调实践过程中常用的一类标准，属于行业标准。主要包括以下几个方面。

1. 原料的固有品质

原料的固有品质是指原料本身具有的食用价值。品种越优秀，原料的品质越好。

2. 原料的纯度

原料的纯度是指原料中所含的杂质、污染物的多少和加工净度的高低。纯度越高，其品质就越好。例如海参、鱼翅的原料中所含的沙粒越少，其品质越好。燕窝中的羽毛等杂质含量越少，质量就越高。

3. 原料的成熟度

原料的成熟度是指原料的生长年龄和生长时间。如果成熟度过低，原料风味一般就不足或不良。如果成熟度过高，则质地会变老，使食用品质降低，甚至失去食用价值。因此，原料的成熟度恰到好处，其品质才最佳。

4. 原料的新鲜度

原料的新鲜度是指烹饪原料的外观、组织结构、营养物质、风味成分等在原料生产、加工、运输、销售以及在贮存过程中的变化程度。这是目前烹饪行业中检验原料品质的最基本的标准。原料的新鲜度越高，原料的品质就越好。要鉴别原料新鲜度的高低，关键在于了解各种原料的固有品质和造成新鲜度下降的原因。

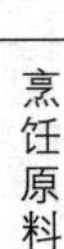

5. 原料的等级

原料的等级是指烹饪原料依据其对应的行业标准或农业农村部、商务部等制定的标准区分的高下差别。主要烹饪原料等级有行业标准。新鲜的烹饪原料和一些干货等粗加工产品主要有农业农村部、商务部、国家市场监督管理总局等制定的标准。例如，根据大小或重量分级。

三、烹饪原料品质检验的方法和技术

（一）感官检验

感官检验就是凭借人体自身的感觉器官，即凭借视觉、嗅觉、味觉、听觉、触觉等检验。人的感官所能体验到的食品质量要素可分为 3 类，即外观、质构和风味。

外观包括大小、形状、完整性、扭伤类型、光泽、透明度、色泽和稠度等。

质构包括手感和口感所体验到的坚硬度、柔软度、多汁度、咀嚼性以及沙砾度等。食品的质构可以通过质构仪等进行检测。

风味包括舌头所能尝到的口味，如甜味、咸味、酸味和苦味，也包括鼻子所能闻到的香味。

1. 视觉检验

视觉检验就是利用人的视觉器官鉴别原料的形态、色泽等，原料的外观形态和色泽对于判断原料的新鲜程度、成熟度等有重要意义。例如，新鲜的蔬菜大多茎挺直、脆嫩、饱满、光亮，不新鲜的蔬菜就会干缩萎蔫。

2. 嗅觉检验

嗅觉检验就是利用人的嗅觉器官来鉴别原料的气味。烹饪原料大多有其正常的气味。当它们发生腐败变质时，就会产生不同的异味。例如，肉类变质后产生尸臭味，西瓜变质后会带有馊味等。在进行嗅觉检验时，在 15~25℃的常温下进行，因为原料中的挥发性物质常随温度的高低而变化。在检验液态原料时，可将其滴在清洁的手掌上摩擦，以增加气味的挥发。检验畜肉等大块原料时，可用尖刀或牙签等刺入深部，拔出后立即嗅闻气味。

3. 味觉检验

味觉检验是利用人的味觉器官来检验原料的滋味，从而判断原料品质的好坏。味觉检验对于辨别原料品质的优劣很重要。味觉检验不但能品尝到食品的滋味如何，而且对于食品原料中极轻微的变化也能敏感地察觉。味觉检验的准确性也与食品的温度有关，在进行味觉检验时，最好使原料处在 20~45℃。

4. 听觉检验

听觉检验是利用人的听觉器官鉴别原料的振动声音来检验其品质。原料内部结构的改变，可以从其振动时所发出的声音中表现出来。例如，敲西瓜时，听其发出的声音，来检验西瓜的成熟度。

5. 触觉检验

触觉检验就是通过手的触觉检验原料的轻重、质感(弹性、硬度、膨松状况)等,从而判断原料的质量。这也是常用的感官检验法之一。例如根据鱼体肌肉的硬度和弹性,可以判断鱼是否新鲜。利用触觉检验法检测原料的硬度或稠度时,要求温度在 15~20℃。

感官检验法是烹饪行业常用的检验原料品质的方法。在肉类、水产品、蛋类等动物性原料检验中有较多的应用价值,但感官检验不能完全反映其内部的本质变化。检验的结果也不如理化检验精确可靠。

(二) 理化检验

理化检验是指利用仪器设备和化学试剂对原料的品质好坏进行检验。理化方法可分析原料的营养成分、风味成分和有害成分等。

(三) 生物检验

生物检验主要是测定原料或食品有无毒性或生物污染,常用小动物进行毒理试验或利用显微镜等进行微生物检验,从而检测出原料中污染细菌或寄生虫的寄生情况。

四、烹饪原料的质量控制

近年来,在食品质量与安全方面提出了两个较新的且已经广泛采用的概念。一个是全面质量管理(TQM),另一个是危害分析与关键控制点(HACCP)。TQM 与 HACCP 用于确保质量和管理“系统”能够生产出优质、安全的产品。TQM 是一个致力于不断地提高产品质量的管理系统,通过在产品添加剂、制造、输送或贮藏方面细微却不断地增加的改进来达到整体质量的改善。食品加工厂中所有运用 TQM 技术的工人对产品质量均负有责任,并在“品质控制圈”或类似的组织中定期会面,讨论可能的改进方法。

HACCP 是一种预防性的食品安全方案,它通过对食品制造、贮藏和销售过程的仔细分析,对关键控制点做出鉴定,并在危害产生前采取适当的控制措施。

QS 是质量安全的英文缩写,是我国最新实施的食品安全标志,由国家市场监督管理总局负责管理。QS 认证主要包括 3 项内容。一是对食品生产企业实施食品生产许可证制度。二是对企业生产的出厂产品实施强制检验。三是对实施食品生产许可证制度、检验合格的食品加贴市场准入标志,即 QS 标志。未获得食品 QS 认证的 15 类食品的生产企业必须取得食品生产许可证,否则将禁止在市场上销售。这 15 类食品包括大米、食用植物油、小麦粉、酱油、醋、肉制品、乳制品、饮料、方便面、饼干、罐头食品、冷冻食品、速冻面米食品、膨化食品、调味品(味精和糖)。

第二节　烹饪原料败坏和劣变的原因及其抑制原理

新鲜原料在收获、运输、贮存、加工等过程中仍在进行新陈代谢,以及受昆虫、微生物等侵袭,从而影响到原料的品质。烹饪原料贮存保管主要是防止原料发生霉烂、腐败、虫蛀等不良变化,并尽可能地保持原料固有的品质。烹饪原料变质的主要原因有如下几个方面。

(1) 微生物,主要指细菌、酵母和霉菌的生长。

(2) 烹饪原料自身中的酶和其他化学反应。

(3) 昆虫、线虫和鼠的侵袭。

(4) 对某一烹饪原料不适当的温度。

(5) 失去或得到水分。

(6) 与氧的反应。

(7) 光。

(8) 机械损伤。

这些因素可分为生物的、物理的和化学的。其中,生物的因素影响很大,常造成巨大的直接经济损失。

一、微生物引起的烹饪原料败坏

微生物是所有形体微小的单细胞、甚至没有细胞结构的低等生物或个体结构较为简单的多细胞低等生物的通称。有几百种微生物与食品有联系。有些微生物会致病或导致食品腐败,其在食品表面或内部繁殖常是导致食品变质的主要原因。另一些微生物可被用来生产和保藏食品。例如,产乳酸微生物用来制造干酪、泡菜,酵母被用来生产葡萄酒和啤酒中的乙醇。

能使食品腐败的微生物到处都可以发现,在土壤中、水中和空气中,在牛皮上和家禽的羽毛上,在牲畜体内的肠道中,在果蔬的表面、谷粒的壳上均有发现。人的手、皮肤和衣服上都能发现微生物。

(一) 腐败

腐败多发生在富含蛋白质的原料中,例如肉类、蛋类、鱼类等。这些原料中的蛋白质经微生物的分解,产生大量的胺类及硫化氢等,出现臭味,这种现象称为腐败。过程如下:

蛋白质→多肽→氨基酸→胺类、硫化氨等

引起原料腐败的微生物主要是细菌,特别是那些能分泌胞外酶的腐败细菌。受微生物污染而腐败的肉类会出现发黏、变色、气味改变等变化。

金黄色葡萄球菌和肉毒杆菌通过特殊细菌毒素而产生细菌性食品中毒。产气荚膜杆菌、沙门菌、痢疾志贺菌、副溶血性弧菌、溶血性链球菌、蜡状芽孢杆菌和大肠杆菌等能使人患病。传染性肝炎、脊髓灰质炎等病毒也可通过未经充分加工和处理的受污染的烹饪原料感染人类。能引起人类疾病的微生物被称为病原体。

(二) 霉变

霉变多发生在含糖量较高的原料中,例如粮食、水果、淀粉制品、蔬菜等。这些原料在霉菌的污染下出现发霉的现象称为霉变。霉菌能分解原料中的果胶、淀粉等,使原料变得松软,菌丝长在食品表面及浅表层,有时还产生一些毒素。例如,花生米被黄曲霉污染后因产生黄曲霉毒素而失去食用价值。黄曲霉毒素有较强的致癌性。

(三) 发酵

发酵是微生物在无氧的情况下,利用酶分解原料中的单糖的过程。其分解的产物中有乙醇和乳酸等。引起原料发酵的主要是厌氧微生物,如酵母菌、厌氧细菌等。原料经微生物发酵后,会产生不正常的酒味、酸味等。

二、生理和生化引起的劣变

鲜活的烹饪原料时刻都在进行着新陈代谢,进行着各种各样的生理生化反应,这些反应是在酶的催化下进行的,而这些反应的结果,会造成烹饪原料品质的变化。

（一）呼吸作用

植物收获后光合作用基本停止，呼吸作用成为采后生命活动的主要过程。生命活动所需要的能量都依靠呼吸来提供。采后有许多合成过程，都只能利用植物体内原有的物质，通过分解和再组合来实现。呼吸失调则会发生生理障碍，出现生理病害。植物在收获后干物质不断地被消耗，因此应尽可能降低其呼吸作用，同时必须保持呼吸作用的正常进行。呼吸作用包括有氧呼吸和无氧呼吸两个类型。葡萄糖是典型的呼吸底物。

1. 有氧呼吸

有氧呼吸是指活细胞在氧气的参与下，把体内的有机物彻底氧化分解，放出二氧化碳并形成水，同时释放能量的过程。

$$C_6H_{12}O_6+6O_2 \longrightarrow 6CO_2+6H_2O+\text{能量}$$

2. 无氧呼吸

无氧呼吸是指在无氧条件下，细胞把有机物质分解成为不彻底的氧化产物，同时释放能量的过程。这个过程用于高等植物，称为无氧呼吸。如应用于微生物，则称为发酵。

无氧呼吸有以下两种类型。

（1）产生酒精

$$C_6H_{12}O_6 \longrightarrow 2C_2H_5OH+2CO_2+\text{能量}$$

（2）产生乳酸

$$C_6H_{12}O_6 \longrightarrow 2CH_3CHOHCOOH+\text{能量}$$

蔬菜和果品在贮存过程中进行呼吸作用，消耗了原料内部贮藏的营养物质，同时释放出的大量能量（主要以热能形式）会使原料贮存环境的温度升高，从而加快原料腐败变质。无氧呼吸会产生对果蔬有毒害的中间物质，引起生理病害。粮食水分过高时也会出现呼吸上升、发热和霉变，因此必须加以控制。

（二）后熟作用

后熟作用是指许多植物的种子脱离母体后，在一定的外界条件下经过一定的时间达到生理上成熟的过程。果品采收后继续成熟达到正常风味的过程也称为后熟作用。果品在后熟过程中，细胞中的物质在酶的催化下发生一系列的生理生化反应。例如，淀粉水解为单糖而产生甜味，单宁物质聚合成不溶于水的物质而使涩味降低，叶绿素分解而使果蔬色泽变黄、变红，有机酸类物质降解而使酸味降低，产生挥发性的芳香物质而增加了它们的芳香，淀粉的水解和果胶质的分解又使果实由硬变软。部分果蔬的后熟作用能改善食用品质，例如香蕉、柿子、菠萝。但是，果蔬类经过后熟作用后，进入衰老的阶段，容易腐烂变质，较难贮存保管。

（三）发芽和休眠

发芽和抽薹是两年或多年生植物终止休眠状态、开始新的生长时发生变化的现象。该变化主要发生在那些以变态的根、茎、叶作为食用对象的蔬菜，例如土豆、大蒜、芦笋、洋葱、萝卜和大白菜等。休眠是植物适应不利环境条件，暂时停止生理活动的现象。在休眠时生理代谢水平极低，组织与外界物质交换减少，营养成分变化极微，其品质的变化很小，这对保持蔬菜的食用价值和贮存蔬菜都是极为有利的。而当环境条件适宜时，蔬菜可解除休眠而重新发芽生长，称为萌发。抽薹是蔬菜在花芽分化以后，花茎从叶丛中伸长生长的现象。发芽和抽薹时，植物细胞各种生理生化反应加剧，营养物质向生长点部位转移，贮存的养分大量消耗，其食用价值大大降低。例如，洋葱结束休眠后发芽，出现鳞茎萎缩；

蒜薹的薹梗老化、糠心而薹苞发育成气生鳞茎;胡萝卜发芽抽薹而肉质根变糠等。

(四) 蒸腾与萎蔫

新鲜蔬菜含水量很高,达 65%~96%,在贮藏过程中容易因蒸腾脱水而引起组织萎蔫。其引起的可见现象就是失重和失鲜。失重即所谓的"自然损耗",包括水分和干物质两方面的损失,其中主要是失水。这是数量方面的损失。失鲜是质量方面的损失。植物细胞必须水分充足,膨压大,才能使组织呈现坚挺脆嫩的状态。如果水分减少,细胞膨压降低,组织出现萎缩、疲软、皱缩、光泽消失,蔬菜就失去了新鲜状态。蔬菜失鲜主要是蒸腾脱水的结果。果蔬随温度变化的蒸腾特性如表 4-1 所示。蒸腾脱水还引起"糠心",细胞间隙内空气增多,组织变成乳白色海绵状。黄瓜、蒜薹等很容易产生这种现象,直根、块茎类蔬菜甚至会出现内部空腔即"空心"。如果仅轻度脱水,就会使膨压稍微下降,组织较为柔软,有利于减少运输和贮藏处理时的机械伤害。洋葱和大蒜头,收获后充分晾干,可以降低呼吸,加强休眠,减轻腐烂。但如果脱水严重,就会破坏正常的代谢过程,使细胞液浓度增高,引起细胞中毒,并引起一些水解酶的活性加强,加快一些物质的水解过程。例如风干的甘薯变甜,原因之一就是脱水引起淀粉水解为糖。

表 4-1　不同种类的果蔬随温度变化的蒸腾特性

类型	蒸腾特性	水果	蔬菜
A 型	随温度的降低蒸腾量急剧下降	柿子、橘子、西瓜、苹果和梨	马铃薯、甘薯、洋葱、南瓜、胡萝卜和甘蓝
B 型	随温度的降低蒸腾量也下降	无花果、葡萄、甜瓜、板栗、桃和枇杷	萝卜、花椰菜、番茄和豌豆
C 型	与温度关系不大,蒸腾强烈	草莓、樱桃	芹菜、芦笋、茄子、黄瓜、菠菜和蘑菇

(五) 僵直、自溶和腐败

僵直和自溶是动物性原料在贮存过程中发生的生理生化变化。当动物被宰杀后,由于氧的供应停止了,肌细胞中的分解酶类在无氧的条件下,将肌肉中的糖原最终分解成乳酸。与此同时,腺苷三磷酸也逐渐减少,促使肌动蛋白和肌球蛋白之间交联的结合形成不可逆性的肌动球蛋白,从而引起肌肉的连续且不可逆的收缩,收缩达到最大限度时即形成了肌肉的僵直,也称为尸僵。如果活体的 pH 在 7.0 左右,则僵直极限 pH 下降到 5.4 左右。僵直阶段的肉,无鲜肉的自然气味,烹调时不易煮烂,烹调后的风味也很差。因此,僵直期不是肉的最佳烹调时期。

成熟是指尸僵完全的肉在冰点以上温度条件下放置一定的时间,使其僵直解除、肌肉变软、系水力和风味得到很大改善的过程,也称为熟成。该阶段僵直的肉在细胞内酶的作用下,引起蛋白质和核酸的降解,产生风味物质,乳酸和糖原进一步变化,使原有僵直状态的肉变得柔软而且有弹性,味鲜而易烹调。

在死后的肌肉中,蛋白质开始分解,产生可溶性蛋白质、肽、氨基酸等,肉慢慢开始软化,这种现象称为自溶。随着自溶和组织蛋白开始分解,可溶性氮化物增加,使 pH 再次上升,达到 6.0。这样又为微生物繁殖创造了适宜的条件。因此可以说,自溶末期即进入了腐败的第一个阶段,自溶前中期则是熟成。

肉的腐败主要是由自溶和微生物的共同作用引起的。微生物增殖会导致散发恶臭，产生异味物质(氨、三甲胺、硫化氢、吲哚、挥发性或不挥发性有机酸等)。这些物质通过人的感官很容易被发现。但确定腐败的界限是相当困难的。尤其是判定初期腐败是何时产生的，更为复杂。通常的判断方法是测定细菌数、氨、三甲胺或挥发性碱基氮的量，同时还要依靠感官检查，做出综合判定。

三、昆虫等动物引起的损失

昆虫对于谷物、水果和蔬菜的破坏力很强。昆虫的问题不仅仅是一只虫子能吃掉多少，而是当烹饪原料被虫子吃了以后，有利于细菌、霉菌的危害。例如，一个小虫子在甜瓜上钻一个小洞对甜瓜危害不是很大，但因细菌感染会导致整个甜瓜腐败。特别是含有检疫性昆虫的商品，禁止进口和出口。

寄生虫的危害必须高度重视。旋毛虫是猪食用了未经烧煮的食品废料而使其进入体内。该线虫穿透猪肠，侵入猪肉。猪肉如果未经充分烧煮，线虫就会感染人。采取冻结贮藏的方法可以破坏线虫。所有的猪肉和猪肉产品都必须经过政府检查，但作为自我保护的措施，猪肉在食用前应该充分煮熟。鱼类体内也有寄生虫，也能感染人，在正常的冷藏条件下会存活，食用生鱼有一定的危险，但加热或冻结就可杀死它们。痢疾类变形虫也是一种能导致病痛的烹饪原料污染物，它是造成阿米巴痢疾的主要原因。在那些将人粪用作庄稼肥料的地区，其通过粪便传输就有可能污染烹饪原料。受污染的水和卫生状况不佳也会使寄生虫蔓延。

鼠的问题不仅涉及它们所消耗食品的数量，而且涉及它们污染食品所带来的污物。鼠尿和鼠屎中包含数种致病菌，例如沙门菌等。

四、抑制微生物败坏的原理

细菌为单细胞生物，按照细胞的形状分为 3 类，即球形细菌、杆形细菌和螺旋形细菌。许多细菌通过鞭毛运动，该运动需要在水中进行，细菌一般不耐酸。酵母和霉菌都是真菌。大多数酵母呈球形或椭球形，酵母在有氧条件下生长繁殖，在无氧条件下进行发酵，产生乙醇。霉菌有菌丝体，以菌丝生长，并能产生孢子，霉菌比较耐酸、耐高渗透压，但必须有氧气才能生长。一些细菌、酵母和所有的霉菌都产生孢子，它们在适合的条件下能萌发并生长成完整的细胞。孢子异常地耐热、耐化学品和耐受其他不利条件，特别是细菌的孢子。

细菌和其他微生物能以惊人的速率繁殖。细菌是通过细胞分裂繁殖的。在有利的情况下，细菌数每 30 min 增加一倍。每毫升牛乳中有 10 万个左右的起始细菌数，如在室温下放置，24 h 后细菌数能达到每毫升约 2 500 万个，在 96 h 后就超过每毫升 50 亿个。

控制细菌、酵母和霉菌的最重要的手段是温度、干燥、酸、糖、盐、烟熏、空气、化学物质和辐射。

(一) 高温和低温

细菌、酵母和霉菌都喜欢温湿条件。大多数细菌在 16~38℃ 范围下繁殖情况最佳，称为嗜中温菌。有些能在低于水的冰点温度下生长，称为低温菌或嗜冷菌。而能在高达 82℃ 的温度下生长，则称为嗜热菌。

大多数细菌在 82~93℃ 的范围内被杀死，但许多细菌孢子即使以 100℃ 的沸水处理

30 min 仍不被破坏,当温度降低时又繁殖。为了确保商业无菌,必须在 121℃ 的条件下保温15 min 或更长时间,这是用加压蒸汽完成的。如果食品含酸量较高,酸可以提高加热的杀菌力。例如番茄或橙汁,用 93℃ 的温度加热 15 min 就足以达到商业无菌。

低温菌在低于 0℃ 时能生长。温度越低,生长越慢。当食品中的温度低于 -10℃ 时,微生物就不能生长繁殖。

(二) 脱水

微生物的生长需要水分。处于健康生长状态的微生物体内的水分含量可能超过 80%。微生物从它们赖以生长的食品中获得这些水分,如果把水分从食品中除去,水分也会从微生物的细胞中除去,微生物的繁殖即停止。细菌和酵母需要的水分一般比霉菌多,所以常常可发现霉菌在半干食品上生长,而这样的条件对细菌和酵母是不利的。

保存烹饪原料的房间内或包装内的相对湿度越大,产生的微生物越多。部分或全部干燥并不能杀死微生物,只是微生物不能生长,而食品一旦复水,微生物就恢复生长。烹饪原料表面的极微量的冷凝水可成为细菌繁殖和霉菌生长的重要水源。严格地控制最终水分含量对许多烹饪原料是必要的。少至 1% ~ 2% 的过量水分会导致产品常见的缺陷。例如小麦长霉。这种冷凝水并不一定来自外界,在防潮包装中,水果或蔬菜通过呼吸作用或蒸发放出水分,这些水分被包装截留,并被微生物利用。没有呼吸作用的食品在防潮包装中也会散发出水分,特别是当贮藏温度降低时,这些水分又重新凝结在食品表面。

(三) 气体成分

有些细菌和所有霉菌的生长需要氧气,称为需氧细菌。只在无氧的情况下才能生长的,称为厌氧细菌。在有氧或无氧的条件下都能生长的,称为兼性菌。根据微生物对氧有不同的要求,除去空气和氧可以控制好氧菌。但通过供气来控制厌氧细菌比较困难,尤其是对大块食品来说。这是因为,大块食品的中心仍处于厌氧环境,而且有些微生物耗氧会使微环境从有氧转化为无氧。因此,为了使保藏的烹饪原料抵抗完全厌氧的肉毒杆菌,除接触空气外,还需加亚硝酸盐等其他手段。

(四) 酸

有些微生物对酸特别敏感。一种微生物在发酵过程中所产生的酸,会抑制另一种微生物的繁殖,这是受控制发酵抑制分解蛋白质的细菌和其他腐败菌保藏食品的原理之一。可以在食品中添加产酸菌种而生成酸,也可将酸直接添加于食品中。例如,将原料浸泡在醋等酸性溶液中加以保藏。酸的防腐能力直接与氢离子浓度(用 pH 表示)有关,但是相同 pH 的不同酸可能具有不同的防腐性,因为某些酸的阴离子也发挥作用。从适口性的观点出发,食品中所容许的酸度绝对不足以保证食品免受微生物危害。酸与热组合可使热对微生物更具有破坏性,从而降低使用热的强度。

(五) 糖和盐

细菌、酵母和霉菌都包含在细胞膜中,这种膜容许水快速进出细胞,而其他溶质进出速度比较慢。当细菌、酵母或霉菌在浓糖浆或盐水中时,水从细胞中穿过膜向外运动,移入高浓度的糖浆或盐水中,这是渗透过程。于是细胞质壁分离,干扰了微生物的繁殖。如果把微生物放在蒸馏水中,水就会进入细胞导致胀裂,但这种情况在食品中很少发生。因此,水果可以放在糖浆中保藏,肉类可以在盐水中保藏。溶质浓度越高,溶液渗透压就越高,水分活度就越低。不同的微生物对高渗透压的耐受程度不同。酵母和霉菌比大多数细菌更有耐力,因此,常会在高糖或高盐的产品例如果酱或腌猪肉上发现有霉菌或酵母生

长，而细菌却受到抑制。

（六）烟熏

烟熏贮存法是在腌制的基础上，利用木柴不完全燃烧时所产生的烟气来熏制原料的方法。其主要适用于动物性原料的加工，部分植物性原料也可采用此法（如乌枣）。烟熏时，加热减少了原料内部的水分，温度升高能有效地杀死细菌，降低微生物的数量。另外，烟气中含有酚类、酸类和醛类等，也具有防腐作用。故烟熏具有较好的贮存原料的效果。烟熏一般与加热有联系，在火上熏制对保藏某些食品非常有效。如果仅仅是为了增香，不燃烧发热进行烟熏，其防腐效果不好。

（七）辐射

辐射可以使微生物失活。X 射线、微波、紫外线和电离辐射是不同类型的电磁辐射，它们的波长和能量虽各异，但都可应用于食品保藏。对大多数食品进行有效灭菌和使它们的天然酶失活所需的辐射剂量一般是过量的，或处在边缘上，这会使食品产生风味、色泽、质构或营养的缺陷。现在对食品进行辐射是通过放射性同位素或电子加速器进行的。这种辐射形式不会产生显著的升温，也称为“冷杀菌”。在美国和其他一些国家，已经批准几种食品，例如香料、蔬菜、水果、猪肉和家禽可采用特定剂量的辐射进行杀菌。

（八）保鲜剂

保鲜剂贮存法是在原料中添加具有保鲜作用的化学试剂来延长原料贮存时间的方法。化学保鲜剂可以控制微生物的生理活动，从而抑制或杀灭腐败微生物，防止或减慢空气中的氧与原料中的一些物质发生氧化还原反应，起到保存原料的作用。保鲜剂有防腐剂、抗氧化剂、脱氧剂等几类。

五、抑制生理和生化劣变的原理

食用植物和牲畜有各种酶，其活力在收获和屠宰后仍然残存着，在功能正常的植物和牲畜中酶促反应受到控制，但是当牲畜被杀死或植物从田地收获后，代谢平衡失常。例如，健康的牲畜的胃蛋白酶不消化本身胃肠，但屠宰后会分解本身的蛋白质。植物采收后也有这种情况。除非这些酶已由热、化学品、辐射或其他手段加以钝化，或者用低温加以抑制，否则就会在食品内继续催化化学反应。

温度对烹饪原料的生理生化变化影响很大。一般情况下，温度每升高 10℃，化学反应速率约加快 1 倍，这包括酶促反应和非酶促反应的速率。但过度受热会使蛋白质变性、乳状液破坏、食品变干等。过度低温环境也会使食品变质，例如水果和蔬菜冻结，它们会变色，改变质构，外皮破裂，易被微生物侵袭。冻结也会导致液体食品变质。例如，将一瓶牛乳冻结，乳状液即受破坏，脂肪就会分离出来。冻结还会使牛乳蛋白质变性而凝固。许多水果、蔬菜在收获后，有其适当的温度要求。有些原产热带的果蔬在 0~4℃ 的温度下保存，表皮或内部会很快出现褐变和水浸状，这称为“冷害”。例如，香蕉必须在不低于 13℃ 的条件下保藏，这样能最大限度地保持品质。

气调贮存法是在适宜的低温下，改变原料贮存库或包装袋中正常空气的组成，降低氧气的含量，增加二氧化碳或氮气的含量，从而抑制鲜活原料的呼吸强度，抑制微生物的生长繁殖和食品原料中化学成分的变化，从而延长原料的贮存期和提高贮存效果。此法多用于水果、蔬菜、粮食的贮存，近年来也开始用于肉类和鱼类以及鲜蛋等多种原料。欲除去食品中所含的氧，可以真空脱气或充入惰性气体，也可以在食品和容器中加入氧清除

剂，通过化学反应除去氧气。气调贮存法常用的方式有机械气调库、塑料帐幕、塑料薄膜袋、硅橡胶气调袋等。烹饪中运用最多的是塑料薄膜袋对原料进行密封，利用原料的呼吸作用来自动调节袋中氧气和二氧化碳的比例，该法也称为“气调小包装”。

辐射贮存法是利用一定剂量的放射线照射原料而使原料延长贮存期的一种方法。该方法适合于粮食、果蔬、畜、禽、鱼肉及调味品。放射线照射原料后，可以杀灭原料上的微生物和昆虫，抑制蔬菜、水果的发芽或后熟，而对原料本身的营养价值没有明显的影响。低于灭菌所需剂量的辐射通常对延长贮藏期较为有效，这与微生物细胞膜和 DNA 损伤有关。过高的剂量会引起自由基产生，甚至引起化学变化。

瓶装牛乳暴露在阳光下会产生“日光味”，这是因为光导致脂肪氧化和蛋白质变化。敏感性食品采用不透明的包装，或者将原料包入透明薄膜中以除去特定波长的有破坏性的光。

对脱水原料来讲，许多脱水食品因含有 2% 以上的残余水而显著地缩短了它们的贮存期。但过量的失水会产生有害的效应，尤其是对原料的外观和质构。对水果、蔬菜等来说，失水会引起失鲜。

六、抑制昆虫等动物危害的原理

在食品中使用化学杀虫剂，受到可能的有毒效应和最高安全水平疑问等限制。传统的杀虫主要是在粮食的保藏上，应用磷化锌、氯化苦等药剂杀虫。在水果、蔬菜进出口上，使用溴乙烷杀虫。目前，46℃蒸气杀虫已经商业化应用。另外，利用辐射杀虫也有少量使用。烹饪原料用低温和缺氧处理可以控制虫的危害。

第三节　烹饪原料的保藏技术

烹饪原料的贮存保鲜是指根据烹饪原料品质变化的规律，采用适当的方法延缓其品质的变化，保持其新鲜度。如果烹饪原料仅做短期保存，那么有两个很简单的准则。

(1) 尽量保持食品的鲜活状态，只是在食用以前才把动物或植物杀死。例如，把龙虾放在超市或餐厅的水槽内使其活着。

(2) 如果必须把鲜活的动植物杀死，就要尽可能地将杀死后的动植物清洗、遮盖和冷却。但是清洗、遮盖和冷却只能在几个小时或者至多几天内延缓变质。

烹饪原料长期贮存保鲜的方法有低温、腌渍、干燥和加热等，另外也有气调、辐射贮存法等较少应用的方法。现介绍烹饪中常用的贮存保鲜方法。

一、低温保藏技术和原理

食品冷藏冷冻就是降低食品温度，并维持低温水平或冷冻状态，以防止或延缓腐败变质，从而达到长途运输和短期、长期贮藏的目的。

低温作用原理表现在如下几个方面。

(1) 低温抑制了原料中酶的活性，能减弱鲜活原料的新陈代谢强度和生鲜原料的生化变化，从而较好地保持原料中的各种营养成分的含量。

(2) 低温抑制了微生物的生长繁殖活动，有效地防止了由于微生物污染所引起的原料质量的变化。污染原料的微生物绝大部分属于中温微生物，它们在 0℃ 的条件下即可

停止繁殖。

(3) 低温延缓了原料中所含的各种化学成分之间发生的变化,有利于保持原料的色、香、味等品质。

(4) 低温降低了原料中水分蒸发的速度,从而能减少原料的干耗。

(一) 低温对酶活性的影响

酶是有生命的机体组织内的一种特殊蛋白质,负有生物催化剂的使命。酶的活性与温度有密切的关系。大多数酶的适宜活动温度为30~40℃,动物体内的酶需稍高的温度,植物体内的酶需稍低的温度。当温度超过适宜活动的温度时,酶的活性就开始遭到破坏。当温度达到80~90℃时,几乎所有酶的活性都遭到了破坏。酶的活性以最适合温度为最高点,随温度下降而下降。酶的活性对温度而发生的变化常用温度系数Q_{10}衡量。

$$Q_{10}=K_2/K_1$$

式中:Q_{10}——温度每增加10℃时因酶活性变化所增加的化学反应速率;

K_1——温度为t℃时酶活性所导致的化学反应速率;

K_2——温度增加到$(t+10)$℃时酶活性所导致的化学反应速率。

大多数酶活性化学反应的Q_{10}值为2~3。这就是说,温度每下降10℃,酶活性就会削弱1/3~1/2。

一般来说,将温度维持在-18℃以下,酶的活性才会受到很大程度的抑制。为了将冷冻食品内的不良变化降低到最低的程度,食品常经短时预煮,预先将酶的活性完全破坏掉,再行冻制。预煮时常以过氧化物酶活性被破坏的程度作为所需时间的依据。

(二) 低温对微生物的影响

1. 低温和微生物的关系

微生物有一定的正常生长和繁殖的温度范围。温度越低,它们的活动能力也越弱。故降低温度就能减缓微生物生长和繁殖的速度。当温度降低到最低生长点以下时,它们就停止生长并死亡。

2. 低温导致微生物活力减弱和死亡的原因

在正常情况下,微生物细胞内各种生化反应总是相互协调一致。但各种生化反应的温度系数Q_{10}各不相同,因此降温时这些反应将按照各自的温度系数(即倍数)减慢,破坏了各种反应原来的协调一致性,影响了微生物的生活机能。温度降得越低,失调程度也越大,以致它们的生活机能受到了抑制甚至完全丧失。

如果形成冰晶体就会促使细胞内的原生质或胶体脱水。胶体内溶质浓度的增加常会促使蛋白质变性。同时,冰晶体的形成还会使细胞遭受到机械性破坏。

3. 影响微生物低温致死的因素

(1) 温度的高低

在冰点以上的低温,微生物仍然具有一定的生长繁殖能力,适应低温的微生物和嗜冷菌逐渐增长,如表4-2所示。最后会导致食品变质。对低温不适应的微生物则逐渐死亡。

表 4-2　牡蛎在冷藏过程中细菌数的变化

贮藏期/d	温度/℃		
	5	0	-5
0	1 600	1 600	1 600
6	6 600	3 600	3 400
17	66 500	4 100	2 100
24	1 660 000	8 900	1 800

稍低于冻结温度时对微生物的威胁性最大，一般为-12～-8℃，尤以-5～-2℃，此时微生物的活动就会受到抑制或几乎全部死亡。但温度冷却到-25～-20℃时，微生物细胞内所有酶的反应几乎全部停止，并且还延缓了细胞内胶质体的变性。因此，微生物的死亡比在-10～-8℃时就缓慢得多。

（2）降温速度

食品冻结前，降温越快，微生物的死亡率也越大。这是因为在迅速降温的过程中，微生物新陈代谢未能及时调整。冻结时相反，缓冻将导致大量微生物死亡。这是因为缓冻时食品温度长时间处于-12～-8℃（特别在-5～-2℃），形成量少粒大的冰晶体，对细胞产生机械性破坏作用。一般情况下，食品速冻过程中微生物的死亡数为原菌数的50%左右。

（3）结合水分和过冷状态

急速冷却时，如果水分能迅速转化成过冷状态，并成为固态玻璃质体，就能避免破坏作用。细菌和霉菌芽孢中的水分含量比较低，结合水的含量比较高，因此它们在低温下的稳定性较高。

（4）介质

高水分和低 pH 的介质会加速微生物的死亡，而糖、盐、蛋白质、胶体和脂肪对微生物则有保护作用。

（5）贮藏期

低温贮藏时微生物数一般总是随着贮存期的增加而有所减少。但是贮藏温度很低时，减少的量就很少，有时甚至没减少。一般来说，贮藏一年后微生物死亡数将达原菌数的60%甚至90%以上。

（6）交替冻结和解冻

理论上认为交替冻结和解冻将加速微生物的死亡，实际上效果并不显著。

4. 冻制食品中病原菌的控制问题

冻制食品可能含有病原菌，如肉毒杆菌、金黄色葡萄球菌、肠球菌、溶血性链球菌、沙门菌等，从而可能传播疾病。需特别注意的是肉毒杆菌。肉毒杆菌及其毒素对低温有很强的抵抗力。在-16℃的条件下，肉毒杆菌能保持生命达一年之久。毒素毒力在-16℃的条件下可保持14个月。肉毒杆菌一般能在20℃的条件下生长并产生毒素，但在4℃以下就不能生长活动。因此，冻制食品即使有肉毒杆菌存在，也不会产生毒素。如果冻制前不让食品原料中的肉毒杆菌有生长和产生毒素的机会，解冻后又立即食用，显然中毒的可能性极小。

另一个要注意的是能产生肠毒素的葡萄球菌。有人曾用18个菌株做实验，发现室温解冻时，冻玉米内有8个菌株会产生毒素。但若解冻温度降低至4.4~10℃，则无毒素出现。

大多数腐败菌在10℃以上能迅速繁殖生长。某些食品中的毒菌和病原菌在温度降低至3℃前仍能缓慢地生长。嗜冷菌在-10~-5℃的条件下能缓慢地生长，但不会产生毒素和导致疾病。但在-4℃以下，却仍有导致食品腐败变质的可能。如果食品温度低于-10℃，微生物就不再有明显的生长。为此，-12~-10℃则成为冻制食品能长期贮藏时的安全贮藏温度。酶的活动一般只有温度降低到-30~-20℃时才有可能完全停止。工业生产实践证明，-18℃以下的温度是冻制食品冻藏时最适宜的安全贮藏温度。

冻制食品中病原菌的控制，目前主要还是杜绝生产各个环节中一切可能的污染源，特别是不让带菌者和患病者参加生产，尽可能减少人工处理，并进行严格的卫生监督。

（三）低温贮存方法

根据贮存时所采用的温度的高低，低温贮存又可分为冷却贮存和冷冻贮存两类。

1. 冷却贮存

冷却贮存又称为冷藏，是指将原料置于0~10℃尚不结冰的环境中贮存。主要适合于蔬菜、水果、鲜蛋、牛奶等原料的贮藏以及鲜肉、鲜鱼的短时间贮存。冷藏的原料不发生冻结的现象，能较好地保持原料的风味品质。

原料不同，所要求的冷藏温度也有差异。对于动物性原料，如畜、禽、鱼、鲜蛋、鲜乳等，其适宜贮存温度一般在0~4℃。对于植物性原料，如蔬菜、水果等，其冷藏温度的要求很不一致。原产于温带地区的苹果、梨、大白菜、菠菜等适宜的冷藏温度为0℃左右。而原产于热带、亚热带地区的果蔬原料，由于其生理特性适应于较高的环境温度，贮藏温度较高。另外，成熟度不同，冷藏温度也不同。例如，绿熟番茄冷藏的适宜温度为8℃，完全成熟的番茄冷藏的适宜温度为0~1℃，香蕉冷藏的适宜温度为13℃。

2. 冷冻贮存

冷冻贮存又称为冻结贮存，是将原料置于0℃以下的低温中贮存的方法。适用于肉类、禽类、鱼类等原料的贮存。另外，部分冻藏解冻后不易汁液流失的蔬菜，例如豆类、甜玉米等也常用冻藏。冷冻贮藏的动物性原料在贮藏前，一般要经过初加工处理。例如鸡、鸭、鱼需去内脏，洗干净，家畜肉需分档切割好。因为各种动物的内脏常积存大量的污物，在长期贮存过程中污物的成分会逐渐渗透到肉内，影响肉的品质。在冷冻贮存过程中，由于原料中大部分的水结成冰，减少了原料中游离水的含量，降低了水分活度，同时低温又有效地抑制了原料中酶的活性和微生物的生长繁殖。长时间的冷冻还能造成部分微生物死亡，所以冷冻贮存的原料有较长的贮存期。然而冷冻对原料的品质有很大的影响。冰晶极容易刺破原料细胞，破坏原料的质构。快速冷冻可较好地保持原料的品质。因为快速冷冻时，原料中的水形成微细的冰晶，均匀地分布在原料细胞组织内，细胞不会发生大的变形和破裂。当原料解冻时，其细胞液不会严重流失。

冷冻的原料在烹饪加工前应先解冻。所谓解冻就是使冻结原料中的冰晶体融化，恢复到原来的生鲜状态的过程。冷冻的原料在解冻过程中其品质会发生变化，主要表现在以下几方面。

（1）原料内冰晶体液化，出现汁液的流失。

（2）由于温度升高，原料细胞中酶的活性增强，氧化作用加强，并有利于微生物的生长繁殖。原料解冻的速度和环境温度对原料品质的影响很大。解冻的速度越慢,环境温度越低,回复到原料细胞中的水分就越多,其汁液损耗越少,原料的品质变化也越小。反之,则品质变化较大。常用的解冻方法是低温流水解冻和在空气中放置解冻。

二、干制保藏技术和原理

干制是在自然或人工控制条件下促使产品水分蒸发脱除的工艺过程。干制保藏是通过产品中的水分降低到足以防止其腐败变质的程度,并在低水分状态下长期保藏。脱水产品不仅要求耐久贮藏,而且要求复水后基本可以恢复原状。近年来出现的冷冻干燥技术是干制保藏中保持品质最好的技术。

(一)干燥保藏机制

微生物的活动需要水分,酶促反应和化学变化也需要水分的参与或作为介质。降低产品水分含量可以有效地控制微生物活动和由不良化学反应引起的腐败变质。

1. 水分活度与干燥

溶液中水的逸度与纯水逸度之比称为水分活度,以 a_W 来表示。当产品与具有一定的温度、湿度的干燥介质接触时,必然排除或吸收水分。当排除的水分与吸收的水分相等时,只要外界温湿度条件不发生变化,产品中所含的水分也将维持不变,这时产品所含的水分称为该干燥介质条件下的平衡水分,即在该干燥介质条件下可以干燥的极限。介质中的湿度升高,平衡水分也升高;湿度降低,平衡水分也随之降低。若湿度不变,温度升高,则平衡水分下降。若温度降低,则平衡水分升高。

2. 水分活度与微生物

不同种类的微生物的生长繁殖对 a_W 值下限的要求不同,如表 4-3 所示。降低 a_W 值时,首先是抑制腐败性细菌。其次是酵母菌,然后才是霉菌。通常微生物的孢子萌发要比营养体发育所需的 a_W 值高。例如,产气荚膜杆菌营养体发育的 a_W 下限为 0.990,而其芽孢萌发所需的 a_W 的下限为 0.993。微生物分泌的毒素及生成量也随着 a_W 升高而增多,随 a_W 的降低而很快下降。例如,金黄色葡萄球菌发育的 a_W 下限为 0.87,在水分活度达 0.99 时可产生大量的肠毒素,当 a_W 下降到 0.96 时就基本不产生肠毒素。

表 4-3 一般微生物生长繁殖的最低 a_W 值

微生物的种类	a_W 值
G^-杆菌,部分细菌的孢子和一些酵母	0.95~1.00
大多数球菌、乳杆菌、杆菌科的营养体细胞、某些霉菌	0.91~0.95
大多数酵母菌	0.87~0.91
大多数霉菌、金黄色葡萄球菌	0.80~0.87
大多数耐盐细菌	0.75~0.80
耐干燥霉菌	0.65~0.75
耐高渗透压酵母菌	0.60~0.65
任何微生物都不能生长	<0.60

3. 水分活度与酶活性

酶促反应的速度和生成物的量与产品的 a_W 值成正比。a_W 值越高,酶促反应速度越

快,生成物的量也越多。但酶的活性除与 a_W 值有关外,还与水分存在的场所有关。例如,淀粉和淀粉酶的混合物在其 a_W 值降到 0.70 时,淀粉就不发生分解。如果将这种混合物放入毛细管中,a_W 值即使降到 0.46 时也易引起淀粉分解。另外,脂肪氧化酶、多酚氧化酶等也在毛细管充满水时作用更大。

(二)空气干制机制

物料在干制过程中,常使用的干燥介质有加热空气和油等。干燥介质的作用是传递能量,带走物料蒸发出来的水分。物料蒸发水分主要依赖两种作用,即水分的外扩散作用和内扩散作用。在干制初期,首先是物料表面的水分吸收能量变为水蒸气而大量蒸发,称为水分外扩散。表面积越大,空气流速越快,温度越高以及空气相对湿度越小,则水分外扩散速度越快。当物料水分蒸发掉 50%~60%时,游离水大为减少,开始蒸发部分胶体结合水,此时表面水分低于内部水分,这时水分就会由内部向表面转移,称为水分内扩散。这种扩散作用的动力主要是湿度梯度,使水分由含水分高的部位向含水分低的部位移动。湿度梯度越大,水分内扩散速度就越快。在干燥过程中,如果外扩散速度过多地超过内扩散速度,也就是物料表面水分蒸发太快,表面将易形成一层硬壳,使物料易发生开裂现象,从而降低干制品的品质。

(三)影响干燥作用的因素

在干制过程中,干燥速度的快慢,对于干制品的品质好坏起决定性的作用。当其他条件相同时,干燥得越快,干制品的品质就越好。干燥作用受以下因素的影响。

1. 干燥介质的温度

温差是水分散失的驱动力。要使物料的水分不断地被蒸发,必须连续不断地提高干燥介质的温度。但对于一些大体积、小表面积、富含糖分和芳香物质的原料,温度不宜太高。

2. 干燥介质的湿度

在温度不变的情况下,干燥介质的相对湿度越低,则干燥速度就越快。

3. 气流循环的速度

干燥空气的循环速度越快,干燥过程就越快。因为物料表面蒸发聚集的水蒸气迅速被带走,及时补充未饱和的空气。

4. 物料的种类与状态

细胞结构对失水有很大影响。当组织存活时,水分被细胞壁和细胞膜保持在细胞内,水分不会外漏或渗出。动物或植物死后,水分比较容易从细胞内渗出。当组织被热烫或煎烤时,水分就更易于渗出细胞。物料表面积越大,切分越小,其蒸发面越大,干燥速度也越快。

5. 物料的装载量

装载量多,厚度大,不利于空气流通和水分蒸发,脱水比较慢。

6. 大气压和真空度

在一个大气压下,水的沸点为 100℃。随着气压降低,水的沸点也随之降低。在相同的温度下,与常压干燥相比,其脱水速度更快。真空干燥和冷冻干燥就是根据该原理。特别是冷冻干燥,其产品在冷冻状态下,固体水分利用极低的大气压,直接变成气体脱除,可以保持营养、色泽以及原来的形状。由于水分子脱除形成的多孔结构,其复水性能也极佳。

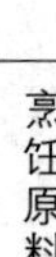

（四）烹饪原料在干燥过程中的变化

1. 物理变化

（1）收缩

无论是细胞食品还是非细胞食品，脱水过程中明显的变化就是出现收缩。

（2）表面硬化

干燥时，如果食品表面温度很高，就容易在食品表面形成一层硬壳。

（3）热塑性

许多食物是热塑性的，受热时会变软。像水果和蔬菜汁一类的食品缺乏结构，而且含有高浓度的糖分。

（4）疏松度

在干燥过程中促使食物内部产生蒸汽压可造成产品的多孔结构，外逸的蒸汽有膨化食品的作用，例如土豆膨化产品。此外，如果干燥前对液态或浆状食品进行搅打或采用其他发泡处理形成稳定的且在干燥过程中不会破裂的泡沫，干燥后食品就会呈现多孔结构。

（5）透明度

物料受热会将细胞间隙中的空气排除，使干制品呈半透明状态。

2. 化学变化

（1）色泽变化

烹饪原料在干制过程中或干制品在贮藏过程中，常变成黄色、褐色或黑色，一般称之为褐变。褐变按其产生原因分为酶促褐变和非酶促褐变。一般在干燥前需对食品进行热烫或化学试剂预处理以控制酶促褐变。在干燥过程中，当水分含量被降低到 15%～20% 的范围时，美拉德褐变反应进行得最快。因此，脱水过程需快速通过 15%～20% 水分的区域，以减少在这个最佳条件下发生美拉德褐变的时间。

（2）重新水合难

脱水处理的产品重新水合存在着一定的难度。因为处理后食品发生物理收缩，细胞和毛细管发生畸变，但主要是由于化学变化或者是在胶体水平上的物理化学变化所致。蛋白质部分变性，不再能够吸收和结合水分子。淀粉等亲水性也下降。糖和盐从被破坏了的细胞里逃逸到了水中，使食品减弱了吸水能力。

（3）挥发性组分的变化

挥发性香味组分损失。

（4）糖分的变化

糖分的损失随温度的升高和时间的延长而增加，温度过高时糖分焦化。低温干燥时，由于脱水可能变得更甜。

（5）维生素的变化

原料进行烫漂或二氧化硫处理可以减少维生素的损失。

3. 体积、轻重和水分的变化

食品在干燥过程中出现体积缩小，质量减轻。为了了解干燥过程中水分减少的情况，常采用水分率表示，水分率就是指 1 份干物质所含水分的份数。也可用干燥率表示原料与成品之间的比例关系。干燥率是指生产 1 份干制品与所用的新鲜原料份数的比例。

三、腌制贮存技术和原理

腌制贮存法是利用食盐或食糖对原料进行加工后贮存原料的方法。此法适用于大部分动植物原料的贮存。

（一）高盐高糖腌渍原理

根据所使用的腌渍液不同，可分为盐腌和糖渍两大类。盐腌是利用食盐来腌制原料，其主要用于猪肉、板鸭、火腿、咸蛋、咸鱼及腌酱菜等。糖渍主要利用食糖来腌渍原料，适用于蜜饯、果酱等。腌渍原理就是利用食盐或食糖溶液产生高渗透压和降低水分活度的作用，使微生物细胞的原生质脱水而发生质壁分离，使微生物难以生长繁殖，从而达到贮存原料的目的。因此，其必须达到一定的浓度。一般盐要求达到15%以上，糖达到65%以上。例如黄瓜腌制时需要的盐液质量浓度高达15%～18%，这时主要靠盐的高渗透压防腐作用。高盐和高糖产品常无法完全控制霉菌和酵母。因此，其常与隔离空气或干制或巴氏杀菌结合起来。例如，咸菜类放在罐中保藏，火腿和蜜饯晒干，果酱类瓶装、热杀菌后保藏。

（二）发酵腌渍原理

发酵保藏的原理就是促进能形成乙醇和有机酸的微生物生长并进行新陈代谢活动，使其产生乙醇和有机酸来抑制脂解菌和朊解菌的活动。

乳酸发酵是保藏食品的重要措施。乳酸发酵在缺氧条件下进行。乳酸发酵时食品中的糖分几乎全部形成乳酸。1个分子糖可以形成2个分子乳酸。乳酸发酵常是蔬菜腌制过程中的主要发酵过程。乳酸菌也常常因酸度过高而死亡，乳酸发酵因此自动停止。腌制过程中，乳酸累积量一般可达0.79%～1.40%。

蔬菜腌制过程中也存在着乙醇发酵，产量可达0.5%～0.7%，其量对乳酸发酵并无影响。

醋酸发酵是在空气存在的条件下，醋酸菌将乙醇氧化成醋酸。醋酸菌为需氧菌，因此醋酸发酵一般都是在液体表面上进行。

丁酸发酵是食品保藏中最不受欢迎的，会给腌制食品带来不良的风味。丁酸菌只有在缺氧条件下和低酸低盐情况下才能生长旺盛，35℃是它适宜的生长温度。一般在腌制初期或贮藏末期以及高温条件下极易产生丁酸发酵，利用较低的温度和增加盐是控制丁酸发酵的重要因素。

（三）控制食品发酵的因素

影响食品发酵过程中主要的因素有酸度、乙醇含量、酵种的使用、温度、通氧量和加盐量等。这些因素还决定着发酵食品在后期贮藏过程中微生物生长的类型。

1. 酸度

含酸食品有一定的防腐能力，其主要是对细菌和酵母效果很好，但是有氧存在时，对霉菌抑制效果不好，霉菌会将酸消耗掉，以致失去了防腐能力。

2. 乙醇

乙醇防腐作用的大小主要取决于其浓度。酵母同样不能忍受自己产生的超过某种浓度的乙醇及其他发酵产物。体积分数为12%～15%的乙醇就能抑制酵母的生长。一般发酵饮料酒的乙醇含量仅为9%～13%，防腐能力还不足，还需采取巴氏消毒法进行杀菌。如果饮料酒中加入乙醇，使其含量达到20%（按体积计），就不需要巴氏杀菌处理，足以防止变质和腐败。

3. 酵种的使用

发酵开始时如有大量预期菌种存在，即能迅速繁殖并抑制住其他杂菌生长，促使发酵向着预定的方向发展。

4. 温度

各种微生物都有其适宜生长的温度，因此利用温度可以控制微生物生长。

5. 氧的供量

霉菌是需氧性的，在缺氧条件下不能生长，故缺氧是控制霉菌生长的重要途径。酵母是兼性厌氧菌，在大量空气供应的条件下酵母繁殖远超过发酵活动。但在缺氧条件下，则将糖分转化成乙醇。细菌有需氧的、兼性厌氧的或专性厌氧的。醋酸就是需氧菌。乳酸菌为兼性厌氧菌，它在缺氧条件下才能将糖分转化成乳酸。肉毒杆菌则为专性厌氧菌，它只有在完全缺氧的条件下才能良好的生长。因此，供氧或断氧可以促进或抑制某种菌的生长活动，同时可以引导发酵向着预期的方向发展。

6. 食盐

各种微生物的耐盐性并不完全相同。常见的乳酸菌一般能忍受浓度为12%的盐液，而蔬菜腌制中出现的许多朊解菌和其他类型的腐败菌都不能忍受浓度为10%的盐液。例如，浓度为3%的盐液就可以显著抑制大肠杆菌生长。酸、盐结合时，其影响更大。

许多发酵食品常利用盐、醋和香料的互补作用以加强对细菌的抑制作用。其中不同种类的香料防腐力相差很大，如芥末油的抗菌力极强，而胡椒的抗菌力则很差。丁香、桂皮有比较好的抗菌能力。

四、高温杀菌保藏技术和原理

原料经过加热处理，一方面其细胞中的酶被破坏失去活性，原料自身的新陈代谢终止，原料变质的速度减慢；另一方面，加热使致病微生物被杀灭，从而可延长原料的保质期。原料经加热处理后还需及时冷却和密封，以防止微生物的二次污染而造成原料的变质，以及防止原料被氧化。根据加热时的温度高低，主要有高温杀菌法和巴氏消毒法。

（一）高温杀菌法

高温杀菌法是指利用高温加热（一般温度 100～121℃）杀灭原料中的微生物，从而达到贮存效果的方法。适用于鱼类、肉类和部分蔬菜的贮存。一般情况下，多数腐败菌以及病原菌在 70～80℃的条件下 20～30 min 即可杀灭，但是部分耐热细菌以及形成孢子的细菌，必须在 100℃的条件下经 30 min 甚至数小时才可杀灭。常用 121℃下杀菌。

（二）巴氏消毒法

巴氏消毒法是在 60℃下加热 30 min 杀死有害微生物营养细胞的方法。适用于啤酒、果奶、果汁、酱油等的贮存。这种方法由于加热温度低，所以不能杀灭它们的孢子或芽孢。但因为加热温度低，可以减少加热对原料质量的影响。巴氏消毒法有下列 3 种方法。

1. 低温长时间杀菌法

低温长时间杀菌法是长期以来普遍使用的方法，其杀菌温度为 62～65℃，加热 30 min。该法既可杀灭原料中的致病菌，又不损害原料的风味，能较好地保持食品的营养价值和食用价值。

2. 高温短时间杀菌法

高温短时间杀菌法通常的杀菌温度为72~75℃,加热15~16 s,或在80~85℃的条件下,加热10~15 s。该法适合于大规模连续化操作的要求,是目前采用较多的一种热杀菌方法。

3. 超高温瞬间杀菌法

超高温瞬间杀菌法通常将杀菌温度提高到135~150℃,加热时间极短,通常为3~5 s。由于加热时间短,因此与其他的热处理方法相比,能更有效地保持食品的营养成分,取得较好的贮存效果。

五、防腐剂与抗氧化剂保藏技术和原理

许多化工产品可以杀死微生物或抑制其生长,但其中只有少数获准使用,规定用量较严,且只能用于特定的食品。

(一) 防腐剂

防腐剂是防止食品因污染微生物而腐败的物质,通常利用添加化学物质来抑制微生物的增殖,以延长食品的保质期限,这些化学物质称为防腐剂。防腐剂能控制微生物的生理活动,从而抑制或杀灭腐败微生物。常用的防腐剂有苯甲酸、苯甲酸钠、山梨酸、山梨酸钾、二氧化硫、丙酸钠、丙酸钙和亚硝酸盐等。

(二) 抗氧化剂

能防止原料氧化变质,以延长原料保藏期的一类物质称为抗氧化剂。它们易与氧作用,从而防止或减慢空气中氧与原料中的一些物质发生氧化还原反应,起到保存原料的作用。常用的抗氧化剂有茴香脑(BHA)、2,6-二叔丁基对甲酚(BHT)、没食子酸丙酯及异抗坏血酸等。前3种脂溶性抗氧化剂多用于油脂原料的抗氧化作用。异抗坏血酸是水溶性抗氧化剂,使用范围较广。

(三) 脱氧剂

脱氧剂是一类能够吸除氧的物质。在包装原料中加入吸氧剂,能通过化学反应吸除包装容器内的游离氧及原料中的氧,生成稳定的化合物,从而防止原料氧化变质。常用的脱氧剂有铁粉、连二亚硫酸钠等。脱氧剂不能与食品接触放在一起。

思　考　题

1. 影响烹饪原料品质的因素有哪些?
2. 烹饪原料的品质检验有哪些技术?
3. 试述烹饪原料败坏和劣变的原因与控制方法。
4. 试述低温保藏烹饪原料的原理。

第五章　粮食类烹饪原料

学习目标

- 了解粮食类烹饪原料的主要种类、食用结构、主要营养。
- 掌握主要粮食品种的烹饪特点、地域分布。
- 了解粮食类烹饪原料常见的品质判断指标和贮藏技术。

粮食是最基本、最主要的食物原料，我国是大豆、小米等粮食作物的原产国。粮食主要用于制作主食。很多调味品和酒类也用粮食制作，如酱油、酱类、醋、味精、白酒、黄酒、米酒等。有些粮食还是制作某些菜肴的主要原料，并且是挂糊的常用原料之一。

第一节　粮食的原料概况

一、粮食的种类和分类

我国目前利用的粮食作物为30多种。粮食的种类和分类主要有以下几种。

（一）谷类

谷类通称粮食，包含稻米（包括糯米、籼米、粳米3种）、小麦、玉米、大麦、小米、高粱、薏米等，习惯上将荞麦也包含在谷类内。谷类是我国的主粮。谷类中除稻米和小麦被称为主粮外，其他均称为杂粮。

（二）豆类

豆类主要包含黄豆、红豆、绿豆、蚕豆、豌豆、刀豆、扁豆、四季豆、毛豆等，通常是以鲜豆或干豆用作副食品。

（三）薯类

薯类包括马铃薯、甘薯、木薯、芋艿、菊芋等。

二、主要粮食的结构

（一）谷类的结构

谷类除玉米外，都是由谷壳所包裹，稻谷籽粒由颖（稻壳）和颖果（糙米）两部分组成。

1. 颖

稻谷的颖由内颖、外颖、护颖和颖尖（颖尖伸长为芒）4部分组成。内颖、外颖包住颖果，起保护颖果的作用。制米时砻谷机脱下来的颖壳称为稻壳或大糠、砻糠。

2. 颖果

稻谷脱去内颖、外颖后便是颖果（即糙米）。颖果由果皮、种皮、珠心层、糊粉层（外胚

乳）、胚乳、胚等几部分组成。内颖所包裹的一侧称为颖果的背部。外颖所包裹的一侧称为腹部。胚位于下腹部。未成熟的颖果呈绿色，成熟后一般为淡黄色、灰白色及红色、紫色等颜色。新鲜的米粒具有特殊的米香味。

（1）果皮

果皮的厚度约为 10 μm，分为外果皮、中果皮和内果皮。果皮含有较多的纤维素。

（2）种皮

种皮在果皮的内侧，厚度只有 2 μm 左右。常含色素，使糙米呈现不同的颜色。

（3）珠心层

珠心层位于种皮和糊粉层的折光带，厚为 1~2 μm。

（4）糊粉层（外胚乳）

糊粉层为胚乳最外层，厚度为 20~40 μm，与胚乳结合紧密，是由胚乳分化而成的。

（5）胚乳

胚乳占颖果质量的 90%左右，胚乳主要由淀粉细胞构成，淀粉细胞的间隙填充储藏蛋白。填充蛋白质越多，胚乳结构越紧密而坚硬，使米粒呈透明状。若填充蛋白质较少，胚乳结构则疏松，米粒不透明，断面粗糙呈粉状。

（6）胚

胚富含脂肪、蛋白质及维生素等。由于胚中含有大量易氧化酸败的脂肪，所以带胚的米粒不易贮藏。在碾制过程中，胚容易脱落。

稻谷籽粒各组成部分占整个籽粒的质量分数，一般是颖为 18% ~ 20%，果皮为 1.2% ~ 1.5%，糊粉层为 4% ~ 6%，胚乳为 66% ~ 70%，胚为 2% ~ 3%。

（二）豆类的结构

荚果由一个心皮组成，成熟时沿背缝线开裂。荚果又可分为软荚类和硬荚类，软荚类如豌豆、菜豆、扁豆等可采摘为蔬菜，硬荚类如大豆、绿豆、饭豆等老熟时荚果因失水而开裂。荚果的形状、大小、组织和结构有很大的差异。如长豇豆荚果可达 60~70 cm，小扁豆的荚果仅为 1 cm。

豆类的种子为真正的种子，由胚珠发育而成，胚乳在种子成熟过程中被胚吸收利用，因此通常无胚乳，种子由种皮和胚组成，胚是种子的重要部分，由 2 片肥厚的子叶和夹在 2 片子叶之间的胚芽、胚轴和胚根组成。子叶是贮藏养料的器官，占种子的大部分。例如，大豆种皮占 8%，子叶占 90%，胚芽、胚轴占 2%。种子大小、颜色、种脐的形状是区别不同豆类种子的主要依据。

（三）薯类的结构

1. 马铃薯的结构

马铃薯属于块茎类作物。它的块茎在生长过程中积累并贮备营养物质。块茎由表皮层、形成层环、外部果肉和内部果肉 4 部分组成。最外面的一层是周皮，被木栓质所充实，具有高度的不透水性和不透气性，具有保护块茎、防止水分散失、减少养分消耗、避免病菌侵入的作用。周皮内是薯肉，薯肉由外向里包括皮层、维管束环和髓部。皮层和髓部由薄壁细胞组成，充满着淀粉粒。髓部含有较多的蛋白质和水分。皮层和髓部之间的维管束环是块茎的输导系统，含淀粉量较多。

2. 甘薯的结构

甘薯的食用部分是块根。甘薯的块根既是贮藏养分的器官，也是营养繁殖的器官。

甘薯的块根由表皮、皮层和中柱3部分组成。表皮仅为一层细胞。皮层由8～12层排列疏松的小型薄壁细胞组成。中柱内有五六束原生韧皮部和原生木质部。在两者之间有薄壁细胞，薄壁细胞内充满着淀粉粒。

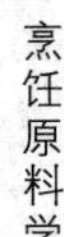

三、粮食的营养成分

粮食中含有丰富的糖类，同时，还含有蛋白质、脂肪、无机盐和维生素等，特别是维生素B族。几种常见粮食的平均营养成分如表5-1所示。

表5-1 几种常见粮食的平均营养成分

粮食名称	可食率/%	能量/kJ	水分/g	蛋白质/g	脂肪/g	膳食纤维/g	糖类/g	灰分/g
稻米	100.00	1 448.00	13.30	7.40	0.80	0.70	77.20	0.60
小麦	100.00	1 473.00	12.00	12.00	1.30	10.20	62.80	1.70
大麦	100.00	1 284.00	13.10	10.20	1.40	9.90	63.40	2.00
玉米(黄)	100.00	1 402.00	13.20	8.70	3.80	6.40	66.60	1.30
玉米(鲜)	46.00	444.00	71.30	4.00	1.20	2.90	19.90	0.70
高粱米	100.00	1 469.00	10.30	10.40	3.10	4.30	70.40	1.50
荞麦	100.00	1 356.00	13.00	9.30	2.30	6.50	66.50	2.40
小米	100.00	1 498.00	11.60	9.00	3.10	1.60	73.50	1.20
薏米	100.00	1 494.00	11.20	12.80	3.30	2.00	69.10	1.60
大豆	100.00	1 502.00	10.20	35.10	16.00	15.50	18.60	4.60
黑大豆	100.00	1 594.00	9.90	36.10	15.90	10.20	23.30	4.60
扁豆	100.00	1 364.00	9.90	25.30	0.40	6.50	55.40	2.50
绿豆	100.00	1 322.00	12.30	21.60	0.80	6.40	55.60	3.30
小豆(赤)	100.00	1 293.00	12.60	20.20	0.60	7.70	55.70	3.20
马铃薯	94.00	318.00	79.80	2.00	0.20	0.70	16.50	0.80
马铃薯片(油炸)	100.00	2 561.00	4.10	4.00	48.40	1.90	40.00	1.60
马铃薯丝(脱水)	100.00	1 435.00	10.10	5.20	0.60	3.30	79.20	1.60
甘薯(红心)	90.00	414.00	73.40	1.10	0.20	1.60	23.10	0.60
甘薯(白心)	86.00	435.00	72.60	1.40	0.20	1.00	24.20	0.60
甘薯粉	100.00	1 406.00	14.50	2.70	0.20	0.10	80.80	1.70
黑芝麻	100.00	2 222.00	5.70	19.10	46.10	14.00	10.00	5.10

注：该数据均为每100 g食物的营养成分含量。

（一）谷类的营养

我国人民从食物中得到的70%左右的热能和50%左右的蛋白质由谷类供给。谷类的蛋白质含量为7%～10%，主要为谷蛋白和醇溶蛋白，这两种蛋白质中人体必需的氨基酸含量较少，特别是赖氨酸含量很少，故营养价值较差。谷类中的糖类主要为淀粉，约占70%，脂肪含量约为2%，矿物质除富含磷外，还含有钙、铁、锌等，但在加工过程中大部分都丢失了。谷类所含的维生素主要为B族，如硫胺素、核黄素、烟酸、泛酸等，在加工过程

中维生素损失也较多，但谷类仍是我国人民硫胺素和烟酸的主要食物来源。粗粮、细粮搭配比单吃一种粮食营养价值要高出很多，如单吃大米，蛋白质的利用率只有58%。若与1/3的玉米混合食用，则蛋白质的利用率可提高到71%。面粉、小米、大豆和牛肉4种食品搭配食用，则蛋白质的利用率可提高到99%。

（二）豆类的营养

豆类含有丰富的蛋白质、脂肪和糖类。一般将豆类分成两大类，一类是高蛋白质、中等脂肪和低糖类的豆类，如大豆；另一类是高糖类、中等蛋白质和及少量脂肪的豆类，如蚕豆、豌豆、豇豆、菜豆、小豆、绿豆、扁豆等大多数豆类。当今世界人类消耗的蛋白质总量中，植物蛋白质占2/3以上。豆类食物的蛋白质含量为20%～40%。豆类含有谷类所缺乏的赖氨酸和色氨酸，且氨基酸种类齐全，比例适当，因此具有很高的营养价值。多数豆类脂肪含量较低，但大豆脂肪含量高，达35%左右，且含有亚油酸和亚麻酸。豆类含有丰富的钙、磷、铁等无机盐和多种维生素，它们是B族维生素的最佳来源，发芽的豆类还含有丰富的维生素C。

（三）薯类的营养

薯类的块根和块茎是人们利用的主要部分，内含以淀粉为主的糖类和丰富的维生素及矿物质。马铃薯淀粉含量高。马铃薯蛋白质是完全蛋白质，其中赖氨酸的含量较高。其胡萝卜素和抗坏血酸的含量也丰富。美国农业部研究中心的专家指出，全脂牛奶和马铃薯两样食品便可提供人体所需的全部营养物质。甘薯必需氨基酸的含量高，特别是赖氨酸的含量丰富。维生素A、维生素B_1、维生素B_2、维生素C和烟酸的含量都比较高，钙、磷、铁等无机物较多。此外，甘薯还是一种生理碱性食品，人体摄入后，能中和肉、蛋、米、面所产生的酸性物质。

四、粮食的烹饪应用

粮食主要制作主食，例如米饭、馒头、面条等，因此，粮食的制作主食的品质最为重要。粮食也制作糕点小吃，例如蛋糕、元宵、面点。另外，作为菜肴的主料和配料，例如锅巴、面筋、粉丝、豆制品等，或制作调味品。

第二节 主 粮 类

一、稻谷和大米（paddy，rice；*Oryza sativa* L.）

稻谷在植物学上属于禾本科，稻属，它是我国种植面积最大的谷类作物。世界上栽培的稻谷主要有两个基本种，即亚洲栽培稻和非洲栽培稻。亚洲栽培稻也称为普通栽培稻，种植面积大。

（一）稻谷的分布和分类

全世界除南极、北极外，其余五大洲均有稻谷的分布。在我国，90%的稻谷分布在秦岭淮河以南地区，其中湖南省、四川省、湖北省、江苏省、江西省、广东省、浙江省、安徽省、广西壮族自治区、福建省这10个省、自治区的面积和总产量占全国稻谷面积和总产量的83%。

中国栽培稻可分成籼稻、粳稻两个亚种，并根据品种的温光反应、需水量及胚乳淀粉特性等，在籼稻、粳稻亚种下又分为早稻、中稻、晚稻，水稻、旱稻，黏（非糯）稻、糯稻等不同的类型。

1. 籼稻和粳稻

江南的早稻几乎全是籼稻品种，晚稻以粳稻为主，或以杂交籼稻为主。黄河以北一般采用粳稻品种。从稻谷性质和粒形来看，一般籼稻米黏性较差，粒形长而窄；粳稻米性黏，米粒短而圆。目前通过籼稻与粳稻杂交制造出了不少介于籼稻、粳稻之间的中间型品种。

2. 早稻、中稻和晚稻

在籼稻和粳稻中均有早稻、中稻和晚稻。在长江流域一带，早稻在7月中下旬收获，双季晚稻在10月下旬11月初收获，一季中稻在7月下旬收获，一季晚稻在10月下旬收获。早稻谷一般米粒腹白大，角质粒少，米质疏松，耐压性差，加工时易产生碎米，出米率低。而晚稻则相反，米质坚实，耐压性好，加工时碎米较少，出米率高。就米饭的食味而言，早稻比晚稻差。就晚稻而言，晚籼稻的品质则优于晚粳稻。

3. 糯稻和黏稻

淀粉有直链淀粉和支链淀粉，支链淀粉富于黏性，蒸煮后能完全糊化，而直链淀粉只形成黏度较低的糊状。糯稻中几乎全是支链淀粉，而黏稻含20%~30%的支链淀粉。糯稻谷米黏性好，胀性小，出饭率低。而黏稻谷米黏性差，胀性大，出饭率高。一般糯稻谷米呈乳白色，不透明或半透明。按其粒形又可分为籼糯稻谷（稻谷一般呈长椭圆形或细长形）和粳糯稻谷（稻粒一般呈椭圆形）。

4. 水稻和旱稻

旱稻又称为陆稻，米粒结构疏松，色泽暗淡，食味较差，种植较少。

（二）大米（Milled rice）

稻谷经粗加工所得成品即为大米。根据稻谷分类的方法，大米分为籼米、粳米、籼糯米、粳糯米四类，分等按照碎米、加工精度、不完整粒含量。优质大米分为优质籼米和优质粳米，分等按照碎米、加工精度、垩白度和品尝评分值。优质大米的碎米率低于普通大米，多出垩白度、品尝评分值、直链淀粉含量的指标，详细参考《大米》GB/T 1354-2018。粳米按粒质和收获季节不同又分为早粳米和晚粳米。大米按淀粉构成，可分为普通大米和糯米。糯米直链淀粉含量极低（0~2%）。普通大米直链淀粉含量约为20%。可按表观直链淀粉含量将大米分为高直链淀粉米（25%以上）、中直链淀粉米（20%~25%）、低直链淀粉米（12%~20%）、极低直链淀粉米（2%~12%）、糯米（0~2%）等。大米的直链淀粉含量越低，即支链淀粉含量越高，米饭黏性越大，口感也越好。在普通大米和糯米之外，我国还培育出所谓的“软米”（直链淀粉含量为2%~12%），具有很好的做饭特性。低直链淀粉米不仅做米饭有较强的黏性，冷却后不易变硬，而且膨化性能好，适合做米饭、饭团、方便米饭，常见的加工有盒饭、方便米饭、酥脆米饼、年糕、元宵。高直链淀粉米适合做烩肉饭、炒米饭，常见的加工有米粉、米线、米面条、硬脆米饼。巨胚米的胚芽是普通米的2~3倍，不仅含较高的米胚芽油，还有丰富的维生素E、γ-酪氨酸等。香米的特性是米饭有特殊的气味。紫黑米、红米等彩色米，其色素主要含在米粒表面的糠层。紫黑米的特性是糠层含花青素，红米的特性是糠层含单宁色素。籼米、粳米或糯米的胚乳均有可能呈紫色或红色等颜色。稻米球蛋白中含有一些抗营养因子，如植物凝血素等，对某些特殊敏感人群来说，十分不利，低球蛋白米主要是针对这些人群。对于肾病患者，普通大米中的蛋白质会给其代谢带来负担，而低谷蛋白米则避免了这个问题。在以大米为主食的部分地区，存在蛋白质摄入不足的情况，而高蛋白米可改善这种状况。超级稻米即超高产米，包括杂交稻、大

粒米、巨穗米等，其单产大大高于一般稻米的新品种。

按加工方法和用途划分，大米还可分为精白米、半精白米、胚芽米、预蒸煮米等。半精白米、胚芽米都是为了避免碾米过程营养成分过度损失的产品。预蒸煮米是把毛稻（一般为高直链淀粉米、中直链淀粉米）经浸水、汽蒸糊化、干燥并进行碾制得到的大米。

以大米或稻谷为原料，以精加工所得的成品称为特种米，包括蒸谷米（半煮米）、留胚米（胚芽米）、不淘洗米（清洁米）、强化米等。

我国的优质稻米品种较多，根据栽培稻分类和稻米的理化性质，将食用优质稻米分为3类。

1. 籼米属籼型非糯性稻米

这种类型的优质大米品种较多，如江西省的73-07，湖南省的湘早籼18、湘早籼20、湘晚籼6号，以及浙江省等地的扬稻4号、盐稻2号等，大多数都达到部颁二级以上标准。

2. 粳米属粳型非糯性稻米

这种类型的优质大米主要产于中国长江以北一带稻区，如山东省的鲁粳94-16，中晚粳一级优质稻80-473，江苏省的晚粳杂泗优422，上海市的粳杂寒优102等。

3. 糯米属糯性稻米

糯米属糯性稻米包括籼糯米和粳糯米，这种类型的优质稻米新品种有鄂糯1号、浙糯2号。

另外，香米、黑米等特殊的大米也有一定的市场。籼米是制作米线的主要原料，部分用于米饭，国家粮库中大量贮藏籼米。粳米主要用于米饭。糯米主要用于点心制作。

二、小麦和面粉（wheat，flour；*Triticum aestivum*（L.）Thell）

（一）小麦的分布和分类

小麦起源于亚洲西南部，在我国广泛分布。小麦是禾本科小麦属草本植物。世界上有1/3以上的人口以小麦为主要粮食。在中国，小麦的地位仅次于水稻。小麦属中有20多个种，栽培最广泛的是普通小麦，占小麦总面积近90%。其次为硬粒小麦（T. *durum* Desf.），约占小麦总面积的10%。中国主要种植普通小麦。

我国小麦的种类与优良品种极多，常用的分类方法有以下3种。

1. 按粒质分

按粒质分，有软质小麦和硬质小麦两类。麦粒横断面1/2以上透明的（俗称玻璃质），称为硬质小麦，1/2以上不透明的，称为软质小麦。硬质小麦蛋白质含量高，筋力大。软质小麦蛋白质含量低，筋力小。通常按照硬质小麦和软质小麦来分类。

2. 按播种期分

按播种期分，有冬小麦（冬季播种）和春小麦（春季播种）两类。我国以生产冬小麦为主。仅特寒冷地区种植春小麦。春小麦蛋白质含量较高。

3. 按皮色分

按皮色分，有白小麦、红小麦及花小麦3类。白小麦粉色白，品质较好。我国河南省、河北省、山东省、山西省及苏北、皖北等地种植的多为白小麦。红小麦品质较差。花小麦是指同一批小麦中既有红小麦，也有白小麦。

（二）面粉

小麦的籽粒通过碾磨过筛，胚和麸皮（果皮、种皮和部分糊粉层）与胚乳分离，由胚乳制成面粉。小麦中所含的麦胶蛋白、麦谷蛋白不溶于水,但遇水能相互黏聚在一起形成面筋(也称为谷朊蛋白,有大量二硫键,容易形成网状结构),具有一定的弹性和延伸性,能制成松软多孔、易于消化的馒头、面包。面粉面筋含量高,所制作的面条质量也较好,面条弹性好。但制作酥饼、饼干等则要求面筋含量低的面粉,口感才酥软松脆。小麦籽粒中,面筋质仅存在于胚乳内,胚乳中心部位的面筋含量最低,但品质好,面筋质的含量自里向外逐渐增高,但品质依次降低,最外围(靠近糊粉层的部位)面筋含量最高,但品质最差。小麦的胚部及糊粉层虽含有较高的蛋白质,但因其蛋白质主要是麦清蛋白,故不能形成面筋质。

面粉主要分为两大类,即通用面粉和专用面粉。专用面粉也称为食品工业用面粉,根据面粉所要加工的面制食品种类,具体分为面包、面条、馒头、饺子、酥性饼干、发酵饼干、蛋糕、酥性糕点和自发粉 9 种专用粉。而家庭用的面粉,以制作饺子、馒头和面条为主,所以通用面粉的质量指标偏向这些食品。通用面粉根据面粉中灰分含量的不同可分为特制一等、特制二等、标准粉和普通粉,各种等级的面粉其他指标基本相同。近几年来我国从国外引进和培育的硬粒小麦,其营养价值更高,面筋的含量和强度也优于普通小麦,适于制作通心粉和实心面条,蒸煮和适口性好。

常见的各类面粉及其用途如下。

1. 强力粉

蛋白质含量在 13%以上,湿面筋含量在 34%以上,对原料的要求是高玻璃质小麦,是适宜制作高档面包和一些高档发酵食品的优质原料。

2. 标准强力粉

蛋白质含量为 11%~13%,湿面筋含量在 30%~34%,要求小麦是中间玻璃质小麦。适宜制作面包、高级点心、面条类面制品。

3. 中力粉

蛋白质含量为 9%~11%,湿面筋含量在 24%~30%,要求小麦为软质或中间质小麦。适宜家庭用粉,具有多种用途,其制品为中级食品。

4. 薄力粉

蛋白质含量在 9%以下,面筋含量在 24%以下,对原料要求为软质小麦。由于面筋含量低,所以是制作饼干、糕点的良好原料。如果利用它制作面包、面条,效果不佳。

5. 专用粉

专用粉也称为预混合粉,它是将小麦粉根据用途所需的比例,预先混合好其他添加物,如砂糖、油脂、乳粉、蛋粉、食盐、膨胀剂、香料等,只需添加水和必要的材料即可加工成某种成品。主要产品有面包糕点用粉、比萨饼用粉、饺子专用粉、蛋糕粉等。

另外,有面包粉、饼干粉、自发面粉、糕点粉、“高比”面粉、发酵食品用粉、软点心用粉、汤用面粉、面糊用粉等。

第三节 杂粮类

一、玉米(corn,maize;*Zea mays* L.)

玉米是禾本科玉米属作物,玉米属中仅有一个玉米种。玉米原产中美洲、南美洲。16

世纪传入我国,先在四川省(蜀)种植,所以玉米最初称为玉蜀黍。以后传到各地,又有苞谷、棒子、玉茭、六谷、珍珠米、观音粟等称谓。根据子粒稃壳的长度、子粒的形状、淀粉的品质和分布、化学成分和物理结构等将玉米分为 8 种类型。

(一) 硬粒型

硬粒型又名石遂石种或普通种(*Zea mays indurata* Start),子粒外皮坚硬,外表透明,多为黄色,也有紫红色,品质好,我国栽培较多。

(二) 马齿型

马齿型又名马牙种 (*Zea mays indentata* Start),子粒扁平,多为黄白两色,品质较差,但产量较高,目前栽培面积较大。

(三) 半马齿型

半马齿型又称为半马齿种或中间种(*Zea mays semindentata* Kulesh),子粒粉质淀粉较马齿型少,较硬粒型多,品质较马齿型好。

(四) 糯质型

糯质型又称为蜡质型,子粒胚乳全为角质淀粉,在我国浙江省、江西省及东北与华北均有大量种植。品质较好,可作为糯米的代用品,也可制作各种点心。

(五) 甜质种

甜质种又称为甜玉米(*Zea mays saccharata* Start),胚乳中含有大量的糖分和水分,乳熟期子粒含糖量为 15%~18%,主要用作蔬菜或罐头食品。

(六) 爆裂型(*Zea mays everta* Start)

爆裂型子粒小而坚硬,形圆。加热时由于淀粉粒内的水分遇到高温,形成蒸汽而爆裂,子实爆裂后的体积比原来大 4~5 倍,是制作休闲食品“哈立克”的主要原料。

(七) 粉质型

粉质型又称为软质型,胚乳全部为粉质,用于制取淀粉和酿酒。

(八) 有稃型

有稃型子粒外面包着稃片,在生产上应用价值很低。

玉米分布广,在我国主要集中在黑龙江省、吉林省、辽宁省、云南省。玉米子粒:蛋白质 9.6%,淀粉 72.00%,糖 1.50%,脂肪 4.90%,纤维素 1.92%,矿物质 1.50%。玉米淀粉颗粒小,其淀粉主要是直链淀粉,作为添加剂常用于食品工业中。玉米在烹饪中可以用来制作各种点心,也可加工成各式菜肴。

二、薯类

(一) 马铃薯(potato;*Solanum tuberosum*)

马铃薯是茄科茄属草本,又名土豆、洋芋、山药蛋等,是重要的粮食、蔬菜兼用作物。中国马铃薯的主产区是西南山区、西北、内蒙古和东北地区。其中以西南山区的播种面积最大,约占全国总面积的 1/3。黑龙江省则是全国最大的马铃薯种植基地。

马铃薯块茎含有 76.3%的水分和 23.7%的干物质,其中包括 17.5%的淀粉、0.5%的糖、1%~2%的蛋白质和 1%的无机盐。马铃薯还含有极丰富的维生素 C 和 B 族等。马铃薯鲜薯可供烧煮作为粮食或蔬菜。世界各国十分注意生产马铃薯的加工食品,如法式冻炸条、炸片、速溶全粉、淀粉等,特别是马铃薯淀粉颗粒大,膨胀性好,作为生粉在烹饪上有大量使用,另外,大量添加于方便面中。一些发达国家鲜薯的食用量大大减少。

（二）甘薯（sweet potato；*Ipomoea batatas*（Lam.）L.）

甘薯又称为山芋、红芋、红薯、白薯、地瓜、红苕、番薯，为旋花科甘薯属。甘薯块根味甜，富含淀粉，主要作为粮食、饲料和蔬菜。甘薯起源于墨西哥和委内瑞拉，16 世纪中叶传入中国。在我国广泛栽培。甘薯块根中含糖类为主，还有蛋白质、胡萝卜素、抗坏血酸、钙和磷等。部分腐烂甘薯的未腐烂部分会产生有毒物质，不可食用。甘薯块根除大量直接食用外，也经常制备淀粉和粉丝。

甘薯茎尖现在已经入菜。甘薯茎尖营养价值较高，有一定的保健功能。目前国内外已陆续培育出菜蔬专用型品种，或从已推广的品种中筛出粮菜兼用品种，主要有日本关东 109、鲁薯 7 号、北京 553、台农 68、福薯 7-6、广薯 95-145、富国菜、泉薯 830、泉薯 95 等品种。甘薯病虫害较少，很少使用农药，是夏秋季良好的蔬菜。

三、豆类

（一）大豆（soy，soybean；*Glycine max*（L.）Merrill）

大豆为豆科大豆属，亦称为黄豆。大豆起源于中国，在中国的分布很广。种子含蛋白质 40%左右，远远高于其他豆类，所含的氨基酸较齐全。油分含量为 20%左右，富含亚油酸，有大量维生素 E，是植物油的重要原料。豆油的消化率为 98.5%。在食用方面，将 20%～30%的大豆粉与 70%～80%的玉米面或小米面配合成的杂合面，是中国北方长期以来的重要食粮，也可把大豆粉掺入面粉中，制成面包、饼干及甜饼等。用大豆制成的豆制品，有豆腐、豆腐脑、豆腐乳、腐竹、豆腐干、豆浆、酱油和豆酱等。豆浆则是普遍的早餐饮料。豆芽、毛豆、青豆可作为蔬菜。一般大豆蛋白质的消化率为 85%，而豆腐蛋白质的消化率为 96%，豆浆的消化率为 93%以上。从大豆中分离出来的大豆蛋白是重要的食品添加剂。另外，从大豆中分离出来的卵磷脂、大豆异黄酮都有保健作用。

（二）蚕豆（broad bean；*Vicia faba* L.）

蚕豆又名胡豆，是高蛋白作物，但色氨酸很少，甲硫氨酸偏低。糖类比较多，维生素 B_1、B_2 含量高，脂肪中不饱和脂肪酸较高。蚕豆种子含有蚕豆嘧啶和伴蚕豆嘧啶，会使缺葡萄糖-6-磷酸脱氢酶的人发生急性溶血性贫血症，从而出现黄疸、血尿、发烧与贫血等症状。新鲜嫩蚕豆是蔬菜中的佳肴。老熟的种子可做粮食，也可磨粉制造成粉皮、粉丝、豆酱、酱油及各种糕点。

（三）豌豆（pea；*Pisum sativum* L.）

豌豆又称为毕豆、雪豆、冬豆、麦豆、寒豆、青元、麻豆等。豌豆有两个变种：白花豌豆，又名蔬菜豌豆、软荚豌豆，种子含糖分较多，品质好，以青荚、鲜豆做蔬菜或做罐头用，多在南方种植；紫花豌豆，又名红花豌豆、谷豌豆、硬荚豌豆，其产量较高，但品质较差，主要食用或作为饲料。此外，也有少数紫花和白花混杂种，种子比上述两类更小。豌豆子粒富含蛋白质和糖类，另外，还富含矿物质与维生素 B。豌豆子粒有很好的煮软性，可以熬汤做饭。在发芽的豌豆种子中还含有丰富的维生素 E。嫩豆和鲜豆可制罐头。鲜嫩茎梢、豆荚和青豆含 25%～30%的糖分、大量蛋白质、多种维生素和矿物质，是优质美味的蔬菜。

（四）绿豆（mung bean；*Phaseolus radiatus* L.）

我国云贵高原是绿豆原产地，我国是世界上绿豆种植最多的国家，以安徽省、河南省、河北省、山东省等种植面积最大。著名的优良绿豆品种有安徽省的明光绿豆、河北省的宣化绿豆、山东省的绿豆和四川省的绿豆等。绿豆子粒富含蛋白质和糖类，另外还富含维生素 B 和赖氨酸。绿豆常制作豆芽菜。毛绿豆含淀粉较多，并且是直链淀粉，宜作为加工粉丝用，其粉丝质量极好，例如山东省的龙口粉丝。但许多企业的绿豆粉丝制作过程常添加明矾。

（五）小豆（azuki bean；*Phaseolus angularis* Wight）

小豆又名红豆、赤豆、饭赤豆、红饭豆、赤小豆等。我国是小豆的原产地。小豆常加工为八宝粥、红豆沙、豆粉等。干豆一般是加工成豆腐、香干、百叶、豆芽。有的干豆则用作主食。

四、大麦（barley；*Hordeum vulgare* L.）

大麦是禾本科植物。我国大麦栽培历史悠久。目前主要将大麦用于生产麦芽，发芽的大麦富含淀粉酶，用于粮食液化和糖化，形成低分子糖类，从而为酵母提供了营养。其在酿造啤酒上有大量使用以及用作饲料，还有一部分食用。大麦的面筋含量较少，其一般搭配掺和在小麦粉等中食用。大麦粉可制成小面包干，作为婴儿食品和特种食品。

五、高粱（broom corn；*Sorghum vulgare* Pers.）

高粱是禾本科高粱属，我国主要分布在华东、华北地区。根据用途，高粱可分为食用高粱、糖用高粱、酿制用高粱、饲用高粱和工艺用高粱。食用高粱含淀粉和蛋白质丰富，铁较高。食用高粱的籽粒加工后即成高粱米，可用来做饭或磨成粉，做成各种食品。高粱含单宁多，主要集中在皮层。单宁有涩味，并妨碍消化吸收，容易引起便秘。在加工过程中如采用碱液处理，可制得洁白的高粱米，其单宁含量很低，蛋白质消化率可增加 40%。我国特产的茅台、泸州特曲、竹叶青等名酒都是以高粱籽粒为主要原料酿造的。

六、其他

（一）荞麦（buckwheat；*Fagopyrum esculentum* Moench）

荞麦为蓼科荞麦属作物。荞麦起源于中国，主要产区在我国西北、东北、华北以及西南一带高寒山区。栽培荞麦包括 4 个品种。其中甜荞（*F.esculentum* Moench）、苦荞［*F.tataricum*（L.）Gaertn］栽培较多。荞麦蛋白质含量较高，亚油酸含量也高，淀粉含量为 72% 左右。荞麦含有大量的黄酮，有比较好的对心血管的保健作用。荞麦适口性好，可做面条、凉粉、扒糕、烙饼、蒸饺和荞麦米饭，还可以做挂面、灌肠、麦片与各种高级糕点和糖果。

（二）燕麦（oats；*Avena sativa* L.）

燕麦是禾本科早熟禾亚科燕麦属，分为带稃型和裸粒型两大类。国外多栽培带稃型的普通燕麦（*A.sativa* L.）。但中国以大粒裸燕麦（*A.nuda* L.）为主，俗称莜麦，主要分布在我国西北和西南。内蒙古自治区种植面积最大。燕麦蛋白质营养全面，含有较多的维生素 B_1、维生素 B_2、磷、铁，还含有皂苷。裸燕麦常见的吃法是用开水和面之后，趁热在涂釉油的陶瓷板上推成薄的指筒状的“窝窝”或压成“饸饹”蒸熟食用，也可制成炒面加水调食。燕麦片、燕麦粥是欧美各国人民的主要早餐食品，燕麦粉也是制作高级饼干、糕点、儿童食品的原料。

（三）芝麻（sesame；*Sesamum indicum* L.）

芝麻是胡麻科胡麻属，又称为脂麻、油麻，古称胡麻、巨胜、藤弦等。我国各省区都有种植，主产区是河南省、湖北省和安徽省。其种子富含脂肪。可用于榨油和制作食品，也可作为香料。如芝麻粉、芝麻酱、芝麻糊、芝麻糖和芝麻盐等。

（四）薏苡（job's tears；*Coix lacrymajobi*（L.）var.*frumentacea* Makino.）

薏苡是禾本科薏苡属，又称为解蠡、芑实、感米、薏珠子、苡米、芭实等。起源于亚洲东南部。河北省、陕西省、河南省、湖北省、湖南省、广西壮族自治区的产量较多。其常有气味。在烹饪中一般做面点的配料。薏苡的薏苡仁酯含量高，有一定的抗肿瘤作用。

（五）黍（broomcorn，millet；*Panicum miliaceum* L.）

黍是禾本科黍属，米粒有粳、糯两类。黍也常常作为粳、糯两类的共同名称。稷则专指粳性的黍。我国主产区是内蒙古自治区、甘肃省、陕西省、山西省、宁夏回族自治区和黑龙江省。

第四节　粮食的品质检验与保藏

一、粮食的品质检验

大米在食用过程中表现出来的各种性能以及在食用过程中人体的感觉器官对它的反应，如色泽、滋味、软硬等被称为大米的食用品质。大米的食用品质包含蒸煮品质和食味两个方面。通常通过测定加热吸水率、膨胀容积、米汤的 pH、米汤的碘显色度及米汤中的固体溶出物以反映大米的蒸煮品质。评价大米食味的方法主要有两种，一种是以品尝人员的感官，即感官评价法；另一种是借助仪器测定大米或米饭的某些理化特性。

优质稻米通常指碾米、外观、蒸煮、食味、营养、市场、卫生 7 项品质指标都优良的食用稻米。优质稻米应具备以下几个特性。

1. 外观好

一般米粒较细长，外观整洁、漂亮、透明，心白腹白要小，一级米的垩白率应小于 10%。

2. 适口性好

优质稻米所做的米饭应具备正常的沁香味，饭粒完整，洁白有光泽，软、不黏结且富有弹性，冷后不硬，不回生。但好吃与蒸煮方法有一定的关系，一般优质米蒸煮米饭以 1 kg 米加 0.8~1 kg 水较适宜。

3. 加工好

出糙率和整精米率要高，一级籼稻的出糙率应达到 79%，整精米率要达到 56%。一级粳稻的出糙率应在 81%以上，整精米率达到 66%。

4. 卫生好

优质稻米应符合国家粮食卫生标准的各项指标，农药和其他有害物质残留要少。

5. 市场销售好

各类大米按加工精度分等级可分为以下几级。

一级：背沟无皮，或有皮不成线，米胚和粒面皮层去净的占 90%以上。

二级：背沟有皮，米胚和粒面皮层去净的占 85%以上。

三级：背沟有皮，粒面皮层残留不超过五分之一的占 80%以上。

四级：背沟有皮，粒面皮层残留不超过三分之一的占 75%以上。

我国小麦分为冬小麦和春小麦，各类小麦按体积质量分为5等。指标为容重、不完善粒、杂质、色泽和气味。

硬质白小麦：种皮为白色或黄白色的麦粒不低于90%，硬度指数不低于60的小麦。

软质白小麦：种皮为白色或黄白色的麦粒不低于90%，硬度指数不高于45的小麦。

硬质红小麦：种皮为深红色或红褐色的麦粒不低于90%，硬度指数不低于60的小麦。

软质红小麦：种皮为深红色或红褐色的麦粒不低于90%，硬度指数不高于45的小麦。

混合小麦指不符合上述规定的小麦。

我国的面粉品种是按灰分多少、粗细度等为标准进行分类的，主要有灰分、面筋量、面筋指数、稳定时间、降落数值、加工精度、粗细度、含砂量、磁性金属物、水分、脂肪酸值、气味、口味指标。我国按照加工精度将小麦粉分为4个等级，即特制一等、特制二等、标准粉和普通粉，不同等级小麦粉的质量差异如表5-2所示。

表5-2 不同等级小麦粉的质量差异

	灰分	粗细度	面筋质	水分
特制一等	<0.70%	全部通过CB36号筛，留存在CB42号筛不超过10.0%	>26.0%	≤14.0%
特制二等	<0.85%	全部通过CB30号筛，留存在CB36号筛不超过10.0%	>25.0%	≤14.0%
标准粉	<1.10%	全部通过CQ20号筛，留存在CB30号筛不超过20.0%	>24.0%	≤13.5%
普通粉	<1.40%	全部通过CQ20号筛	>22.0%	≤13.5%

（一）小麦质量的感官鉴别

1. 色泽鉴别

良质小麦去壳后小麦皮色呈白色、黄白色、金黄色、红色、深红色、红褐色，有光泽。次质小麦色泽变暗，无光泽。劣质小麦色泽灰暗或呈灰白色，胚芽发红，带红斑，无光泽。

2. 外观鉴别

良质小麦颗粒饱满、完整，大小均匀，组织紧密，无害虫和杂质。次质小麦颗粒饱满度差，有少量破损粒、生芽粒、虫蚀粒，有杂质。劣质小麦严重虫蚀，生芽，发霉，结块，有大量赤霉病粒（被赤霉菌感染），麦粒皱缩，呆白，胚芽发红或带红斑，或有明显的粉红色霉状物，质地疏松。

3. 气味鉴别

取小麦样品于手掌上，用嘴哈热气，然后立即嗅其气味。良质小麦具有小麦正常的气味，无任何其他异味。次质小麦微有异味。劣质小麦有霉味、酸臭味或其他不良气味。

4. 滋味鉴别

进行小麦滋味的感官鉴别时，可取少许样品进行咀嚼，品尝其滋味。良质小麦味佳微甜，无异味。次质小麦乏味或微有异味。劣质小麦有苦味、酸味或其他不良滋味。

（二）面粉质量的感官鉴别

1. 色泽鉴别

良质面粉色泽呈白色或微黄色，不发暗，无杂质的颜色。次质面粉色泽暗淡。劣质面粉色泽呈灰白或深黄色,发暗,色泽不均。

2. 组织状态鉴别

良质面粉呈细粉末状,不含杂质,手指捻捏时无粗粒感,无虫子和结块,置于手中紧捏后放开不成团。次质面粉手捏时有粗粒感,生虫或有杂质。劣质面粉吸潮后霉变,有结块或手捏成团。

3. 气味鉴别

取少量面粉样品置于手掌中,用嘴哈气使之稍热。良质面粉具有面粉的正常气味,无其他异味。次质面粉微有异味。劣质面粉有霉臭味、酸味、煤油味以及其他异味。

4. 滋味鉴别

可取少量面粉样品细嚼,遇有可疑情况,应将样品加水煮沸后尝试之。良质面粉味道可口,淡而微甜,没有发酸、刺喉、发苦、发甜以及不良滋味,咀嚼时没有砂声。次质面粉淡而乏味,微有异味,咀嚼时有砂声。劣质面粉有苦味、酸味、发甜或其他异味,有刺喉感。

二、粮食的保藏技术要点

粮食保藏必须贯彻干粮和湿粮分开,有虫粮和无虫粮分开,新粮和陈粮分开,种子粮和商品粮分开,质量好的和质量差的分开以及在保藏中坚持干燥、低温、密闭三原则,这是保证储粮安全的基础。粮食防霉和防螨虫主要通过粮食的干燥度来控制。防止甲虫和蠹蛾类危害,主要靠化学药剂熏蒸,常用磷化铝等。粮食保藏要求含水量在安全水分13%以下。

粮食陈化是指在保藏期间,品质由好变坏的过程。粮食陈化有3种变化。

(一)生理变化

由于酶的活性逐渐减弱,直至丧失,呼吸也就停止。

(二)化学变化

脂肪中的游离脂肪酸不断地增多,致使蒸煮品质下降,再进一步氧化,将会产生难闻的戊醛、已醛等挥发性化合物。淀粉中的糊精和麦芽糖逐步被水解,还原糖增加,糊精相对减少,黏度下降。蛋白质水解和变性,游离氨基酸上升,酸度增加。

(三)物理变化

主要是粮食颗粒组织硬化,柔韧性变弱,米质变脆,米粒起筋,收缩,淀粉细胞变硬,细胞膜增强,糊化,吸水力降低,持水率下降,米饭破碎,黏性较差,香味消失。面粉发酵力减弱,面包品质不良等。

粮食陈化与保藏环境和保藏技术有直接联系。高温、高湿环境下,可促进粮食陈化。低温、干燥环境下,可延缓粮食陈化。杂质多、虫、霉滋生的粮堆,易加速粮食陈化。反之,可延缓粮食陈化。因此,入仓粮食的水分、杂质要符合安全标准,在储粮前粮仓必须符合防潮、隔热、通风、密闭的要求。另外,可以利用地下仓常年低温,保持在15℃以下,在粮仓内引入二氧化碳、氮气及这两种气体的混合物可延缓粮食的陈化。大米、面粉等加工后的粮食保藏性能下降,不宜长久保藏。

鲜薯、鲜豆类含水量高,保藏特性与蔬菜相似,参考蔬菜保鲜。

思 考 题

1. 粮食有哪些种类？
2. 稻谷和小麦有哪几类？烹饪特点是什么？
3. 如何检验大米的品质？

第六章　蔬菜类烹饪原料

学习目标

- 了解蔬菜的结构、分类、营养和烹饪应用。
- 熟悉常见的蔬菜类烹饪原料的种类和优良品种，以及野生蔬菜、孢子植物蔬菜和食用菌的常见种类。
- 掌握蔬菜类烹饪原料的分布、出产时间、识别、使用特点、食疗特性和常见的烹饪菜肴。
- 了解蔬菜的品质检验和保藏技术。

蔬菜是人们日常生活所必需的副食品，它是指可供佐餐的草本植物的总称，也包括少数可供佐餐的木本植物的嫩茎叶芽和食用菌类等。我国蔬菜的发展历史经过了从采集野生植物到移植栽培，从自给自足到商品生产，并在我国原有品种的基础上，积极引进国外的蔬菜品种，逐渐形成了现有的蔬菜体系。目前，我国的栽培蔬菜有近百种，在人们的生活中占有重要的地位。

第一节　蔬菜的原料概况

一、蔬菜的种类和分类

按照生长环境，蔬菜可分为栽培种和野生种。按照蔬菜的加工特点，可分为鲜菜、干菜、腌渍菜、蔬菜罐头等。按照生物学分类体系，可分为高等植物性蔬菜和低等植物性蔬菜。按照科分类，有十字花科、菊科、葫芦科、豆科蔬菜等。目前常用的是商品学分类。

1. 根菜类

如萝卜、胡萝卜、根用芥菜、牛蒡等。

2. 茎菜类

如茎用莴笋、球茎甘蓝、马铃薯、慈姑、莲藕等。

3. 叶菜类

如大白菜、塌棵菜、芹菜、菠菜、蕹菜等。

4. 花菜类

如花椰菜、黄花菜、韭菜薹等。

5. 果菜类

如菜豆、番茄、黄瓜、冬瓜等。

6. 其他

食用菌类、食用藻类、食用地衣类等。

二、蔬菜的结构

蔬菜大多数来源于被子植物。从结构上看，通常分为根、茎、叶、花和果实5个部分。

植物的根可分为直根系和须根系两大类，供食用的根菜类一般都来自具有直根系的被子植物，它们的主根中薄壁组织比较发达，因此膨大，常为贮存营养物质的场所，但维管柱、皮层等部位的机械组织较少，从而保证了食用的品质。

茎菜类或为具有初生结构的幼嫩茎，或为具有贮藏作用的变态的地下茎或膨大的地上茎，从显微结构上看，仍是具有发达的薄壁组织，机械组织及输导组织中的木质化等组成分子较少。

叶通常可分为叶片、叶柄和托叶3部分。由于托叶常早落，因此，叶菜类主要食用的为叶片和叶柄两部分。叶菜的叶肉组织发达，表皮薄，叶脉细嫩，叶柄基本组织发达，机械组织一般缺乏。

花可分为花柄、花萼、花冠、雄蕊群、雌蕊群等几部分，通过花柄着生于茎上或花茎上。供食用的花菜类除均由薄壁组织组成的花朵外，还包括具有发达的薄壁组织的花茎（即花薹）部分。

果菜类是由被子植物的果实所提供的，包括果皮和种子两部分。果皮可分为外果皮、中果皮和内果皮3部分。在不同的果实中，3种果皮的组织结构变化较大，但具有食用价值的是薄壁组织。种子由胚、胚乳和种皮组成。除种皮外，均由薄壁组织组成，因此具有食用价值。

三、蔬菜的营养成分

蔬菜的主要成分是水分（为65%~96%），以及无机盐、维生素、蛋白质和糖类等。无机盐种类较多，如钙、镁、钠、钾、锌、铜、锰、铝、磷等，通过人体的新陈代谢，产生碱性物质，可以调节人体的酸碱平衡。维生素为蔬菜的主要营养成分，如胡萝卜素、维生素E、维生素C以及多种B族维生素。蔬菜中的蛋白质一般含量较低，为0.6%~0.9%，但在豆类蔬菜中含量较高，可达35%~40%。蔬菜含有一定量的糖类，包括单糖、双糖及多糖。单糖主要为葡萄糖、果糖。双糖如麦芽糖、蔗糖。多糖有淀粉、纤维素、果胶质、半纤维素等。糖类物质除为人体提供能量外，还在蔬菜的风味形成、维持人体肠道健康等方面具有重要的作用。

四、蔬菜的烹饪应用

蔬菜的烹饪应用十分广泛，概括起来主要体现在以下几个方面。

（1）可制作主食、小吃，如南瓜、马铃薯、芋头等含淀粉较多的原料。

（2）可作为菜肴的主料或配料，如白菜、萝卜、甜椒、芹菜、蒜薹等。

（3）可用于菜点的调味，如大蒜、芫荽、葱等。

（4）为菜肴重要的装饰、点缀原料，如黄瓜、番芫荽、芹菜叶、番茄等。

（5）是食品雕刻的主要原料，如冬瓜、南瓜、萝卜、魁芋等。

（6）用于面点馅心的制作，如韭菜、香菇、白菜等。

（7）可用于腌渍、干制、糖制等多种加工方式，制作各种酸菜、咸菜、干菜、蔬菜蜜饯等。

第二节　常见的种子植物蔬菜

一、叶菜类

叶菜类蔬菜是指以植物肥嫩的叶片、叶柄或嫩梢作为食用对象的蔬菜。有散叶叶菜，如小白菜、菠菜、苋菜等；有结球叶菜，如大白菜、叶用甘蓝等；有的则具有特殊的香辛风味，如韭菜、芹菜、葱、茴香等。叶菜类蔬菜由于常含叶绿素、类胡萝卜素而呈现绿色、黄色，为人体无机盐及维生素 B、维生素 C 和维生素 A 的主要来源。尽管叶菜类含水分多，但其持水能力差，若烹制时间过长，则不仅质地、颜色发生变化，而且营养及风味物质也易损失，所以，多适于快速烹调或生食、凉拌。选择时以色正、鲜嫩、无黄枯叶、无腐烂者为佳。

（一）普通叶菜

1. 青菜（pak choy；*Brassica chinensis*）

青菜又称为白菜秧，在北京称为油菜，为十字花科一年生或二年生草本植物，四季均产。叶片绿色，倒卵形，叶面光滑，不结球，叶柄明显，绿色或白色，分为青梗青菜、白梗青菜。青菜纤维少，质地柔嫩，味清香。青菜是我国南方产量最大的蔬菜，但是夏季青菜常有苦味。常见的品种有上海青等。烹饪中用于炒、拌、煮等，或作为馅心。筵席上多取用其嫩心，如鸡油菜心、海米油菜心，并常作为白汁或鲜味菜肴的配料。秋冬青菜常干制、腌制。

2. 塌棵菜（Chinese flat cabbage；*Brassica narunosa*）

塌棵菜（见图 6-1）又称为塌菜、乌塌菜、乌菜等，为十字花科二年生草本植物。原产我国，主产销于南方，12 月至翌年 3 月上市；北方 10—11 月采收。植株矮小，莲座状，叶倒卵形，浓墨绿色。质地柔嫩，味甜而清香。分塌地型和半塌地型两种。优良品种如上海塌棵菜、常州乌塌菜、瓢儿菜、乌鸡白。在烹饪中，可炒、煮、做汤、制馅，但不宜加酱油，以保其青翠色及清香味。

3. 叶用芥菜（leaf-mustard cabbage；*Brassica juncea* var.*rugosa*）

叶用芥菜又称为芥菜、辣菜等，为十字花科一年生、二年生草本植物。原产我国，全国各地普遍栽培和销售，冬季出产较多。叶绿或间紫，叶形倒卵圆、披针形等；叶柄扁平状、箭杆状，弯曲包成叶球或有瘤状突起。分为花叶芥、大叶芥、瘤芥、包心芥、分蘖芥、长柄芥、卷心芥等。质脆硬，具有特殊的香辣味。呈味成分主要是芥子油苷水解后的烯丙基异硫代氰酸盐。嫩株可炒食，但多腌制或腌后晒干久贮。名产较多，如福建省的永定菜干、云南省的芥菜鲊、四川省的芽菜和冬菜、浙江省的霉干菜以及腌雪里蕻等。

4. 冬葵（cluster mallow；*Malva verticillata*）

冬葵（见图 6-2）又称为冬寒菜、葵菜、滑菜等，为锦葵科一年生、二年生草本植物，以嫩叶、嫩叶柄作为蔬菜。原产亚洲东部。冬春季出产。植株较矮，叶绿色，半圆形较皱，带有淡褐紫斑；叶缘齿状；叶柄浅绿色。冬葵蛋白质含量高，约占干重的 30%；维生素 C、胡萝卜素、维生素 B_1、B_2 及钙、铁的含量亦丰富。冬寒菜清香鲜美，入口柔滑。在烹饪中主要用于熬汤、煮粥或炒、拌等，如鸡蒙葵菜；也可作为奶汤海参的垫底。

5. 落葵（ceylon spinach；*Basella*）

落葵(见图 6-3)又称为软浆叶、木耳菜、豆腐菜、藤菜等,为落葵科一年生缠绕草本植物,以嫩茎叶作为蔬菜。原产热带地区,我国各地均有栽培,夏秋季出产。茎蔓生,紫红色或绿色;叶片心形,全缘,先端钝尖,绿色,叶肉较厚;叶柄淡紫色、粉红色或绿色。按花的颜色分为红落葵(*B. rubra*)和白落葵(*B. alba*)两种。落葵柔嫩爽滑、清香多汁,富含维生素 C、胡萝卜素,钙的含量亦高。烹饪上多用以煮汤或爆炒成菜,如落葵豆腐肉片汤、蒜茸炒软浆叶。

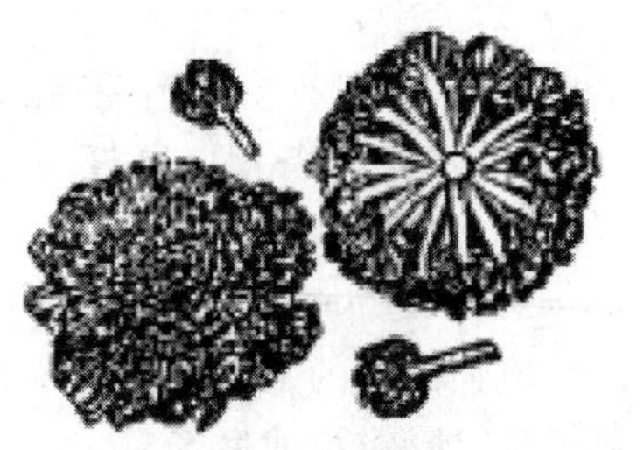
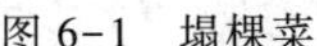

图 6-1 塌棵菜

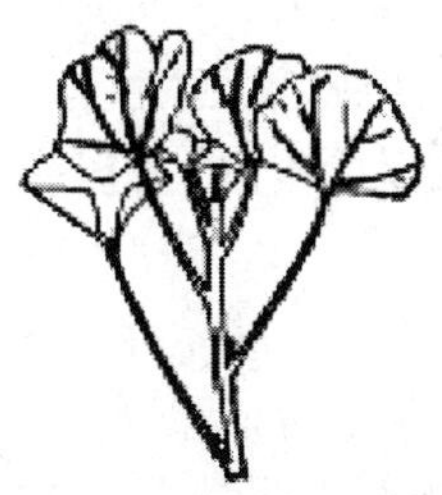

图 6-2 冬葵

图 6-3 落葵

6. 豌豆苗(green-pea seedling)

豌豆苗又称为豌豆尖、豆苗,为豌豆(*Pisum sativum*)的嫩茎或幼苗。我国华南、西南地区和上海市、北京市等地秋冬季出产较多。茎细多枝,叶卵圆至矩圆形,翠绿色。质地柔嫩,味甜而清香。烹饪中主要供做汤,如鸡蒙豆尖;或炒、炝、凉拌成菜,并常作为菜肴、面条的配料。

7. 苋菜(Chinese spinach;*Amaranthus tricolor*)

苋菜又称为青香苋、米苋、仁汉菜等,为苋科一年生草本植物,以幼苗或嫩茎叶供食。原产热带亚洲,出产季节在华南地区为 3—10 月,北方为 7—9 月。苋菜依叶形的不同有圆叶和尖叶之分,以圆叶种品质为佳;依颜色有红苋、绿苋、彩色苋之分。在浙江省、江西省等还有茎用苋菜。苋菜富含钙、磷、铁、钾等矿质和多种维生素,质地肥厚、柔软、味甘。但因草酸含量高,故食用前应焯水处理。在烹饪中可炒、煸、拌、做汤。浙江省宁波市一带常用苋菜老茎腌渍、蒸食。

8. 蕹菜(swamp cabbage;*Ipomoea aquatica*)

蕹菜又称为空心菜、藤藤菜、通心菜等,为旋花科一年生蔓性草本植物,以嫩茎叶供蔬食。原产我国,主产于长江以南地区,为我国南方夏秋高温季节主要蔬菜之一。叶为长心形,绿色,柄甚长。茎蔓生,有节、中空。可分为白花种、紫花种和小叶种 3 类。茎、叶鲜嫩、清香、多汁,富含胡萝卜素、维生素 B_2 和维生素 C。烹饪中多用以炒、拌及做汤菜,如姜汁蕹菜、蒜茸炒蕹菜等。时常有食用该菜发生农药中毒的报道,因此烹饪前菜要多浸洗。

9. 叶用莴苣(lettuce;*Lactuca sativa*)

叶用莴苣又称为生菜等,为菊科一年生、二年生草本植物。原产地中海沿岸,现我国四季均有出产。常分为生菜(*L.sativa* var.*romana*)、结球莴苣(*L.sativa* var.*capitata*,也称为卷心莴苣)、皱叶莴苣(*L.sativa* var.*crisha*,也称为玻璃生菜)、散叶莴苣(*L.sativa* var.*intybacea*)、直立莴苣(*L.sativa* var.*longifolia*)。不同品种的生菜其叶形、叶色、叶缘、叶面的状况各异,但质地均脆嫩、清香,有的略带苦味。烹饪中可用于凉拌、蘸酱、拼盘或包上已烹调好的菜饭一同进食,或炒食、做汤。

10. 菠菜(spinach;*Spinacia oleracea*)

菠菜又称为角菜、鹦鹉菜、赤根菜等,为藜科草本植物。原产中亚伊朗一带,唐朝时传入我国。品种较多,按叶形可分为尖叶、圆叶、尖圆叶杂交种。菠菜叶嫩清香,根红味甘,钙含量高,并含丰富的维生素 C 和胡萝卜素,但也含较多的草酸,会减少人对钙等矿物质的吸收。所以食用前应用沸水焯后浸入冷水中备用。烹饪中用以凉拌、炒或做汤,亦可取嫩叶及叶汁调制绿色面团。代表菜式如姜汁菠菜、菠菜鸡蛋汤、菠菜面、翡翠饺等。

11. 叶用甜菜(leaf beet,chard;*Beta vulgaris* var. *cicla*)

叶用甜菜又称为莙达菜、牛皮菜、甜白菜等,为藜科一年生、二年生草本植物。莙达菜的叶及梗肥厚多汁、味甘,但含草酸多,需用沸水煮烫后冷水浸漂备用。烹饪中适于炒、煮、凉拌或做汤。

12. 茼蒿(crowndaisy chrysanthemum;*Chrysanthemum coronarium* var. *spatiosum*)

茼蒿又称为同蒿、蓬蒿、春菊等,为菊科一年生草本植物茼蒿的嫩茎叶。春秋季上市。嫩茎叶和侧枝柔嫩多汁,有特殊的香气。烹饪中可用于煮、炒、凉拌或做汤。

13. 豆瓣菜(cress;*Nasturtium officinale*)

豆瓣菜又称为水蔊菜、山葵菜、西洋菜等,为十字花科水生草本植物。我国广东省的广州市、汕头市等地有栽培,常在春夏季上市。具有一定的香辛气味。含有比较多的苯甲基类硫代葡糖苷,其水解产物苯甲基异硫代氰酸盐具有防癌作用。有一定的保健作用。烹饪中可用于荤素菜肴的制作,或熬汤。

14. 香椿(Chinese toon;*Toona sinensis*)

香椿又称为椿芽,为楝科椿树的嫩芽。我国各地均有分布,清明前后上市。烹饪中可拌、炒、煎,如椿芽炒鸡蛋、椿芽拌豆腐。加热时间不宜长,最好起锅前或食用时放入。

15. 荠菜(Shepherd's purse;*Capsella bursa-pastoris*)

荠菜(见图 6-4)又称为芨芨菜、菱角菜等,为十字花科草本植物,我国广为分布,早春采摘嫩叶或嫩株供食。基生叶丛生,叶被茸毛。荠菜清香味鲜,其根须部分鲜香味尤浓,故不宜摘除。现已有人工栽培种,分为板叶荠菜和散叶荠菜等。烹饪中用于炒、拌,或做馅心。代表菜点如凉拌荠菜、荠菜炒百合、荠菜猪肉饺等。

16. 莼菜(Water shield;*Brasenia schreberi*)

莼菜(见图 6-5)又称为淳菜、水葵、湖菜、水荷叶等,为睡莲科水生宿根草本植物,春夏采摘嫩叶供食,以太湖、西湖所产为佳。叶片椭圆形,深绿色,浮于水面。按色泽分为红花品种和绿花品种。嫩叶有黏液,食用时口感润滑、清香。富含维生素 B_{12} 和多种氨基酸。食用时多制高级汤菜,润滑清香,如芙蓉莼菜、清汤莼菜。也可拌、熘、烩,如鸡蓉莼菜、莼菜禾花雀等。烹调时应先用开水焯熟,然后下入做好的汤或菜中,不宜烧煮,否则会破坏其风味。

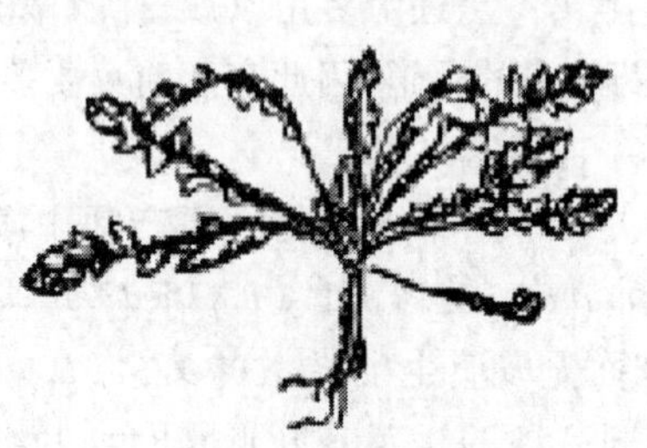

图 6-4　荠菜

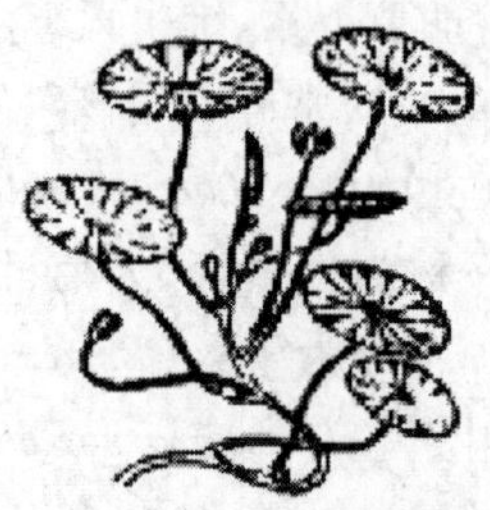

图 6-5　莼菜

17. 茵陈蒿(*Artemisia capillaris*)

茵陈蒿又称为绒蒿、细叶青蒿、野兰蒿等,为菊科多年生草本植物,我国大部分地区均有分布,以嫩苗供食。茎直立,具纵棱,多分枝;叶片羽状分裂,密生白毛。质地柔嫩,口感香苦。食用时,先用开水焯烫,再用冷水浸洗后可用于凉拌、炒食、蒸制和氽汤、煮粥。代表菜点如茵陈蒿蒸糕、茵陈蒿蚬肉汤、茵陈蒿焖豆腐等。

18. 蒲菜(Cattail;*Typha latifolia*)

蒲菜(见图6-6)又称为蒲芽、香蒲、蒲白、草芽、蒲笋等,为香蒲科多年生水生宿根草本植物,主产于我国东北、华北、中南部水泽地区,以山东省济南市和云南省昆明市所产最为著名,4—5月采收嫩芽供食。香蒲植株下部嫩茎及紧抱其上的叶鞘称为蒲菜或茭白芯,呈圆柱形,长约30 cm,横径1 cm,黄白色,有节。水下匍匐茎先端最嫩的一段,称为草芽,白色,有节。蒲菜及草芽均具有特殊的清香。柔嫩略脆,味甚鲜美。在烹饪中用以炒食或做汤,如著名的山东菜奶汤蒲菜、蒲菜炒鸡丁。老熟的根茎富含淀粉,可供酿酒。

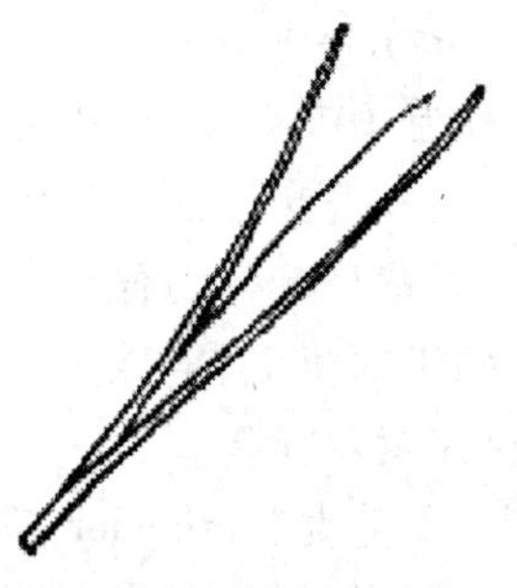

图6-6 蒲菜

19. 苦苣菜(*Sonchus oleraceus*)

苦苣菜又称为滇苦菜,菊科一年生或两年生草本植物,我国各地普遍分布,春季采集嫩苗供食。味较苦,食用前应用开水多焯烫几次,以去除苦味。可用于炒、拌,或制作酸菜、干菜、腌菜等。另有苣荬菜(*Sonchus brachyotus*)、苦荬菜(*Ixeris sonchifolia*)等也有同样的食用方法。

(二)结球叶菜

1. 结球甘蓝(cabbage;*Brassica oleracea* var. *capitata*)

结球甘蓝又称为卷心菜、莲花白、包心菜、圆白菜等,为十字花科二年生草本植物。原产地中海沿岸,现我国各地均有种植,以秋冬季出产为佳。品种较多,可分为尖头型、圆头型、平头型;按颜色可分为白卷心菜、紫卷心菜。质脆嫩、味甘甜,以包心紧实、鲜嫩洁净、无老根、无抽薹等为佳。甘蓝营养丰富,其硫代葡糖苷等物质有一定的防癌作用。烹制中适于炒、炝、煮、拌。如莲白卷、炝莲白。

2. 大白菜(Chinese cabbage;*Brassica pekinensis*)

大白菜又称为卷心白菜、结球白菜、北京白菜等,为十字花科一年生、二年生草本植物,是我国特产蔬菜之一,以冬季出产为佳,是我国北方产量最大的蔬菜。大白菜品种早熟5号在江浙春夏种植未结球时采收食用,当地称为小白菜。大白菜按叶球形态可分为抱头型、圆筒型、花心型;也有按叶色分为白口菜及青口菜。国外大白菜一般为火箭型,食用品质优良,目前我国也已经种植这类大白菜。大白菜质地柔嫩,味鲜美,以钙、锌和维生素C、维生素 B_2 的含量较高。选择时以色正整齐、结球坚实、无黄帮烂叶等为佳。烹饪应用极为广泛,常用于炒、拌、扒、熘、煮等以及馅心的制作;亦可腌、泡制成冬菜、泡菜、酸菜;或制干菜。在筵席上作为主辅料时,常选用菜心,如金边白菜、油淋芽白菜、干贝秧白、炒冬菇白菜等。此外,还常作为包卷料使用,如菜包鸡、白菜腐乳等。

3. 包心芥菜

包心芥菜又称为结球芥,为叶用芥菜的一个类型。主产于华东、华南地区。有广东省潮州鸡心芥、福建省厦门包心芥、福建省龙溪包心芥等。肉质厚实脆嫩,主要用于腌渍。

4. 结球莴苣

结球莴苣又称为结球生菜，为叶用莴苣的一个类型。主要品种有团叶生菜、波兰生菜等。质地脆嫩爽滑。可生食凉拌，也可炒、炝成菜。

（三）香辛叶菜

1. 芹菜（celery；*Apium graveolens*）

芹菜又称为胡芹、香芹等，为伞形科二年生草本植物芹菜的叶柄及叶。分为本芹和洋芹。本芹为中国类型，根大，叶柄细长，香味浓，又可分为青芹和白芹、旱芹和水芹。洋芹又称为洋芹菜、实心芹菜、荷兰鸭儿芹，为芹菜的欧洲类型，根小，株高，叶柄宽而肥厚，实心，辛香味较淡，纤维少，质地脆嫩，如西芹（又称为玻璃脆）。以色正鲜嫩、叶柄完整、无黄烂叶等为佳。芹菜含有芹菜素，有降压和植物雌激素作用。但多食芹菜会抑制睾酮的生成，会减少精子的数量。烹饪中常用来炒、拌或做馅心，代表菜式如芹黄肚丝、芹黄鸡丝等。

2. 芫荽（coriander；*Coriandrum sativum*）

芫荽又称为香菜、胡荽、香荽等，为伞形科植物全草。原产地中海沿岸，我国广为栽培。叶绿色，叶缘齿状，叶柄浅绿色。富含维生素 C、胡萝卜素。质地柔嫩，有特殊的浓郁香味。选择时以色泽青绿、香气浓郁、细嫩者为佳。香菜类似芹菜，同样有减少精子的作用。在烹调中常用作牛、羊肉类菜式的良好调味料；亦可凉拌或兑做调料；或用于火锅类菜肴的调味。

3. 韭菜（Chinese leek；*Allium tuberosum*）

韭菜又称为草钟乳、长生韭、懒人菜等，为百合科多年生宿根草本植物韭的叶。原产于我国，以春季出产的品质最好。韭菜的遮光品种为韭黄，纤维少，质细嫩，口感舒适。依食用部分的不同，分为根韭、叶韭、花韭和花叶兼用韭。富含钙、铁、磷及胡萝卜素、维生素 C 及纤维素、挥发性精油等。韭薹具有韭菜特有的清香辛辣味，质地脆嫩，常用作配料。韭菜有一定的壮阳功能。烹饪中常作为馅心用料，亦可生拌、炒食、做汤、调味或腌渍。

4. 葱（scallion；*Allium fistulosum*）

葱又称为大葱、汉葱、直葱等，为百合科二年生、三年生草本植物葱的嫩叶及叶鞘组成的假茎，原产于我国。葱的品种较多，常分为以下几种。

（1）普通大葱

植株较高，假茎粗长，蔬食或调味。

（2）分葱

分葱又称为小葱、菜葱。为大葱的变种，假茎细而短，分蘖力强，主要用于调味。

（3）香葱

香葱又称为细香葱、北葱等。植株小，叶极细，质地柔嫩，味清香，微辣，主要用于调味。

（4）楼葱

楼葱又称为观音葱，为大葱的变种，鳞茎叠生如楼，葱叶短小，质量较差。葱甘甜脆嫩，辛辣芳香。烹饪中可生食、调味、制馅心或作为菜肴的主料、配料。代表菜式如葱爆肉、京酱肉丝、大葱猪肉饺等。

5. 茴香（fennel；*Foeniculum vulgare*）

茴香又称为菜茴香、茴香菜、香丝菜，为伞形科多年生草本植物。春末夏初上市。全株被有粉霜和强烈香辛气。有大茴香、小茴香两个品种之分。烹饪中以嫩茎叶调味、拌食、炒或制馅心。

6. 球茎茴香(turnip-rooted fennel;*Foeniculum dulce*)

球茎茴香(见图 6-7)又称为佛罗伦萨茴香、意大利茴香、甜茴香等,为伞形花科茴香属植物茴香的变种。北京市郊栽培较多。球茎供食,其根和种子也可作为香料和蔬菜。食用前需将外部的硬叶柄去掉。西餐制作中,常榨汁或直接作为调味蔬菜使用。中餐中可生食凉拌、炒、做汤、腌渍,也可用于调味。

图 6-7　球茎茴香

(四) 鳞茎叶菜类

鳞茎为着生肉质鳞叶的短缩地下茎,是变态的茎与叶。根据鳞茎外围有无干膜状鳞叶,又分为有皮鳞茎(如洋葱、大蒜)和无皮鳞茎(如百合)。鳞茎类蔬菜含丰富的糖类、蛋白质、矿物质与多种维生素。除个别种类外,大多数还含有白色油脂状挥发性物质——硫化丙烯[$(CH_3CHCH)_2S$],从而具有特殊的辛辣味,并有杀菌消炎的作用。

1. 洋葱(onion;*Allium cepa*)

洋葱又称为葱头、球葱、圆葱等,为百合科草本植物。原产于西南亚,我国广为栽培。鳞茎大,呈球形、扁球形或椭圆形,外皮白色、黄色或紫色。鳞片肥厚,生时辛辣、爽脆,熟后香甜、绵软。洋葱按生长习性可分为普通洋葱、分蘖洋葱和顶生洋葱。其中,普通洋葱按鳞茎的皮色又分为黄皮洋葱、紫皮洋葱和白皮洋葱。选择时以鳞茎肥壮、外皮干燥不抽薹、无腐烂等为佳。黄皮洋葱有一定的防癌、抗癌作用。中餐烹饪中主要供蔬食,可生拌、炒、烧、炸等,与荤类原料相配更佳,如炸洋葱圈、洋葱炒肉片、洋葱烧肉。

2. 蒜(garlic;*Allium sativum*)

蒜又称为大蒜、蒜头、胡蒜等,为百合科草本植物。原产于亚洲西部,我国引种较早。地下鳞茎由灰白色外皮包裹,称为“蒜头”,内有小鳞茎 5~30 枚,称为“蒜瓣”。按蒜瓣外皮呈色的不同,分为紫皮蒜、白皮蒜两类,蒜肉均呈乳白色。按蒜瓣大小不同,分为大瓣种和小瓣种两类。按分瓣与否,分为瓣蒜、独蒜。蒜瓣组织被破坏后,其中所含的蒜氨酸可被蒜酶分解成蒜素,具有强烈的辛辣味和独特的风味,尤以独蒜辣味最浓。蒜素有强烈的杀菌作用。选择时以蒜瓣丰满、鳞茎肥壮、干爽、无干枯开裂为佳。大蒜有较好的降血脂作用,其提取物已经用于生产保健食品。烹饪中常用作调味配料,具有增加风味、去腥除异、杀菌消毒的作用,与葱、姜、辣椒合称为调味四辣,用于生食凉拌、烹调、糖渍、腌渍或制成大蒜粉。也可作为蔬菜应用于烧、炒的菜式中,如蒜茸苋菜、大蒜烧肚条、大蒜烧鲢鱼等。

3. 百合(lily bulb;*Lilium brownii*)

百合(见图 6-8)又称为白百合、蒜脑薯、蒜瓣薯、中逢花等,为百合科草本植物。原产于亚洲,我国自古栽培,秋季出产,以甘肃省、湖南省等地所产享有盛名。地下鳞茎近球形,由片状鳞片层层抱合而成。芳香中略带苦味,富含蛋白质和淀粉。以鳞茎完整、色味纯正、无泥土损伤为佳。百合除作为药膳的常用原料外,在烹饪中主要作为甜菜的用料;也可配荤素原料用于炒、煮、蒸、炖、酿等菜式。如百合莲藕、百合炒肉片、西芹炒百合、百合酿肉等。

4. 藠头(Chinese onion;*Allium chinense*)

藠头(见图 6-9)又称为薤、荞头、荞葱、火葱等,为百合科草本植物。原产于亚洲东

部，我国各地均有栽培，夏秋季收获。鳞茎呈狭卵形，不分瓣。肉质白色，质地脆嫩，有特殊的辛辣香味。主要品种有南藠、长柄藠和黑皮藠。以鳞茎肥壮、肉质紧密、肉色洁白、无枯黄叶、无泥沙等为佳。主要用于腌渍和制罐，制成酱菜、甜渍菜，如甜藠头。也可鲜食，作为配料、馅料、粥料等，如藠头炒剁鸡、薤白粥。

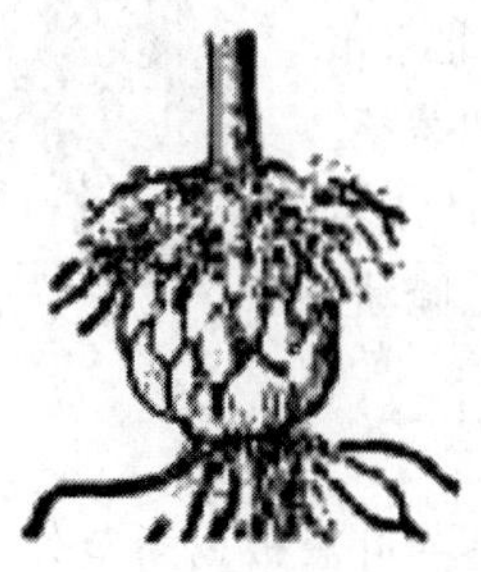

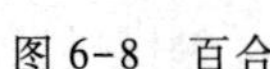

图 6-8　百合

图 6-9　藠头

二、茎菜类

茎菜类是指以植物的嫩茎或变态茎作为食用部分的蔬菜。按照供食部位的生长环境，可分为地上茎类蔬菜和地下茎类蔬菜。茎菜类蔬菜食用前常需去掉较厚的茎皮，如茎用莴苣；或需刮掉粗糙的或影响食用口感的薄皮，如芋头；或需除去干燥的外皮，如洋葱、大蒜。

在烹饪运用上，茎菜类大都可以生食。地上茎类、根状茎类常适于炒、炝、拌等加热时间较短的烹饪方法，体现其脆嫩、清香。地下茎中的块茎、球茎、鳞茎等一般含淀粉较多，适于烧、煮、炖等长时间加热的方法，以突出其柔软、香糯。此外，许多茎菜类的品种还可作为面点的馅心用料；或作为调味蔬菜；或用于食品雕刻、造型；或用于腌渍、干制。

（一）地上茎类蔬菜

地上茎类蔬菜有的是食用植物的嫩茎或幼芽，如茭白、茎用莴苣、芦笋、竹笋；有的是食用植物肥大而肉质化的变态茎，如球茎甘蓝、茎用芥菜。

1. 嫩茎蔬菜

（1）竹笋

竹笋简称笋，又称为菜竹，为禾本科竹亚科竹类的嫩茎、芽的统称。原产于我国及东南亚，我国主产于长江、珠江流域以及福建省、台湾省等地。供食用的主要有毛竹（*Phyllostachys pubescens*）、慈竹（*Sinocalamus affinis*）、淡竹（*P.henonisnigra*）等。竹笋呈锥形或圆筒棒形，外有箨叶紧密包裹。按照采收季节的不同，竹笋可分为冬笋、春笋、鞭笋。冬笋是冬季尚未出土但已肥大可食的冬季芽，质量最佳。春笋是春季已出土生长的春季芽，质地较老。鞭笋是指夏、秋季芽横向生长成为新鞭的嫩端，质量较差。竹笋的肉质脆嫩，因含有大量的氨基酸、胆碱、嘌呤等而具有非常鲜美的风味。但有的品种因草酸含量较高，或含有酪氨酸生成的类龙胆酸，从而具有苦味或苦涩味。鲜竹笋在食用之前，一般均需用水煮及清水漂洗，以除去苦味，突出鲜香，并有利于钙质吸收。竹笋是高纤维蔬菜，经常食用，对肠道健康大有益处。选择时以色正味纯、肥大鲜嫩、竹箨完整、无外伤及虫害等为佳。鲜竹笋在烹制中可采用拌、炒、烧、煸、焖等方法制作多种菜肴，如笋子拌鸡丝、干煸冬笋、竹笋烧牛肉、金钩慈笋等；或干制加工成玉兰片、笋丝；或制作腌渍品、罐制品等。在菜肴制作中具有提鲜、增香、配色、配形的作用。

(2) 茭白(annual wildrice;*Zizania caduciflora*)

茭白(见图 6-10)又称为菰笋、茭笋、高笋、高瓜,为禾本科多年生水生宿根草本植物菰的花茎经菰黑粉菌(*Yenia esculenta*)侵入后,刺激其细胞增生而形成的肥大嫩茎。原产于我国,为我国特有的蔬菜之一,夏秋季收获。肉质茎纺锤形或棒形,皮青白色、光滑;茎肉白色,质地细嫩,味干香,口感柔滑。以皮光滑、嫩茎肥厚、肉色洁白、无糠心锈斑等为上品。茭白为家常佳蔬,亦是宴席蔬菜用料。适于拌、炒、烧、烩、制汤,如茭白肉片、酱烧茭白、八珍茭笋、糟煎茭白等。开水焯后,可作为凉菜或作为色拉的拌料;也是面食馅心、臊子的用料,如蟹肉茭白烧卖、茭白包子等。

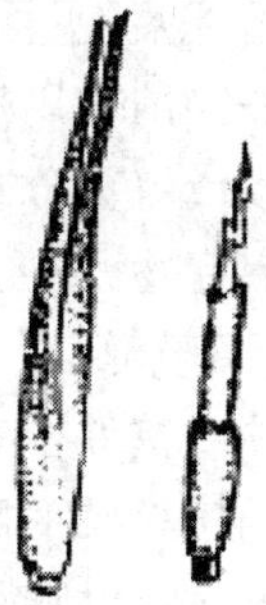

图 6-10　茭白

(3) 茎用莴苣(lettuce;*Lactuca sativa* var. *angustana*)

茎用莴苣又称为莴笋、青笋、白笋等,为菊科草本植物莴苣的嫩茎。原产亚洲西部及地中海沿岸,我国全年均有出产,以秋末春初为佳。肉质嫩茎呈长圆筒形或长圆锥形,肥大如笋,肉质细嫩,多汁,味清淡。主要分为尖叶莴苣和圆叶莴苣两类。选择时以茎粗大、节间长、质地脆嫩、无枯叶空心和苦涩味等为佳。烹饪制作中,可生食凉拌,或炒、炝、烧等,如红油牛舌片、莴笋烧鸡、鱼香肉丝、奶油凤尾莴笋等。还可腌制、酱渍,如潼关酱笋等。也可干制,如涡阳苔干。除嫩茎外,嫩叶也可食用,称为凤尾、莴笋尖,可供炒、炝、拌、煮等,如清炒莴笋尖、麻酱凤尾。

(4) 芦笋(asparagus;*Asparagus officinalis*)

芦笋(见图 6-11)又称为石刁柏、龙须菜、露笋等,为百合科天门冬属多年生草本植物。原产于欧洲和小亚细亚地区,我国多省区有种植,4—8 月上市。嫩茎圆柱状,入土部分为白色,出土后为绿色,有特殊的清香。由于栽培方法的不同,芦笋有绿色、白色、紫色之分,以紫芦笋的质量最好。目前我国的主栽品种是美国加州系列品种。选择时以色泽纯正、条形肥大、顶端圆钝而芽苞紧实、上下粗细均匀、质鲜脆嫩等为佳品。烹饪中可炒食、红烧、制汤、凉拌等,如奶油芦笋、肉卷芦笋、虾仁芦笋等。也常用于腌渍、制罐。

(5) 蕺菜(Cordate houttuynia;*Houttuynia cordata*)

蕺菜(见图 6-12)又称为鱼腥草、择儿根,为三白草科多年生草本植物,以嫩茎叶、嫩根状茎入菜。我国主产于长江以南各地,例如云南省等地已有种植。春秋以嫩茎叶供食,周年可挖掘地下茎。叶心脏形,绿色,肥厚。托叶条形,下部常与叶柄合生成鞘状。茎紫红色。根状茎细长、有节,节上可萌发幼芽。蕺菜口感脆嫩,风味独特,并有一定的辛辣味。烹饪中常用于凉拌或煮汤,也可用于调味。代表菜式如胡豆拌择儿根、鱼腥草炒辣椒、鱼腥草焖猪肺等。

图 6-11　芦笋

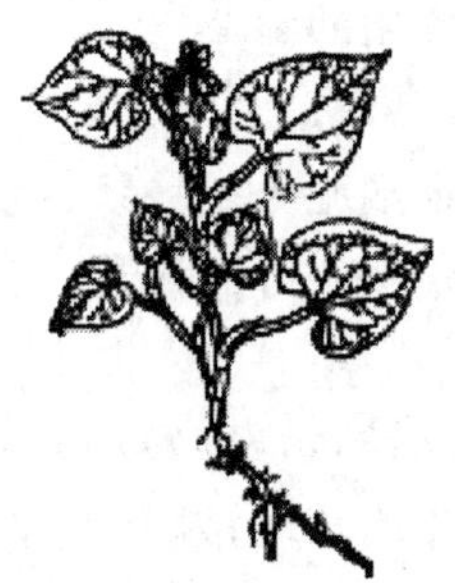

图 6-12　蕺菜

2. 肉质茎蔬菜

(1) 茎用芥菜(mustard-stemed;*Brassica juncea* var. *tsatsai*)

茎用芥菜(见图 6-13)又称为青菜头、菜头、头菜、棒菜、儿菜、棱角菜等,为十字花科芸薹属芥菜的茎用变种。原产于我国,为我国的特产蔬菜品种,冬春季上市。茎基部有瘤状突起,青绿色,分长茎和圆茎两类。长茎类又称为榨菜类,肉质茎粗短,节间有各种形状的瘤状突起物,主要供腌制榨菜。圆茎类又称为笋子菜类,肉质茎细长,下部较大,上部较小,主要用于鲜食。肉质茎肥厚鲜嫩,味辣。以茎肥大、鲜嫩、纤维少、质地细嫩紧密、无空心等为佳。烹饪中若用于鲜食,可炒、烧、煮或做汤,如干贝菜头、鸡油菜头。也可泡制成泡菜或用于榨菜的腌制。

(2) 球茎甘蓝(turnip-rooted cabbage;*Brassica caulorapa*)

球茎甘蓝(见图 6-14)又称为苤蓝、擘蓝、切莲、芥蓝头、疙瘩菜、玉蔓菁等,为十字花科芸薹属植物甘蓝的变种。原产地中海沿岸,我国广为栽培。烹饪中适宜凉拌、炒食或炖、煮,如酸辣苤蓝、鸡丝苤蓝。也可腌制、酱制或酸渍。

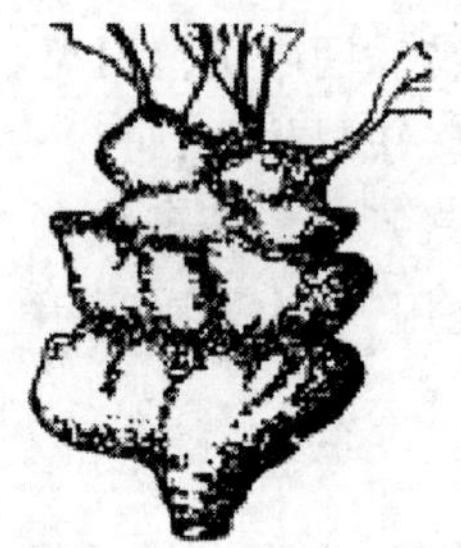

图 6-13　茎用芥菜

图 6-14　球茎甘蓝

(3) 仙人掌(cactus;*Opuntia dillenii*)

菜用仙人掌为仙人掌属植物,原产于墨西哥。目前,我国已有栽培。含黄酮类物质,如芦丁、槲皮素,具有抑制动脉硬化、降低血糖、防止肥胖病作用。食用时,去刺去皮、洗净后,用盐水煮几分钟或在沸水中焯烫以去掉黏液,即可凉拌、炒食,或挂糊油炸、炖煮等。代表菜式如凉拌仙人掌、仙人掌炒肉丝、仙人掌熘凤脯。

(二) 地下茎类蔬菜

地下茎是植物生长在地下的变态茎的总称。虽然生长于地下,但仍具有茎的特点,即有节与节间之分,节上常有退化的鳞叶,鳞叶的叶腋内有腋芽,所以具有繁殖的作用,以此与根相区别。其功能主要是贮藏养料。地下茎主要有 4 类,即块茎、鳞茎、球茎和根状茎,在这 4 类中均有可供食用的蔬菜。

1. 块茎蔬菜

块茎是地下茎的末端肥大呈块状,适应贮藏养料和越冬的变态茎。其表面有许多芽眼。块茎类蔬菜有大量的水分和淀粉,富含维生素 C 以及一定量的蛋白质、矿物质,如马铃薯、薯蓣等。

(1) 马铃薯(potato;*Solanum tuberosum*)

马铃薯为茄科多年生草本植物,但作一年生或一年两季栽培。原产于南美洲,现广植于世界温带地区。块茎呈圆形,茎皮红色、黄色、白色或紫色。可分为早熟种、中熟种和晚熟种。以块形大而均匀整齐、皮薄光滑、芽眼浅、肉质细密者为佳。若出现表皮发绿或出芽后，块茎中的毒素——龙葵素就会明显增加，应避免食用，以防中毒。马铃薯可代替粮食作主食、入菜、制作小吃、提取淀粉等，还常用于冷盘的拼摆及雕花。在菜肴的制作中，适于各种烹调方法，适于各种调味，荤素皆宜，如拔丝土豆、醋熘土豆丝、土豆烧肉、土豆丸子、炸薯条、土豆泥等。

(2) 薯蓣[greater yam; *Dioscorea opposita* (*D.batatas*)]

薯蓣(见图 6-15)又称为山药、山芋等，为薯蓣科多年生缠绕藤本植物。原产于我国。块茎外皮呈黄褐色、赤褐色或紫褐色。块茎形状有长形棒状、扁形掌状、块状 3 种。较好的品种是河南省焦作市沁阳所产的“怀山药”，亦称为“淮山药”。茎肉洁白，质地细嫩，口感柔糯。以色正、薯块完整肥厚、皮细而薄者为佳。山药富含功能多糖，对脾胃虚弱的人有较好的作用。在烹饪制作中，薯蓣常作为宴席甜菜用料，如蜜汁带馅山药泥、拔丝山药、虎皮山药等；也可作为咸味蒸制菜肴的垫底；还可拌、烧、烩、焖、炸；或煮粥、做糕点，如山药粥、薯蓣糕等。

图 6-15 薯蓣

(3) 菊芋(jerusalem artichoke; *Helianthus tuberosus*)

菊芋又称为洋姜、鬼子姜、洋大头等，为菊科多年生草本植物。原产于北美洲，我国许多地区均有种植，秋冬收获。主要供腌渍；也可鲜食，采用拌、炒、烧、煮、炖、炸等烹调方法制作菜肴、汤品或粥食；老熟后可制取淀粉。

2. 球茎蔬菜

球茎为地下茎末端肥大呈球状的部分，是适应贮藏养料而越冬的变态茎。芽多集中于顶端，节与节间明显，节上着生膜质状鳞叶和少数腋芽。球茎富含淀粉，以及蛋白质、维生素和矿物质。具有爽脆或绵糯的口感，有的尚具独特的风味，如芋艿。

(1) 荸荠(Chinese water chestnut; *Eleocharis tuberosa*)

荸荠(见图 6-16)又称为马蹄、水栗、红慈姑等，为莎草科多年生水生草本植物。原产于印度，我国南方各省均有栽培，冬春季上市。呈扁圆形，表面平滑，老熟后呈深栗色或枣红色，有环节 3~5 圈，并有短喙状顶芽。质地细嫩，肉白色，富含水分，味甜。常分为水马蹄型和红马蹄型。水马蹄型含淀粉多，质地较粗，适于熟食或制取淀粉。红马蹄型富含水分，茎柔甜嫩，粗渣少，适于生食及制罐。选择时以个大饱满、皮色红黑、顶芽完整、质地细嫩、皮薄味甜、无渣者为佳。荸荠可生食代替水果或制成甜菜，如荸荠饼。也可采用炒、烧、炖、煮的方法烹制菜肴，常配荤料，如荸荠炒肉片、地栗炒豆腐、荸荠丸子等。还可提取淀粉，称为“马蹄粉”。也是制罐的原料，如糖水荸荠。

(2) 慈姑(arrow-head tuber; *Sagittaria sagittifolia*)

慈姑(见图 6-17)又称为茨菰、剪头草、白慈姑等，为泽泻科多年生水生草本植物。原产于我国，亦广布于欧洲、北美洲和亚洲其他地区，11 月至翌年 2 月上市。球茎呈长圆形，上有肥大的顶芽，有几条环状节。皮色白、黄白或紫，皮薄光滑。茎肉白色，富含淀粉。以球茎肥壮、表皮光滑、肉色洁白、洁净等为佳。烹饪中可炒、烧、煮、炖食，如慈姑烧鸡块、椒盐慈姑、慈姑烧咸菜；或蒸煮后碾成泥状，拌以肉末制成慈姑饼；也常作为蒸菜类的垫底；还可加工制取淀粉。

图 6-16　荸荠

图 6-17　慈姑

（3）芋（taro，dasheen；*Colocasia esculenta*）

芋又称为芋艿、芋头、芋根等，为天南星科多年生草本植物。原产东南亚，我国栽培较多。地下肉质球茎呈圆形、椭圆形；皮薄粗糙，褐色或黄褐色。肉质细嫩，多为白色或白色带紫色花纹，熟制后芳香软糯。品种主要分为水芋和旱芋两类。旱芋栽培较为普遍，但水芋品质较好。著名的优良品种有广西壮族自治区桂林市荔浦县的槟榔芋、台湾省的槟榔芋和竹节芋等。以球茎肥大、形状端正、组织饱满、未长侧芽、无干枯损伤等为佳。除球茎外，芋花、芋叶均可入菜。在烹饪制作中，芋可采用烧、炖、煮、蒸等烹制方法入菜，荤素皆宜，如芋艿全鸭、双菇芋艿、芋母烧肉；也用以制作小吃、糕点，如五香芋头糕、桂花糖芋艿；或用于淀粉的提取及制浆，如用白芋浆制成的雪束。

3. 根状茎蔬菜

根状茎又称为根茎，是多年生植物的根状地下茎。有节与节间之分，节上有退化的鳞叶，并具有顶芽和腋芽。富含淀粉和水分，质地爽脆、多汁。

（1）藕（hindu lotus；*Nelumbo nucifera*）

藕又称为莲、莲藕、莲菜等，为睡莲科多年生水生草本植物。原产于印度，我国已有3 000多年的栽培历史，以湖南省湘潭市、福建省三明市建宁县所产的莲藕质量最好，分别称为“湘莲”“建莲”。地下根茎呈节状，多为4~5节，以2~3节质地最佳。每节内有5~10个孔道，为通气组织。藕的品种按上市季节可分为果藕、鲜藕和老藕。按花的颜色可分为白花莲藕、红花莲藕。以藕节肥大饱满、色正、脆嫩多汁、清香味甜、不带藕尾等为佳。在烹饪中，藕生食、拌、炝、炒多选用白花莲藕，烧、炖、煮、蒸等多选用红花莲藕。可磨粉作藕圆子或藕饼，充当素馔中的鸡片；或用于酿式菜肴的制作，如八宝酿藕、锅贴藕盒；或用于蜜饯的制作，如糖藕片。此外，也可提取淀粉即“藕粉”，调食或作为菜肴芡粉及宴席甜菜的稠汤料。

（2）姜（ginger；*Zingiber officinale*）

姜又称为生姜、鲜姜、黄姜等，为姜科多年生草本植物。原产印度尼西亚，我国中部和南部普遍栽培。根状茎肥大，呈不规则块状，灰白或黄色，具有独特的芳香辛辣味。主要分为灰白皮姜、白黄皮姜和黄皮姜3个品种。若按采收上市期的不同，可分为嫩姜、老姜和种姜。以姜块完整饱满、节疏肉厚、味浓者为好。腐烂后的姜块中产生毒性很强的黄樟素，不宜食用。在烹饪制作中，嫩姜适于炒、拌、泡，蔬食及增香，如子姜牛肉丝、姜爆鸭丝等。老姜主要用于调味，去腥、除异、增香。此外，还可干制、酱制、糖制、醋渍及加工成姜汁、姜粉、干姜、姜油等。

三、根菜类

根菜类是以植物膨大的变态根作为食用部分的蔬菜，为植物的营养贮藏器官，含大量的水分、糖类以及一定量的维生素和矿物质、少量的蛋白质。根菜类蔬菜收获后，处于休眠期，具有较长的贮藏期，在蔬菜周年供应、调节淡旺季中占有重要的地位。

根菜类蔬菜在烹饪前，有的无须去皮，如萝卜、胡萝卜、根用芥菜等；有的则需去掉较厚的、具有纤维的外皮，如牛蒡、豆薯、根甜菜等。在烹饪运用中，根菜类可生食、熟吃、制作馅心，用于腌渍、干制，或作为雕刻的原料。

（一）萝卜（radish；*Raphanus sativus*）

萝卜又称为莱菔，为十字花科二年生或一年生草本植物。我国是萝卜的起源中心之一。萝卜肉质直根呈圆锥、圆球、长圆锥、扁圆等形状。根皮白、绿、红或紫色等。味甜，微辣，稍带苦味。除肉质直根外，萝卜的嫩苗及嫩角果也可食用。按上市期分为秋萝卜、夏萝卜、春萝卜和四季萝卜，其中以秋萝卜中的红萝卜、白萝卜、青萝卜 3 种为最多。著名的优良品种有北京心里美、天津卫青、成都春不老、南京泡里红等。四季萝卜肉质根较小，质脆嫩，味甜，多汁，如西洋萝卜。萝卜含糖类、纤维素、多种维生素和钙、磷、钾、铁等矿物质及淀粉酶、芥子苷等。常吃萝卜对人的健康有好处。选择时以外皮光滑、无开裂分支、无畸形、无黑心、不抽薹、无糠心等为佳。萝卜的烹饪运用十分广泛，适于各种加工方法和任何调味。可作为主料、配料，可作为菜肴的装饰用料和雕刻的原料。此外，还可制馅、腌渍、干制等。代表菜式如萝卜羊肉汤、萝卜烧牛肉、花仁萝卜干、萝卜丝糕、萝卜烧卖等。

（二）胡萝卜（carrot；*Daucus carota* var. *sativa*）

胡萝卜又称为红萝卜、黄萝卜、黄根、金笋等，为伞形科一年生或二年生草本植物。原产于中亚细亚一带，元朝年间传入我国，是冬春季主要蔬菜之一。肉质根圆锥形或圆柱形，呈紫色、红色、橙黄色、黄色、白色等颜色。质细、脆嫩、多汁、味甜，具有特殊的芳香气味。除肉质根外，嫩叶可作为绿色蔬菜食用。含丰富的胡萝卜素、糖类和钙、铁、磷等矿物质，营养丰富。以色正、根皮光滑、形状整齐、柱心细、味甜、汁多、脆嫩者为佳。胡萝卜可生食、凉拌、炒、烧、炖、煮等，也可制作面食，还可腌制、加工蜜饯、果酱、菜泥和饮料等。此外，也作为配色、雕刻的原料。代表菜式如胡萝卜烧肉、凉拌胡萝卜丝、胡萝卜羊肚丝汤等。

（三）牛蒡（great burdock；*Arctium lappa*）

牛蒡又称为东洋萝卜、黑萝卜、蒡翁菜，为菊科二年生大型草本植物。以肉质根、嫩叶食用。蛋白质含量高，并含有约 7%的菊糖。根肉细胞中含有较多的多酚物质及氧化酶，切开后易发生氧化褐变。烹饪中除去外皮后可炖、烧、煮食，也是制作酱菜、渍菜的原料。

（四）根甜菜（beetroot；*Beta vulgaris* var. *rosea*）

根甜菜又称为红菜头、甜菜根、紫菜头、火焰菜等，为藜科二年生草本植物甜菜的变种之一。根皮及根肉均呈紫红色，横切面紫色环纹。根甜菜含有 8%～15%的糖分。烹饪中可生食，或炒、煮汤，亦是装饰、点缀及雕刻的良好原料。

（五）芜菁（turnip；*Brassica rapa*）

芜菁（见图 6-18）又称为蔓菁、圆根、马王菜、扁萝卜、油头菜等，为十字花科二年生草本植物。肉质根、嫩茎、叶可供蔬食。烹饪中可采用蒸、煮、炖、炒等多种烹调方法，也可腌渍、酱制。但腌制后质地变软，质感变差。

（六）芜菁甘蓝（rutabage；*Brassica napobrassica*）

芜菁甘蓝（见图6-19）又称为大头菜、洋大头菜、洋疙瘩、土苤蓝等，为十字花科芜菁的变种。无辛辣味，味甜美。烹饪中除鲜食用于拌、炒、煮等外，主要用于腌制或酱制。

图6-18　芜菁

图6-19　芜菁甘蓝

（七）根用芥菜（tuberous-rooted mustard；*Brassica juncea* var. *napitormis*）

根用芥菜又称为大头菜、疙瘩菜、冲菜等，为十字花科芥菜的变种之一。有强烈的芥辣味，稍有苦味。除肉质根外，叶也可供食。烹饪中主要供加工，制成腌菜、泡菜、酱菜、辣菜和干菜等。若鲜食，可炒、煮、做汤等。

（八）豆薯（wayaka；*Pachyrrhyizus erosus*）

豆薯又称为地瓜、凉薯、沙葛、土萝卜、地萝卜、草瓜茹等，为豆科一年生蔓性草本植物。除生食代替水果外，烹饪中可拌、炒，宜配荤，如地瓜炒肉丁；亦可作为垫底。

四、果菜类

以植物的果实或幼嫩的种子作为食用部分的蔬菜称为果菜类，大多原产于热带。果菜类分为3类，即豆类蔬菜（荚果类蔬菜）、茄果类蔬菜（浆果类蔬菜）和瓠果类蔬菜（瓜类蔬菜）。

（一）豆类蔬菜

豆类蔬菜是指以豆科植物的嫩豆荚或嫩豆粒供食用的蔬菜。富含蛋白质及较多的糖类、脂肪、钙、磷和多种维生素。除鲜食外，还可制作罐头和脱水蔬菜。在蔬菜的周年均衡供应中占有重要地位。

1. 菜豆（kidney bean；*Phaseolus vulgaris*）

菜豆又称为豆角、芸豆、四季豆、梅豆等，为豆科菜豆的鲜嫩豆荚。原产于美洲，我国广为栽培。荚果呈弓形、马刀形或圆柱形。多为绿色，亦有黄色、紫色或具有斑纹。每荚种子2~8粒，肾形，呈红色、白色、黄色、黑色或有斑纹彩色。富含蛋白质和胡萝卜素，钠含量甚低，所以适合忌盐患者食用。由于豆荚的外皮层含皂苷和菜豆凝集素，所以可引起食物中毒。但受高热后可被破坏，故应采取长时间的烹制方法，如焖、煮、烧、煸等。以色正、有光泽、无茸毛、肉质肥厚、鲜嫩饱满、种子不显露、无折断等为佳。代表菜式如干煸四季豆、油焖豆角。

2. 豇豆（asparagus bean，cowpea；*Vigna*）

豇豆又称为腰豆、长豆、浆豆、带豆等，为豆科一年生草本植物。荚果为长圆条形，呈墨绿色、青绿色、浅青白色或紫红色。供食用的有 3 种,即豇豆(*V. sinensis*)、长豇豆(*V. sesquipedalis*)和饭豇豆(*V. cylindrical*)。豇豆的豆荚较硬、较短,长 20~30 cm。长豇豆的豆荚长而软,长可达 40~90 cm,二者的嫩豆荚均可供作蔬菜。其中,长豇豆肉质肥厚脆嫩,品种又有粗细之分,分别称为菜豇豆和泡豇豆。菜豇豆色白粗壮,肉厚味甘,适于烧、焖、拌等。泡豇豆色绿细长,脆嫩清香,适于炒、烧、炝、拌、泡、干制等。饭豇豆的豆荚直立或展开,长 8~12 cm,壁多纤维,不能食用,成熟种子供煮食。选择时以鲜嫩、充实饱满、不卷曲、不显籽粒为佳。烹饪中,豇豆荤素搭配皆宜,以酱烧、烧肉为主,也可拌食、炒食。还可以干制、腌制。代表菜式如蒜泥豇豆、姜汁豇豆、烂肉豇豆、干豇豆烧肉等。

3. 刀豆(sword bean;*Canavalia gladiata*)

刀豆(见图 6-20)又称为中国刀豆、大刀豆、皂荚豆、刀鞘豆等,为豆科一年生缠绕草本植物,其荚果形状似刀,故名。原产亚洲热带和非洲,我国多省区栽培,秋季上市。嫩豆荚大而宽厚,表面光滑,浅绿色,长 25~40 cm,厚约 2 cm,宽 2.5~5 cm。质地较脆嫩,肉厚味美,蛋白质约占干重的 1/5。品种有大刀豆、洋刀豆之分。烹饪中可炒、煮、焖或腌渍、糖渍、干制。成熟的籽粒供煮食或磨粉代粮。

4. 扁豆(hyacinth bean;*Dolichos lablab*)

扁豆(见图 6-21)又称为鹊豆、蛾眉豆、茶豆、沿篱豆、藤豆等,为豆科一年生蔓生草本植物。原产亚洲南部,我国南方栽培较多,夏秋季上市。荚果微弯扁平,宽而短,倒卵状长椭圆形,呈淡绿色、红色或紫色,每荚有种子 3~5 粒。以嫩豆荚或成熟豆粒供食。以色正整齐、鲜嫩饱满、肥厚结实、无虫害、不带豆梗者为佳。因嫩豆荚含有毒蛋白、菜豆凝集素及可引发溶血症的皂素,所以需长时间加热后方可食用。烹饪中常炒、烧、焖、煮成菜,如酱烧扁豆、扁豆烧肉、扁豆烧百叶等。也可作馅,或腌渍和干制,干制后的豆荚烧肉,风味独特。

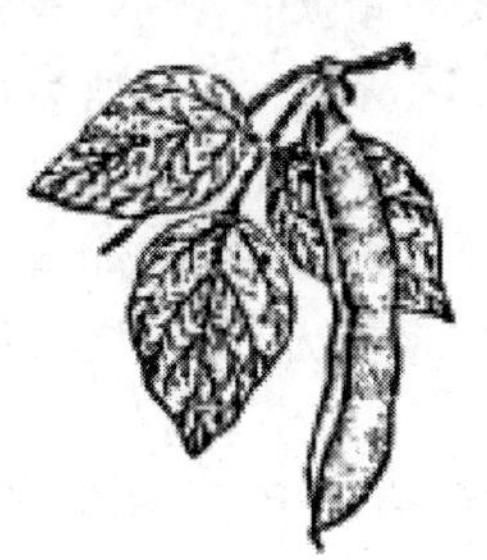

图 6-20 刀豆

图 6-21 扁豆

5. 青豆(tender soybean;*Glycine max*)

青豆即菜用大豆,亦称为毛豆、枝豆等,为大豆的嫩籽粒,我国特产。嫩豆荚绿色,果皮上生有白色或棕色茸毛,每荚含豆粒 1~4 粒,腰圆形,种皮绿色、绿黄色、青绿色、褐色或茶色。嫩豆粒味道鲜美。除富含蛋白质和脂肪外,还含有磷、铁、钙、胡萝卜素、硫胺素、核黄素和抗坏血酸等。烹饪中可炒、烧、煮、蒸、凉拌、速冻和加工罐头,并具有配色、配形及点缀装饰的作用。

6. 嫩豌豆(tender pea;*Pisum sativum*)

嫩豌豆为豆科豌豆的软荚嫩果或幼嫩种子。原产于埃塞俄比亚、地中海、中亚一带。

豆荚绿色、黄绿色,矩形,长 5~10 cm,宽 2~3 cm,每荚含圆形绿色种子 2~10 粒。供蔬食的为菜用豌豆,有软荚及硬荚之分。软荚豌豆即甜荚豌豆,以嫩荚(荷兰豆)和嫩豆粒供蔬食,原产英国。嫩豆荚质地脆嫩,味鲜甜,纤维少。当豆粒成熟后果皮即纤维化,失去食用价值。甜脆豌豆为软荚豌豆新品种,以嫩荚果、嫩梢供食。与其他荚用豌豆相比,其荚果呈小圆棍形,果皮肉质化直至种子长大充满豆荚,仍然脆嫩爽口。可生食,爽脆味甜,无豆腥味;亦可炒、煮成菜。硬荚豌豆即矮豌豆(白花豌豆),以青嫩籽粒供食用。烹饪中常用于炒、烩、烧、煮、拌;也可制泥炒食;或作为配料;筵席上亦常选用。如豌豆泥、金钩青元、鱼香豌豆、清炒荷兰豆等,亦可速冻罐藏。

7. 嫩蚕豆(tender broad bean; *Vicia faba*)

嫩蚕豆又称为嫩胡豆、罗汉豆、马齿豆等,我国西南、华中、华东各地栽培广泛,有粒用、蔬用两种。蔬用以嫩豆入菜,柔软味美。豆荚绿色,扁圆筒状,状如老蚕,长 5~10 cm,每荚有种子 2~4 粒。籽粒长圆形、近球形,绿褐色、浅绿色或紫色,长 1.5~2.5 cm。按豆粒的大小可分为大粒种、中粒种和小粒种。大粒种壳薄粒大,入口香糯,品质极佳,多为蔬食或粮用。中粒种和小粒种一般不用于蔬食。选择时以色正、豆荚饱满、无发黑、无腐烂等为佳。烹饪中嫩蚕豆主适于烧、烩、炒、拌、熘等制作方法。如蚕豆虾仁、蚕豆泥、蚕豆春笋、蛋黄蚕豆、火腿蚕豆等。

(二)茄果类蔬菜

茄果类蔬菜又称为浆果类蔬菜,即茄科植物中以浆果供食用的蔬菜,此类果实的中果皮或内果皮呈浆状,是食用的主要对象。富含维生素、矿物质、糖类及少量的蛋白质等。可供生吃、熟食、干制及加工制作罐头。产量高,供应期长,在果菜中占有很大的比重。

1. 茄子(eggplant, aubergine; *Solanum melongena*)

茄子又称为茄瓜、落苏、昆仑瓜等,为茄科一年生草本植物。原产于印度,我国普遍栽培,夏季上市。嫩果球形、扁球形、长条形或倒卵形;果皮被蜡质;色泽有黑紫色、紫红色、白色、绿白色;果肉白色,为海绵状胎座组织。质地柔软,味清淡。富含糖类,铜含量高,并含有钙、磷、铁和多种维生素以及少量的特殊苦味物质——茄碱苷。以果实端正、色正、有光泽、鲜嫩、萼片新鲜为佳。烹饪中常用以红烧、油焖、蒸、烩、炸、拌;或腌渍、干制。茄子适于多种调味,并常配以大蒜烹制,代表菜式如鱼香茄子、软炸茄饼、酱烧茄条等。

2. 番茄(tomato; *Lycopersicum esculentum*)

番茄又称为西红柿、红茄、洋柿子、爱情果等,为茄科一年生至多年生草本植物。原产于南美洲,我国普遍栽培。番茄呈球形、梨形或樱桃形,果色为红色、粉红色、黄色、白色等,果肉质地肥厚绵软,多汁,味甜酸。番茄含有 30% 的糖类及柠檬酸、苹果酸、游离氨基酸、色素(番茄红素、胡萝卜素)以及丰富的维生素 C、矿物质等。以色正、大小均匀、端正味纯、不破裂、不带梗萼、成熟适度者为佳。番茄红素抗氧化、清除自由基能力强,可以防止前列腺癌等,已经有此类保健食品。除生食代替水果以外,烹饪中适于拌、炒、烩、酿、汆汤;还可制番茄酱。代表菜式如酿番茄、番茄烩鸭腰、番茄鱼片、番茄炒鸡蛋等。

3. 辣椒[chilli, hot pepper; *Capsicum annuum*(*C. frutescens*)]

辣椒又称为海椒、番椒、香椒、辣子等,为茄科一年生草本植物。原产中南美洲热带地区,我国普遍栽培。辣椒嫩果呈青色,成熟后呈红色或橙黄色。果形主要有圆形、圆锥形、长方形、长角形和灯笼形等。以嫩果供蔬食,老果调味。根据辣味的有无,通常将蔬食的

辣椒嫩果分为辣椒和甜椒两大类。甜椒果形较大,其色有红色、绿色、紫色、黄色、橙黄色等,果肉厚,味略甜,无辣味或略带辣味。辣椒果形较小,常为绿色,偶见红色、黄色,果肉较薄,味辛辣,若与甜椒杂交,则辣味变弱。辣椒的优良品种如秦椒、四川七星椒、二荆条辣椒、石首尖辣椒、海门椒等。其辣味成分主要是辣椒素、二氢辣椒素,青椒中还含有山椒素。五色椒即彩色椒,为甜椒或辣椒的新品种,色泽艳丽,除常见的红、绿两色外,又有橙红色、橙黄色、紫色、白色等,口感微甜、微辣或浓辣,形状似牛角或灯笼。辣椒富含维生素C及维生素A原,红椒的色素成分是胡萝卜素和辣椒红素。选择时以果实鲜艳、大小均匀、无病虫害、无腐烂、无机械损伤者为佳。烹饪中辣椒的嫩果可酿、拌、泡、炒、煎或调味、制酱等,代表菜式如酿青椒、虎皮青椒、青椒肉丝、青椒皮蛋等。

(三)瓠果类蔬菜

瓠果类蔬菜又称为瓜类蔬菜,指葫芦科植物中以果实供食用的蔬菜。该类蔬菜大多起源于亚洲、非洲、南美洲的热带或亚热带区域,其果皮肥厚而肉质化,花托和果皮愈合,胎座呈肉质,并充满子房。富含糖类、蛋白质、脂肪、维生素与矿物质。可供生吃、熟食及加工、制作罐头,亦是食品雕刻的常用原料之一。

1. 黄瓜(cucumber;*Cucumis sativus*)

黄瓜又称为刺瓜、胡瓜、吊瓜、青瓜、王瓜等,为葫芦科一年生攀缘草本植物,以幼果供食。原产印度北部地区,我国各地广为栽培。瓠果圆筒形或棒形;幼嫩果呈墨绿色、绿色,老熟后则变黄。果实表面疏生短刺,并有明显的瘤状突起;也有的表面光滑。果肉脆嫩多汁,略甜,爽口而清香。按果形可分为刺黄瓜、鞭黄瓜、短黄瓜、小黄瓜。选择时以青绿鲜嫩、带白霜、顶花未脱落、带刺、无苦味为佳。烹饪中生熟均可,拌、炒、焖、炝、酿或作为菜肴配料、制汤,并常用于冷盘拼摆、围边装饰及雕刻,还常作为酸渍、酱渍、腌制菜品的原料。代表菜式如炝黄瓜条、干贝黄瓜、蒜泥黄瓜、翡翠清汤等。

2. 西葫芦(pumpkin,summer squash;*Cucurbita pepo*)

西葫芦(见图6-22)又称为美国南瓜、番瓜、角瓜、夏南瓜、葫芦等,为葫芦科一年生草本植物,以嫩果供食。原产南美洲,我国北方普遍栽培。果实多长圆筒形,果面平滑,皮色墨绿、黄白或绿白色,可有纹状花纹,果肉厚。以果形端正、色泽鲜艳、无腐烂、无病斑、无损伤者为佳。香蕉西葫芦为西葫芦的黄皮新品种,近年从国外引进。其品质细嫩,生食口感略甜而脆嫩,熟吃软糯面沙,瓠果中所含的胡萝卜素略高于普通西葫芦,钠盐含量很低,也称为"生吃瓜",也可供炒、煮或凉拌。面条瓜又称为角瓜、金丝瓜,为从日本引进的新品种。与传统角瓜相比,其形小如香瓜;外皮金黄色或黄白色;以成熟果供食,含多种营养素,并含其他瓜类蔬菜所缺乏的葫芦巴碱,具有增强抵抗力、减肥等功效。食用方法同普通角瓜,即经蒸煮或冷冻后,用筷子左右搅刮得到金银瓜条,用于凉拌或炒食。烹饪中可供炒、烧、烩、熘,或作为荤素菜肴的配料及制汤、做馅。

3. 笋瓜(water squash;*Cucurbita maxima*)

笋瓜(见图6-23)又称为印度南瓜、北瓜、番南瓜、白玉瓜等,为葫芦科一年生蔓生草本植物,多以嫩果供食。原产印度,我国各地均有栽培。瓠果多呈椭圆形,尖端突出,果面平滑。嫩果白色,成熟果外皮黄色、乳白色、橙红色、灰绿色等。可分为黄皮笋瓜、白皮笋瓜和花皮笋瓜3种。果肉厚而松,肉质嫩,味淡。烹饪中常切片、丝炒食,或切块、角烧烩,荤素均可搭配;也常用于馅心的制作。

图 6-22　西葫芦

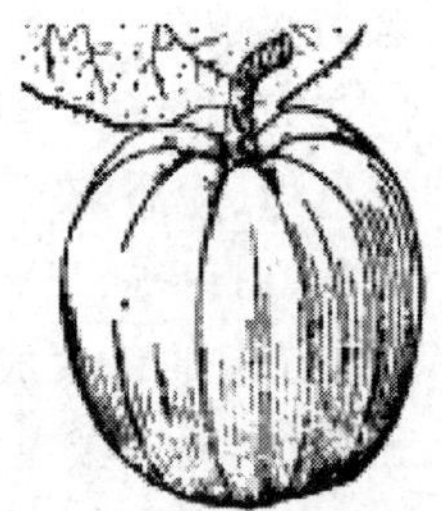

图 6-23　笋瓜

4. 丝瓜(towel gourd, dishcloth gourd; *Luffa* spp.)

丝瓜又称为天罗、锦瓜、布瓜、天络瓜等,为葫芦科一年生草本攀缘植物,以嫩果供食。原产于印度尼西亚,我国普遍栽培,夏季上市。丝瓜按瓠果上有棱与否,分为普通丝瓜和棱角丝瓜。普通丝瓜(*L.cylindrica*)又称为圆筒丝瓜、水瓜,瓠果呈短圆柱形或长圆柱形,表面粗糙,无棱,有纵向浅槽;肉厚,质柔软。棱角丝瓜(*L.acutangula*)又称为粤丝瓜、胜瓜,瓠果为短或长圆柱形,具有 8~10 条纵向的棱和沟;表皮硬。嫩果的肉质柔嫩,味微清香,水分多。选择时以果形端正、皮色青绿有光泽、新鲜柔嫩、果肉组织不松弛、不带果柄者为佳。烹饪中适于炒、烧、扒、烩,或作为菜肴配料,并最宜于做汤。筵席上还常用其脆嫩肉皮配色做菜。代表菜式如丝瓜卷、丝瓜肉茸、丝瓜熘鸡丝、菱米烧丝瓜、滚龙丝瓜等。

5. 苦瓜(bitter gourd; *Momordica charantia*)

苦瓜(见图 6-24)又称为凉瓜、红姑娘、癞瓜等,为葫芦科一年生攀缘性草本植物,以嫩果供食。原产印度及印度尼西亚,我国普遍栽培。瓠果呈纺锤形,表面瘤状突起。幼果表皮为绿色、绿白色,果肉白色或绿白色。成熟后果皮为橙黄色、橙红色,果肉为鲜红色。按果形和表面特征分为长圆锥形和短圆锥形两类。按果实颜色分为浓绿色、绿色和绿白色等,其中,绿色和浓绿色品种苦味较浓,主产于长江以南。淡绿色和绿白色品种苦味较淡,主产于长江以北。味苦,肉质脆嫩清香,富含维生素 C。选择时以质嫩、肥厚、籽少者为佳。苦瓜具有降血糖、抗肿瘤、抗病毒活性等功效,苦瓜果实富含苦瓜苷、苦瓜素,具有植物胰岛素的美誉。烹制时去瓜瓤后,可单独或配肉、辣椒等炒、烧、煸、焖、酿、拌等。代表菜式如酿苦瓜、干煸苦瓜、苦瓜烧肉、苦瓜炒鸡蛋等。若要减少苦味,可加盐略腌或在沸水中漂烫,但对维生素 C 的破坏较大。

6. 瓠瓜(calabash gourd; *Lagenaria siceraria* var. *clavata*)

瓠瓜(见图 6-25)又称为葫芦、瓠子、大黄瓜、蒲瓜等,为葫芦科一年生攀缘草本植物,以嫩果供食。原产非洲南部及印度。主产于我国南方各地,夏季上市。瓠果呈长圆筒形或腰鼓形;皮色绿白,且幼嫩时密生白色绒毛,其后渐消失;果肉白色,厚实,松软。按果形分为 4 个变种,即瓠子、大葫芦瓜、长颈葫芦和细腰葫芦。苦瓠因含过量的葫芦苷等有毒物质,食后易出现呕吐、腹泻、痉挛等症状。选择时以果形端正、皮色鲜艳、果肉柔嫩、无腐烂、无病斑者为佳。烹饪上瓠瓜可单独或配荤素料炒、烧、烩,且最宜做汤。

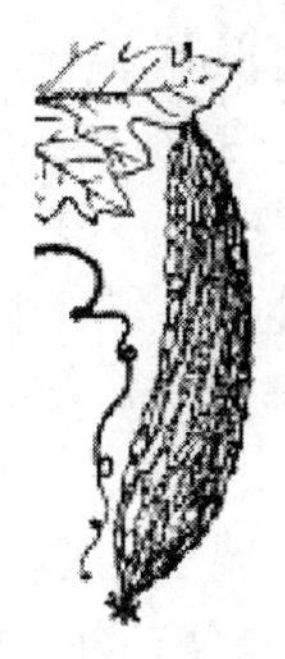

图 6-24 苦瓜

图 6-25 瓠瓜

7. 佛手瓜(chayote;*Sechium edule*)

佛手瓜又称为安南瓜、万年瓜、合掌瓜、寿瓜等,为葫芦科多年生宿根蔓性草本,多作一年生栽培。原产墨西哥和西印度群岛,我国冬季温暖地区有栽培,夏秋季上市。瓠果短圆锥形,果面具有不规则的浅纵沟;果皮淡绿色。果肉脆嫩,微甜,具有清香风味。选择时以果实鲜嫩、色正、无损伤者为佳。佛手瓜可生食,其嫩果可炒、熘,老熟后可炖、煮,也可腌渍。此外,其嫩叶、块根亦可入烹。

8. 冬瓜(wax gourd,white gourd;*Benincasa hispida*)

冬瓜又称为白瓜、枕瓜、白冬瓜等,为葫芦科一年生蔓性草本植物。原产于我国南部和印度,为盛夏主要蔬菜之一。瓠果呈扁圆或长圆筒形;大小因种而异,小的 1~2 kg,大的可达 50 kg 以上;果皮绿色,可间有淡绿色花斑,多数品种的成熟果实表面被有绒毛及白粉;果肉厚,白色,疏松多汁,味淡。冬瓜富含维生素 C,钾高钠低,具有清热、利尿、消暑作用,尤适于肾病患者。冬瓜容易富集塑料中的增塑剂,采前采后避免使用聚氯乙烯类薄膜。烹饪中可单独烹制或配荤素料,适于烧、烩、蒸、炖,常作为夏季的汤菜料。筵席上常选形优的进行雕刻后作为酿制品种,如冬瓜盅。亦可制蜜饯,如冬瓜糖。代表菜式如干贝烧冬瓜、酸菜冬瓜汤、白汁瓜夹等。

9. 南瓜(pumpkin,cushaw;*Cucurbita moschata*)

南瓜又称为中国南瓜、北瓜、倭瓜、金冬瓜、番瓜、饭瓜等,为葫芦科一年生蔓生草本植物。原产中南美洲热带地区,我国各地广为栽培。瓠果长筒形、圆球形、扁球形、狭颈形等;果面多有纵沟或瘤状突起,老熟后被白粉;果皮幼嫩时为青绿色,成熟后为赤褐色、黄褐色并具有斑纹;果柄有棱,瓜蒂膨大成五角形。选择时以果实结实、瓜形整齐、组织致密、瓜肉肥厚、色正味纯、瓜皮坚硬有蜡粉、不破裂等为佳。南瓜对前列腺疾病、动脉硬化、胃溃疡、糖尿病、结石有一定的药效。目前有南瓜粉等产品。嫩南瓜味清鲜、多汁,通常炒食或做馅,如酿南瓜、醋熘南瓜丝等。老南瓜质沙味甜,富含淀粉、蔗糖、葡萄糖、胡萝卜素,是菜粮相兼的传统食物,适宜烧、焖、蒸或做主食、小吃、馅心。代表菜点如铁扒南瓜、南瓜蒸肉、南瓜八宝饭、焖南瓜、南瓜饼等,并且是雕刻大型作品如龙、凤、寿星等的常用原料。

10. 蛇瓜(snakelike gourd;*Trichosanthes anguina*)

蛇瓜又称为印度丝瓜、蛇豆、蛇丝瓜、长栝楼,为葫芦科一年生攀缘草本植物,主要以嫩果供食,嫩茎和嫩叶也可食用。原产于印度。果实呈细圆柱条状;果皮光滑,绿白色,有深绿色或浅绿色相间的条斑;长 1~2 m,直径 3~4 cm,重 0.5~1.5 kg。果肉疏松,白色,具有特殊的清香,老熟后瓜瓤红色。以果实鲜嫩、无断裂、无损伤者为佳。烹饪中以炒食、做汤为主,亦可腌渍、干制。果肉中含有蛋白酶,可助食物中蛋白质的吸收。

11. 节瓜(wax gourd;*Benincasa hispida* var. *chieh-qua*)

节瓜又称为毛瓜、水影瓜,为冬瓜的变种,葫芦科一年生蔓生草本植物,以嫩果供食。烹饪用途与冬瓜类同。

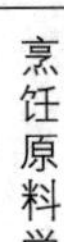

五、花菜类

花可分为花柄、花托、花萼、雌蕊群、雄蕊群5部分。以植物的花、花茎等作为食用部分的蔬菜,即为花菜类。其质地柔嫩或脆嫩,具有特殊的清香味。

(一)花椰菜(cauliflower;*Brassica oleracea* var. *botrytis*)

花椰菜又称为菜花、花菜、花甘蓝、洋花菜等,为十字花科甘蓝的变种花椰菜的花球。原产于欧洲,我国广为栽培,冬春季上市。花椰菜的花柄、花梗及花蕾变为乳白色的肉质块状,为食用的主要部分。花球质地细嫩,粗纤维少,味甘鲜美。按生长期的不同,分为早熟种、中熟种及晚熟种。目前,我国种植的品种主要为荷兰的雪球、雪莲,日本的白雪,国内杂交种津雪88等。花椰菜含有丰富的维生素、矿物质。以花球质地坚实、表面平整、边缘未散开,洁白细嫩为佳。烹饪中,常先焯水或滑油断生,继之入烹调味,急火快出锅,以保持其清香脆嫩。花椰菜在烹调中可作为主料或配料,且最宜与动物原料合烹,如花菜焖肉、菜花炒肉、金钩花菜等。

(二)青花菜(broccoli;*Brassica oleracea* var. *italica*)

青花菜又称为西兰花、绿菜花、茎椰菜、木立甘蓝、洋芥蓝、意大利花椰菜、青花椰菜等,为十字花科甘蓝的又一变种茎椰菜的花球,原产意大利。茎椰菜介于甘蓝、花椰菜之间,主茎顶端形成绿色或紫色的肥大花球,表面小花蕾明显,较松散而不密集成球,主要以采集花蕾的嫩茎供食用。品质柔嫩,纤维少,水分多,色泽鲜艳,味清香,脆甜,风味较花椰菜更鲜美。以色泽深绿、质地脆嫩、花球半球形、花蕾未开、质地致密、表面平整、无腐烂、无虫伤者为佳。西兰花中的萝卜硫苷在本身黑芥子酶作用下,水解成萝卜硫素,具有较好的防癌作用,市场上已经有青花菜浓缩物功能食品。在烹饪中,可烫后拌食,或炒,亦可用于配色、围边。

(三)金针菜(daylily;*Hemerocallis*)

金针菜又称为黄花菜、萱菜、黄花等,为百合科萱草属中红萱、萱草、黄花等植物的幼嫩花蕾。原产我国,主要产于山西省、湖南省、江苏省、河南省、四川省、安徽省等地。以山西省大同市产的质量最好。花条肥嫩,色金黄,食时嫩脆。湖南省产量最多。黄花菜采摘季节性很强,以花蕾生长既丰富又未开花时的质量为好。生产季节,南方5—7月,北方6—8月。常见品种有黄花菜(*H.citrina*)、北黄花菜(*H.flava*)、红萱(*H.minor*)等。因供食的花蕾呈黄色,形似金针,故称金针菜。富含维生素C、维生素B_1、维生素B_2、胡萝卜素和烟酸,铁的含量亦较高。以新鲜花蕾或干花蕾供食,因鲜品的花蕊中含有较多的秋水仙碱,故需摘除或煮熟后供食。而干品经过了蒸制,故毒性丧失,质地柔嫩,具有特殊的清香味。烹饪中可用以炒、氽汤,或作为面食馅心和臊子的原料,如黄花炒肉丝、黄花鸡丝汤等。

(四)菜薹(flowering cabbage;*Brassica pamchinensis*)

菜薹又称为菜心、菜尖等,为十字花科白菜的变种菜薹的花薹,其花梗、花蕾及叶亦可食用。菜薹在幼苗形成后,即迅速抽薹。花薹发达,质地致密,纤维少,味清淡。按花茎及叶的颜色，分为绿菜薹、紫菜薹。绿菜薹又称为广东菜心，花茎淡绿色，粗壮，花黄色；茎生叶淡绿色。紫菜薹为我国特产，花茎紫红色，多分枝；花黄色，叶柄紫红色。中餐烹饪中常炒食，并多与肉类合烹。如火腿菜薹、腊肉炒菜薹等。初加工时需撕去花薹的含纤维表皮。

（五）朝鲜蓟（artichokes；*Cybara scolymus* L.）

朝鲜蓟（见图 6-26）又称为洋蓟、洋百合、菜蓟，为菊科多年生草本植物，原产北非和地中海东岸。朝鲜蓟植株高大，茎直立呈圆柱状，有几个至十几个分枝，顶端着生花苞，花苞绿色或紫红色，呈球形或卵形。含有多酚物质菜蓟素、黄酮类物质等，具有保肝护肾、降血脂、保护心血管的功效。目前，我国上海市、浙江省、湖南省、云南省、北京市等地有少量栽培。食用花蕾时，先放入沸水中煮 25～45 min 至苞片易剥开时取出，分离苞片、花托，即可凉拌、炒食、做汤，或挂糊炸食。

图 6-26　朝鲜蓟

第三节　常见的野生蔬菜

野生蔬菜是一类蕴藏量极为丰富的蔬菜资源，据统计，我国可供食用的野菜有 400 余种，但为人类利用的仅占其中很少的一部分。野生蔬菜大多生长在远离人类密居的山区野岭中，人工污染比较少。野生蔬菜含有丰富的维生素、无机盐、粗纤维以及一定量的蛋白质、糖类等。许多野生蔬菜还具有一定的药理和保健作用。因此，开发前景十分广阔。

一、刺儿菜［*Cephalanoplos segetum*（*Cirsium segetum*）］

刺儿菜又称为小蓟、刺蓟，为菊科多年生草本植物，我国长江流域各地常见，早春采摘嫩茎叶供食。叶卵形或椭圆形，边缘有刺，两面有白色丝状毛；茎长似根状。味清香，鲜美而爽口。食用时，先用开水焯烫，捞出后洗去苦味，挤干水分，即可用于凉拌、炒食或蘸酱食用。代表菜式如素炒刺儿菜、凉拌刺儿菜等。

二、灰藜（goosefoot；*Chenopodium album*）

灰藜又称为藜、灰灰菜等，为藜科一年生草本植物，广布于我国各地，春夏季采摘嫩叶供食。由于含卟啉等物质，所以食用前必须经开水焯烫，然后用清水浸泡后备用，否则会导致日光性皮炎。而且若食用过多，可抑制心脏功能，导致血压下降，引起皮肤出血，所以不宜多食。烹饪中可供凉拌、烹炒或做馅等，也可干制。

三、清明菜［cudweed；*Gnaphalium affine*（*G. multiceps*）］

清明菜（见图 6-27）又称为鼠曲草、燕子花、棉花菜、艾绒、寒食菜等，为菊科二年生草本植物，我国各地普遍分布，清明节时采集嫩茎叶供食。烹饪中可用于炒、拌制作菜肴，民间常捣烂后和米粉制作饼团食用，如江苏省的青团、贵州省的清明粑、浙江省的黄花麦果糕等。

图 6-27　清明菜

四、小巢菜(*Vicia hirsute*)

小巢菜又称为野蚕豆、白花苕菜、小野麻豌等,为豆科一年生草本植物,我国广为分布,春季采摘嫩芽叶供食。嫩芽叶味清香似豌豆苗。烹饪中可供素炒、煮汤或作为荤菜的垫底,如清炒巢菜、苕菜狮子头。同属另种大巢菜(*V. sativa*)又称为野绿豆、救荒野豌豆、野菜豆,食用方法及功效同小巢菜。

第四节　常见的孢子植物和真菌蔬菜

一、食用菌类

食用菌类又称为"菇""蕈",指以肥大子实体供人类作为蔬菜食用的某些真菌。大多属于担子菌亚门,如蘑菇、香菇、牛肝菌、口蘑、木耳等。少数属于子囊菌纲,如羊肚菌、块菌等。已知有 2 000 多种,广泛被食用的有 30 余种。食用菌类按商品来源,分为野生和栽培两类。按加工方法,可分为鲜品、干品、腌渍品和罐头 4 类。

子实体常为伞状,包括菌盖、菌柄两个基本组成部分,有些种类尚有菌膜、菌环等。此外,还有耳状、头状、花状等形状的子实体。颜色繁多,质地多样,如胶质、革质、肉质、海绵质、软骨质、木栓质等。

子实体中的蛋白质含量占干重的 20%~40%,富含谷胱甘肽、氨基酸等,具有特殊的鲜香风味。如鲜香似鸡的鸡枞、香味浓郁的香菇、清嫩可口的竹荪、鲍鱼风味的侧耳、水果清香的鸡油菌等。某些品种如香菇、猴头菇等因含有特殊的多糖类物质,而具有增强免疫力、防癌抗癌的功效。此外,各种维生素、矿物质的含量亦较丰富。

食用时,需注意不要误食毒菇。毒菇多颜色艳丽,伞盖和伞柄上常有斑点,并常有黏液状物质附着,表皮容易脱落,破损处有乳汁流出,而且很快变色,外形丑陋。可食用的蘑菇颜色大多为白色或棕黑色,有时为金黄色,肉质厚软,表皮干滑并带有丝光。

中国的食用菌产量占世界总产量的 70%左右,食用菌栽培品种数百个,常见的栽培品种超过 45 个。其中平菇、香菇、木耳、双孢蘑菇、金针菇、毛木耳、草菇、滑菇、杏鲍菇和白灵菇 10 类食用菌产量占总产量的 90%以上。

目前,规模栽培的用于食品的食用菌有双孢蘑菇(*Agaricus bisporus*)、巴西蘑菇(*Agaricus blazei*)、大肥菇(*Agaricus bitorquis*)、美味蘑菇(*Agaricus edulis*)、香菇(*Lentinula edodes*)、糙皮侧耳(*Pleuotus ostreatus*)、佛州侧耳(*Pleuotus florida*)、肺形侧耳(*Pleuotus pulmonarius*)、白黄侧耳(*Pleuotus cornucopiae*)、榆黄蘑(*Pleuotus citrinopileatus*)、鲍鱼菇(*Pleuotus abalanus*)、盖囊菇(*Pleuotus cystidiosus*)、杏鲍菇(*Pleuotus eryngii*)、白阿魏菇(白灵菇)(*Pleuotus nebrodensis*)、红平菇(*Pleuotus djamor*)、元蘑(*Hohenbuehelia serotina*)、黑木耳(*Auricularia auricula*)、毛木耳(*Auricularia polytricha*)、金针菇(*Flammulina velutipes*)、滑菇(*Pholiota nameko*)、黄伞(*Pholiota adiposa*)、草菇(*Volvariella volvacea*)、猴头(*Hericium erinaceus*)、柱状田头菇(茶树菇)(*Agrocybe cylindracea*)、鸡腿菇(*Coprinus comatus*)、灰树花(*Grifola frandosus*)、长根菇(*Collybia radicata*)、大球盖菇(*Stropharia rugoso-annulata*)、银耳(*Tremella fuciformis*)、金耳(*Tremella aurantia*)、蛹虫草(*Cordyceps malitaris*)、猪苓(*Grifola umbellata*)、蜜环菌[*Armillariella mellea*,伴生(commenthalic)天麻]、斑玉蕈(*Hypsizigus*

marmorius)、长裙竹荪(*Dictyophora indusiata*)、短裙竹荪(*Dictyophora duplicata*)、洛巴口蘑(*Tricholoma lobayense*)、褐灰口蘑(*Tricholoma gambosum*)、牛舌菌(*Fustulina hepatica*)等。

(一) 木耳(jew's ear;*Auricularia auricula*)

木耳又称为黑木耳、木蛾、云耳、黑菜,为担子菌亚门层菌纲木耳目菌类。我国东北、东南、西南各地均产,东北是主产区,是我国食用菌中的主要种类。子实体耳状或杯形,渐成叶状,胶质半透明,有弹性,平滑或有皱纹,密生单细胞短毛,初为红褐色,干燥后为深褐色至近黑色。常见的品种有细木耳和粗木耳两类。细木耳质优,成菜甜、咸均可。粗木耳一般用于咸味菜肴。木耳含有较多的蛋白质、糖类及磷、铁等矿质。选择时以朵面乌黑光润、朵背略呈灰白色、朵形大而适度、涨性好、干燥、蒂端不带树皮、气味清香者为佳。黑木耳按照子实体着生方式的不同划分,有单片品种和菊花品种。按照色泽划分,有黑色品种和褐色品种。烹制上可作为主配料,可与多种原料搭配,适于炒、烩、拌、炖、烧等,并常用来做菜肴的装饰料。鲜木耳中含有光感物质,进入人体后会导致皮肤对光的敏感度增加,经日光照射易引起日光性皮炎、皮疹、皮肤溃烂等症状,更为严重时,可能引起呼吸道黏膜过敏而发生呼吸困难,所以不宜食用鲜木耳。而干木耳中的此物质已自行分解,可放心食用。

(二) 毛木耳(Hairy wood ear;*Auricularia polytricha*)

毛木耳又称为构耳、粗木耳,木耳科木耳属。我国许多省区都有分布。目前,我国已广泛栽培。毛木耳按照子实体色泽的不同有黄背木耳、白背木耳和紫木耳 3 个品种。毛木耳与黑木耳的区别:一是外形差异,毛木耳背后长满了黄色的绒毛,叶片也比黑木耳要厚一些。二是口感差异,黑木耳吃起来又嫩又滑,还有一点儿黏的感觉。毛木耳叶片很厚,比较脆,比较爽口,味道差一些。烹饪使用类似于木耳。其功效与木耳近似。

(三) 银耳(jelly fungi;*Tremella fuciformis*)

银耳又称为白木耳、雪耳,为担子菌亚门层菌纲银耳目银耳科菌类。子实体由许多瓣片组成,状似菊花或鸡冠,白色,胶质,半透明,多皱褶。干燥后呈黄色或白色,质硬而脆。煮后胶质浓厚,润滑可口。我国许多地区均有栽培,以福建省所产的“漳州银耳”最负盛名。选择时以子实体大而完整、色洁白光亮、质较松、体轻干燥、味清香、胶质厚重者为佳。烹制中,银耳常与冰糖、枸杞等共煮后作为滋补饮料。也可采用炒、熘等方法与鸡、鸭、虾仁等配制成佳肴。代表菜式如珍珠银耳、雪塔银耳、银耳虾仁。

(四) 香菇(champignon;*Lentinus edodes*)

香菇又称为香菌、冬菇、香信菇、香蕈等,为担子菌亚门层菌纲伞菌目伞菌科菌类。通常为人工栽培,也有野生种,多分布于我国南方地区,我国产量很大,特别是浙江省南部是主产区。菌盖半肉质,淡褐色或紫褐色;表面覆以一层褐色小鳞片,露出白色菌肉;菌肉厚而致密,白色;菌褶白色。味鲜而香,质地嫩滑而具有韧性,为优良的食用菌。气候越冷,香菇菌伞张得越慢,肉质厚而结实,品质好。若表面有菊花纹,则称为花菇。若无花纹,则称为厚菇,二者均又称为冬菇。春天气候回暖,菇伞开得快,大而薄,称为春菇或薄菇,品质稍次。若菌盖直径小于 2.5 cm 的小香菇,则称为菇丁,质柔嫩,味清香。选择时以子实体完整、色正味纯、无杂质、无霉烂、无异味者为佳。烹饪中鲜、干均可用。可作为主料,也可作为配料。可炒、炖、煮、烧、拌、做汤、制馅及拼制冷盘,并常用于配色。代表菜式如香菇炖鸡、葱油香菇、香菇菜心。

（五）平菇（Cap fungus；*Pleuotus spp.*）

平菇又称为冻菌、北风菌、鲍菇、蚝菇等，多在晚秋起北风时大量发生。为担子菌亚门层菌纲伞菌目伞菌科菌类。我国广为分布及栽培，也是产量很大的一种食用菌。常见的品种有糙皮侧耳、佛州侧耳、肺形侧耳、白黄侧耳、榆黄蘑、鲍鱼菇、盖囊菇、杏鲍菇、白阿魏菇（白灵菇）、红平菇等。按照子实体的色泽划分，有灰色品种和白色品种。子实体肉质肥厚，扇形菌盖，菌褶如扇骨。菌柄偏生或侧生，有的无柄。质地嫩滑可口，有类似于牡蛎的香味。选择时以形体完整、色正味纯、鲜嫩、无异味、无霉烂等为佳。烹制上常用鲜品，也可加工成干品、盐渍品。采用炒、炖、蒸、拌、烧、煮等方法成菜、制汤。代表菜式如平菇炒菜心、火腿冻菌、凉拌北风菌、椒盐平菇等。

（六）蘑菇（mushroom；*Agaricus bisporus*）

蘑菇（见图6-28）又称为洋蘑菇、肉蕈等，为担子菌亚门层菌纲伞菌目伞菌科菌类。原产于欧洲、北美洲和亚洲的温带地区。我国广为培养，是我国主要的食用菌，福建省、广西壮族自治区、浙江省、河南省等地产量大。常见的有双环蘑菇、双孢蘑菇、四孢蘑菇。菌盖表面干爽，白色、灰色或淡褐色，初为扁半球形，后平展。菌肉厚而紧密，白色至淡黄色，菌褶初为淡红色，后变为紫褐色。质地致密，鲜嫩可口。多在冬春之季上市，选择时以菇形完整，菌伞不开张，色泽正常，质地肥厚致密者为佳。烹制上多适于凉拌、炒、烧、氽汤；或作为菜肴配料及面点的臊子、馅心用料等。代表菜式如蘑菇烧鸡、软炸蘑菇、香油蘑菇、蘑菇小包等。

图6-28 蘑菇

（七）金针菇（Enoki mushroom，Long－rocted mushroom；*Flammulina velutiper* (Fr.) Sing.，*Collybia velutipes*）

金针菇又称为朴菇、构菌、毛柄金钱菌等，属于担子菌亚门层菌纲伞菌目口蘑科冬菇属（*Flammulina*）或金钱菌属（*Collybia*）。金针菇按照子实体的色泽划分，有黄色品种、淡色品种和白色品种三大类。金针菇的白色变种（F.var. velutipes），通体洁白，我国广为栽培。金针菇菌盖肉质，最初呈球形，后开展为扁平状，湿润时表面黏滑，干燥后稍具有光泽，淡黄色或黄褐色，菌柄细长。整个子实体状似金针菜。滋味鲜甜，质地脆嫩黏滑，有特殊的清香。选择时以形体完整、色正味纯、鲜嫩者为佳。烹饪上可凉拌、炒、扒、炖、煮汤及制馅等。代表菜式如金针菇炒腰花、金针菇扒鸡肫。

（八）草菇（Chinese mushroom，straw mushroom；*Volvariella volvacea*）

草菇（见图6-29）又称为苞脚菇、兰花菇，为担子菌亚门层菌纲伞菌目伞菌科菌类，常生于潮湿腐烂发酵的稻草上，故名。国外称之为“中国蘑菇”。原产于我国，主产于广东省、广西壮族自治区。草菇近年来在我国发展很快。菌盖初呈钟形，伸展后中央稍突起，幼时黑色，后变成鼠灰色至灰白色，中部色深，周围色浅；菌肉白色；菌柄近圆柱形，白色；杯状的菌托大，膜质，白色，上缘灰黑色。肉质脆嫩滑爽，味鲜美，带甜味，香气浓郁。选择时以色正味纯、外形端正、菌伞未开、子实体肥厚、味清香、无黏液、无泥土者为佳。由于草菇在低温条件下易出现黄褐色黏液，并很快变质，所以不宜冷藏。烹制上可炒、炸、烧、炖、煮、蒸或做汤料，也可干制、腌渍或罐藏。代表菜式如草菇蒸鸡、面筋扒草菇、鼎湖上素等，均为名菜佳肴。

(九) 滑菇(*Pholiota nameko*)

滑菇又名光帽磷伞、滑子蘑、珍珠菇,属于真菌门层菌纲伞菌目球盖菇科环锈伞属。菌体小,菌盖为半球形,表面平滑并有黏液,菌体呈浅黄褐色。滑菇因菌盖表面有黏液而得名,这种黏液对肿瘤有抑制作用。在东北三省已得到大面积推广。食用菜谱有白菜炒滑子蘑、滑子蘑炒鸡丁、猪蹄滑菇黄豆汤等。

(十) 竹荪(Bamboo fungus;*Dictyophora spp.*)

竹荪(见图 6-30)又称为僧笠蕈、长裙竹荪、竹参、竹菌、竹笙,为担子菌亚门腹菌纲鬼笔目鬼笔科竹荪属菌类。多见于我国四川省、云南省、广西壮族自治区、海南省等地夏秋季的竹林和树林中,为名贵的野生食用菌类,现已有人工栽培。长裙竹荪、短裙竹荪、红托竹荪和棘托竹荪 4 种已进行人工栽培,以长裙竹荪为主栽培品种。栽培季节有春秋二季,以春季栽培更多。竹荪对预防和治疗高血压、神经衰弱、肠胃疾病等有一定的作用。竹荪的子实体幼时呈卵球形,白色至淡紫褐色,成熟时包被开裂,伸出笔状菌体。顶部有带显著网格的钟状菌盖,菌盖上有微臭、暗绿色的产孢体。菌盖下有白色网状菌幕,下垂如裙,菌柄白色,中空,基部粗,向上渐细。依菌裙长短,可分为长裙竹荪和短裙竹荪。食用时需切去有臭味的菌盖和菌托部分。肉质细腻,脆嫩爽口,味鲜美。选择时以色正、质地细嫩、形状完整者为佳。烹制上常用烧、炒、扒、焖的方法,尤适于制清汤菜肴,并常利用其特殊的菌裙制作工艺菜。代表菜式如推纱望月、白扒竹荪。

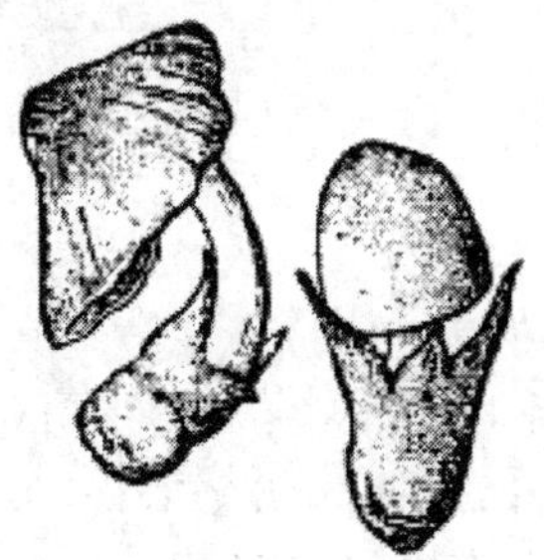

图 6-29 草菇

图 6-30 竹荪

(十一) 猴头菌(hedgehog hydnum;*Hericium erinaceus*)

猴头菌(见图 6-31)又称为猴头菇、阴阳菇、刺猬菌等,为担子菌亚门层菌纲多孔菌目齿菌科菌类。我国大多数省份均产,东北大兴安岭、小兴安岭生产量大,所产最著名。子实体块状,基部狭窄,白色,干燥后淡褐色。除基部外,均密生肉质、针状的刺,整体形似猴头。肉质柔软,嫩滑鲜美,微带酸味,柄蒂部带苦味。猴头菌对胃溃疡、十二指肠溃疡及慢性胃炎等消化道疾病有一定的治疗效果,对胃癌、食道癌和其他消化道肿瘤具有一定的辅助治疗作用。选择时以形整无缺、茸毛齐全、身干体大、色泽金黄者为佳。干品在食用前,需浸水一昼夜涨发去苦味,蒸煮后切片,炒食或做汤。代表菜式如白扒猴头菇、砂锅凤脯猴头。

(十二) 口蘑(saint george's mushroom;*Tricholoma gambosum*)

口蘑(见图 6-32)又称为白蘑、虎皮香蕈,为担子菌亚门层菌纲伞菌目伞菌科菌类,为我国著名的野生食用菌之一,分为白蘑、青蘑、黑蘑和杂蘑 4 类,共 40 余种,以白蘑质量为佳。常在夏秋两季雨后生于草原上。目前尚无人工栽培。因旧时以张家口为集散地,故称为口蘑。菌盖初呈半球形,后平展,边缘稍内卷,初为白色,后变红褐色或淡黄色,干燥后表面呈回纹状。菌肉白色,厚而致密,易破裂。菌柄粗壮,基部稍膨大。肉质厚实而细腻,香味浓郁,以味鲜美而著称。选择时以形状完整、色正味纯、鲜嫩、无杂质、无腐烂、无异味者为佳。口蘑除鲜食外,主要干制。烹饪上可做各种荤素料的配料,适宜于多种烹调方法,做汤尤为醇香浓郁。代表菜式如口蘑汤、口蘑鸭子、口蘑锅巴。

(十三)羊肚菌(morel;*Morchella esculenta*)

羊肚菌(见图6-33)又称为羊肚菜、羊肚蘑,为子囊菌亚门盘菌纲盘菌目马鞍菌科菌类,为优良的食用菌之一。多见于春夏之交的阔叶林中,世界各地均有分布。菌盖呈圆锥形,表面有许多凹陷,似翻转的羊肚,故称为羊肚菌。为淡黄褐色;菌柄白色,有浅纵沟,基部稍膨大。质嫩滑,富有弹性,味鲜美。选择时以子实体完整、鲜嫩、无霉烂、无异味者为佳。羊肚菌一般鲜食,也可干制。适于多种烹饪加工,可做馅、炖、烧或煮汤,代表菜式如酿羊肚菌、烧羊素肚。

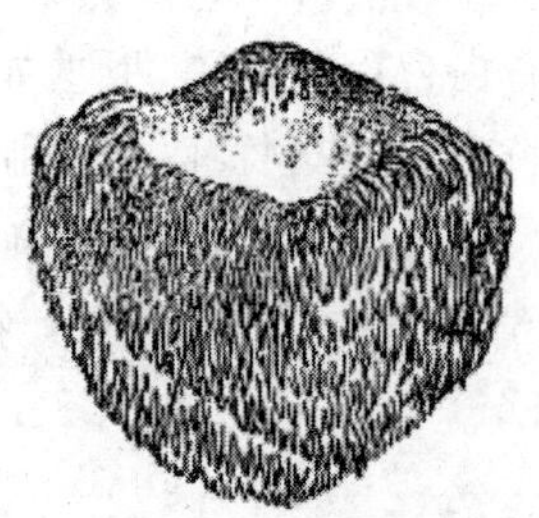

图6-31　猴头菌

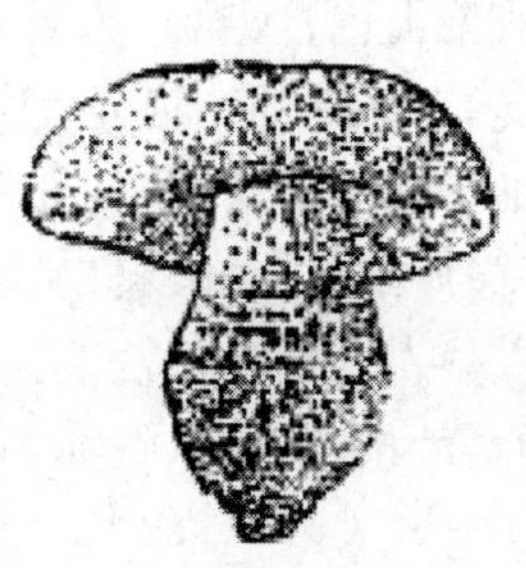

图6-32　口蘑

图6-33　羊肚菌

(十四)鸡枞(collybia mushroom;*Collybia albuminosa*)

鸡枞(见图6-34)又称为鸡松菌、伞把菇、白蚁菇、夏至菌等,为担子菌亚门层菌纲伞菌目伞菌科菌类,是西南地区的著名食用菌之一,主产于四川省、贵州省、云南省等地。菌盖初呈圆锥形,伸展后中央有显著的凸起,湿时有黏性,表面平滑,微黄色,常呈辐射状开裂,菌肉厚,菌褶细密,白色,老熟后呈微黄色。菌柄白色至灰白色,表面平滑,常扭曲。有黑皮、白皮、黄皮和花皮等类型,以黑皮为佳。质地细嫩,气味纯香,味如鸡肉,极鲜美。选择时以子实体完整、鲜嫩、无霉烂、无异味者为佳。除鲜食外,常制成盐鸡枞或油鸡枞。前者晒成半干后,加盐搓匀于缸中腌制数日,取出穿串晾干而成。后者晒成半干后,加盐及干辣椒,注入沸油浸渍数日后再供食用。烹饪中可拌、炒、浇、烩、制汤等,常用于筵席中。代表菜式如生蒸鸡枞、红烧鸡枞。

图6-34　鸡枞

(十五)牛肝菌(suilli fungi;*Boletus*)

牛肝菌(见图6-35)是大型的著名野生食用菌,为担子菌亚门层菌纲伞菌目牛肝菌科多种菌类的通称。我国各地均产,以四川省、云南省、陕西省、湖北省等地的产量较高。牛肝菌的菌盖厚,肉质化,光滑至有绒毛;呈浅黄色、褐色、紫色、橙色等;菌盖下面无菌褶,但具有无数小孔;菌柄粗壮,中实,常有网纹,基部常膨大。该属的多数菌类可供食,如美味牛肝菌(*B. edulis*)、黄皮牛肝菌(*B. luteus*)、桃红牛肝菌(*B. regius*)等。但也有少数有毒,如细网牛肝菌(*B. satanas*)、红网牛肝菌(*B. luridus*)。滋味鲜美,肉质肥厚,口感黏滑。选择时以子实体完整、鲜嫩、无霉烂、无异味者为佳。牛肝菌宜鲜食或腌渍，不宜干制。烹饪中适于多种烹调方法，如炒、炖、熘或做汤菜。代表菜式如滑炒牛肝菌、牛肝菌炖鸡汤。

（十六）榛蘑（honey agaric，shoe-string fungus；*Armillariella mellea*）

榛蘑（见图 6-36）又称为蜜环菌、栎菌、根索菌、蜜蘑等，为担子菌亚门层菌纲伞菌目伞菌科菌类。主产于我国河北省、山西省、内蒙古自治区、吉林省等地。菌盖淡土黄色、淡黄褐色，老后为棕褐色；菌褶白色或肉粉色；菌柄圆柱形；菌肉白色，质嫩。质地鲜嫩，口感滑脆，具有榛香味。选择时以子实体完整、鲜嫩、无霉烂、无异味者为佳。榛蘑除鲜食外，也可干制。烹饪中适宜于炒、烧、炖、烩、熘、做汤等，可配荤素料。

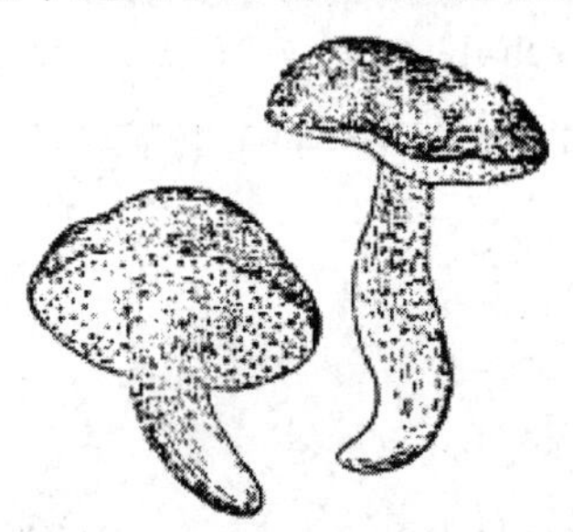

图 6-35　牛肝菌

图 6-36　榛蘑

（十七）鸡油菌（chanterelle；*Cantharellus cibarius*）

鸡油菌（见图 6-37）又称为鸡蛋黄菌、杏菌，为担子菌亚门鸡油菌科菌类，是我国各地林区、草原秋季所产的名贵的野生食用菌。子实体肉厚，为杏黄色或蛋黄色；菌盖初凸出，后展开，中央下凹，呈喇叭形，边缘常分裂成瓣；菌褶呈棱条状；菌肉纤维质，白色至黄色；菌柄细长，光滑。滋味鲜美，因含有鸡油菌素，故具有杏仁水果香味。选择时以子实体完整、鲜嫩、肥厚、无杂质、无霉烂者为佳。鸡油菌鲜、干食均可。烹饪上常配肉炒、炖或做汤。

（十八）松茸（matsutake；*Armillaria matsutake*）

松茸（见图 6-38）又称为松口蘑、松蘑、松蕈、山鸡枞、大花菌等，是名贵的野生食用菌，为担子菌亚门层菌纲伞菌目伞菌科菌类。我国主产于吉林省、云南省、四川省等地的松林、杉林中。菌盖初为半球形，后呈馒头形至伞状，表面覆盖有纤维状鳞片，黄褐色至栗褐色，老熟时呈黑褐色；菌褶密集，呈片状，白色。肉质肥厚致密，口感鲜嫩，甜润甘滑，香气尤为浓郁，其风味和香味在食用菌中居于首位，被誉为“蘑菇之王”。选择时以子实体完整、鲜嫩、肥厚、无杂质、无霉烂者为佳。松茸适于鲜食，烹饪中可用于烧、炒、做汤；或与肉合烹；也可干制或腌渍，但风味不及鲜品。此外，还可制取菌油，用于菜肴的增香。

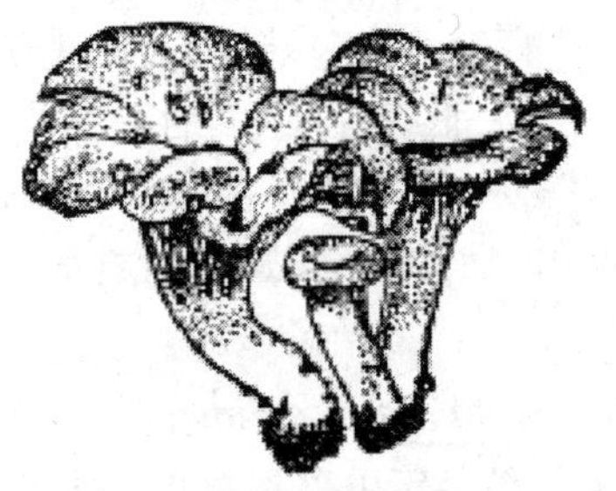

图 6-37　鸡油菌

图 6-38　松茸

（十九）冬虫夏草（Chinese caterpillar fungus；*Cordyceps sinensis*）

冬虫夏草又称为虫草、夏草冬虫、冬虫草，为子囊菌亚门核菌纲球壳目麦角菌科菌类。主要分布于我国西藏自治区、青海省、四川省、云南省等地的高山草原上。夏秋时节，真菌菌丝体侵入冬虫夏草蛾的幼虫体内，在虫体内发展、蔓延，形成菌核。被害幼虫一般在土内潜伏越冬。翌年夏季，虫体内的菌核长出带柄的棒形子座，伸出僵虫体外，故称为“冬虫夏草”。冬虫夏草的外壳一般为淡黄褐色，虫壳有环纹，某些品种腹面有足。干制后质脆，长 2～5 cm。质嫩而脆，味淡。富含多种氨基酸、不饱和脂肪酸、糖醇、维生素 B_{12} 和多种矿物质，其中所含的虫草酸和虫草素等特殊物质具有明显的药理作用，为增强体质的滋补用料。选择时以形体丰满、色正、有光亮、菌座粗壮、无异味、无杂质、无腐烂者为佳。烹饪上可炒、烧、炖、煮、汤食，常与鸡鸭同蒸、炖，如虫草蒸鸭、清炖虫草鸡等；也可以与狗肉、豹狸等同炖，或纯用之炒食。

二、食用地衣类

（一）石耳（rock tripe；*Umbilicaria esculenta*）

石耳（见图 6-39）又称为石壁花、岩苔、石花、石木耳、石衣、山肤等，为地衣门石耳科植物。一般生长在悬崖峭壁上。安徽省的黄山、江西省的庐山比较多。地衣体叶状，单叶，近圆形，一般直径 5～10 cm，大者可达 30 cm。背面通常灰白色或灰褐色，腹面暗黑色或黄褐色，以腹面中央的脐状假根固着于基物上。口感硬脆，滑软感不及木耳。选择时以形状完整、干燥、无杂质、无霉变者为佳。多用干品，水发后除去杂质，即可炖、煮、烧。因其味淡，故需与鲜味原料合烹以赋味。

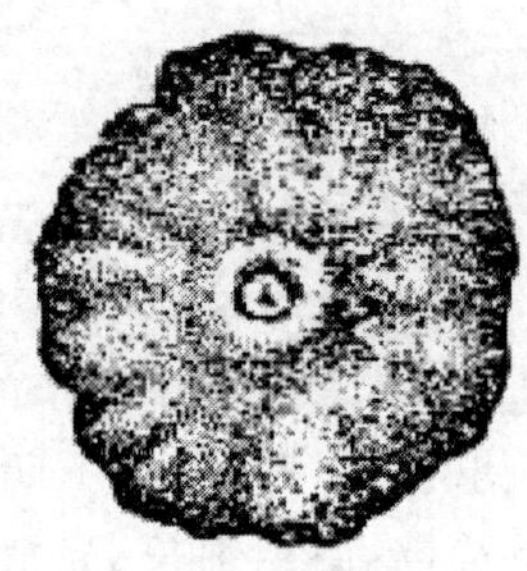

图 6-39　石耳

（二）树花（*Ramalina sinensis*）

树花又称为树花菜、灰树花、柴花、树胡子等，为地衣门松萝科植物。分布于我国云南省和陕西省的山地。地衣体着生于树皮上，呈灌木状，多分枝，形似石花菜。选择时以形体较为完整、碎裂少、干燥、无杂质、无霉变者为佳。采摘后以草木灰水或碱水煮去苦涩味后，漂净晒干。食用时以冷水泡发，沸水烫后拌食，口感脆嫩香美。代表菜式如树花拌猪肝、酸辣树花。

三、食用蕨类

蕨类植物属于高等植物中较低级的一个类群。现生存的大多为草本植物，少数为木本植物。蕨类植物的主要特征是具有发育良好的孢子体和维管系统，孢子体有根、茎、叶之分；无花，以孢子繁殖。蕨类植物分为石松纲、水韭纲、松叶蕨纲和真蕨纲，约有 12 000 种。我国约有 2 600 种，多分布于长江以南各地。蕨类植物在经济上用途广泛，可药用（如贯众、骨碎补等）、工业用（如石松）以及食用（如蕨菜、紫萁等）；有的还可作为绿肥饲料（如满江红），或作为土壤的指示剂。

（一）蕨菜（fiddlehead；*Pteridium aguilinum* var. *latiusculum*）

蕨菜又称为蕨、蕨儿菜、拳头菜等，为凤尾蕨科多年生草本植物。主产于我国东北、西北和西南各地。植株高 1 m 左右；刚出土的嫩叶叶柄直立，呈圆柱状，直径 4～6 mm，长 20～35 cm；叶片卷曲。富含维生素 C 和胡萝卜素，钙、磷、铁的含量亦较丰富。口感脆滑，

有特殊的香味,称为蕨菜。其根状茎蔓生土中,粗壮,被棕色细毛,富含淀粉,俗称蕨粉或山粉,亦可食用,可用来做粉丝、粉皮,或酿酒。选择时以鲜嫩粗壮、幼叶未展、形条整齐、无枯黄叶、无腐烂者为佳。鲜品使用时,先在沸水中焯烫,以除去黏液和苦涩味。蕨菜有利尿作用,有报道称过多食用蕨菜可能容易诱发膀胱癌。烹饪上常用重油并配荤料炒、炖、烩、熘、凉拌。干品经水发后,用以炖食。

(二)紫萁(*Osmunda japonica*)

紫萁又称为高脚贯众、牛毛菜、老虎牙,为紫萁科多年生草本植物。我国广为分布。叶丛生,幼叶密被绒毛,拳卷;营养叶为三角状阔卵形,二回羽状复叶。以嫩叶供食,脆嫩鲜美。此外,民间称为薇菜的为该科的分株紫萁(*O.cinnamomea* var. *asiatica*),其嫩芽也可供食。食用时先将嫩叶在沸水中汆烫,然后用于拌、炒、爆、烩等。因其叶形别致,也可用于菜肴的装饰和造型。

(三)荚果蕨(*Matteuccia struthiopteris*)

荚果蕨又称为小叶贯众、黄瓜香、广东菜,为球子蕨科植物,是蕨类原料中的上乘珍品。分布于东北、华北、陕西省、四川省等地。叶柄基部有密披针形鳞片,叶簇生,有柄,叶片二回深羽裂。以卷曲嫩叶供食,具有黄瓜的清香,脆嫩鲜美。烹饪方法同紫萁,代表菜式如油爆黄瓜香、三鲜黄瓜香。

(四)水蕨(*Ceratopteris thalictroides*)

水蕨又称为岂蕨、龙牙草、水扁柏等,为水蕨科一年生水生草本植物。分布于我国长江以南各地。叶丛生,具有光泽,有营养叶和漂浮叶之分。营养叶直立或漂浮,2~4 回羽状分裂,质地柔软。以嫩叶入食,口感脆嫩多汁。烹饪中多用于热菜,适宜于扒、氽等烹调方法。

(五)猴腿蹄盖蕨(*Athyrium multidentatum*)

猴腿蹄盖蕨又称为多齿蹄盖蕨、猴腿、绿茎菜、紫茎蕨等,为蹄盖蕨科植物。分布于东北、内蒙古自治区、河北省等地。叶簇生,叶柄长 25~35 cm,深禾秆色,基部黑褐色。以嫩芽、嫩茎供食,形似蕨菜。食用前需氽沸水断生,然后用于拌、炒、熘等烹调方法,代表菜式如鸡丝拌猴腿、滑炒虾仁猴腿。

第五节 蔬菜的品质检验与保藏

日常食用的蔬菜绝大多数为鲜菜类,由于蔬菜自身新陈代谢的作用、外界微生物的侵染,会导致新鲜度降低和腐烂等现象,使鲜菜的营养价值减低,失去良好的食用品质。因此,蔬菜的品质检验在很大的程度上依赖于对其新鲜度的判定。

一、蔬菜的品质检验

蔬菜的品质检验主要通过反映新鲜度的感官指标来进行。表现在以下几个方面。

(一)形态

新鲜的蔬菜应具有充盈、挺硬、饱满的形态。如若发生萎蔫、疲软、干缩等现象,则品质变劣。

(二)颜色

由于蔬菜含有叶绿素、类胡萝卜素等色素,因此任何一种蔬菜都有其自身固有的颜

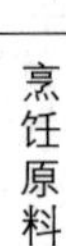

色，并在一定的时间内保持其色泽。如菠菜为深绿色，番茄为红色，大白菜为白色或绿白色等。如若颜色发生变化，如绿色的叶菜变黄，番茄表面出现褐色的斑点等，则表明品质降低。

（三）大小和轻重

优质蔬菜有一定的尺寸要求，例如，西兰花要求直径15 cm，高 15 cm 为佳。

（四）质地

新鲜的蔬菜应具有鲜嫩、爽脆的质地，如果质地变得老韧、绵软，甚至组织变松散，出现不正常的液状或糊状，均表示质量降低或已腐败变质。

（五）气味

新鲜的蔬菜或者具有清香味，如小白菜、豌豆苗等；或者具有特殊的芳香味，如芹菜、芫荽、葱、茴香菜等。若出现酸味、霉味等异味，则质量劣变。

（六）缺陷和损伤

要求无严重缺陷和无严重机械损伤。蔬菜还有营养指标，但主要用于科学研究。

（七）蔬菜的等级规格

以黄瓜为例，根据农业农村部的标准，在等级方面，每一种农产品原则上分为特等、一等和二等 3 个级别。特等品质最好，具有典型的形状色泽，不存在影响组织和风味的内部缺点，大小一致，产品在包装内排列整齐。一等产品与特等产品有相同的品质。允许在色泽、形状上稍有缺点，外表稍有斑点。二等产品可以呈现某些内部或外部的缺点。规格方面按各自的指标，例如横径长、长度，原则上分为大、中、小 3 种规格。特等产品允许有 5% 的误差，一等产品和二等产品允许有 10% 的误差。

此外，符合标准的鲜菜或干菜不应有病虫害现象出现。如果有虫蛀、霉斑以及形态的异常改变，均表明品质降低或失去食用价值。

二、蔬菜的保藏技术要点

蔬菜的贮存与保鲜原理主要就是控制原料新陈代谢作用，抑制原料表面微生物的生长繁殖，从而阻止原料质量的变化。在保藏过程中应注意以下几方面。

（1）必须防止水分的过度蒸发，以免萎蔫发生。可通过预冷处理，尽量减少入库后蔬菜温度和库房温度的温差；增加贮藏期湿度；控制空气流速。如推广塑料薄膜包装技术。

（2）防止蔬菜表面“结露”现象出现，防止细菌和霉菌引起的腐烂。

（3）采用低温冷藏法时，应避免冷害或冻害的发生。因此，应根据蔬菜的不同品种，选择相应的冷藏温度。如甜椒的贮藏适温为 7～8℃。

（4）通过对蔬菜进行包装，可防止蔬菜表皮的损伤，延长保藏期。如用塑料薄膜纸或袋、纸箱等，但应保证通风透气。

常用的蔬菜保藏法主要有以下几种。

（一）堆藏

在通风库内放置蔬菜，以防晒、隔热、防冻，从而达到贮藏保鲜的目的。如大白菜、结球甘蓝、南瓜、生姜等。

（二）埋藏

将蔬菜按照一定的层次埋放在泥沙等埋藏物内，以达到贮藏保鲜的目的。如胡萝卜、萝卜、马铃薯等。

（三）假植贮藏

将在田间生长的蔬菜连根拔起，密集种植在适合的场所，保持蔬菜鲜嫩的品质。如茎用莴苣、芹菜等。

（四）低温保藏

低温保藏主要包括冷藏、速冻保藏等。冷藏适用于大多数蔬菜的保鲜贮藏，但需根据蔬菜对温度的不同要求，设定不同的温度，以达到较好的贮藏效果。速冻仅仅适合部分解冻后品质较少下降的品种，例如豌豆、甜玉米。

（五）气调冷藏

气调库很少使用，但是很多净菜包装上市，具有气调包装（MAP）作用。

思 考 题

1. 蔬菜按食用部位分为哪几类？
2. 叶菜类蔬菜分为哪几类？各类的特点如何？
3. 茎菜类蔬菜分为哪几类？各类的特点如何？
4. 根菜类蔬菜分为哪几类？各类的特点如何？
5. 食用菌的子实体的形态、色泽和质地各有哪些类型？
6. 如何检验蔬菜的品质？如何保藏蔬菜？

第七章　果品类烹饪原料

学习目标

- 了解果品的结构、分类、营养、烹饪特点。
- 熟悉常见的果品类烹饪原料的种类和优良品种。
- 掌握果品烹饪原料的分布、出产时间、识别、食疗特性和烹饪应用。
- 了解水果的品质检验和保藏技术。

第一节　果品类原料概况

一、果品的结构与分类

果品是指能够直接供人们食用的植物性果实和种子的统称。我国的果类分属 37 科 300 种,品种有 10 000 余种。果实的结构比较简单,外为果皮,可分为 3 层,即外果皮、中果皮和内果皮。果皮中包含着一至多枚种子。

(一) 生物学分类

1. 根据果实的形成特点

根据果实的形成特点,果实分为真果和假果以及单果、聚合果和复果。

(1) 真果

真果是指果实仅由子房发育而来,多数果实都属于真果,如桃、葡萄、柑橘、香蕉等。

(2) 假果

假果是指某些果实除子房外尚有其他部分如花被或花托等参与形成,如梨、苹果、石榴、向日葵、瓜类等。

(3) 单果

单果是指单花单雌蕊发育成的果实,多数果实均为单果。

(4) 聚合果

若单朵花中有许多聚生在花托上的离生雌蕊,以后每一个雌蕊发育成的小果都聚生在花托上,则称为聚合果,如草莓、莲蓬等。

(5) 复果

若果实是由一个花序发育而成的,则称为复果,如桑葚、菠萝、无花果等。

2. 根据果皮是否肉质化

根据果皮是否肉质化,果实主要分为肉果和干果两大类。

(1) 肉果

肉果即果皮肉质化的果实,供食用的果实大部分为肉果。依果皮变化的情况不同,又

分为以下几种。

① 浆果。浆果即果皮除外面几层细胞外，其余部分都肉质化并充满汁液，内含多数种子，如葡萄、柿子。其中，瓜类特称为瓠果，肉质部分包括果皮和胎座，为假果。柑橘类特称为柑果，其外果皮呈革质，具有油囊；中果皮比较疏松，如橘络部分；内果皮呈薄膜状，缝合成囊，向囊内生出无数肉质多浆的腺毛，为食用的主要部分。

② 核果。核果即内果皮全由石细胞组成，包在种子之外，形成果核。供食用的部分是发达的中果皮；最外层的皮即为外果皮。如桃、梅、李、杏、樱桃等。

③ 仁果。仁果为假果，由子房和花托愈合在一起发育而成，供食用的部分是花托部分。如苹果、梨。

(2) 干果

干果即果实成熟时，果皮呈干燥状态的果实。干果主要为坚果，即果皮坚硬、内含一枚种子的果实，如板栗、榛子等，以种子供食。

(二) 商品学分类

按商业经营的特点，将果品分为鲜果、干果、瓜果及加工制品四大类。其中干果包括坚果类和鲜果的干制品。在果品经营中还把杏仁、瓜子等也列入干果之内。

二、果品的营养成分

水分在鲜果中占70%~90%，干果中水分的含量较低。水分含量与鲜果的外部感官特征关系密切。果品中，糖类以果糖、葡萄糖、蔗糖等单糖和双糖较多，如梨果类以果糖为主，葡萄、草莓等浆果类以葡萄糖和果糖为主，柑橘类以蔗糖为主。淀粉在某些干果中如板栗、莲子、白果中较为丰富。果品是维生素和无机盐的重要来源。维生素以维生素C、维生素A原为多，并含有维生素B_1、维生素B_2、维生素PP等。如鲜枣、猕猴桃、柠檬、杏、山楂等含丰富的维生素C，枇杷、芒果、杏、李子等含维生素A原较多。无机盐中以钙、磷、铁、钾、镁等为主，某些干果还含有较多的锌、铜等无机盐类。许多干果和果仁中含有较丰富的蛋白质、脂肪，如核桃、花生、腰果、榛子、松子，形成了香、酥、脆等独特的口感。此外，还含有丰富的果胶质、纤维素和半纤维素等。

三、果品的烹饪应用

果品绝大多数可以不经烹饪加工，或直接食用，或作为餐前开胃菜，或运用于餐后。此外，果品也是烹调中的一类重要原料。其作用如下。

(1) 作为菜肴、羹汤的主料，应用于甜菜、甜羹的制作中，如拔丝苹果、蜜汁香蕉、琥珀桃仁、水果沙拉、什锦水果羹等。

(2) 作为菜肴的配料，应用于荤素菜肴的制作中，如板栗烧鸡、松仁玉米、腰果西芹、宫保鸡丁等。

(3) 用于菜点的装饰与配色，如橘瓣、草莓、樱桃等常用于围边以及裱花蛋糕的点缀。

(4) 用于立体的雕刻与造型，如西瓜盅、水果船等。

(5) 用于面点馅心的配制，如五仁月饼、水果蛋挞、苹果派、菠萝派等。

(6) 用于药膳及保健粥品的制作，如红枣莲子粥、桂圆八宝粥、冰糖贝母蒸梨等。

在使用果品入馔时需注意以下几方面。

由于鲜果酸甜味突出，含水量大，维生素C丰富，色泽鲜艳，所以，多用于甜味菜肴的制作,并采用快速成菜法以保水、保色、保护维生素 C。干果由于含水量少,本味不突出,所以适用于以咸、甜为主味的菜点中。快速加热如煎、炸、炒体现花生、核桃、松子、腰果等干果的干、香、酥。长时间加热如煮、炖、烧体现板栗、白果、莲子等干果的软、糯、沙。

第二节　常见的果品

一、仁果类

(一) 苹果(apple;*Malus pumila*)

苹果为蔷薇科乔木。苹果为秋季鲜果,果实呈圆形,果皮为红色、黄色、青绿色等。果肉脆嫩,甜酸适口,为世界上重要的果品之一,分为中国苹果和西洋苹果两大类。我国栽培历史悠久,著名的品种有红富士、金帅、元帅等,进口苹果有青蛇苹果、红蛇苹果。陕西省、山东省等地是苹果著名产地。一般 9—11 月成熟。烹制中用于酿、拔丝等方法制作甜菜,如拔丝苹果、酿苹果;或做甜点、甜羹。

(二) 梨(pear;*Pyrus pyrifolia*)

梨为蔷薇科梨属乔木。梨为秋季佳果,分为中国梨和西洋梨两大类。中国梨原产于我国,根据品种来源和地理分布又分为秋子梨系统(如北京白梨)、白梨系统(如鸭梨)、沙梨系统(如香水梨),来自日本的一些品种品质较好,我国河北省一带有许多著名的当地品种。西洋梨原产于欧洲中部、东南部以及小亚细亚等地,又可分为冬季梨(如波士梨)和夏季梨(如啤梨)。一般 8 月成熟。烹饪中可供制作多种甜、咸菜式,如八宝酿梨、江米梨、雪梨肘棒、梨汁粥等。

(三) 山楂(Chinese hawthorn;*Crataegus pinnatifida*)

山楂又称为红果、山里红,为蔷薇科乔木。我国特产果品之一。果实近球形,果皮红色,具有淡褐色斑。山楂维生素 C 的含量在果品中仅次于鲜枣。果肉的酸味较重,多加工食用,如冰糖葫芦、白糖炒山楂。也可制成京糕、果酱等。京糕即山楂糕,可制作拔丝京糕,或作为菜肴的装饰、糕点馅料等。

(四) 枇杷(loquat;*Eriobotrya japonica*)

枇杷又称为卢橘,为蔷薇科小乔木。初夏佳果,果球形或椭圆形,橙黄色或淡黄色。原产于我国湖北省西部与四川省东部一带,福建省、浙江省、江苏省等地栽培最多。分为红沙、白沙两类。著名品种如浙江省的大红袍、洛阳青等。浙江省的枇杷产量较大,一般 5 月中下旬成熟,福建省的枇杷上市较早。果味柔软多汁,甜酸适口。烹饪中用于制作甜、咸菜式,如珊瑚枇杷、枇杷羹、枇杷拌鸡等。

(五) 木瓜(Chinese quince fruit;*Chaenomeles sinensis*)

木瓜又称为花木瓜,为蔷薇科木瓜属植物的果实。分为木瓜种、皱皮木瓜种、毛叶木瓜种、西藏木瓜种和野木瓜种。秋季成熟。曹州木瓜属于木瓜种,沂州木瓜和宣木瓜属于皱皮木瓜种,云南木瓜包括上述 5 种木瓜种类。我国陕西省、贵州省、山东省、安徽省、江苏省、浙江省和云南省的产量较大。木瓜能抗菌消炎,舒筋活络,软化血管,祛风止痛消肿,阻止亚硝胺合成。其富含的木瓜齐敦果酸是活性成分。一般用醋豉汁或蜜浸渍食用。

(六) 海棠(pearleaf crabapple;*Malus prunifolia*)

海棠又称为海红、楸子等,为蔷薇科乔木,我国原产,分布于河北省、陕西省、河南省、甘肃省、辽宁省等地。西府海棠(*M. micromalus*)也可供鲜食,另可制蜜饯、果酱、果干。烹饪中可制作甜菜、甜羹,如蜜制海棠果。

(七) 沙果(Chinese pearleaf crabapple;*Malus asiatica*)

沙果又称为花红、林檎、文林郎果,为蔷薇科小乔木,我国原产。秋季鲜果,分布于内蒙古自治区、河北省、陕西省、四川省、云南省等地。可供鲜食,或制蜜饯、果酱、果干、果丹皮、果酒。烹饪中可作为甜菜的用料,如陕西省的瓤沙果。

二、核果类

(一) 李(plum;*Prunus salicina*)

李又称为李子,为蔷薇科乔木,我国特产,广泛分布。核果卵球形,绿色、黄色、红色、紫黑色等,果皮有光泽,外有蜡粉。名品如桂花李、醉李、南华李、桃形李等。可供鲜食,也做蜜饯、李干,如无核嘉应子。烹饪中可作为甜菜的用料。

(二) 桃(peach;*Prunus persica*)

桃又称为桃实,为蔷薇科小乔木。我国特产。夏季鲜果。核果近球形,表面有茸毛,以华北、华东、西北等地栽培最多。著名品种有浙江省宁波市奉化的玉露水蜜桃等。水蜜桃肉质柔软,香气浓郁,汁多味甜。白花桃肉质脆嫩,酸甜适口。一般6—8月上市。烹饪中供制作各类甜、咸菜式,如蜜汁鲜桃、水晶桃、蟠桃鸭、香桃鸡球等。

(三) 杏(apricot;*Prunus armeniaca*)

杏又称为杏实、甜梅,为蔷薇科乔木,我国特产。初夏鲜果,主产于长江以北。果圆形,果皮多为金黄色,带有红晕和斑点。果肉暗黄色,味酸甜,多汁,具有独特的香味。名品如兰州大接杏、河北省的大香白杏、山西省的沙金红等。除鲜食外,可制杏脯、杏干、杏酱等。烹饪中可作为杏酪等甜菜的用料。其种仁可作为干果食用。

(四) 枣(jujube;*Zizyphus jujuba* var. *inermis*)

枣又称为红枣、大枣,为鼠李科乔木,原产我国。河北省、山东省、河南省、陕西省等地栽培较多。核果长圆形,鲜嫩时为黄色、绿白色,成熟后为紫红色。名品如金丝小枣、无核枣、义乌大枣等,新品种如梨枣。鲜枣质地爽脆,味甜,维生素C含量十分丰富,为水果之冠。除鲜食外,常加工成干制品,如干枣、蜜枣、醉枣等。枣是烹饪中常用的原料,可制各种甜、咸菜肴;可作为饭粥、糕饼配料;可加工成枣泥馅心。代表菜点如红枣煨猪蹄、蜜制大枣、枣泥油糕等。

(五) 樱桃(cherry;*Prunus pseudocerasus*)

樱桃又称为莺桃、含桃、中国樱桃、车厘子等,为蔷薇科灌木或小乔木,我国原产。初夏佳果。核果小,为球形,鲜红色,果肉柔嫩多汁,味甜而带酸,果柄长。此外,还有欧洲樱桃,分为原产于亚洲西部及黑海沿岸的甜樱桃(*P.avium*)和原产于亚洲西部及欧洲东南部的酸樱桃(*P.cerasus*)。其上市早,一般4月成熟。烹饪中可制作甜、咸菜式,如樱桃白雪鸡、樱桃虾等;也常用于菜肴、面点、饮品的装饰和点缀。

(六) 杨梅(red bayberry;*Myrica rubra*)

杨梅又称为树梅、朱红,为杨梅科乔木,我国原产。初夏鲜果。分布于我国长江以南各地。主产于浙江省、福建省。浙江省宁波市余姚、慈溪、台州市仙居县等地较为著名,一般6月下旬上市。福建省的杨梅成熟比浙江省的早1个月左右。核果球形,紫黑色、暗红色、白色或淡红色。果味甜酸可口。名品如荸荠种、东魁杨梅等。主要供生食,也可加工成蜜饯、果酱等制品。烹饪中用于制作甜菜,如杨梅丸子、杨梅羹等。

(七)芒果(mango;*Mangifera indica*)

芒果又称为杧果、檬果,为漆树科乔木,原产于亚洲南部,我国广东省、广西壮族自治区、海南省、福建省、云南省等地栽培较多。果肾形或椭圆形,淡绿色或淡黄色。果肉暗黄色至橙色,汁多味甜、香气独特、质地细腻。芒果一般5—7月成熟。主要供鲜食,或制成蜜饯、果干、果汁及腌渍品,烹饪中可作为甜菜的用料。

(八)荔枝(lychee;*Litchi chinensis*)

荔枝为无患子科乔木,我国南部特产夏季鲜果之一,广东省、广西壮族自治区、福建省、云南省等地栽培最多。果实心形或圆形;果皮具有多数鳞斑状突起,鲜红色、紫红色、青绿色或青白色。供食部分为肉质化的假种皮,半透明凝脂状,多汁,味甘美,有芳香。名品如糯米糍、大红袍、妃子笑、桂绿等。除鲜食、干制、加工外,烹饪中可供制作咸、甜菜式,如荔枝熘凤脯、水晶荔枝、荔枝西米羹等。荔枝一般5—7月成熟。荔枝不宜多食,否则可引发低血糖症。

(九)龙眼[lungan;*Euphoria longan*(*Dimocarpus longan*)]

龙眼又称为桂圆、龙目,为无患子科乔木,我国南部特产鲜果之一,广东省、广西壮族自治区产量较高。果实球形;壳质薄,淡黄色或褐色,表面粗糙;供食部分为肉质化的假种皮,白色、透明、肉质、多汁、味甜。供鲜食,或制成果酱、果膏。经干制可制成桂圆干或桂圆肉。龙眼一般7—8月成熟,少数9—10月成熟,在5月还有泰国龙眼,12月有反季节龙眼。用于烹饪中,主要供制甜羹或作为药膳的用料,如桂圆八宝粥。

(十)红毛丹(*Nephelium lappaceum* L.)

红毛丹又名毛荔枝、韶子、红毛果、红毛胆,为无患子科韶子属乔木,原产东南亚。红毛丹的味道类似于荔枝,有红果和黄果两类。在中国海南、台湾有种植,海南岛的保亭和三亚种植面积较大,云南西双版纳有野生红毛丹。东南亚各国,如泰国、斯里兰卡、马来西亚、印度尼西亚、菲律宾有生产,美国夏威夷和澳大利亚也有栽培,其中泰国红毛丹产量较大。红毛丹果肉黄白色、半透明、汁多、肉脆爽、味清甜或甜酸可口,或有香味,含葡萄糖、蔗糖、丰富的维生素、氨基酸和多种矿物质。每年6—8月为采摘季节。选择无黑斑、外表美观、皮色鲜红、新鲜、软刺细长,柔毛红中带绿,果粒大且匀称,皮薄而肉厚的果实。

(十一)牛油果(Avocado,*Persea americana* Mill.)

牛油果正式名字叫鳄梨,也称油梨,为樟科鳄梨属鳄梨种。原产于美洲热带地区,分布于墨西哥、厄瓜多尔和哥伦比亚等国,现在主产国是墨西哥,菲律宾等东南亚国家亦有栽培。我国主要产地在云南(南部)、台湾(嘉义)和广西,另外海南(白沙、昌江、儋州、乐东)、四川(西昌)、广东(南部)、福建(福州、漳州)等地也有少量栽培。鳄梨分为墨西哥系、危地马拉系、西印度系三大种群。广东、广西、福建等省(区)主要是危地马拉系或以危地马拉系和墨西哥系的杂交种为主。海南省主要是适应热带的西印度系或危地马拉系和西印度系的杂交品种。牛油果通常为梨形,有时呈卵形或球形,长8—18厘米,黄绿色或红棕色,外果皮木栓质,中果皮肉质,可食。牛油果营养价值很高,含多种维生素、丰富的脂肪和蛋白质,钠、钾、镁、钙等含量也高,除作生果食用外也可作菜肴和罐头。墨西哥系牛油果含油量高达20%~30%,分绿色和紫色两类,品种有杜克(Duke)、甘特(Ganter)、墨西哥拉(Mexicola)、托帕托帕(TopaTopa)等。西印度系果肉含油量低,为3%~10%,品种有哈里早熟(Haley early),果实暗紫色;大绿(Large green),果实绿色。坡洛克(Pol-

lock),果肉含油3%~5%。瓦尔丁(Waldin),果肉含油6%~10%。危地马拉系果皮粗糙,具疣状突起,种子大,果肉含油率中等,为10%~20%,品种有塔佛特(Taft),深绿色,稍粗糙,塔形,皮厚,果肉含油18%。哈尔曼(Harman),绿色带赤紫色,平滑,倒卵形,果小,皮厚,种子大,果肉含油19%。多纳德(Donald),果实紫黑色,表面粗糙,少光泽,具疣状凸起,球形,果小,皮厚,质脆。我国油梨主栽品种为哈斯(Hass),广西选育了桂垦大2号、3号和桂研10号等新品种。我国近年来每年进口3万吨以上。

(十二)橄榄(*Canarium album*(Lour.) Raeusch.)

橄榄为橄榄科橄榄属橄榄种,果实卵圆形至纺锤形,10—12月成熟,成熟时呈黄绿色,外果皮厚,核硬,两端尖,核面粗化。原产中国南方,国内福建省最多,另外四川、浙江、台湾也有种植。国外主要是东南亚国家有种植。橄榄营养丰富,果肉内含蛋白质、碳水化合物、脂肪、维生素C及钙、磷、铁等矿物质,其中维生素C和钙的含量很高;还含有滨蒿内酯、东莨菪内酯、(*E*)-3、3-二羟基-4、4-二甲氧基芪等活性成分。果实可生食或渍制,由于生食过酸涩,一般腌制后,做成蜜饯食用。

(十三)蛋黄果(*Lucuma nervosa* A.DC)

蛋黄果又名仙桃,山榄科蛋黄果属蛋黄果种,原产古巴和北美洲热带地区,主要分布于中南美洲、印度东北部、缅甸北部、越南、柬埔寨、泰国、中国南部。现在广东、广西、海南、云南和福建等地有零星种植。

果实为球形或倒卵形,长约8厘米,未熟时绿色,成熟果黄绿色至橙黄色,果实光滑皮薄,果肉橙黄色富含淀粉,质地似蛋黄且有香气,含水量少,味略甜。其味道口感介乎于番薯和榴梿之间。果实12月成熟,采收后需要后熟4—7天方可食用。果实除生食外,可制果酱、冰奶油、饮料或果酒。

三、浆果类

(一)柿子(persimmon;*Diospyros kaki*)

柿子为柿树科乔木,我国原产。秋季鲜果,各地广泛栽培。果实圆形或方形,橙红色或金黄色。名品如牛心柿、鸡心黄、盖柿等。除甜柿外,通常都必须进行脱涩。脱涩后,果味甜美。柿子一般9—11月上市。除鲜食外,可加工成柿子饼、柿子糕等,还可发酵制醋、酿酒。烹饪中可用于面点的制作,如西北小吃柿子饼。由于鲜柿子含有较多的单宁,所以不宜空腹食用,也不宜一次食用过多。

(二)猕猴桃(kiwi fruit;*Actinidia chinensis*)

猕猴桃又称为阳桃、藤梨、苌梨、奇异果等,为猕猴桃科藤本植物,我国原产。引种到新西兰之后,培育出许多优良的品种,我国重新引进了优良品种。夏秋季鲜果,果实为卵形至近球形。未完熟时果皮密被绒毛,成熟后无毛,呈黄褐绿色。果肉青玉色或粉红色,柔软多汁,酸甜可口,维生素C含量高。名品有海沃德、秦美等。7—11月都有猕猴桃上市。烹饪中可作为熘炒类菜式的配料,如苌梨炒肉丝。

(三)香蕉(banana;*Musa nana*)

香蕉又称为蕉实、梅花蕉等,为芭蕉科草本植物,原产我国南部、印度、马来半岛。果皮未成熟时绿色,成熟后黄色,果肉黄色,香甜细糯。鲜果采摘后,需经过后熟或人工催熟,方可食用。常分为矮脚蕉、甘蕉和大蕉3类。矮脚蕉、甘蕉味佳,常供生食,名品如龙牙蕉、香牙蕉、粉蕉。大蕉富含淀粉,常代粮代蔬烹调食用。香蕉一般8—11月

上市，有大量反季节香蕉在3—4月上市。香蕉中多巴胺含量较高，多食用有一定的兴奋作用。香蕉常用于烹制甜菜，如拔丝香蕉、熘蜜汁香蕉、软炸香蕉。偶见咸味菜式，如醋熘香蕉。

（四）葡萄（grape；*Vitis vinifera*）

葡萄又称为蒲桃、草龙珠等，为葡萄科藤本，原产于欧洲、亚洲西部和非洲北部，我国主产于西北、华北等地。山东省等地有大量的葡萄基地。浆果椭圆形和圆形，果皮与果肉不易分离，色黑、红、紫、黄或绿，大多具有独特的香气。果味酸甜或纯甜，果肉柔软多汁。名品如巨峰、藤捻、无核白、玫瑰香等。一般7—9月上市。除鲜食外，可干制、酿酒、制醋。葡萄皮富含原花青素和白藜芦醇，有抗氧化和保护心血管的作用。但是江南一带葡萄皮喷农药比较多，要多清洗。烹饪中鲜葡萄可作为甜菜用料，如拔丝葡萄、酒酿葡萄羹；葡萄干可作为面点、甜饭的配料或装饰用料。

（五）番木瓜（papaya；*Carica papaya*）

番木瓜又称为万寿果、番瓜、木瓜等，为番木瓜科小乔木，原产热带美洲，我国广东省、广西壮族自治区、福建省、云南省等地栽培较多。日常水果市场所购木瓜，均为番木瓜。名品如岭南木瓜。浆果肉质，长椭圆形至近球形，长可达30 cm，成熟时黄色或淡绿色。果肉厚，肉质细嫩柔滑，酥香清甜。可作为水果鲜食；也可作为蔬菜入烹，适宜于炖、煮汤、酿料后蒸等烹制方法，或制甜菜，如木瓜炖排骨、木瓜鱼翅煲、木瓜鲜奶羹等。果肉中富含木瓜蛋白酶，可用于肉类原料的嫩化处理。有该酶制剂销售。

（六）番石榴（guava；*Psidium guajava*）

番石榴又称为番桃、鸡屎果、缅桃等，为桃金娘科灌木或小乔木，原产美洲，我国南方有栽培，夏季成熟。果实供生食，也可腌渍、制果酱等。烹饪中可作为甜菜的用料。

（七）石榴（pomegranate；*Punica granatum*）

石榴又称为丹若、金罂等，为石榴科灌木或小乔木，原产亚洲中部，我国广为栽培。秋季成熟。浆果近球形，果皮厚，种子多枚，具有肉质化外种皮，为食用部分。名品如安徽省蚌埠市怀远县的水晶石榴、陕西省西安市临潼区的大红蛋石榴、粉红石榴等。主要供鲜食，也可制果汁。

（八）西番莲（*Passiflora*）

西番莲属藤本植物。分为蓝色西番莲（*Passiflora caerulea* L.，Blue Passionflower，因为花雄蕊尖端呈蓝色，又名爱情果，Passion fruit）和百香果（*Passiflora edulia* Sims，又名鸡蛋果）。西番莲成熟时为橙黄色或黄色，果实含约160粒红色可食用浆果种子。

蓝色西番莲为木质藤本植物，原产于巴西，后来在南美、南非、东南亚各国、澳大利亚和南太平洋地区都有种植。

百香果是西番莲属的草质藤本植物，主要有紫果和黄果两大类。原产安的列斯群岛，广植于热带和亚热带地区，我国福建、广东、台湾等地有栽培，主要制饮料，也可鲜食，或作为蔬菜用于菜肴的制作，果核可用于榨油。百香果中含有各种水果香味，芳香物质种类多，含量高，有特殊风味。百香果也常被称为西番莲果。

（九）榴梿（durian；*Durio zibethinus*）

榴梿又称为韶子，为木棉科乔木，原产马来西亚、菲律宾、缅甸等地，近年来我国广东省、海南省等地有栽培，成熟期为11月至次年2月和6—8月。成熟果实供鲜食或加工，也可与肉类炖汤或加虾做成虾酱。未熟果可作为蔬菜，煮食或炖食。果实气味重，种子味同板栗，富含淀粉，可供炒食。

（十）人心果（sapodilla；*Manilkara zapota*）

人心果又称为赤铁果、芝果，为山榄科乔木，原产热带美洲，我国广东省、海南省有栽培。鲜果供生食，此外，也用于榨汁制饮料。

（十一）阳桃（star-fruit，carambola；*Averrhoa carambola*）

阳桃又称为羊桃、五敛子、杨桃等，为酢浆草科乔木，我国华南地区有栽培，秋冬季成熟。绿色充分长大的果实适合鲜食，果实转黄后风味变差。除鲜食外，可加工罐头、果脯、果酱等。可用于烹饪制作，如冰糖杨桃、杨桃炒鸡丁、木须杨桃等。酸杨桃可用盐腌或加糖蒸制作为菜肴。

（十二）山竹（mangosteen；*Garcinia mangostana*）

山竹为金丝桃科乔木，原产于印度尼西亚和马来西亚。我国有进口。果实大小如柿子，皮深紫色，肉白色。主要供鲜食。

（十三）神秘果（*Synsepalum dulcificum*）

神秘果又称为奇迹果（miracle fruit）、梦幻果和蜜拉圣果，系山榄科神秘果属，原产于西非热带地区。我国海南、云南、广东、福建等地区有种植。神秘果果肉中含有奇特的变味糖蛋白-神秘果素（miraculin），能改变人的味觉，使原本酸度强烈的食物变成甘甜。果实为红色浆果，形状类似樱桃番茄，种子一至数枚，种皮褐色，硬而光亮，富含单宁。

（十四）莲雾（*Syzygium samarangense*（Bl.）Merr. et Perry）

莲雾又称洋蒲桃，桃金娘科蒲桃属洋蒲桃种，原产马来西亚及印度。中国广东、台湾、广西、海南和福建中南部有栽培。果实呈梨形或圆锥形，顶部凹陷，有宿存的肉质萼片，皮发亮，皮和肉为洋红色，长4~5厘米，种子1颗，果实5—6月成熟，供生食。洋蒲桃还可以作为菜肴，淡淡的甜味中带有苹果般的清香。著名的传统小吃“四海同心”就是以洋蒲桃作为主要材料，宴会上还可用洋蒲桃作为冷盘。

四、柑果类

资料：丑八怪柑橘

（一）宽皮橘（*Citrus reticulata*）

宽皮橘属于芸香科灌木或小乔木，原产于我国。果扁圆形，红色或橙黄色，果味酸甜不等。宽皮橘包括柑（*Mandarin orange*）和橘（*Tangerine*）。柑的果皮海绵层较厚，剥皮稍难，果瓣结合较紧密，果实也较大。橘的海绵层薄，剥皮容易，果瓣结合较疏松，果实较小。均在秋、冬季上市。柑的主要品种如温州蜜柑、椪柑、蕉柑等。橘的主要品种如金橘、红橘、蜜橘。浙江省台州市黄岩区、临海等地蜜橘、蜜柑较著名。烹饪中用于甜菜的制作，如橘羹西米、橘羹圆子等。

（二）甜橙（orange；*Citrus sinensis*）

甜橙又称为黄果、广柑、橙等，为芸香科小乔木。原产我国东南部，秋末冬初上市。果实圆形或长圆形，橙红色或橙黄色。果皮较厚，通常较光滑，不易剥离。名品如脐橙、新会橙、锦橙、血橙等。特别是华盛顿脐橙品质优良。果实品质优良，耐贮藏。我国四川省、广东省、广西壮族自治区等地产量较大。除作为餐后水果、果汁、蜜饯、果饼外，烹饪中用于甜、咸菜式的制作，如橙子羹小汤圆、广柑羹、海带拌橙丝、橙子酿鲜虾等。

（三）柚（shaddock，pomelo；*Citrus grandis*）

柚又称为文旦、朱栾、抛等，为芸香科乔木。我国特产鲜果之一。果实大，圆形、扁圆

形或倒阔卵形，直径可达 25 cm；成熟时呈淡黄色或橙色。果皮厚，有大油腺，不易剥离。果肉白色、粉红色或红色，味酸甜适口。名品有浙江省的玉环文旦、广西壮族自治区的沙田柚、福建省的漳州文旦等。除供鲜食外，柚肉和去除苦味的柚皮均可入菜，如柚羹汤丸、柚皮炖鸭、豉汁柚皮等。

（四）柠檬（lemon；*Citrus limon*）

柠檬为芸香科小乔木。原产马来西亚，我国四川省、台湾省、广东省、广西壮族自治区、福建省等地有栽培。果汁极酸。柠檬不供鲜食，一般切薄片加食糖腌渍后冲水作为饮料，或榨柠檬汁用于调配饮料。烹饪中可将柠檬汁作为酸味调味料。

（五）葡萄柚（grapefruit；*Citrus paradisii*）

葡萄柚又称为朱栾、金山柚、美洲柚，为芸香科乔木，原产于西印度群岛。我国四川省、广东省、浙江省等地有少量栽培。根据果肉颜色的不同分为白肉类（果肉灰白色至黄白色，供食品加工）和红肉类（果肉及皮膜粉红色或红色，供鲜食或榨汁）。

（六）黄皮（wampee；*Clausena lansium*）

黄皮又称为黄弹子、王枇等，为芸香科乔木。我国原产。夏季鲜果。果实小，圆形。除鲜食外，可制作罐头等加工产品。烹饪中可作为甜菜料。

五、聚合果、复果类

（一）菠萝（pineapple；*Ananas comosus*）

菠萝又称为凤梨、黄梨、波罗，为凤梨科草本植物，热带四大名果之一。原产于巴西，我国栽培于台湾省、广东省、广西壮族自治区等地。果实球果状，果肉爽嫩多汁，甘酸适口，香味浓郁。鲜食时，应用淡盐水浸泡，以去除皂素。烹饪中可制作多种咸、甜菜式，如醪糟菠萝羹、糯米酿菠萝、菠萝烧排骨、菠萝烤鸭等。此外，由于果肉中含有蛋白酶，所以菠萝汁还可用于肉的嫩化处理。

（二）草莓（strawberry；*Fragaria*）

蔷薇科草莓属草本植物，原产南美洲，我国各地普遍栽培。春季鲜果。果实心形，呈红色、粉红色或白色。果实柔嫩多汁，味甜酸。如丰香草莓、凤梨草莓、麝香草莓等。除鲜食外，烹饪中可作为甜菜料或制作水果拼盘。

（三）无花果（fig；*Ficus carica*）

无花果又称为蜜果、优昙果等，桑科灌木或小乔木，原产亚洲西部。我国长江以南及山东省、新疆维吾尔自治区等地有栽培。夏秋季成熟。除鲜食外，常制成果干、果酱、蜜饯等。未成熟果中富含蛋白酶，烹饪中可作为菜肴的辅料，用于肉类、禽类等的嫩化处理。

（四）菠萝蜜（jackfruit；*Artocarpus heterophyllus*）

菠萝蜜又称为木菠萝、树菠萝、婆那娑等，为桑科乔木，原产印度和马来西亚。我国广东省、广西壮族自治区、云南省等地有栽培。鲜果主要供蘸盐水鲜食，或制蜜饯。果核状如鸡蛋，富含淀粉，烹饪中单用或配肉、鸭等用于煮、炒、炖、焖等，风味甚佳，如菠萝蜜鸡脯。

六、瓜果类

（一）西瓜（water mellon；*Citrullus lanatus*）

西瓜为葫芦科，原产非洲，为夏季优良果品。浙江省台州市温岭等地产量大，品质好。

果圆形或椭圆形,皮色浓绿、绿白、绿夹蛇纹或黄色。果肉深红色、淡红色、黄色或白色,多汁而味甜。烹饪中,常选形好色优的西瓜制作西瓜盅或镂刻成西瓜灯;或制成甜、咸西瓜酱。此外,西瓜皮脆嫩爽口,也是良好的入烹原料,可供炒、炝、煮或制馅。

(二)甜瓜(muskmelon;*Cucumis melo*)

甜瓜又称为香瓜,为葫芦科,原产于热带,我国广为栽培,为夏季优良果品。瓠果球形、椭圆形;果皮黄色、白色、绿色或杂有各种斑纹;果肉绿色、白色、红色或橙黄色;肉质脆或绵软,味甜,具有独特的芳香。著名的新疆哈密瓜,即为甜瓜变种的一个品种。主要供鲜食;也可作为烹饪原料制作甜、咸菜品,如香瓜排翅盅、香瓜拌蜇头等。

七、坚果

(一)白果(ginkgo seed;*Ginkgo biloba*)

白果为银杏科银杏的种子,我国特产。浙江省湖州市长兴县等地产量较大。种子呈核果状,椭圆形或倒卵形,外种皮肉质,中种皮骨质,内种皮膜质。以种仁供食。因种仁中含有毒素,故不可生食,需经烤、炒、炖、煮后熟食,但过量食用亦会中毒。经熟制后的种仁色泽碧绿,口感香糯。有祛痰、止咳、润肺、定喘等功效,但大量进食后可引起中毒。烹饪中可制成多种甜、咸菜式或做药膳用料、糕点配料,如蜜汁白果、白果鸡丁、白果炖鸡等。

(二)莲子(lotus seed;*Nelumbo nucifera*)

莲子为睡莲科莲的坚果,干、鲜均可使用。鲜品清利爽口,可生食,或做菜肴的配料,如鲜莲鸡丁、鲜莲鸭羹等。干品因加工方法的不同,分为红莲和白莲,主要用于制作甜菜,如冰糖莲子、莲子果羹、干蒸莲子等,也可做扒莲蓉鹌鹑、莲蓬鸡等鲜味菜肴。制成莲蓉后可做糕点馅料及甜、咸菜品的配料,如莲蓉月饼、莲蓉蛋糕等。民间常与桂圆等炖服。

(三)松子(pine nut;*Pinus*)

松子为松科植物白皮松(*Pinus bungeana*)、红松(*Pinus koraiensis*)、华山松(*Pinus armandi*)等的松果内的种子,以红松子质量最佳。我国东北产量较大。松子含脂量可高达15%,具有松脂香,风味独特。炒熟后可供作休闲食品、糕点馅料,如开口松子、松仁黑芝麻月饼等。烹饪中可制作多种甜、咸菜肴,如松仁玉米、松子酥鸭、网油松子鲤鱼等。

(四)核桃(walnut;*Juglans regia*)

核桃又称为胡桃,为胡桃科胡桃的果实,我国主产于北方和西南。核果球形,外果皮肉质,内果皮木质而坚硬,有皱脊。以种子供食,可鲜食、制炒货、作为糕点馅料等。烹饪中,桃仁是常用的原料之一,清香的鲜桃仁可烹制各种时令菜,如桃仁炒鸡丁、奶汤鲜桃仁、鸡粥桃仁等。干香爽口的干桃仁适宜制作冷碟菜品、馅心、多种甜咸菜式,如核桃酪、琥珀桃仁、怪味桃仁、桃仁炒鸡花等。

(五)山核桃(hickory;*Carya cathayensis*)

山核桃又称为小核桃,为胡桃科山核桃的果实,原产我国。分布于浙江省、安徽省等地,浙江省杭州市临安等地的山核桃较为著名。果实秋季成熟。新鲜种仁有涩味,水煮脱涩后味香美。主要供加工,一般用盐水浸渍后经炒熟作为干果食用,如奶油小核桃。

(六)板栗(chestnut;*Castanea mollissima*)

板栗为山毛榉科栗的果实,我国原产干果之一,主产于北方。壳球形,密被针刺,内藏两个或三个坚果。名品如魁栗、良乡栗子、潜山栗子等。板栗的种子富含淀粉,可生食或煮、蒸、炒食,如糖炒板栗。可用其粉制成糕点,如栗羊羹、北京仿膳饭庄的小窝窝头等。

可烧、焖、炸、煮等,制作多种甜、咸菜式,如板栗烧鸡、栗子红焖羊肉、西米栗子、桂花鲜栗羹等。

(七)榛子(filbert;*Corylus heterophylla*)

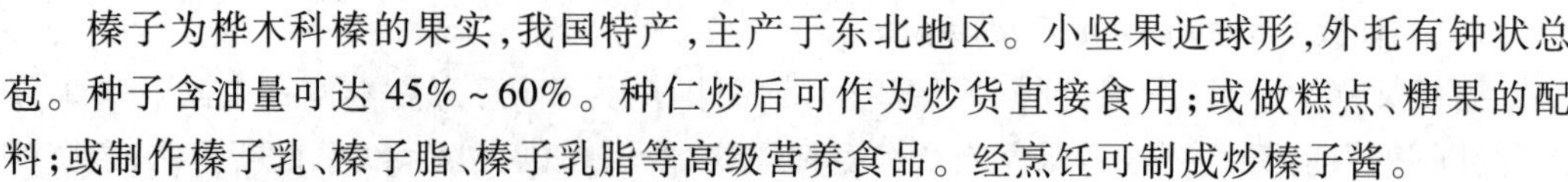

榛子为桦木科榛的果实,我国特产,主产于东北地区。小坚果近球形,外托有钟状总苞。种子含油量可达45%~60%。种仁炒后可作为炒货直接食用;或做糕点、糖果的配料;或制作榛子乳、榛子脂、榛子乳脂等高级营养食品。经烹饪可制成炒榛子酱。

(八)腰果(cashaw seed;*Anacardium occidentale*)

腰果又称为鸡腰果,为漆树科腰果果实,原产非洲、巴西、印度等国。我国广东省、海南省等地引种栽培。腰果的果实由两部分组成。果蒂上具有膨大的肉质花托,称为假果或果梨,长3~7 cm,红色或黄色,柔软多汁,味甜酸,具有香味,可做水果鲜食或加工。果蒂上方为肾形的腰果,由果壳、种皮和种仁3部分组成,富含蛋白质和脂肪,可做糕点、糖果的配料等,入馔使用与花生相似,可炒、炸、煎,如腰果西芹、腰果鲜贝。

(九)香榧子(Chinese torreya;*Torreya grandis*)

香榧子又称为榧、玉山果、赤果等,为红豆杉科香榧的种子,我国特产的珍贵干果,主产于浙江省、安徽省、江西省、福建省等地,以浙江省绍兴市诸暨枫桥镇所产最佳。浙江省的香榧产量约占世界的70%。种子核果状,呈广椭圆形,初为绿色,成熟后为紫褐色。品种分为香榧、米榧、圆榧、雄榧和芝麻榧5类,脂肪的含量为51%,蛋白质的含量为10%。香榧具有清肺、润肠、化痰、止咳、消痔等功能,具有杀灭肠道寄生虫病的功效,所含的4种酯碱有抑制肿瘤和白血病的作用。可制作炒货,香脆可口。也可作为糕点配料及甜、咸菜品的原料,如香榧汤、香榧焖鸡脯等。

(十)杏仁(apricot kernel;*Prunus armeniaca*)

杏仁又称为杏扁,为蔷薇科杏的果仁。扁形,浅棕色,含有丰富的淀粉、脂肪与蛋白质。按味感的不同,分为甜杏仁、苦杏仁两类。甜杏仁可供食用,或作为食品工业的优良原料;或用于制作糕点馅料、腌制酱菜;或入馔制作多种杏仁味的甜、咸菜式,如杏仁奶露、杏仁豆腐、杏仁酪、杏仁鸡卷等。苦杏仁因含有毒的苦杏仁苷,故只有焙炒脱毒后方可入药使用。

同属另一种巴丹杏(badam;*P. amygdalus*)又称为扁桃、八达杏,原产于亚洲西部,欧洲栽培较多,我国新疆维吾尔自治区、甘肃省、陕西省有少量栽培。取种仁食用。也分为苦巴丹杏和甜巴丹杏两类。其成分及食用方法类似于杏仁。

(十一)花生(peanut;*Arachis hypogaea*)

花生又称为落花生、长寿果,为豆科草本植物落花生的果实,原产于巴西,我国广为栽培。种子(花生仁)呈长圆形,种皮淡红色、红色等,富含蛋白质、脂肪等营养素。花生的功效是调和脾胃,补血止血,降压降脂。花生、花生油中含有丰富的植物固醇,具有预防心脏病及肠癌、前列腺癌和乳腺癌的功效。花生中的维生素K有止血作用,花生红衣的止血作用比花生更高出50倍。花生的运用极为广泛,可制成多种炒货、花生糖、花生酥等。可加工花生蛋白乳、花生蛋白粉等营养食品。可用于腌渍,制作酱菜。可烹调入馔,制作佐餐小菜、面点馅心或甜、咸菜肴,如扁豆花生羹、盐水花生、花生米虾饼、糖粘花仁、宫保鸡丁等。

(十二)椰子(coconut palm;*Cocos nucifera*)

椰子为棕榈科椰的果实,原产马来西亚。我国海南岛、雷州半岛等地有栽培。核果圆形或椭圆形，成熟时褐色。外果皮较薄，中果皮为厚纤维层，内果皮为坚硬的骨质。胚乳（即椰肉）白色，富含脂肪，质地脆滑，有类似于花生和核桃的混合香味。胚乳内部的汁液（即椰汁）可做饮料，口感清甜。椰肉可鲜食或加工成椰丝、椰茸、椰糖、椰油，是糖果、糕点的高级配料。也可作为菜肴的原料，制成多种甜、咸菜式，如冰糖雪耳椰子盅、原盅椰子炖鸡、椰汁咖喱鸡等。

（十三）夏威夷果仁（macadimia nut，Hawaii nut，Queensland nut；*Macadania ternfolia*）

夏威夷果仁又称为澳大利亚胡桃、澳大利亚坚果，原产于欧洲。除直接食用外，烹饪中可用于菜肴的制作，如雀巢夏果双珍、西芹炒夏果。也可作为巧克力的馅心或裹料，例如果仁巧克力。

八、荚果

（一）酸豆（*Tamarindus indica* Linn.）

酸豆也称为酸角、罗望子、酸梅（海南）、木罕（傣语）、酸果，形态类似豆荚，为荚果果实，果肉颜色为棕黑色，是海南省三亚市的市树，果肉酸甜，可生食或熟食。云南产酸角从口感上可分为：酸角（果形呈马蹄形）、中甜角（果形似泥鳅状，又称泥鳅酸角）和甜角（产地有西双版纳的景洪、勐海、勐腊及思茅和玉溪）三类，其中，甜角很受食用者喜爱。

（二）猴面包果（*Adansonia digitata* L.）

木棉科猴面包树属猴面包树种，分布于热带或亚热带非洲的国家。果实为长椭圆形，灰白色，长 30~35 厘米，纵切面 15~17 厘米。果肉多汁，含有有机酸和胶质，吃起来略带酸味。既可生吃，又可制作清凉饮料和调味品。钙含量比菠菜高 50%以上，维生素 C 含量也很高。因为营养价值高，受到国人喜欢，近年来进口量不断上升。果实溶解在牛奶或水中，可作饮料。果肉里包裹了很多种子，种子含油量高达 15%，种子能炒食，也可榨食用油，榨出的油为淡黄色。猴面包树的叶子也可以吃，是当地人的蔬菜。

第三节　水果的品质检验与保藏

一、水果的品质检验

资料：如何挑选山竹

水果的品质检验主要根据其成熟度、糖酸度、新鲜度以及有无机械损伤、生理病害、病虫害等方面加以评定。水果的成熟度可通过水果本身固有的色泽、风味、香味、质地、营养素含量等多方面反映出来。如完熟期的香蕉皮色变为鲜黄，淀粉大部分转化为糖，产生特有的香味、质地柔糯等。水果的糖酸度反映出固有的口味。一般认为，甜酸适口的水果，品质优良。若口味过酸或带有涩味，则表明品质较差，或成熟度不够。水果的新鲜度是反映品质的重要的感官标准。可通过形态、色泽、水分含量、质地等方面的变化反映出来。如优质的苹果形态饱满，色泽鲜艳有光泽，多汁，轻重与大小相称，软硬度适中。此外，优质的水果应具有完整无损的果皮，不应有碰伤、压伤、划伤等表象存在；不应有虫蛀、“黑心”、褐斑、霉斑等生理病害或病虫害现象的发生。

水果的分级因种类品种而不同。以荔枝为例，按照农业农村部的标准，在等级方面，原则上分为特级、一级和二级三个级别。特级品质最好，具有典型的形状色泽，且色泽均一，大小均匀，无机械伤、病虫害，没有未发育成熟的缺陷果。一级产品与特级产品有相同的品质。允许在色泽、大小上稍有缺点，基本无机械伤、病虫害。二级产品可以呈现某些内部或外部的缺点，允许存在少量机械伤、病虫害。规格方面按照横径或千克粒数等标准，分为大（>25g）、中（15～25g）、小（<15g）三个规格，三种规格的最大和最小质量差异分别为≤5g、≤3g、≤1.5g。特级允许有5%的误差，一级允许有8%的误差，二级产品允许有10%的误差。

资料：如何挑选西瓜

资料：香榧和木榧的区别

二、水果的保藏技术要点

在保藏过程中，引起水果质量降低的因素主要有霉菌的侵染、自身新陈代谢的作用和机械性的损伤等。其贮藏保鲜原理和技术与蔬菜基本相同。易腐水果以冷藏为主，例如杨梅、荔枝、草莓等。而柑橘等水果一般常温贮藏。苹果、葡萄等水果短期贮藏一般常温，长期贮藏需要冷藏。

思考题

1. 如何根据组织结构特点对果实进行分类？
2. 简述果品的分类。
3. 简述常见的鲜果在烹饪中的运用。
4. 果品的营养特点是什么？

第八章　花卉药草类原料

学习目标

- 了解常见的花卉和药草烹饪原料的品种。
- 了解花卉和药草烹饪原料的食疗特点、使用特点和烹饪菜肴。

花卉药草类原料是指可作为烹饪原料应用的观赏花卉、果树花卉或具有药理作用的可食草本植物等的统称。这类烹饪原料不但具有艳丽的色泽、芳香的气味、柔嫩的质感，有的还具有功能各异的疗效。花卉药草类原料是一类独特的烹饪用料，日益受到人们的重视和喜爱。

第一节　烹饪常用的花卉类原料

狭义的花卉是指草本的观花植物和观叶植物。广义的花卉是指具有一定的观赏价值并经过一定的技艺进行栽培和养护的植物，有观花、观叶、观茎、观果和观根的。本章将从狭义的观点着重论述草本或木本的观花植物在烹饪中的运用。

花卉不仅表现在可为菜肴增色，赋予菜点清香的风味，而且还含有丰富的蛋白质、淀粉、脂肪和矿物质等。一些鲜花含有多种芳香油如柠檬油、百里香油、肉桂油等，从而具有多种医疗和保健功效。

花卉的食用方法较多，如可调制花茶、烹煮花粥、制作花酒或煎煮花药膏。也有许多花可用于各类汤品、菜肴或糕点的制作，如荷花、玫瑰花、槐花、木槿等。

由于花类原料大多具有一定的药用性能，所以应根据食用者不同的体质加以选择，如栀子花、槐花性味苦寒，脾胃虚弱者应慎用或忌用。又如桃花、月季花、牡丹花等可活血通经、促进子宫收缩，月经过多者和孕妇应禁用。有些花的花粉可引起过敏反应，也需加以注意。

一、菊花（chrysanthemum；*Chrysanthemum morifolium*）

菊花又称为甘菊、金蕊、甜菊花、真菊等，为菊科，原产于中国。菊花的花瓣或嫩芽叶可供食用。烹饪中可拌、炒或做汤，又可做饼、糕、粥等。如菊花火锅、腊肉蒸菊饼、菊花三蛇羹、菊花火锅等。

二、荷花（lotus flower；*Nelumbo nucifera*）

荷花又称为莲、水花、菡萏、芙蕖、草芙蓉等，为睡莲科水生草本植物荷的花。夏季开花。烹饪中选择白色或粉色荷花的中层花瓣供食。如山东省的炸荷花、广东省的荔荷炖鸭等。

三、玉兰花(yulan magnolia;*Magnolia denudata*)

玉兰花又称为辛夷,为木兰科小乔木玉兰的花。原产于我国中部。早春先叶开花,纯白色,具有清香的风味。烹饪中可挂糊后油炸,或夹豆沙后挂糊炸食,如贵州省的樱桃肉烧玉兰,福建省的玉兰酥香肉、玉兰花拌海蜇、玉兰花炒鸡丝。

四、大丽花(dahlia;*Dahlia pinnata*)

大丽花又称为天竺牡丹、西番莲、大理菊、洋芍药等,为菊科。原产于墨西哥。春夏间陆续开花,越夏后再度开花。大丽花的花瓣可供做菜肴。烹饪中可凉拌或炒食,如台湾省的大丽菊凉拌肉丝。

五、霸王花(night-blooming cereus;*Hylocereus undatus* Britt et Rose)

霸王花又称为量天尺花、剑花、霸王鞭,为仙人掌科草本植物量天尺的花。原产中美洲,我国南方有栽培,主产于广东省广州市、肇庆市等地。可鲜用或凋后蒸熟干制。烹饪中用以制汤,味鲜美,亦可作为配料使用。

六、玫瑰花(rose;*Rosa rugosa*)

蔷薇科,有刺,原产我国,夏季开花。具有理气活血、收敛的作用。可制作玫瑰花茶、玫瑰酒、玫瑰酱、玫瑰糖糕等。烹饪中可供炒、烧或煮粥,如玫瑰花炒里脊、玫瑰酥炸鱼片、玫瑰菊花粥。

七、月季花(Chinese rose;*Rosa chinensis*)

蔷薇科,原产我国。夏季开花。有活血祛淤、拔毒消肿的作用。可用月季花加糖、柠檬制酱。烹饪中可用于拌、炒、烩等,如月季花猪肝、月季花烩鱼肚。

八、秋海棠花(begonia flower;*Begonia evansiana*)

秋海棠科,产于我国、日本、印度尼西亚等地。花期8—9月。具有活血化瘀、清热消肿的功效。烹饪中可供炒、拌、蒸等,如海棠花蒸鲑鱼、海棠花拌鲍鱼、海棠花芝麻鱼块等。

九、桃花(peach flower;*Prunus persica*)

蔷薇科,早春开花。桃花含有山柰酚、香豆精、三叶豆苷、柚皮素等。具有利水、活血、通便的功效。桃花香味柔和,可用于煮粥、制羹汤,也可采用拌、炒、蒸、煎等烹调方法制作菜肴,或制成馅心。如素拌桃花、爆炒桃花赤贝、桃花虾仁汤。但桃花为泻利之物,不宜多食。

十、牡丹花(peony;*Paeonia suffruticosa*)

牡丹花又称为洛阳花、木芍药,毛茛科,原产我国西北部。初夏开花,花单生,大型,白色、红色或紫色,雌蕊生于肉质花盘上,密被细毛。有凉血、清热、散瘀的功效。牡丹花可采取炒、炖、烧等方法用于制作各种菜肴,如玉百风轻、凤穿牡丹、花香三丝等。

十一、槐花(Chinese scholartree flower;*Sophora japonica*)

豆科,分布于我国各地,初夏开花。花味清香,微甜。具有清热、凉血、止血的功效。做菜肴时,应先焯烫,以去除涩味。烹饪中适宜于蒸、炒,如云南菜腊肉槐花尖。民间常用来拌面蒸食或做饼,如笼蒸槐花、槐花芝麻饼。

十二、万寿菊(pot marigold;*Tagetes erecta*)

万寿菊又称为臭芙蓉、蜂窝菊、金盏花等,为菊科万寿菊属。原产墨西哥。花期可从夏季延续至秋季。食用时选择已开放的花序,摘取花瓣生食、凉拌或炒食、煮汤等。西餐中可做配菜、调制沙拉等。

十三、木槿(rose of Sharon;*Hibiscus syriacus*)

木槿又称为里梅花、面花、白饭花等,为锦葵科木槿的花。产于我国和印度,夏秋开花。具有活血润燥的功效。烹饪中可作为炒菜、汤品的用料,或拌入面中煎食,如木槿豆腐汤、草姑木槿花汤、木槿花炒肉片等。

十四、杜鹃(azalea;*Rhododendron simsii*)

杜鹃又称为映山红,为杜鹃花科,产于我国长江以南各地。春季开花。具有镇痛、止咳、祛痰的功效。杜鹃的花和根可食,主要以炒食为主,还可煮粥、做汤或糖腌,如糟拌杜鹃竹笋、杜鹃炖猪蹄。

除以上所述外,可供食用的花朵还有许多,如桂花、李花、芍药花、栀子花、兰花、梅花、紫藤花、珠兰花、白兰花、晚香玉等,均可采用多种烹饪方法。

第二节　烹饪常用的药草类原料

资料:适合高血糖人食用的桑叶

一、药草类原料概况

药草类原料是指可供烹饪运用的、具有一定的医疗功效的草本植物及其制品的总称。在烹饪应用中,质地柔嫩的药草可直接食用,如蒲公英、玉竹、马齿苋、藿香等。但有些则需先浸煮后取其汁液应用,或直接入烹但不食用,如紫花地丁、夏枯草等。使用药草类原料时,应特别注意药性、用量与食用者的体质、年龄相配,注意药草之间的配伍禁忌、妊娠禁忌和服药禁忌,从而达到防病治病、强身健体等目的。从应用形式上看,有采集新鲜全株植物体或嫩茎叶、嫩根等供烹饪运用的,也有中药干制品。本节所讨论的是新鲜的药草类原料。

图 8-1　马兰

二、常用的药草类原料

(一) 马兰[acanthaceous indigo;*Kalimeris indica*(*Aster indicus*)]

马兰(见图 8-1)又称为紫菊、路边菊、马兰头等,为菊科草本植物,分布于全国大部分地区,春秋季采摘嫩叶供食,现已有人工栽培。地下横生的根状茎细长,白色具节,地上茎直立、红色;叶互生,长椭圆状披针形,近于无柄,具有三条基出主叶脉。具有利尿消肿、清热解毒、消食化积等功效,并含有较高的钾和钙质元素。食用时,将嫩茎叶用开水烫后,再用清水漂洗去除苦味,即可凉拌、炒食、煮粥或做汤。代表菜式如南京名菜“马兰松”、马兰拌腐竹、马兰炒猪肝等。

(二)枸杞(Chinese wolfberry;*Lycium chinense*)

枸杞又称为枸杞菜、枸牙菜,为茄科灌木。原产我国。供蔬食的为叶用枸杞,主要分布于广东省、广西壮族自治区两地。有大叶种和小叶种两类。大叶种茎青绿色,无刺或偶有小软刺。叶互生,宽大卵形,质地柔软,绿色。除传统的以枸杞果入药外,其嫩茎叶也具有明目、降血压、防癌抗癌的功效。烹饪中可用大叶枸杞的嫩茎叶炒、炸、做汤等,如枸杞头炒猪心、鲜杞炒里脊片、枸杞猪肝汤等。

(三)桔梗(*Platycodon grandiforus*)

桔梗又称为地参、四叶菜、多拉机(朝鲜语)等,为桔梗科草本植物,原产我国、朝鲜和日本,我国南北各地均有分布,以嫩茎叶和根供食。具有开宣肺气、祛痰排脓的功效。桔梗的嫩茎叶可炒食、做汤。根除去外皮后,用水泡去苦味,切成细丝或小块用于炒食或拌食,口感脆嫩,微苦,风味独特。如清炒桔梗、凉拌桔梗根。

(四)玉竹[*Polygonatum odoratum* (*P. officinale*)]

玉竹又称为玉参、萎香、小笔管菜等,为百合科草本植物,分布于我国大部分地区,春季采摘茎叶包卷呈锥状的嫩苗,夏秋季挖掘地下根茎供食。具有养阴润肺、生津止咳等功效,为滋补强壮、延年益寿的佳品。食用嫩苗时,先用盐开水焯过即可炒食或氽汤。食用地下根茎时,先去掉须根,即可蒸食、煮粥、焖饭或做菜、做汤。代表菜式如麻辣玉竹苗、玉竹苗炒鸡蛋、玉竹鹧鸪盅等。但果实有毒,不能食用。另外,脾虚有湿痰者忌食。

(五)天门冬[lucid asparagus; *Asparagus cochinchinensis* (*A. lucidus*)]

天门冬又称为天冬草,为百合科草本植物。我国华东、华南、西南均有野生。夏季采收嫩茎叶为食,秋季或春季萌芽前采收肉质根。以块根入药,具有养阴清热、润肺益肾的功效。嫩茎叶用开水烫后,经冷水浸漂即可炒、拌成菜。肉质根可煎、炒、煮或干制后切碎做汤,如天门冬萝卜汤、天门冬炖肉等。

(六)蒲公英(dandelion;*Taraxacum mongolicum*)

蒲公英又称为黄花地丁、奶汁草等,为菊科草本植物,我国各地均有分布,法国有人工栽培种,春季采摘嫩苗供食。全株含有白色乳汁;叶莲座状平铺,匙形或狭长倒卵形,边缘羽状浅裂或齿裂。具有清热解毒、利尿散结的功效。嫩苗用开水焯过后,经冷水漂洗,即可炒食、做汤或凉拌、煮粥。代表菜式如凉拌蒲公英、蒲公英粥等。

(七)紫花地丁[*Viola philippica* (*V. philippica* ssp. Munda)]

紫花地丁(见图 8-2)又称为箭头草、羊角子、如意草等,为堇菜科草本植物,产于我国各地。春夏开花。以全草入药,具有清热解毒的功效。烹饪中选取紫花地丁或加水煎煮制取紫花地丁液备用,可采取炒、炖、蒸、煮等方法成菜,如紫花地丁炒莴苣、紫花地丁炖鲜藕、紫花地丁蒸白鸭等。

图 8-2 紫花地丁

(八)夏枯草[selfheal; *Prunella* (*Brunella*) *vulgaris*]

夏枯草为唇形科草本植物。广布于我国各地,生于荒地或路旁。以花穗或全草入药,具有清肝火、散郁结、降血压的功效。烹饪

中选取净夏枯草或加水煎煮制取夏枯草液备用,可采取炒、炖、蒸、煮等方法成菜,如夏枯草炒苦瓜、夏枯草炖乌鸡、夏枯草粥等。脾胃虚弱者忌食。

(九) 马齿苋(purslane;*Portulaca oleracea*)

马齿苋又称为猪母菜、酸味菜等,为马齿苋科草本植物,分布于全国各地,夏季采摘嫩茎叶供食。具有清热解毒、凉血止血等功效,含有大量去甲肾上腺素和大量钾盐、铜盐。适于凉拌、炒、做汤、煮粥、蒸食、制馅,代表菜式如素拌马齿苋、蒜茸炒马齿苋、马齿苋鱼尾汤等。由于马齿苋对子宫有明显的兴奋作用,因此孕妇禁食。脾胃虚寒者应少食。

(十) 独行菜(*Lepidium sativum*)

独行菜又称为辣辣根、辣辣菜、胡椒草等,为十字花科草本植物,广布我国各地,全年均可采摘嫩茎叶供食。我国吉林省延边地区有栽培种。具有止咳化痰、清热利尿的功效。嫩茎叶有特殊的清香味,微辛辣,质柔软。食用时可将嫩茎叶用开水略焯,然后凉拌、炒食、制馅或用于腌渍,代表菜式如独行菜黄豆羹、炒独行菜等。欧美国家常将独行菜作为沙拉的配菜,或用于鱼类菜式、汤品的调味,也是三明治的传统夹馅之一。

(十一) 藿香(wrinkled giant hyssop;*Agastache rugosa*)

藿香(见图 8-3)又称为合香、山茴香、山薄荷,为唇形科芳香草本植物。广布我国各地,并有栽培。藿香全草含挥发油,以嫩叶供食。茎叶入药,具有解暑、化湿、和胃、止呕等功效。烹饪中可用于凉拌、煮粥、做汤,如凉拌藿香、藿香粥、藿香姜枣汤等。也常作为香辛蔬菜用于鱼类、肉类的烹制。同科另种广藿香(*Pogostemon cablin*)品质更好。

图 8-3 藿香

(十二) 车前草(asiatic plantain;*Plantago asiatica*)

车前草又称为车轮菜、车甜菜等,为车钱科草本植物,我国各地均有分布,春夏采摘嫩叶芽供食。具有清肝明目、清肺化痰、利水通淋等功效。食用时先用开水焯烫后,用清水漂洗数次以去除苦味,即可凉拌、炒食或做汤、煮粥。代表菜式如凉拌车钱草、车钱草小肚汤等。

(十三) 塘葛菜(*Rorippa montana*)

塘葛菜又称为蔊菜、野油菜、鸡肉菜,为十字花科草本植物,主要生长于我国长江流域以南的潮湿地带,以嫩茎叶或幼苗供食。全草入药,具有止咳化痰、清热利尿的功效。烹饪中选取嫩茎叶拌食,或与主粮掺和煮食,也可用全株煮汤。

思 考 题

1. 常用的烹饪花卉有哪些?如何入菜?
2. 烹饪常用的药草有哪些?如何入菜?

第九章　畜禽类烹饪原料

学习目标

- 掌握畜禽肉的物理性质和化学成分。
- 熟悉肉的结构与畜胴体的常见分割方式。
- 熟悉常见的畜禽类烹饪原料的种类和优良品种，其他可食用动物原料根据国家法律变化而变化。
- 掌握畜禽类烹饪原料的分布、特征、食疗特性、烹饪特点和常见的烹饪菜肴。
- 熟悉家畜和家禽副产品的烹饪特性。
- 掌握畜禽类的品质检验技术，了解畜禽类的保藏技术。

畜禽类原料是动物界中能满足人们营养需求和口感、口味要求的，同时不违反国家相关的动物保护法的兽类和鸟类动物。畜禽类动物体温恒定，在动物学中称为恒温动物。兽类全身被毛，胎生，哺育。鸟类皮肤外生有羽毛，卵生。人们将动物当中经过人工驯养的兽类和鸟类动物分别称为家畜和家禽，如猪、牛、羊、兔、鸡、鸭、鹅、马等。

畜禽类原料是人们日常食物中蛋白质、脂肪、维生素及无机盐的重要来源。

第一节　畜禽肉的物理性质和化学成分

畜禽肉品的感官及主要物理性质包括颜色、气味、坚度、保水性及嫩度等，它们代表着肉的动物种属特性，是人们赖以识别肉的质量和选用哪种烹调方法的重要依据。主要化学成分有蛋白质、脂肪、水分、矿物质等。

一、畜禽肉的物理性质

（一）肉的颜色

肉的颜色依肌肉与脂肪组织的颜色来决定，它因动物的种类、性别、年龄、肥度、经济用途、宰前状态而异，也和放血、冷却、结冻、融冻等加工情况有关，又以肉里发生的各种生化过程如发酵、自体分解、腐败等为转移。

一般家畜肉的颜色：兽类的肉呈红色，但色泽及色调有所差异；家禽的肉有红色、白色两种，如腿肉为红色，胸脯肉为白色。

横纹肌有暗红色和淡红色两种颜色，暗红色的肌肉比淡红色的含有更多的肌质，烹调起来汁液相对较多。而肌肉组织的颜色取决于所含肌红蛋白（占肌肉的0.2%～0.4%）和残留在毛细血管里的红细胞的血红蛋白的多少。肉中的肌红蛋白较稳定，而血红蛋白易受外界条件影响，变化较大。

由于肌红蛋白在多个肌肉器官内的分配不均等，自然会影响到肌肉的颜色，所以一种畜或禽胴体的不同部位，颜色的深浅是不一样的。

肌细胞中色素的浓度与肉的原始颜色和稳定程度有重要关系。幼畜肉色泽较淡，成年动物肉色较深。

冻肉的颜色取决于它的冰晶的大小和位置。经低温速冻的生牛排，具有比鲜牛肉较浅的颜色。牛排在-6.7℃进行缓慢冻结后，其色泽较鲜牛肉为暗。在-29℃速冻的牛排则具有和新鲜牛排相似的颜色。在冻肉中肌红蛋白相对稳定，氧化作用出现较慢，所以冻肉的表面可以保留红色几个月之久。但最终色素氧化变成灰褐色。冻肉的颜色对鉴定其新鲜度是不可靠的。

烧煮的温度可影响肉色素的变化程度，如牛肉煮到深部温度达 60℃时，内部呈鲜红色。深部温度达 60～70℃时，内部是粉红色。深部温度达 70～80℃时，内部是淡灰棕色。鲜猪肉经烧煮后，里外都呈灰白色，以此可以用来判断肉受热的程度和成熟的情况。

有些因素会使鲜肉的颜色发生改变，如动物有病而致放血不良，肉呈暗红色而湿润，这种肉保存性不佳。另外，肉在成熟过程中，其表面干燥，肌红蛋白变化为氧合肌红蛋白，致肉色变暗变深。当然，由于肉的腐败，会使肉发灰或发黑。

当肉贮存于各种气体中时（气密封装），对肉色亦有影响。将鲜牛里脊真空包装于袋内，包裹以透气的薄膜，在 0℃分别贮藏于空气、纯二氧化碳、纯氮气等气体中，发现二氧化碳对肉色有损害。贮存于纯氮气中的肉经几天之后，当再次暴露于空气中时，会转变成可接受的可爱的红色。

（二）肉的气味

肉的气味是肉品质量的重要条件之一，是影响成品风味的重要因素。它与肉中的特殊挥发性脂肪酸有关。成熟适当的肉具有其特殊的芳香气味（在 18～20℃于 4 d 后发生，在 0℃则需 22 d），这种芳香气味是在酶的影响下出现的，如醚类和醛类，肉宰杀后保存的温度高，易招致肉的气味不良，如陈败味、硫化氢臭及氨气臭等。

肉异常气味的主要来源如下。

1. 牲畜的种类

山羊肉就比绵羊肉膻腥气重一些（羊肉膻腥和支链不饱和脂肪酸特别是 4-甲基辛酸与 4-甲基壬酸有关系）。犍牛肉的气味带有轻微的令人愉快的香气，母牛肉的气味也是令人愉快的，但在胴体后部的肉有时带有牛乳样气味，尤其是乳用牛。幼公犊的肉带有酸气味。家兔肉也有一些不适的气味。

2. 性别

如未经阉割过的公山羊或公猪的肉，性臭特别严重，令人不能忍受，往往在胴体的后躯，性臭特别强。

3. 饲料

动物宰前喂以大量气味特重的饲料，如独行菜、亚麻子饼及鱼粉等。绵羊长期喂萝卜，其肉有强烈的臭味，喂甜菜根则有肥皂气味。

4. 吸收外界的气味

如将肉和有气味的化工产品或食品贮藏在一起，或在同一舱或车厢内运输，则肉品会吸收汽油臭、煤膏类消毒药的臭气等。

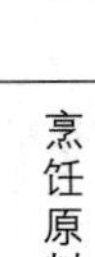

5. 变质

肉中的蛋白质在肉的腐败变质过程中,会产生硫化氢、氨、吲哚、粪臭素、硫醇等不良气味以及脂肪的酸败气味。对肉气味的美好与否,通常采用煮沸试验、炸煎法、电烙铁试验来进行检验。

(三)肉的坚度和弹性

肉的坚度是指肉对压力有一定的抵抗性。肉的坚度依动物的种类、品种、年龄、性别等而不同。

公牛肉及公马肉硬实、粗糙,切面呈颗粒状。阉牛肉结实、柔细、油润,切面呈细粒状,呈大理石样纹。母牛肉不太结实,切面呈细粒状。猪肉柔软,细致,四肢肉结实,切面呈细密的颗粒状及大理石样纹。一般牛肉比兔肉结实,役用牛肉比乳牛肉结实,老牛肉比仔牛肉结实,公畜肉比母畜肉结实,且肌纤维也粗。

肉的弹性是指肉在加压力时缩小,去压时复原程度的能力。用手指按压肌肉,若指压形成的凹陷能迅速变平,表明肉有弹性,其新鲜程度或品质较佳。

新鲜肉在低温保存时,肉中的组织蛋白和细菌酶的分解作用均被阻滞,可使肉较长时间维持其坚度和弹性。在高温下,组织蛋白酶和细菌的酶活动,可使肌肉组织发生变化,弹性易于消失,坚度也会降低,变得弛软和没有弹性,说明肉的品质已经不好了。冻结后的肉,失去了弹性,此种情况亦见于开始腐败的肉。

(四)肉的韧度和嫩度

韧度是指肉在被咀嚼或切割时具有高度持续性的抵抗力。肉的品质强韧(老),不易咀嚼,往往消费者难以接受。嫩度是指肉入口咀嚼时对破碎抵抗力的大小,常指煮熟肉的品质柔软、多汁和易于被嚼烂,是消费者接受肉的重要因素。

影响肉的韧度和嫩度的因素主要有以下几方面。

(1) 宰前因素

如畜禽的品种、生理年龄、性别、饲养方式等。肌肉中不溶性肌纤维蛋白质和总蛋白的比例,直接关系到肉的韧度和嫩度。

(2) 宰后因素

如肉的成熟状况、pH、烹调方法以及致嫩剂的使用等。

在烹饪上主要采用人工方法改变肉的嫩度。主要方法有以下几方面。

(1) 物理致嫩法

如拍、敲击肌肉组织,使其肌纤维断裂松散。

(2) 无机化学致嫩法

如撒盐,加碱等。

(3) 酶致嫩法

目前最常用的是木瓜酶、胰蛋白酶,此法致嫩应注意施放的浓度、温度、pH 等的影响。

(五)肉的保水性

肌肉蛋白质在动物宰杀后变性的最重要的表现就是丧失保水性能。肉的保水性能对于肉的嫩度与多汁性和肉在烧煮时的失重有关。肉的保水性是指肉在加工和烹饪过程中,原料肉本身水分的保持能力。这种特性对肉品加工的质量有很大的影响。因为肉在加工与烹饪制作过程中,每个加工环节都和保水性能有着密切的关系,如肉的解冻、盐汁腌制时如何减少肉汁的流失;调制肉馅时,加入一定量的水如何被肉馅更好地吸收;烹饪时如何防止水的透出分离。加工后的制品,保持原有水分或加入水分越多,肉制品的质量就越高,不仅口感好、多汁,而且由于提高出品率,所以能获得较高的经济效益。

肉的保水性以兔肉最好,其次为牛肉、猪肉、鸡肉、马肉。冷却肉和冻结肉都会降低肉的保水性能。因为冻结使蛋白质结构受到破坏。如用鲜肉来加工制品,保水性较好。肌肉中含有适量的脂肪,也可提高保水性。

二、畜禽肉的化学成分

畜禽类的肉,其化学成分基本相同,主要包括蛋白质、脂肪、矿物质(灰分)、水浸出物及少量维生素等。动物肌肉和器官中的各种化学成分,不仅与人的营养方面有关系,而且这些化学成分对肉的保存、菜品制作及肉品本身的质量也有影响。各种化学成分在种类、品种、年龄、肥度等不同的情况下,其化学成分也有差异。常见畜禽肉的平均化学成分如表 9-1 所示。

表 9-1 常见畜禽肉的平均化学成分

	蛋白质	脂肪	灰分	水分
肥猪肉	14.54%	37.34%	0.72%	47.40%
瘦猪肉	20.08%	6.63%	1.10%	72.55%
肥牛肉	18.30%	21.40%	0.97%	56.74%
中等肥度牛肉	20.58%	5.33%	1.20%	72.52%
肥水牛肉	18.88%	7.41%	1.33%	72.31%
瘦水牛肉	19.86%	0.82%	0.53%	78.86%
肥羊肉	16.36%	21.07%	0.93%	51.19%
中等肥度羊肉	21.00%	10.00%	1.70%	66.80%
瘦马肉	21.71%	2.55%	1.00%	74.27%
骆驼肉	20.75%	2.21%	0.90%	76.14%
鹿肉	19.80%	1.90%	1.01%	77.13%
兔肉	22.10%	1.90%	1.50%	73.40%
鸡肉	21.00%	5.00%	1.20%	71.80%
鹅肉	16.60%	28.70%	1.11%	54.00%

从表 9-1 可以看出肉的成分会随着肥度不同而发生极大的变化,在脂肪含量增加时,会使含水量降低,肉的蛋白质含量最稳定。

(一) 蛋白质

肌肉除去水分后的干物质中蛋白质的含量最多。肌肉蛋白质的组成根据其性质和结构的不同,可分为肌原纤维、肌质和基质。

1. 肌原纤维中的蛋白质

肌原纤维中的蛋白质是肌原纤维的结构蛋白质,主要包括肌球蛋白、肌动蛋白、肌动球蛋白。屠宰后胴体的僵直、解僵就是肌原纤维的收缩和松弛的变化过程。

2. 肌质中的蛋白质

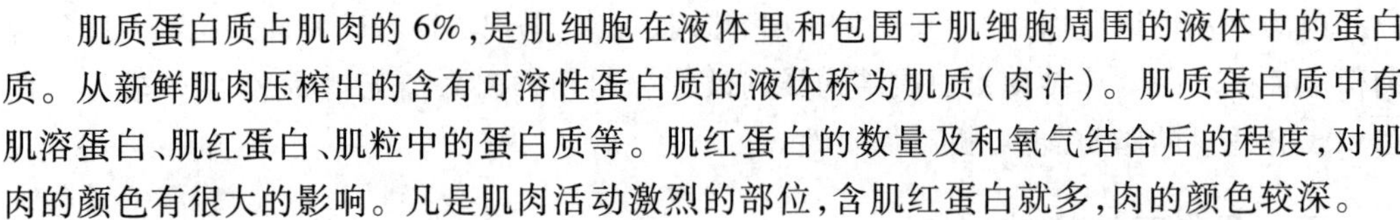

肌质蛋白质占肌肉的6%,是肌细胞在液体里和包围于肌细胞周围的液体中的蛋白质。从新鲜肌肉压榨出的含有可溶性蛋白质的液体称为肌质(肉汁)。肌质蛋白质中有肌溶蛋白、肌红蛋白、肌粒中的蛋白质等。肌红蛋白的数量及和氧气结合后的程度,对肌肉的颜色有很大的影响。凡是肌肉活动激烈的部位,含肌红蛋白就多,肉的颜色较深。

3. 基质蛋白质

基质蛋白质主要有胶原蛋白、弹性蛋白和网状蛋白,是构成肌纤维坚硬部分的主要成分,约占肌肉的2%,在结缔组织中含量很多,其数量多少与肉的嫩度有很大关系,它和骨骼一起构成动物体的主要支撑结构。此外,它还包围组织,覆盖躯体,并连接肌肉、器官与骨骼。胶原蛋白是构成胶原纤维的主要成分,性质稳定,具有较强的延伸力,不溶于水,一般蛋白酶不能将其水解。胶原蛋白在温度达70~100℃的水中长时间加热可能变为白明胶,冷却后可形成胶冻。白明胶易被酶水解。弹性蛋白是构成弹性纤维的主要成分,不溶于水,对弱酸、弱碱有较强的抵抗力,几乎不能被烧煮及水解等方法所破坏。网状蛋白是构成网状纤维的主要成分,较能耐酸、碱和蛋白酶的作用,湿热处理时不能变成明胶。

(二) 脂肪

肉中脂肪的含量取决于家畜的营养水平及胴体的不同部位,大致分为两类:一类为皮下脂肪、肾脂肪、网膜脂肪等,称为蓄积脂肪;另一类是肌肉组织内脂肪、脏器内脂肪等,称为组织脂肪。脂肪可改进肉的滋味和风味。各种家畜脂肪所含脂肪酸的种类与数量和熔点各不相同。牛、羊脂肪中其饱和脂肪酸的含量比猪脂肪多,所以猪脂肪柔软,熔点温度低,不易保存。

(三) 矿物质

矿物质是指肉中的无机盐类,含量一般为1%~2%,常见的有钠、钾、钙、镁、铁、磷、硫等。它们常常以单独游离的状态或以螯合的状态,以及与糖蛋白和脂肪结合的状态,主要存在于瘦肉中。这些矿物质的存在,对肉的生化作用影响很大,如钙、镁对肌肉的收缩有作用,钠和钾可提高肉的保水能力等。肉类产品也是矿物质的重要来源之一。

(四) 水分

水分在肉中占绝大部分,随着畜禽动物年龄的变化而有所不同,幼年动物比老龄动物含水分多。水分在肉体内的分布也是不均匀的,一般肌肉中的含量为70%~80%,皮肤中的含量为60%~70%,骨骼中的含量为12%~15%。肌肉组织中水分含量的多少,也会影响烹饪最后出品的老嫩程度。

水分在肉中的存在形式有3种,即结合水、不易流动水和自由水。其中结合水的冰点很低(-40℃),无溶剂特性;不易流动水能溶解盐及其他物质,在0℃或稍低时结冰;自由水存在于细胞体外,并能自由活动。

(五) 浸出物

浸出物是指除蛋白质、盐类、维生素外能溶于水的浸出性物质,主要包括一些非蛋白质含氮物及有机酸等。非蛋白质含氮浸出物,如游离氨离子、氨基酸、磷酸肌酸、核苷酸、肌苷等,这些物质是肉的风味、香气的主要来源。新鲜肉和骨骼内含有较多的浸出物。无氮浸出物主要有糖类化合物和有机酸,糖原主要存在于肌肉和肝中,肌肉中含量较少,肝中含量较多,为 2%~8%。肌糖原含量的多少,对肉的 pH、保水性、颜色等均有影响,还影响肉的保藏性。

第二节　畜禽肉的结构与畜胴体分割

肉是指动物宰杀后供人们可食的部分。在商品中则指畜禽类动物经宰杀去毛、剥皮(或不剥皮)、去头、尾、蹄爪、内脏、骨骼(有的不去骨)后的胴体。除有些相对较小的畜禽动物整只使用外,大部分畜禽类原料都是以肉的形式出现在烹饪过程中,肉品质量的好坏与选择直接影响菜肴的质量。

市场上所销售的肉常带有皮和少数骨头,主要由肌肉组织、脂肪组织、结缔组织和骨骼组织 4 部分组成。这些组织的构造、性质以及含量直接影响到肉的质量、烹饪加工的用途。畜禽动物肉由于宰杀的种类、品种、性别、年龄和营养状况等因素的不同而有很大的差异,烹饪时应根据肉的种类及状况选用合适的烹饪方法。

一、畜禽肉的结构

肌肉组织主要由肌细胞组成,肌细胞呈纤维状,故也称为"肌纤维",具有收缩的特性。畜禽肉的肌肉组织分为 3 类,即骨骼肌、平滑肌和心肌。骨骼肌各种构形附着于骨骼上,但有些也附着于韧带、筋膜、软骨和皮肤,从而间接附着于骨骼。骨骼肌受中枢神经系统控制,又称为随意肌。心肌和平滑肌则不同,称为非随意肌。平滑肌是形成内脏器官的肌肉部分,骨骼肌是烹饪中用得最多的肌肉组织,所以重点介绍骨骼肌和所依附的骨骼的构造。

(一) 肌肉组织

构成肌肉的基本单位是肌纤维,肌纤维外有一层很薄的结缔组织膜围绕,并将它们彼此隔开,由 50~150 条肌纤维聚集,外包一层结缔组织鞘膜形成的小束,称为小肌束。每数十个小肌束集合在一起,并由稍厚的结缔组织膜包围形成次级肌束,再由许多次级肌束集合在一起,外面包有一层较厚的结缔组织膜,就是我们平时所说的肌肉块。肌肉中的结缔组织膜主要起着支撑的作用。在这些肌束之间还有脂肪沉积其中,使肌肉横断面呈现出大理石样的纹理,且在烹饪时具有该种畜禽肉特有的风味。禽肉肌纤维比畜肉细,相对嫩度要好一些,出肉率要高一些。

(二) 脂肪组织

脂肪组织属于结缔组织中的一类,也是骨骼的重要组成部分,是由脂肪细胞单个或成群地借助疏松结缔组织联合在一起。脂肪细胞是动物体内最大的细胞,同时也是组织脂肪的构造单位,里面充满脂肪滴,细胞核则被挤到周边。脂肪细胞越大,里面的脂肪滴则越多,出油率也越高。

脂肪组织是肉品质好坏的第二个因素,具有较高的食用价值。在烹饪过程中脂肪对菜肴的风味具有较大的影响。脂肪在肉中含量的多少,取决于动物的种类、品种、年龄、性别和育肥程度。脂肪主要积蓄在皮下、腹腔和肾周围,在饲养条件良好的情况下,也可沉积在肌肉间和肌纤维间,但禽类肌间脂肪极少。脂肪在动物体内沉积的顺序一般先是腹腔,其次是皮下,再次是肌肉间,最后才沉积到肌纤维之间。当肌间纤维间沉积一定量的脂肪时,不但使肌束分离,而且可防止水分蒸发,使肉多汁,口感嫩度较好,烹饪时应注意脂肪沉积的情况，便于较好地运用。

正常情况下，猪、羊、水牛、鸭的脂肪都呈白色，但依次要淡一些。鸡、马、黄牛的脂肪呈黄色，同样也是按顺序逐次变淡。

（三）结缔组织

疏松结缔组织、致密结缔组织和网状结缔组织在畜类的体内分布最广，是肉的次要成分。骨骼肌中含有一定量的结缔组织，对各器官组织起到支持和连接作用，使肌肉能保持一定的弹性和硬度。结缔组织主要由无定形基质和纤维构成。纤维有3种，即胶原纤维、弹性纤维和网状纤维。

1. 胶原纤维

胶原纤维是结缔组织的主要成分，以许多胶原纤维聚集的形式存在，并分散于基质内。胶原纤维呈白色，也称为白纤维，主要由胶原蛋白组成。胶原纤维性状极为柔软，牵引力较强，但缺乏弹性，经60℃的温度加热，可收缩1/4~1/3，在沸水或弱酸中变成明胶。

2. 弹性纤维

弹性纤维与胶原纤维形成网状结构，多存在于肌肉组织内和血管壁上，其主要成分为弹性蛋白，耐酸、碱及加热力强，是肉变硬的原因之一。

3. 网状纤维

网状纤维主要分布于疏松结缔组织与其他组织交界处，如脂肪组织和毛细血管周围，网状纤维的化学性质与胶原纤维相似，和水同时加热不会出现胶状。

机体中结缔组织含量的多少与年龄、部位、性别、肥瘦程度有关。役用、年龄大和瘦弱家禽的肉，结缔组织就多；畜体前半部比后半部多；腹部比背部、腰部多；禽体腿部比胸部多。肉中结缔组织含量的多少，直接影响到肉的品质和烹饪方法的选用。一般结缔组织含量多的部位不宜选用短时间加热的烹饪方法。

（四）骨骼组织

骨骼组织属于结缔组织中的一类，是动物的支架，对各种动物形态的形成起着重要的作用。可以分为软骨组织和骨组织。通常人们可通过骨骼的数目、形态与结构，辨认动物的种别，也可以用来识别动物的年龄，如嫩鸡龙骨后方的软骨，软而有弹性，老鸡则变得坚硬而缺乏弹性。

骨由骨膜、骨质、骨髓和血管组成，按形态可将其分为管状骨、扁平骨。骨膜紧贴于关节面以外的骨面上，含有丰富的血管。骨质是骨的主要成分，分为密质和松质两种形式，骨髓充填于骨髓腔和骨松质的间隙内。骨髓分为红骨髓和黄骨髓，幼年动物红骨髓含量高，成年动物黄骨髓含量多。黄骨髓主要是脂质。禽类的骨骼由于适应飞行，所以要轻、细一些。

骨的化学成分，水分占40%~50%，胶原蛋白占20%~30%，矿物质占20%。当然，不同的种类在成分含量上还有差异。在烹饪中骨骼组织常用来熬汤，做肉冻。

二、畜胴体分割

畜禽肉的分割主要根据人们对肉烹制的要求，如老、嫩、肥、瘦程度等来进行分割。不同的地区，常用的烹调方法有所不同，对胴体部位要求也有差异，所以分割的方法也不相同。

（一）我国猪肉的商业分割法

商业上是将半片胴体分割为四大块（见图 9-1），不同的部位以中文数字取代，分为一号肉、二号肉、三号肉等。

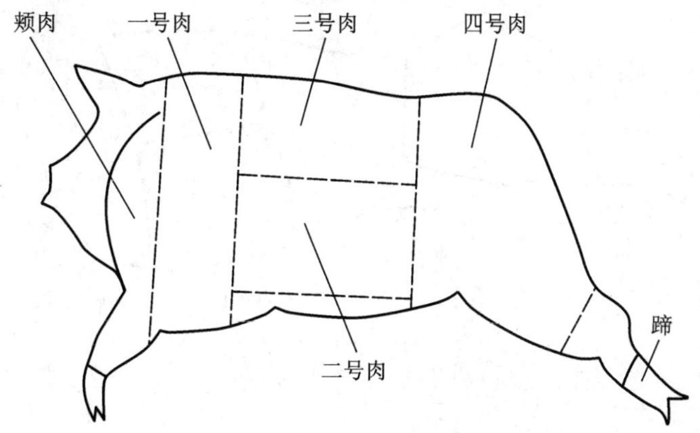

图 9-1　猪肉的商业分割法

1. 一号肉（肩颈肉、前颊肉）

前端从第一颈椎、第二颈椎间，后端从第五肋骨、第六肋骨间与背成垂直切开，下端从肘关节处切开。这部分肉包括颈、背、脊和前腿肉，以瘦肉为主及肌纤维较韧，肌肉间结缔组织较多，但吸水能力较强，适宜用来铰肉馅，制作缔子之类和烧制菜肴。

2. 二号肉（方块肉）

大排下部割去奶脯的一块方形肉块。这块肉肥肉、瘦肉互相间隔成层，俗称五花肉，是制作粉蒸肉、红烧肉的常用原料，这部分肉往往适宜用较长时间加热的方法制作菜肴，这样才能达到肥而不腻的效果。

3. 三号肉（大排、通脊）

前端从第五肋骨、第六肋骨间，后端从最后腰椎与荐椎间垂直切开，在脊椎下 5~6 cm 肋骨处平行切下的脊背部分。这块肉主要由通脊肉和其上部一层背膘构成。瘦肉部分较嫩，通常多采用短时间加热来制作菜肴，以突出原料原有的细嫩口感，带骨部分则用炖、烧等烹制方法。

4. 四号肉（后腿肉）

从最后腰椎与荐椎间垂直切下并除去后肘的部分。后腿肉瘦肉多，且纯度高，脂肪和结缔组织较少，是烹饪中常用的原料，品质较好。

5. 血脖（颈肉、槽头肉）

结缔组织和脂肪混杂在一起，看似肥膘，但脂肪含量并不高，瘦肉部分肉质较老，整个部分肉质较差，一般用来制馅。

（二）牛胴体的分割

资料：不同部位牛肉的特性和用法

在我国只有大型的屠宰厂对牛肉进行标准的分割，并实行宰后处理，以提高肉的质量。牛胴体分割法是将标准的牛胴体二分体分成臀腿肉、腹部肉、腰部肉、胸部肉、肋部肉、肩部肉和前后腿肉 7 个部分（见图 9-2），在此基础上又分割成 13 块不同的零售肉

块，即里脊、外脊、眼肉、上脑、胸肉、嫩肩肉、腱子肉、腰肉、臀肉、膝圆、大米龙、小米龙和腹肉。

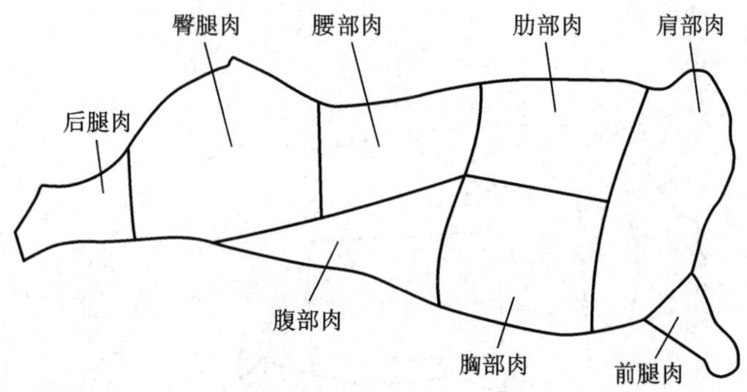

图 9-2　牛胴体的分割

1. 里脊

解剖学上将里脊称为腰大肌，在烹饪行业称为牛柳。它是沿着耻骨下方把里脊挑出，由里脊头向里脊尾逐个剥离腰椎横突，取下完整的里脊。里脊是牛肉中最细嫩的部位，宜用炒、爆、煎、烤等烹调方法成菜。

2. 外脊

外脊主要是背最长肌、眼肌，也称为“牛外脊”。分割时先沿最后腰椎切下，再沿眼肌腹壁侧（离眼肌 5~8 cm）切下，在第十二胸椎、第十三胸椎间切开，最后逐个剥离胸椎和腰椎。外脊肉纹粗细一致，质细嫩，均由瘦肉组成。宜烤、炒、爆、涮。

3. 眼肉

眼肉主要包括背阔肌、肋最长肌、肋间肌等，俗称“腰窝排”。其一端与外脊相连，另一端在第五胸椎、第六胸椎间。分割时先剥离胸椎，抽出筋腱，在眼肌腹侧距离 8~10 cm 处切下。多用于炒、爆等。

4. 上脑

上脑主要包括背最长肌和斜方肌等。其一端与眼肌相连，另一端在最后脊柱处。分割时剥离胸椎，去除筋腱，在眼肌腹侧距 6~8 cm 处切下。上脑肉红白相间，质地较嫩，肉制品行业常用来做肉干、肉脯，烹饪上常用做烧制菜肴的原料。

5. 胸肉

胸肉主要包括胸升肌和胸横肌等。在剑状软骨处，随胸肉的自然走向剥离，修去部分脂肪即成一块完整的胸肉。胸肉适于制作灌肠制品、酱肉、卤制、煨汤。

6. 嫩肩肉

嫩肩肉主要是三角肌。分割时循眼肉横切面的前端继续向前分割，可得一个圆锥形的肉块，便是嫩肩肉。此肉是烹饪中较适合用短时间加热成菜的一种。

7. 腱子肉

腱子肉分为前、后两部分，主要是前肢肉、后肢肉。前牛腱从尺骨端下刀，剥离骨头。后牛腱从胫骨上端下刀，剥离骨头取下。腱子肉肌肉紧凑，筋腱较多，质较老，烹制时应慢火长时间制作，常用于烧、卤、煨、炖等。

8. 腰肉

腰肉主要包括臀中肌、臀深肌、股阔筋膜张肌。在臀肉、大米龙、小米龙、膝圆取出后，剩下的一块便是腰肉。腰肉嫩而瘦，结缔组织少，宜用炒、爆、熘、炸等烹饪方法制作菜肴。

9. 臀肉

臀肉主要包括半膜肌、内收肌、股薄肌等。分割时把大米龙、小米龙剥离后便可见到一块肉，沿其边缘分割即可得到臀肉。也可沿着被切开的盆骨外缘分割，再沿本肉块分割。宜炒、爆、炸、烤和制馅等。

10. 膝圆

膝圆主要是臀股四头肌。当大米龙、小米龙、臀肉取下后，能见到一个圆形的肉块，沿此肉块周边（自然走向）分割，很容易得到一块完整的膝圆肉。此肉适宜炖和制馅。

11. 大米龙

大米龙主要是臀股二头肌。它与小米龙紧密相连，故剥离小米龙后大米龙就完全暴露，顺着该肉块自然走向剥离，便可得到一个完整的四方形肉块。烹饪行业将大米龙、小米龙合在一起称为“米龙”，或“牛臀尖”。

12. 小米龙

小米龙主要是半腱肌，位于臀部。当牛后腱子取下后，小米龙肉块处于最明显的位置。分割时可按小米龙肉块的自然走向剥离。大米龙、小米龙肉质厚嫩，仅次于外脊和里脊，宜炒、爆、炸、烤成菜。

13. 腹肉

腹肉主要包括肋间肌肉、肋间外肌等，分无骨肋腓和有骨肋腓。一般包括 4~7 根肋骨。腹内筋膜较厚，常采用长时间加热的方法制作菜肴，如煨、烧、煮、蒸等。

（三）羊胴体的分割

在我国，羊食用的方法南北存在着较大的差异，有整烹的，也有用分割后的羊肉制作菜肴的。羊肉在烹调中用途较多。依其部位不同，选用不同的烹调方法，可以制作出风格各异的菜肴。一般将羊胴体分割为 6 部分（见图 9-3）。羔羊要依据胴体的大小和当地习惯来分割。

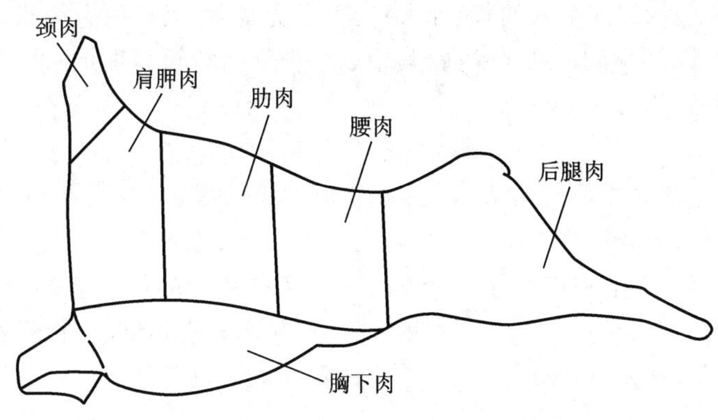

图 9-3 羊胴体的分割

1. 颈肉

羊颈肉也称为“脖颈”“脖子肉”“蝴蝶肉”。质较老，夹有细筋，色深红。多用于制馅，烧、炖制。

2. 胸下肉

沿肩端到胸骨水平方向切割下的胴体下部肉，这部分肉也称为“胸口”。腹下无肋骨部分和前腿腕骨上部分。这些部位都属于胸下肉。“胸口”肉无筋膜,宜烧、熘。

3. 肩胛肉

由肩胛骨前缘至第四肋骨、第五肋骨间垂直切下的部分。其肉质较嫩,宜爆、炒、涮,也可供切肉片、肉丁。

4. 肋肉

由第四肋骨、第五肋骨间至最后一对肋骨间垂直切下的部分。肋肉上部肉质较嫩,宜炒、爆、煎、炸、涮等。下部分中有肋骨,可带骨斩块烹制菜肴,宜采用长时间加热的方法烹制。

5. 腰肉

由最后一对肋骨间至腰椎与脊椎间垂直切下的部分。此部分肉内侧肥瘦相间,宜烧、炖成菜。

6. 后腿肉

由腰椎与脊椎间垂直切下的后腿部分。后腿的瘦肉多,质嫩,适合于炒、炸、涮、熘等烹饪方法制作成菜。

第三节 家 畜 类

在我国商业屠宰的家畜主要有猪、牛、羊,其中猪占有首要地位。除上述3种家畜外,也屠宰一些丧失役用或繁殖能力的马、骡和驴等,但所占比重很小。近十几年来,兔肉已引起人们广泛的注意,由于其蛋白质含量高而脂肪含量低,所以受到人们的青睐。

一、猪(pig;*Sus scrofa domestica*)

我国猪的品种很多,较有名的有四川省的荣昌猪、浙江省的金华猪、湖南省的宁乡猪、苏南的太湖猪、苏北的淮猪、广东省的梅花猪、甘肃省的土种猪和河北省的北京猪等。这些猪在国内均有较大的饲养量,猪肉的质量也较好,其特点是皮较薄,肉质较嫩,头蹄小。此外,我国还有一些从国外引入的猪,如大白猪、巴克夏猪、丹麦的仑德累斯猪。这些猪的特点是早熟,生长快,头蹄小,出肉率高,其中以仑德累斯猪较为理想。

(一)我国常见的猪

1. 大花白猪

大花白猪是广东大耳黑白花猪的统称,包括大花乌猪、广东大花白猪、金利猪、梅花猪、梁村猪、四保猪、埪陂猪合并而成。梅花猪较为著名,原产于广东北部,现主要分布在广东省的乐昌、仁化、顺德和连平等县、市,其中以乐昌所产的最为著名;梅花猪毛色为黑白花形,而白色约占全身的三分之二;耳稍大下垂,额部多有横皱纹,背腰宽。梅花猪生长快,皮薄,肉质嫩美,骨细小(见图9-4),广州的粤菜大多以此猪肉制作。

2. 宁乡猪

宁乡猪(见图9-5)产于湖南省长沙市宁乡的草冲村和流沙河镇一带。主要分布于宁乡、益阳、安化、怀化及邵阳等地。宁乡猪肉质鲜美,肥瘦均匀。

3. 荣昌猪

荣昌猪原产于重庆市荣昌区、四川省隆昌市及泸州市一带,主要分布在重庆市永川区、四川省泸州市和宜宾市等地。荣昌猪体型较大,面微凹,腹大而深,瘦肉率较高。

图 9-4　梅花猪

图 9-5　宁乡猪

4. 金华猪

图 9-6　金华猪

金华猪(见图 9-6)原产于浙江省金华市,主要分布在东阳、浦江、义乌、永康等地,毛色比较固定,头、臀和尾为黑色,身体和四肢为白色,所以金华猪又称为"两头乌"或"金华两头乌猪"。金华猪脚细,皮薄,骨细,肉质好,著名的金华火腿即以此猪为原料制作而成。

5. 东北民猪

东北民猪原产于东北和华北部分地区,现广泛分布于辽宁、吉林、黑龙江和河北、北京等地。分大、中、小三个类型(大民猪、二民猪、荷包猪)。体重 150 kg 以上的大型猪称大民猪;体重 95 kg 左右的小型猪称荷包猪。民猪胴体瘦肉率在我国地方猪种中是较高的,只是体重到 90 kg 以后,脂肪沉积增加,瘦肉率下降。民猪肉质良好,缺点是骨大,皮较厚。

(二) 国外引进的猪

1. 大约克夏猪(约克夏猪)

大约克夏猪是世界上著名的瘦肉型猪种,也称大白猪。目前我国许多地方已有饲养,该猪体格大,体型匀称,全身被毛白色,屠宰率一般在 80% 以上,胴体瘦肉率高,肉质优良。

2. 仑德累斯猪(兰德瑞斯猪)

仑德累斯猪原产于丹麦,我国称为长白猪,是世界上著名的瘦肉猪种之一。该猪头小清秀,颜面平直,大腿和整个后躯肌肉丰满,全身被毛白色。屠宰后胴体瘦肉比例较高。

(三) 其他著名的猪

1. 地方品种

主要有八眉猪(又称泾川猪、伙猪、互助猪)、黄淮海黑猪(包括淮猪、莱芜猪、深州猪、马身猪、河套大耳猪)、汉江黑猪(包括黑河猪、安康猪、铁河猪、铁炉猪、水硙河猪)、沂蒙黑猪(又称沂南二茬猪、莒南猪)、两广小花猪(包含陆川猪、福绵猪、公馆猪、黄塘猪、中垌猪、塘缀猪、桂墟猪)。粤东黑猪(包含惠阳黑猪、饶平黑猪)、海南猪(包括文昌猪、临高猪、屯昌猪)、滇南小耳猪(包括德宏小耳猪、僳匕猪、勐腊猪、文山猪)、蓝塘猪、香猪(包含从江香猪、环江香猪)、隆林猪、槐猪、五指山猪(又称山猪、老鼠猪)、华中两头乌(包含监利猪、通城猪、沙子岭猪、赣西两头乌猪、东山猪)、湘西黑猪(包含桃源黑猪、浦市黑猪、大合坪猪)、大围子猪、龙游乌猪、闽北花猪(包含夏茂猪、洋口猪、王台猪)、嵊州花猪(又称富润猪、新昌猪、章镇猪、蒋岩桥猪)、乐平猪(又称赣东北花猪)、杭猪(又称杭口猪、上杭猪，包括大乡猪、莲花猪、武宁花猪）、赣中南花猪（又称茶园猪、冠朝猪、左安猪）、玉江猪（包含玉山乌猪、广丰乌猪、江山乌猪）、武夷黑猪（包含闽北黑猪、赣东黑猪）、清平猪、南阳黑猪（又名宛西八眉猪、师岗猪）、皖浙花猪（包含皖南花猪、淳安花猪）、莆田猪、福州黑猪、太湖猪（包含二花脸猪、梅山猪、枫泾猪、嘉兴黑猪、横泾猪、米猪、沙乌头猪）、姜曲海猪（包含大伦庄猪、曲塘猪、海安团猪）、东串猪、虹桥猪、圩猪（又称皖南黑猪、宣城猪）、阳新猪、台湾猪（包含桃园猪、美浓猪、顶双溪美浓猪、赤毛小耳猪、黑毛小耳猪）、内江猪、成华猪、雅南猪、湖川山地猪（又称鄂西黑猪，盆周山地猪）、乌金猪（包含柯乐猪、威宁猪、大河猪、凉山猪）、关岭猪、藏猪、浦东白猪、安庆六白猪、潘郎猪、岔路黑猪、雅阳猪、北港猪、碧湖猪、仙居花猪、兰溪花猪、官庄花猪、福安花猪、平潭黑猪、里岔黑猪、大蒲莲猪、五莲黑猪、黔邵花猪（又称龙潭猪、凉伞猪、东山猪）、巴马香猪（又称冬瓜猪或芭蕉猪）、德保猪、桂中花猪、白洗猪（属黔中大型猪，又称苗寨猪）、江口萝卜猪、黔东花猪、明光小耳猪、撒坝猪、保山猪（又称保山大耳猪）、河西猪、滨湖黑猪。

2. 培育品种

主要有北京黑猪、山西黑猪、哈尔滨白猪、三江白猪、东北花猪、上海白猪、新淮猪、赣州白猪、汉中白猪、伊犁白猪、湖北白猪、浙江中白猪、苏太猪、南昌白猪、军牧 1 号白猪、大河乌猪。

3. 培育配套系

主要有冀合白猪配套系、中育猪配套系、华农温氏猪配套系 1 号、光明猪配套系、深农猪配套系、军牧 1 号白猪。

4. 引入品种

主要有巴克夏猪、克米洛夫猪、杜洛克猪、汉普夏猪、皮特兰猪。

5. 引入配套系

主要有迪卡配套系、PIC 配套系、斯格配套系。

二、牛（bovine，calf；*Bos taurus domestica*）

目前国外的养牛主要有两个方面，一是发展乳牛，二是发展肉牛。欧洲一些国家主要采取发展乳肉兼用型，美洲国家和澳大利亚等则采取在农业区养奶牛，草原区大量养肉牛。

我国的牛过去以役用为主，屠宰牛除一部分草原放牧外，绝大多数为丧失役用或繁殖能力的黄牛、水牛（*Bubalus buffelus*）或牦牛（*B. grunnines*）。现在我国也进口和培育了一批良种肉用牛，经屠宰排酸处理后的牛肉在许多大城市已有销售，这种牛肉口感细嫩，色泽红润，胴体激素含量低。

图 9-7 秦川牛

（一）我国常见的优良品种

1. 秦川牛

秦川牛（见图 9-7）是我国的优良黄牛品种，主要产于陕西省渭河流域的平原地区，其中以咸阳市的兴平、武功、礼泉等地的牛最为著名。秦川牛骨骼粗壮，肌肉丰满，体质强健，前躯发育良好，毛色紫红或黄色，具有役、肉兼用的体型。秦川牛肉用性能良好，胴体产肉率高，肉质细嫩，风味很好。

2. 南阳牛

南阳牛产于河南省的南阳市,是稳定的大型牛品系。南阳牛的毛色以黄色为主,个体高大,肌肉丰满。南阳牛在屠宰前 15~20 d 经育肥后,脂肪沉积效果较好,肉块大理石花纹明显,肉的品质较好。

3. 鲁西牛

鲁西牛原产于山东省西南部的菏泽市、济宁市等地区,并以此而得名。鲁西牛体格高大,略短,结构较为紧凑,肌肉发达。多数牛具有完全的"三粉特征"。即眼圈、口轮、腹下四肢内侧毛色浅。该牛肉用性能良好,肌肉纤维细嫩,脂肪分布均匀,大理纹明显。

4. 延边黄牛

延边黄牛包括朝鲜牛和沿江牛。延边黄牛产于吉林省延边朝鲜族自治州,分布在吉林省、辽宁省和黑龙江省。延边牛是我国的优良牛种之一,原产于朝鲜,19 世纪初随朝鲜人民的移居输入我国东北各省。延边黄牛体型大,为北方黄牛中体格最大的品种。该牛肌肉发达,毛色多为浓淡不同的褐色,其中以黄褐色居多,少数牛为黑色。延边黄牛肉用性能好,肥度适中,很受消费者的欢迎。

5. 牦牛

牦牛主要分布在我国西藏自治区、青海省、四川省、甘肃省、云南省的部分山区,以及新疆维吾尔自治区等地,其中以青藏高原最多。牦牛的毛色较少,有黑色、花色、褐色、灰色等颜色,以黑色的最多。牦牛的肉质细嫩,色鲜红,肉味美,肉的质量优于一般黄牛。

(二)我国引进的肉用牛品种

1. 海福特牛

海福特牛原产于英国西南部的海福特郡,是世界上著名的中小型早熟肉用牛品种。新中国成立前就有少量引入,新中国成立后于 1965 年先后引进几批海福特牛,现许多地区都有饲养。该牛头短额宽,颈短厚,体躯宽深,前胸发达,肌肉丰满,四肢粗短,被毛为暗红色,有"六白"的特征,即头、颈垂、鬐甲、腹下、四肢下部及尾帚为白色。该牛肉质肥美而多汁,肉层厚实。

2. 安古斯牛(安格斯牛)

安古斯牛原产于英格兰的阿伯丁和安古斯地区,故又称为阿伯丁—安古斯牛,是早熟的中小型肉用牛品种,目前许多国家都有饲养。我国主要分布在北方各地。安古斯牛全身黑毛,腹下和脐下有白毛,无角。该牛易于肥育,肉质较好。

3. 夏洛莱牛

夏洛莱牛原产于法国的夏洛莱地区及涅夫勒省。以体型大、生长快、瘦肉多、饲养转化率高而著名。主要分布于我国北方地区。夏洛莱牛体格大,毛色为白色或乳白色,胴体脂肪少,瘦肉多,肉质细嫩,品质好。

另外,我国还引进了利木赞牛、西门塔尔牛等。

(三)其他著名的牛

1. 黄牛(Yellow cattle, Scalper)

(1)地方品种:主要有晋南牛、渤海黑牛、郏县红牛、冀南牛、平陆山地牛、复州牛、蒙古牛、哈萨克牛、皖南牛、大别山牛(包含黄坡牛)、枣北牛、巴山牛(包括宣汉牛、郧巴牛、秦巴牛、庙牛、西镇牛、平利牛、赤崖牛)、巫陵牛(也称恩施牛、湘西牛、思南牛)、盘江牛、三江牛、峨边花牛、西藏牛、舟山牛、温岭高峰牛、台湾牛、广丰牛、闽南牛、雷琼牛(又称徐

闽牛和海南牛)、云南高峰牛(云南瘤牛)、太行牛、乌珠穆沁牛(属蒙古牛一个类群)、沿江牛、荡角牛、徐州黄牛、吉安黄牛、锦江黄牛、蒙山牛、黄陂黄牛、南丹黄牛、涠洲黄牛、隆林黄牛、甘孜藏黄牛、凉山黄牛、平武黄牛、川南山地黄牛、务川黑牛、黎平黄牛、威宁黄牛、关岭黄牛、邓川牛、迪庆黄牛、昭通黄牛、拉萨黄牛、安西牛、柴达木黄牛、阿勒泰白头牛、文山黄牛、西藏瘤牛(包含阿沛甲咂牛、日喀则驼峰牛、樟木黄牛)。

(2) 培育品种:中国荷斯坦牛、三河牛、草原红牛、新疆褐牛、中国西门塔尔牛。

(3) 引入品种:主要有荷斯坦牛、西门塔尔牛、娟珊牛、短角牛、皮埃蒙特、南德温牛、德国黄牛、丹麦红牛、利木赞牛、劳莱恩牛、瑞士褐牛、和牛。

2. 水牛(Buffalo)

(1) 地方品种:上海水牛、海子水牛、山区水牛、温州水牛、东流水牛、福安水牛、信丰山地水牛、峡江水牛、信阳水牛、恩施山地水牛、江汉水牛、滨湖水牛、兴隆水牛、富钟水牛、西林水牛、涪陵水牛、宜宾水牛、德昌水牛、贵州白水牛、贵州水牛、德宏水牛、滇东南水牛、盐津水牛、陕南水牛。

(2) 引入品种:摩拉水牛、尼里-拉菲水牛。

3. 牦牛(Yak)

(1) 地方品种:九龙牦牛、青藏高原牦牛、天祝白牦牛、麦洼牦牛、西藏高山牦牛、木里牦牛、中甸牦牛、帕里牦牛、斯布牦牛、娘亚牦牛、新疆牦牛。

(2) 培育品种:大通牦牛。

4. 大额牛(Gayal)

地方品种:独龙牛。

三、绵羊(sheep;*Ovis aries*)和山羊(Goat;*Capra hircus*)

羊分为绵羊和山羊两大类,在养羊业中由于养殖的目的不同,导致羊肉宰杀分割后,肉品的质量有较大的差异,以肉用为目的饲养的羊,其品质最好。绵羊肉质较山羊细嫩、无膻味。公山羊肉膻味较重,但瘦肉较多。

(一) 小尾寒羊

小尾寒羊属于绵羊类的地方品种,分布于河南省新乡市、开封市、山东省菏泽市、济宁市等地。该羊体大,胸部宽深,肋骨开张,四肢高。公羊头大颈粗,有螺旋形大角。母羊头小颈长,有小角或无角。被毛白色,少数个体头部有色斑。小尾寒羊羔仔体重达 20 kg 以上,是制作羔羊类菜肴的优质原料。成年小尾寒羊出肉率较一般羊稍高,且肉质较好。

其他绵羊

1. 地方品种:蒙古羊、西藏羊、哈萨克羊、乌珠穆沁羊、巴音布鲁克羊、阿勒泰羊、和田羊、贵德黑裘皮羊、岷县黑裘皮羊、滩羊、大尾寒羊、同羊、兰州大尾羊、湖羊、广灵大尾羊、晋中绵羊、洼地绵羊(或鲁北称羊)、泗水裘皮羊(或山地绵羊)、豫西脂尾羊、太行裘皮羊、威宁绵羊、迪庆绵羊、腾冲绵羊、昭通绵羊(山地粗毛羊)、汉中绵羊(墨耳羊)、巴什拜羊(原名巴什巴依羊)、策勒黑羊、柯尔克孜羊(属肉脂粗毛羊)、塔什库尔干羊(又称巴什羊,属肥臀尾羊)、多浪羊。

2. 培育品种:新疆细毛羊、东北细毛羊、内蒙古细毛羊、甘肃高山细毛羊、敖汉细毛羊、中国美利奴羊、中国卡拉库尔羊、云南 48-50 半细毛羊、新吉细毛羊。

3. 引入品种:夏洛来羊、茨盖羊、考力代羊、林肯羊、澳大利亚美利奴羊、罗姆尼羊、德国肉用美利奴羊、萨福克羊、无角道赛特羊、特克赛尔羊。

(二) 成都麻羊

成都麻羊属于山羊类的地方品种,也称四川铜羊。原产于四川省成都平原及附近的山区,是乳、肉、皮兼用的优良地方品种。公羊、母羊多有角,胸部发达,背腰宽平,躯干丰满,呈长方形。母羊产奶性能良好。成都麻羊由于母羊用于产奶,其肉品的质量较一般山羊差。

其他山羊

1. 地方品种:西藏山羊、新疆山羊、内蒙古绒山羊、河西绒山羊、辽宁绒山羊、太行山羊(河北武安山羊、山西黎城大青羊、河南太行黑山羊)、中卫山羊、济宁青山羊、黄淮山羊(含槐山羊、安徽白山羊、徐淮白山羊)、陕南白山羊、马头山羊、宜昌白山羊、建昌黑山羊、板角山羊、贵州白山羊、隆林山羊、福清山羊、雷州山羊、长江三角洲白山羊(海门山羊)、承德无角山羊、吕梁黑山羊、戴云山羊、赣西山羊、广丰山羊、沂蒙黑山羊、鲁北白山羊、伏牛白山羊、湘东黑山羊、都安山羊、白玉黑山羊、雅安奶山羊、古蔺马羊、川东白山羊、凤庆无角黑山羊、圭山山羊(路南乳山羊)、临仓长毛山羊、龙陵山羊(或龙陵黄山羊)、马关无角山羊、云岭山羊、昭通山羊、柴达木山羊。

2. 培育品种:关中奶山羊、崂山奶山羊、南江黄羊、陕北白绒山羊。

3. 引入品种:萨能奶山羊、安哥拉山羊、波尔山羊。

四、其他畜类

(一) 马(horse)

1. 地方品种:

蒙古马、锡尼河马、鄂伦春马、河曲马、大通马、岔口驿马、焉耆马、哈萨克马、巴里坤马、藏马、建昌马、云南马、贵州马、百色马、利川马、晋江马、永宁马、文山马、中甸马、甘孜马、宁强马、玉树马、柴达木马。

2. 培育品种:伊犁马、三河马、金州马、铁岭挽马、吉林马、黑龙江马、关中马、渤海马、黑河马、山丹马、伊吾马、锡林郭勒马、科尔沁马、河南轻挽马、张北马、襄汾马、新丽江马。

3. 引入品种:纯血马、阿哈马、顿河马、卡巴金马、奥尔洛夫速步马、阿尔登马、苏维埃重挽、阿拉伯马。

(二) 驴(donkey)

地方品种:关中驴、德州驴、晋南驴、广灵驴、佳米驴、泌阳驴、庆阳驴、新疆驴(喀什驴,库车驴和吐鲁番驴)、华北驴、西南驴、阳原驴、太行驴、临县驴、库伦驴、淮北灰驴、苏北毛驴、云南驴(属西南驴)、陕北毛驴、西藏驴、凉州驴、青海毛驴、新疆驴。

(三) 骆驼(Camel)

地方品种:阿拉善双峰驼、苏尼特双峰驼、青海骆驼、新疆双峰驼。

(四) 兔(Rabbit)

1. 地方品种:四川白兔、万载兔、福建黄兔、云南花兔。

2. 培育品种:吉戎兔。

3. 引入品种:青紫蓝兔、法系公羊兔、比利时兔、新西兰兔、加利福尼亚兔、丹麦白兔、德系安哥拉兔、法国安哥拉兔、力克斯兔、日本大耳兔。

4. 引入配套系:齐卡(ZIKA)肉兔配套系(德国、中国四川畜科院)、伊普吕

(HYPLUS)肉兔配套系(法国、中国青岛康大)、伊那(HYLA)肉兔配套系(法国、中国山东安丘)。

(五)鹿(deer)

鹿是反刍哺乳动物,属偶蹄目有角亚目鹿科。主要种类有梅花鹿(*Cervus nippou*)、马鹿(*C.elaplius*)、驯鹿(*Rangifer tarandus*)、水鹿(*Rusa unicolor*)等。我国共有 16 种。市场上最常见的是养殖的梅花鹿。梅花鹿属中型鹿,被毛夏季为棕黄色或红棕色,冬季为褐色或栗棕色,有白斑;夏季状若梅花,故称梅花鹿。雄鹿有角,雌鹿则无角。梅花鹿肉色红,细嫩,经育肥后的梅花鹿肌间脂肪丰富,常用烧、涮、炸、炖等方法制作成菜。

1. 梅花鹿(Spotted deer)的地方品种有吉林梅花鹿。培育品种有双阳梅花鹿、四平梅花鹿、敖东梅花鹿、东丰梅花鹿、兴凯湖梅花鹿。

2. 马鹿(Red deer)的地方品种有东北马鹿、天山马鹿、塔河马鹿。培育品种有清原马鹿。

3. 驯鹿(Rein deer)的地方品种有敖鲁古雅驯鹿。

(六)其他

除羊驼可以食用外,其他如水貂、银狐、北极狐、貉等可以作为非食用的品种来养殖。

1. 水貂(Mink)有培育品种:金州黑色标准水貂。

2. 银狐(Silver fox)有引入品种:东部银狐。

3. 蓝狐(Blue fox)有引入品种:蓝狐。

4. 貉(Raccoon dog)有地方品种:乌苏里貉。

5. 犬(Dog)有很多地方和引入品种的犬。

过去人们经常食用的野畜中的野猪、野兔、果子狸、刺猬、竹鼠等,已经受到法律限制。

第四节 家 禽 类

一、鸡(chicken;*Gallus domestica*)

鸡有肉鸡、蛋鸡之分。肉鸡一般饲养时间较短,肉质细嫩,除种鸡外,一般在还未成熟时即成为商品鸡出售,蛋鸡则主要用来产蛋,肉质没有肉鸡细嫩,且肥度也不及肉鸡。鸡肉有温中益气、补虚填精、健脾胃、活血脉、强筋骨的功效。鸡肉对营养不良、畏寒怕冷、乏力疲劳、月经不调、贫血、虚弱等有很好的食疗作用。但痛风症患者不宜喝鸡汤。鸡的品种较多,主要品种如下。

(一)国产品种

1. 白耳黄鸡

白耳黄鸡又称为白银耳鸡、江山白耳鸡、玉山白耳鸡、上饶白耳鸡。是我国稀有的白耳鸡种,主要产区为江西省上饶市的广丰区、上饶县、玉山县和浙江省衢州市江山。白耳黄鸡体格矮小,结构紧凑,羽毛紧密,身躯宽大,单冠直立。公鸡的羽毛为红黄色,母鸡的羽毛为黄色。皮肤、喙和胫黄色。以黄羽、黄喙、黄脚、白耳为特点的“三黄一白”,是产区农户选择外貌的标准,成年公鸡体重为1.45 kg,成年母鸡体重为 1.19 kg。

2. 北京油鸡

北京油鸡原产于北京市的德胜门和安定门一带,以肉细味美著称。油鸡体躯不大,羽

毛丰满，头较小，单冠并有"S"形弯曲，俗称"二毛"，体羽分黄色和褐色两种，皮肤、喙呈黄色。成年公鸡体重为 2.5 kg，成年母鸡体重为 1.8 kg。北京油鸡成熟较晚，母鸡皮下脂肪及体内脂肪丰富，肉质细嫩，味道鲜美，适宜烧、蒸、煨等烹饪方法烹制。

3. 惠阳胡须鸡

惠阳胡须鸡又名三黄胡须鸡、龙岗鸡、龙门鸡、惠州鸡。原产于广东省东江地区，主产区在博罗、惠阳、小龙门。具有育肥性能好、肉质鲜美、皮脆骨软、脂丰味美等特点。惠阳鸡属于中小型鸡，胸深背短，后躯丰满，整个躯体似葫芦形。突出的特征是颌下有发达而张开的细羽毛，状似胡须。头稍大，单冠直立，有 6~7 个冠齿，耳红、无肉髯或仅有很小的肉垂，羽毛黄色，部分毛翼羽和毛尾羽呈黑色，喙为黄色。无胫羽、四趾。成年公鸡体重为 1.64~2.96 kg，成年母鸡体重为 1.25~2.05 kg。

4. 桃源鸡

桃源鸡又称桃源大种鸡。原产于湖南省常德市桃源县，长沙市、岳阳市、郴州市等地亦有少量分布，是我国古老而著名的肉用型地方良种之一。20 世纪 60 年代曾在北京、巴黎参加展览，并曾被引往越南。桃源鸡体型高大，体躯呈长方形，单冠尾羽上翘，侧视呈"O"字形。公鸡体羽金黄色或红色，毛尾羽呈黑色，颈羽金黄色、黑色相间。母鸡羽色分黄羽型和麻羽型两种。两种型的腹羽均为黄色，毛尾羽、毛翼羽均黑色。喙、脚多为青灰色，单冠红色，虹彩金黄色，皮肤白色，个别为深灰色。桃源鸡性成熟慢，故仔鸡肉质细嫩。成年公鸡体重为4.0~4.5 kg，成年母鸡体重为 3.0~3.5 kg。

5. 狼山鸡

狼山鸡原产于江苏省南通市如东县一带，我国著名而古老的兼用型品种之一。曾先后输往英国、德国和美国，有名的奥品顿鸡的培育过程中就引进了狼山鸡的亲缘。狼山鸡全身羽毛黑色，头大小适中，单冠直立，冠、髯、耳垂和脸部均呈红色，皮肤白色，喙黑色，颈部挺直，羽高耸，背呈"O"字形，胸肌发达，腿长。成年公鸡体重为 3~3.5 kg，成年母鸡体重为 2~2.5 kg。

6. 溧阳鸡

溧阳鸡又叫三黄鸡，九斤黄鸡。原产于江苏省常州市溧阳，体型大，肉质鲜美，当地称之为"三黄鸡"或"九斤黄"。体大，胸宽，腿粗长，肌肉丰满。羽毛、喙、脚多为黄色，亦有麻色、栗色。公鸡毛尾羽呈黑色，胸羽、梳羽为金黄色或橘黄色。单冠直立，眼大。冠肉重，耳叶均为鲜红色。成年公鸡体重为 3.5~4.5 kg，成年母鸡体重为 2.5~3.0 kg。公鸡的半净膛屠宰率为87.5%，全净膛屠宰率为79.3%，母鸡的半净膛屠宰率为 89.4%，全净膛屠宰率为 72.9%。

7. 丝羽乌骨鸡

丝羽乌骨鸡也称泰和鸡、武山鸡、白绒鸡、竹丝鸡，原产于江西省泰和武山区。它是著名的中成药"乌鸡白凤丸"的主要药用原料之一，也是一种药用食品，在我国传统中被认为是一种滋补品。体型小，全身具有白色丝状而柔软的羽毛，也有全身是黑色羽毛的，其特点是全身的皮肤呈紫蓝色，骨头有一层蓝色的腱膜包裹着。紫色桑葚状冠，绿耳，缨头，有胡须，五趾。此外，内脏、脂肪、肌肉、骨骼还有喙、趾爪均是紫蓝色或浅黑色。肉质细嫩，配中药清炖烹调，其味鲜甘而幽香。泰和鸡产蛋少，就巢率高，烹饪时不宜采用就巢鸡。

8. 寿光鸡

寿光鸡又称慈伦鸡。原产于山东省潍坊市寿光的稻田区慈家、伦家一带。全身黑羽并有光泽，红色单冠，眼大灵活，喙为黑色，皮肤白色。体大脚高，骨骼粗壮，体长胸深，背

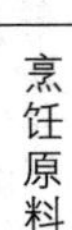

宽而平，脚粗。成年公鸡平均体重为 3.8 kg，成年母鸡平均体重为 3.1 kg。

（二）国外的优良品种

1. 明星肉鸡

明星肉鸡是法国培育出的白羽肉鸡品种。该肉鸡羽毛白色，胫、趾及皮肤黄色，胸肉多，肉质细嫩，脂肪含量低，皮薄骨细。仔鸡适合用来制作油淋鸡、电烤鸡等。

2. 红布罗肉鸡

红布罗肉鸡又称为红宝肉鸡，是加拿大培育出的红羽肉鸡品种。商品仔鸡具有黄喙、黄脚、黄皮肤的三黄特征。外形花色与农村土鸡相似，容易混淆。该鸡肉质较土鸡松弛，味淡。仔鸡常用来做电烤鸡。

3. 洛岛红鸡

洛岛红鸡在美国培育而成，属于肉蛋兼用型品种。该鸡羽毛深红色，尾羽黑色。体躯近似长方形。喙、胫、趾、皮肤黄色，胫趾微带红色。公鸡体重为 3.5～3.8 kg，母鸡体重为 2.2～3.0 kg。躯体粗壮。肌肉发达，但肉质较粗，味淡。

（三）其他品种

1. 地方品种

主要有仙居鸡（又称梅林鸡）、大骨鸡（庄河鸡）、浦东鸡（九斤黄）、萧山鸡（越鸡）、鹿苑鸡（鹿苑大鸡）、固始鸡、边鸡（右玉鸡）、林甸鸡、峨眉黑鸡、静原鸡（包含静宁鸡、固原鸡）、武定鸡、清远麻鸡、杏花鸡（米仔鸡）、霞烟鸡（又称下烟鸡、肥种鸡）、河田鸡、茶花鸡、藏鸡（包含云南巴西鸡）、坝上长尾鸡、江山乌骨鸡、灵昆鸡、淮南三黄鸡、淮北麻鸡（又称宿县麻鸡、符离鸡）、宣州鸡、漳州斗鸡、崇仁麻鸡、余干乌骨鸡、东乡绿壳蛋鸡、康乐鸡、宁都三黄鸡、济宁百日鸡、汶上芦花鸡、琅琊鸡（包含胶南黄鸡、两城鸡、日照麻鸡）、烟台糁糠鸡、鲁西斗鸡、正阳三黄鸡、卢氏鸡、河南斗鸡、洪山鸡、江汉鸡（又称土鸡、麻鸡）、双莲鸡（二大鸡）、郧阳大鸡、郧阳白羽乌鸡（又称乌鸡、乌骨鸡）、黄郎鸡（湘黄鸡）、中山沙栏鸡（又称石岐鸡、三角鸡）、阳山鸡、怀乡鸡、南丹瑶鸡、广西三黄鸡（又称信都鸡、糯垌鸡、大安鸡、麻垌鸡、江口鸡）、金阳丝毛鸡（又称羊毛鸡、松毛鸡）、旧院黑鸡、米易鸡、兴文乌骨鸡、石棉草科鸡、沐川乌骨黑鸡、泸宁鸡、凉山崖鹰鸡（又称大骨鸡或高脚鸡）、竹乡鸡、威宁鸡、黔东南小香鸡、高脚鸡、矮脚鸡、乌蒙乌骨鸡、尼西鸡、盐津乌骨鸡、腾冲雪鸡、云龙矮脚鸡、西双版纳斗鸡、略阳鸡、太白鸡、陕北鸡、海东鸡、吐鲁番鸡。

2. 培育品种

北京白鸡、新狼山鸡、新扬州鸡、新浦东鸡。

3. 培育配套系

康达尔黄鸡 128 配套系、新杨褐壳蛋鸡配套系、江村黄鸡 JH－2 号配套系、江村黄鸡 JH－3 号配套系、新兴黄鸡Ⅱ号配套系、新兴矮脚黄鸡配套系、岭南黄鸡Ⅰ号配套系、岭南黄鸡Ⅱ号配套系、京星黄鸡 100 配套系、京星黄鸡 102 配套系、“农大 3 号”小型蛋鸡配套系、邵伯鸡配套系。

4. 引入品种

白来航鸡、新汉夏鸡、澳洲黑鸡、浅花苏赛斯鸡、奥品顿鸡、洛克鸡、科尼什鸡、雪佛蛋鸡、罗曼蛋鸡、隐性白羽肉鸡、矮小黄鸡。

5. 引入配套系

罗斯褐壳蛋鸡、星杂 579 褐壳蛋鸡、星布罗肉鸡、艾维茵肉鸡、AA 肉鸡（又称艾拔益加肉鸡）。

二、鸭（duck；*Anas domestica*）

鸭是雁形目鸭科（Anatidae）鸭亚科（Anatinae）水禽的统称，或称真鸭。鸭的体型相对较小，嘴扁，脚短，趾间有蹼，腿位于身体后方，步态蹒跚，善游泳。野鸭会飞，家鸭不会飞。鸭科有鸭亚科和麻鸭亚科等10个亚科。麻鸭亚科包括麻鸭属（Tadorna）等。但是家鸭并非属于麻鸭亚科或麻鸭属，而是属于鸭亚科、鸭属，大部分属于绿头鸭种。家鸭羽色有麻雀羽、白羽、黑羽等类型。麻雀羽鸭在中国习称“麻鸭”。麻雀羽鸭为家鸭的主要品种，而白、黑两种羽色皆为其变种。分肉用、蛋用和肉蛋兼用三种类型。一些鸭没有带“麻”字，实际也是麻鸭。

（一）北京鸭

北京鸭是世界著名品种，也是我国肉用鸭的典型代表。原产于北京市西部玉泉山等地，其外貌特征是体躯长宽，头大，颈粗短，眼大且明亮，呈灰蓝色，胸部丰满，突出，腹部深广，腿粗短，全身羽毛洁白，无杂色，喙、脚、蹼均为橘红色。北京鸭肌肉纤维细，脂肪在皮下和肌肉均匀分布，著名的北京烤鸭是用该鸭制作而成的，制成的烤鸭皮焦肉嫩，芳香鲜美。此鸭还用来生产冻全鸭和肥肝出口。

（二）高邮鸭

高邮鸭又称台鸭、绵鸭。原产于江苏省扬州市的高邮、宝应、泰州市兴化等地，为大型麻鸭，属于蛋肉兼用品种。具有体型大，生长快等特点。公鸭的头部及颈上均为深绿色，背腰为褐色花毛，前胸棕色，腹部白色，喙淡青色，俗称“乌头白档青嘴雄”。母鸭为米黄色、麻色羽毛。在放牧条件下，60日龄重可达1.5～2.0 kg，此时食用该鸭，皮下脂肪相对较少，肉质细嫩鲜美。

（三）绍兴鸭

绍兴鸭又名绍兴麻鸭，原产于浙江省绍兴市、杭州市萧山区等地，是优良的蛋用型鸭品种，体型小，产蛋多。由于是蛋用鸭，所以雄鸭商品鸭肉质较母鸭要嫩一些，常用白切、烧等方法制作菜肴。绍兴鸭颈细长，体型似琵琶，根据羽色，可分为“红毛绿翼梢”和“带圈白翼梢”两种。这两种类型的主要区别在于羽毛的颜色，并不影响原料烹饪的性能。红毛绿翼梢型，体形小巧，母鸭以棕红麻色羽毛为主，主翼羽和副翼羽内侧带有黑色的光泽。带圈白翼梢母鸭以棕黄麻色毛为主，颈上部有一圈2～4 cm的白色羽毛，主翼羽和腹羽均为白色。两种类型的公鸭羽毛颜色均较同类型的母鸭为深。头、颈、尾羽都为墨绿色，并有光泽。公鸭喙黄色带青，母鸭喙呈灰黄色。绍兴鸭现已遍布全国的20多个省、市、自治区。

（四）巢湖鸭

巢湖鸭属于肉蛋兼用品种，肉质较好，是制作南京板鸭的主要原料。主要产区为安徽省中部、巢湖周围的合肥市庐江县、巢湖市、合肥市肥东县、合肥市肥西县、六安市舒城县、芜湖市无为县、马鞍山市和县、马鞍山市含山县等地。巢湖鸭体型中等，体躯长方。公鸭的头和颈上部墨绿色带有光泽，前胸和背腰褐色带黑色条斑纹，腹白色，尾部黑色。喙黄绿色，胫蹼橘红色。母鸭全身羽毛浅褐色带黑色细花纹。俗称“浅麻细花”，有白眉和浅黄眉。喙黄色、黄绿色或黄褐色。成年公鸭全净膛屠宰率为72.6%～73.4%。由于此鸭以放牧为主，故肉质味较浓。

（五）狄高鸭

狄高鸭是由澳大利亚狄高公司引入北京鸭育成的肉用鸭品系，具有早熟、肉嫩、皮脆、瘦肉多、肉优味美等特点。狄高鸭头大而扁长，胸宽，体躯向前昂起，后躯靠近地面，尾梢翘起，胫粗短，喙、蹼均为橙黄色，全身羽毛白色。在我国南方均有饲养。

（六）其他著名的鸭

1. 地方品种

主要有金定鸭、攸县麻鸭、荆江麻鸭、三穗鸭、连城白鸭、莆田黑鸭、建昌鸭、大余鸭、山麻鸭、微山麻鸭、文登黑鸭、淮南麻鸭（固始鸭）、恩施麻鸭、沔阳麻鸭、临武鸭、中山麻鸭、靖西大麻鸭、广西小麻鸭、四川麻鸭、兴义鸭、云南麻鸭、汉中麻鸭、台湾麻鸭。

2. 培育配套系

三水白鸭配套系、仙湖肉鸭配套系。

3. 引入品种

卡叽-康贝尔鸭、瘤头鸭、樱桃谷鸭。

三、鹅（goose；*Anser domestica*）

（一）太湖鹅

太湖鹅是中国鹅白羽小型变种。个体大小适于多种方法烹调，肉的品质好。产于长江下游及太湖地区，遍布于杭嘉湖平原、上海市郊及江苏省大部。太湖鹅瘤头，弓形长颈，丰满而高抬的前躯，喙、肉瘤、胫蹼橘红色，小型鹅的体重，成年公鹅为 4~4.5 kg，母鹅为 3.0~3.5 kg，白鹅肉用性能较好。因在饲养过程中，种鹅在停产后全部淘汰，形成当地称为“种鹅年年清”的方式，故秋后的商品鹅肉质较上半年所产的商品鹅肉质老。

（二）狮头鹅

狮头鹅是我国最大的鹅种，原产于广东省潮汕地区，是世界著名的大型鹅种。该品种鹅体硕大轩昂，头大，额顶有肉瘤向前倾斜，两颊有显著突出的肉瘤，瘤呈黑色或黑色带有黄斑，从头的正面看有如狮子头状，故名狮头鹅。眼凹陷，眼圈呈金黄色，喙深灰黑色。颈背有红色、褐色羽带，全身羽毛灰棕色或淡灰色，有如大雁毛色。胫和蹼均为橘黄色。成年公鹅体重为 10~12 kg，最大可达 16 kg。母鹅体重为 8~10 kg，最大可达 13 kg。

（三）皖西白鹅

皖西白鹅主要产在安徽省六安市的寿县、霍邱县、舒城县等地，分布广泛，全身羽毛洁白，夹顶肉瘤大而有光泽，颈较细长，胸部发达，背腰发达，肉瘤、喙、胫、蹼为橘红色。成年公鹅体重为 5~6 kg，成年母鹅体重为 4~5 kg。产区群众一般是小群分散饲养，肉质较好。

（四）雁鹅

雁鹅是中国鹅灰褐色羽品变种的典型代表。体型中等，结构匀称。原产地为安徽省六安市。雁鹅头中等大小，前额有发达的光滑肉瘤，颈长呈弓形，公鹅体躯长方，母鹅呈蛋圆形，后躯发达，胸部丰满，胸宽大于胸深，前躯高抬，腿健壮，外形高昂挺拔，部分个体有咽袋和腹褶。成年鹅羽毛灰褐色，背侧褐色，腹部灰白，颈的背侧深浅线条分明，背、翼、扇羽皆有白色镶边。喙和肉瘤黑色，胫、蹼橘红色。成年公鹅体重为 6~7 kg，全净膛屠宰率为 72.5%。成年母鹅体重为 5~6 kg，全净膛屠宰率为 65.3%。

（五）朗德鹅

朗德鹅原产于法国西南部的朗德省，是当今世界上最适于生产鹅肥肝的鹅种。该种

仔鹅生长迅速，8 周龄体重可达 4.5 kg 左右。成年公鹅体重为 7~8 kg，成年母鹅体重为 6~7 kg，成鹅经填肥后体重可达 10 kg 以上。

（六）其他著名的鹅

1. 地方品种

溆浦鹅、浙东白鹅、四川白鹅、豁眼鹅（又称五龙鹅、豁鹅）、乌棕鹅、长乐鹅、伊犁鹅（塔城鹅）、籽鹅、永康灰鹅、闽北白鹅、莲花白鹅、兴国灰鹅、广丰白翎鹅、丰城灰鹅、百子鹅、武冈铜鹅、阳江鹅（黄鬃鹅）、马岗鹅、右江鹅、钢鹅（又称铁甲鹅）、织金白鹅。

2. 引入品种

莱茵鹅。

四、鸽子（pigeon；*Columba livia*）

鸽子是鸽形目鸠鸽科鸟属鸽种。鸽子亦称为家鸽、鹁鸽、白凤，鸽子的祖先是野生的原鸽。它的同类野鸽，分布于欧洲、非洲北部和中亚地区以及中国新疆维吾尔自治区。鸽体长 295~360 mm；头、颈、胸和上背为石板灰色；上背和前胸有金属绿和紫色闪光，背的其余部分为淡灰色；翅膀上各有一道黑色横斑；尾羽石板灰色，其末端为宽的黑色横斑。雌雄相似。鸽类均体型丰满；喙小，性温顺。鸽子有野鸽和家鸽两类。家鸽经过长期培育和筛选，有食用鸽、玩赏鸽、竞翔鸽、军鸽和实验鸽等多种。中医认为，鸽肉易于消化，具有滋补益气、祛风解毒的功能，对病后体弱、血虚闭经、头晕神疲、记忆衰退有很好的补益治疗作用。鸽肉的蛋白质含量在 15%以上，鸽肉消化率可达 97%。鸽肉所含的钙、铁、铜等元素及维生素 A、B、E 等很多。鸽肝中所含的胆素可以防治动脉硬化。贫血的人食用后有助于恢复健康。乳鸽的骨内含有丰富的软骨素，经常食用，具有改善皮肤细胞活力，增强皮肤弹性，改善血液循环，面色红润等功效。鸽肉中还含有丰富的泛酸，对脱发、白发和未老先衰等有很好的疗效。乳鸽含有较多的支链氨基酸和精氨酸，可促进体内蛋白质的合成，加快创伤愈合。著名的中成药乌鸡白凤丸，就是用乌骨鸡和鸽子为原料制成的。鸽子营养价值较高，对老年人、体虚病弱者、手术患者、孕妇及儿童非常适合。食鸽以清蒸或做汤最好，这样能使营养成分保存最为完好。代表菜式有酱汁鸽子、油炸鸽子等。

美国王鸽是一种优秀的肉鸽品种，宰杀后净重 500 克左右，已列入中国国家重点保护经济水生动植物资源名录，鸽子及其所产的蛋可以食用。

五、鹌鹑（common quail；*Coturnix coturnix*）

鹌鹑是鸟纲鸡形目雉科鹌鹑属。古称鹑鸟、宛鹑、奔鹑，为补益佳品。鹌鹑原是一种野生鸟类，成体体重为 66~118 g，体长 148~182 mm，尾长约 46 mm，是雉科中体型较小的一种。野生鹌鹑尾短，翅长而尖，上体有黑色和棕色斑相间杂，具有浅黄色羽干纹，下体灰白色，颊和喉部赤褐色，嘴角灰色，跗跖部淡黄色。雌鸟与雄鸟颜色相似，但背部和两翅黑褐色较少，棕黄色较多，前胸具有褐色斑点，胸侧褐色较多，雄的好斗。野生鹌鹑分布广泛。四川省、黑龙江省、吉林省等地有分布。我国 1952 年以来，引进鹌鹑家养品种，现已在黑龙江省、吉林省、辽宁省、山西省、陕西省、河北省、湖北省、四川省、江苏省、广东省等地有饲养基地。鹌鹑提供鹌鹑肉和鹌鹑蛋，是珍贵食品和滋补品，具有动物人参之称。长期食用鹌鹑对血管硬化、高血压、神经衰弱、结核病及肝炎都有一定的疗效。据《本草纲目》记载，鹌鹑肉能补五脏，益中续气，实筋骨，耐寒暑，消结热。中医传统理论认为，鹌鹑去毛及内脏，取肉鲜用，被中气、壮筋骨、止泻、止痢、止咳。代表菜式有鹌鹑菘、芙蓉鹑片、桂髓鹑羹、杜仲枸杞煮鹌、清蒸鹌鹑、白芨鹌鹑汤等。

引进的日本鹌鹑和法国鹌鹑已列入中国国家重点保护经济水生动植物资源名录，鹌鹑及其所产的蛋可以食用。

六、其他可食用经济禽类

主要有绿头鸭（*Anas platyrhynchos*）、番鸭（*Cairna moschata*）非洲黑鸵鸟（African black ostrich）、红颈鸵鸟（Red neck ostrich）、灰颈鸵鸟（Dark neck ostrich）、澳大利亚鸸鹋（Australian emu）、珍珠鸡（Keet）、尼古拉火鸡（Nigla turkey）、青铜火鸡（Bronze turkey）、美国七彩山鸡（American seven colored hill chicken）、鹧鸪（Partridge）。

过去经常食用的石鸡、麻雀、野鸽等，现在已经受到法律限制。

第五节　其他可食用动物

2020 年 2 月 24 日十三届全国人大常委会第十六次会议通过了《关于全面禁止非法野生动物交易、革除滥食野生动物陋习、切实保障人民群众生命健康安全的决定》。按照《中华人民共和国野生动物保护法》，国家保护的有重要生态、科学、社会价值的陆生野生动物（简称三有动物），包括人工繁育、人工饲养的陆生野生动物，全部禁止食用。野生动物是指非人工饲养的动物，在野外环境自然生长繁殖的动物。只有列入畜禽遗传资源目录的动物，适用《中华人民共和国畜牧法》的规定，可以按照家畜家禽管理。

目前野生动物的食用受到五个限制，两个允许。

五个限制是(1) 受到《国家重点保护野生动物名录》限制。该名录分为一级保护野生动物和二级保护野生动物。其包含陆生和水生珍贵、濒危动物。(2) 受到《濒危野生动植物种国际贸易公约》（CITES），也称华盛顿公约，附录一和附录二所列非原产中国的所有野生动物，分别核准为国家一级和国家二级保护野生动物。附录三是各国视其国内需要，区域性管制国际贸易的物种。(3) 受到《国家保护的有益的或者有重要经济、科学研究价值的陆生野生动物名录》的限制。(4) 受到《渔业法》《国家重点保护水生野生动物名录》《人工繁育国家重点保护水生野生动物名录》的限制。(5) 受到地方重点保护野生动物的法规限制。这是指国家重点保护野生动物以外，由省、自治区、直辖市确定的重点保护的野生动物。

两个允许是(1) 列入国家畜禽遗传资源品种名录（2021 年版）的动物，允许按照《畜牧法》生产、检验和食用。(2) 列入国家重点保护经济水生动植物资源名录和农业农村部公告的水产新品种的动物。其按照渔业法管理，允许食用。例如中华鳖、乌龟列入水生动物相关名录的两栖爬行类动物，按照水生动物管理。牛蛙列入《农业农村部公告的水产新品种》，因此都可以食用。

过去野味原料主要来源于人工饲养的野生动物，现在多数已经受到限制了。但是还有少数人工养殖的野生动物，按照家畜家禽管理，可以食用。

一、两栖动物

两栖动物幼体用鳃呼吸，经变态后成体可生活在水陆之间。体温不恒定，为变温动物。两栖类动物可作为烹饪原料使用的主要为蛙类。

牛蛙(*Rana catesbeiana*)

牛蛙为两栖无尾目蛙科动物，原产地于北美洲，1959 年从古巴、日本引进我国内陆。目前我国主要靠养殖生产，全国各地均产，主要集中于湖南、江西、新疆、四川、湖北等地。商品蛙主要在秋冬季。牛蛙(见图 9-8)体形与一般蛙相同，但个体较大，雌蛙体长 20 厘米，雄蛙 18 厘米，头部宽扁。口端位，吻端尖圆面钝。眼球外突。下眼皮背部略显粗糙，有细微的肤棱。四肢粗壮，前肢短，无蹼。后肢较长，大趾间有蹼。肤色随生活环境而多变，通常背部及四肢为绿褐色，背部带有暗褐色斑纹，腹面白色，此蛙鸣声很大，远闻如牛叫而得名。

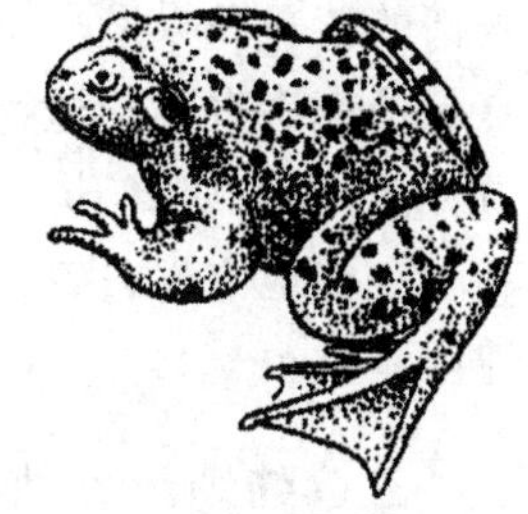

图 9-8 牛蛙

牛蛙肌肉纤维细嫩而发达，脂肪主要集中在内脏。根据菜品要求的需要，牛蛙皮肤也可作为原料烹制，有些菜肴采用蛙腿肉单独制作成菜。牛蛙适合于多种方法烹调，为了突出牛蛙肉质细嫩，味鲜美，色白的特点，常采用爆、炒、烧、蒸等方法成菜。

一些地方过去曾食用养殖的青蛙、大鲵、中国林蛙，但是目前已经受到法律限制不可食用。

二、爬行动物

爬行动物是卵生，在陆地繁殖，用肺呼吸，体被角质鳞片或骨板的变温动物。从烹饪的角度看，爬行动物没有成块的肌肉可供切割，做成的菜品往往是肌肉和骨骼连在一起，脂肪较少，有土腥味，常需较长时间加热成菜。

(一) 鳖

鳖为爬行纲龟鳖目鳖科动物的总称。常见的是中华鳖(*Trionyx sinensis*)，又叫甲鱼、水鱼、团鱼、王八。主要特征是整体圆扁，吻突尖长，头部淡青灰色，散有黑点，头能缩入甲内，有背腹二甲，背甲稍隆起与腹甲一起形成一个硬壳保护腔。背甲边缘结缔组织很发达，形成柔软细腻的肉质裙边，裙边上的疣粒很明显，尾呈现扁锥形，雌性个体尾部达不到裙边，雄性尾部稍伸出裙边外缘。鳖肉不但可以食用，而且营养价值很高，是一种味道鲜美、高蛋白、低脂肪、含有多种维生素和微量元素的滋补珍品，也是食疗、药膳的常用原料。鳖肉质细嫩，常用烧、炖、焖等方法成菜。

目前市场上的商品鳖，主要以人工养殖为主。在不同环境中生长的鳖，其肉味品质各有差异。一般背甲与裙边呈青绿色，表面润滑带有光泽，特别是腹甲呈金属色，四肢基部周围呈黄色者为上品。中华鳖被列入国家重点保护经济水生动植物资源名录，因此允许食用。

(二) 龟

龟为爬行纲龟鳖目龟科动物的总称。我国龟类由于近些年来人们滥捕及生态环境的恶化，已呈衰退之势。某些龟种濒临灭绝，国家已将其中的几种列入一、二级保护动物。龟与鳖的不同处是龟背体表无角质皮肤，背甲周边无“裙边”。龟的整体分头、颈、躯干、四肢、尾五部分。

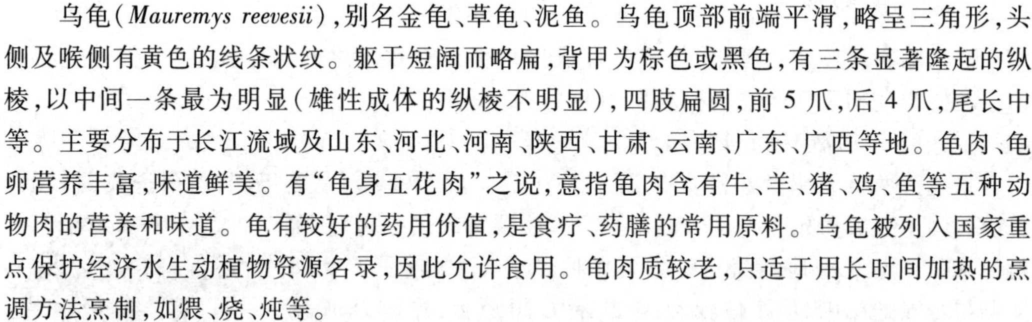

乌龟(*Mauremys reevesii*),别名金龟、草龟、泥鱼。乌龟顶部前端平滑,略呈三角形,头侧及喉侧有黄色的线条状纹。躯干短阔而略扁,背甲为棕色或黑色,有三条显著隆起的纵棱,以中间一条最为明显(雄性成体的纵棱不明显),四肢扁圆,前 5 爪,后 4 爪,尾长中等。主要分布于长江流域及山东、河北、河南、陕西、甘肃、云南、广东、广西等地。龟肉、龟卵营养丰富,味道鲜美。有“龟身五花肉”之说,意指龟肉含有牛、羊、猪、鸡、鱼等五种动物肉的营养和味道。龟有较好的药用价值,是食疗、药膳的常用原料。乌龟被列入国家重点保护经济水生动植物资源名录,因此允许食用。龟肉质较老,只适于用长时间加热的烹调方法烹制,如煨、烧、炖等。

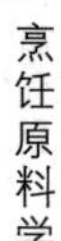

一些地方过去曾食用养殖的山瑞鳖、黄喉拟水龟、平胸龟、各种蛇等,但是目前受到法律限制。

三、陆地无脊椎动物

陆地无脊椎动物主要以蛛形纲和昆虫纲动物为主。昆虫纲的动物较多,但是列入中国畜禽遗传资源目录的只有蜜蜂。人们主要食用蜜蜂生产的蜂蜜、蜂王浆、蜂蜡。另外也可以直接食用蜂蛹,蜂蛹是蛹期蜜蜂。蜂蛹蛋白质含量高,脂肪含量低,并具有多种维生素和微量元素。可适用于多种方法烹制,如炸、煮、蒸等,还可用于制作点心,制酱方面的原材料。

允许食用的蜜蜂有

(1) 地方品种:中蜂(Chinese bee)、东北黑蜂(Northeastern black bee)、珲春黑蜂(Huichun black bee)、新疆黑蜂(Xinjiang black bee)。

(2) 引入品种:卡尼鄂拉蜂(Kaniela bee)、高加索蜂(Gaojiasuo bee)、意大利蜂(Italian bee)、美意蜂(American Italian bee)、喀尔巴阡蜂(Kaerbaqian bee)、澳意蜂(Australian Italian bee)、安那托利亚蜂(Annatuoliya bee)。

中华蜜蜂(*Apis cerana*)又称中华蜂、中蜂、土蜂,是东方蜜蜂的一个亚种,属中国独有蜜蜂品种,是我国主要的经济可食用动物。

我国一些地方传统上有小规模食用蚕蛹、蝉等昆虫情况。蝎子是属蛛形纲蝎目的总称,少数地方也有食用蝎子情况,但是目前已经受到法律限制。

第六节　家畜和家禽副产品

畜禽副产品是指畜禽宰杀经分割后的动物内脏、蹄、爪、血液等。有的地方将禽类副产品也称为“禽杂”,畜的副产品则称为“下水”。我国对家畜和家禽副产品在烹饪上应用比较多,在西方国家一般不用于食品。畜禽副产品原料性能差异大,烹调方法的应用范围广,有些品种异味较重,粗加工较为复杂。常用的主要有猪、牛、羊、鸡和鸭的副产品。

一、家畜副产品

(一) 肝

肝由实质和间质两部分组成,是一团柔软多汁的呈微红棕色的组织,并且表面被覆浆膜。常用的肝有猪肝和牛肝。猪肝分为尾叶、右外侧叶、方叶、左内叶和左外侧叶等五叶,

边缘薄,质地坚实,重约 2 kg。牛肝分为三叶,从外部形态观察,难以区分,重 3~6 kg。牛肝结缔组织较猪肝少,但异味较猪肝大。用肝制作菜肴,应选用新鲜,色呈微红棕色或紫色,表面有光泽较好。若肝色暗淡,无光泽,表面萎缩有皱纹、发软,则表明其新鲜度较差,不宜食用。肝由于多汁,烹制时易流失,故常采用短时间加热成菜,如爆、汆等。也可用卤制等方法制作成菜,但上桌前要用多汁的调料入味,否则适口性较差。

(二)肾

肾是动物形成尿液的器官,畜类的肾俗称"腰子",在动物体内成对存在,位于腹腔背侧、腰椎的腹侧。肾周围包有脂肪。肾由皮质和髓质两部分组成。一般不分叶,但牛肾分叶。肾内血管丰富,质地嫩,由于髓质部尿臊味较重,所以一般不食用。新鲜肾呈浅红色,表面有一层薄膜,有光泽、柔润,且富有弹性。做菜前应注意漂洗,除去异味。肾入烹前往往要经过复杂的刀法处理,目的是使其受热均匀,达到质地脆嫩的口感。往往采用短时间加热的方法成菜,如爆、凉拌等。

(三)心

心呈倒圆锥形,为中空的肌质器官,心的上部大,为心基,分左右心房各一个,并有进出心的血管。下部小,为心尖,分左右心室各一个。心的上部有心耳和脂肪,一般切除不食用。心的下部肌肉较上部厚实,整个心肌含肌间脂肪少,且纤维短。新鲜的心,组织坚实,富有弹性,挤压有鲜红色的血块排出。常用的家畜心有猪心、牛心和羊心。不同动物的心,都具有该种动物特有的滋味。烹调时应注意选用合适的能体现原料自身特点的烹调方法,常用的方法有卤、爆、炒等。

(四)胃

胃有单胃和复胃之分。牛、羊的胃为复胃,猪则为单胃。民间称之为"肚子"。猪的胃壁由里到外可分为黏膜层、黏膜下层、肌层和浆膜层,肌层分别由纵行、环行和斜行 3 层平滑肌所组成。环行肌在幽门处形成幽门括约肌,其肌层较厚,行业上俗称"肚尖""肚头""肚仁"。新鲜的猪肚有弹性,有光泽,色浅黄,黏液多,质地坚实。若白中带青,无弹性和光泽,黏液少,肉质松软,则表明此猪肚不够新鲜。

牛、羊的胃分为瘤胃、网胃、瓣胃和皱胃 4 个室。

1. 瘤胃

瘤胃壁由黏膜、肌层和浆膜 3 层构成。黏膜呈棕黑色或棕黄色,表面有无数密集的乳头,肌层很发达,内层为环行肌,外层为纵行肌。浆膜无特殊构造。由于黏膜表面密集的乳头,所以行业中将瘤胃称为"毛肚"。

2. 网胃

网胃因其内壁花纹像蜂窝,故在烹饪行业中将网胃称为"蜂窝肚"。

3. 瓣胃

瓣胃壁的结构与瘤胃、网胃相似,只是黏膜形成百余片瓣叶,俗称"百叶"或"百叶肚"。

4. 皱胃

皱胃结构与单室胃相似。由于牛、羊胃的形态结构较单胃复杂,所以在烹调处理的方法上也多种多样。如"百叶"常用凉拌、涮的方法食用,而"毛肚"主要采用卤制的方法。胃的肌肉较发达,易脱水,加热后韧性大,故一般采用长时间加热的方法制作菜肴。如卤、煨就是常用的方法之一。

（五）肠

肠分为小肠和大肠。小肠包括十二指肠、空肠和回肠3段，是畜类动物食物消化和吸收的主要器官。大肠包括盲肠、结肠和直肠3段。小肠一般用来制作肠衣，大肠在烹饪上应用广泛。由于肠是动物消化食物、形成粪便的器官，所以在粗加工、清洗方面要注意除去异味。新鲜猪肠呈乳白色，质稍软，具有韧性，有黏液，不带粪便及污物。肠一般不适宜用短时间加热的方法制作菜肴，常采用卤或蒸制后，再结合其他的烹调方法制作菜肴，如脆皮大肠等。

（六）舌

舌分为舌尖、舌体和舌根3部分。主要由横向联合纹肌构成，表面覆以黏膜。猪舌为最常见的品种。黏膜较厚，角质化程度高，异味较重。烹饪初加工时应先放入沸水中，烫至发白，并趁热刮去后，方能应用。舌根的后端附有舌骨的部分肌群，根背侧有舌扁桃体及相关的淋巴器官，初加工时应注意将舌扁桃体和淋巴去除。舌这种肌性器官适合多种烹调方法，可用爆、炒、卤等方法制作成菜。短时间加热口感脆嫩，长时间加热烹制则烂。

（七）血液

家畜的血液包括猪血、牛血、羊血。

猪血价格低廉，因此目前烹饪上使用最多的是猪血。每100 g中含水分85.8 g，蛋白质12.2 g，脂肪0.3 g，糖类0.9 g，维生素B1 0.03 mg，维生素B2 0.04 mg，尼克酸0.3 mg，维生素E 0.2 mg，钙4 mg，磷16 mg，铁8.7 mg，锌0.28 mg等营养成分。猪血中的氨基酸有18种之多，其中包括8种人体必需的氨基酸。猪血含有的铁、锌、铜等可直接参与造血过程或催化造血过程。猪血凝固后质软，容易为老年人和婴幼儿消化吸收。

牛血含90%的水和10%固体物质，固体中含蛋白质80%。牛血全血含35%～40%的有机物，其中包括红细胞、白细胞及血小板，并含约0.4%的铁复合蛋白质（即血红蛋白）等成分。

羊血除水外，主要成分是蛋白质，包含血红蛋白、血清白蛋白、血清球蛋白和少量纤维蛋白。此外尚含少量脂类（包括磷脂和胆固醇）、葡萄糖及无机盐等。

家畜的血液屠宰时容易沾染皮毛、泥土等外界污物，其卫生较差。因此，我国一些地方（如上海）禁止普通屠宰的猪血用于烹饪或食品原料，而只能用于饲料。但是如果具有特定取血、凝血、包装、加热杀菌等设施的公司，经过政府批准后，制备的密封的盒装猪血是可以用作烹饪原料的。

二、家禽副产品

家禽副产品主要是指禽的内脏及爪、舌、血等。禽类副产品是烹饪原料中常用的原料之一。由于禽类个体大小差异大，所以某些器官的利用也存在差异，应用时要依据具体结构特点选用能体现禽副产品特点的烹调方法。

（一）肝

禽肝位于腹腔前下部，呈淡褐色或红褐色，分为左右两叶，禽肝质地软嫩，多汁，常采用爆、氽、卤等方法成菜，久烹则质地较硬。禽肝中维生素及无机盐丰富，是营养配餐中的常用原料，某些禽类品种经长期选育，肝经育肥后较肥大，可专供制酱及烹调。

（二）胃

禽胃分为前后两部分，前部分为腺胃，后部分为肌胃。前胃呈短纺锤形，壁较后胃

薄,制作某些精细菜肴时,常弃之不用。肌胃呈椭圆形,由肌肉组织构成,壁厚实,色暗红。肌胃由发达的平滑肌构成,内壁表面凝结成厚的角质膜,此膜俗称"肫皮",做菜时应除去。

肌胃经短时间加热烹调后,给人一种动物原料少有的脆嫩感。如火候把握不当,质地较韧,故常采用爆、炒、卤等烹饪方法制作成菜。有些地方将其煮熟后,放入泡菜水中浸泡成凉菜。

(三) 肠

禽的肠也分为大肠和小肠,但较短,后端延续为泄殖腔。其组织结构与畜类相同,与家畜肠相比,壁较薄,末端环行肌层增厚形成的括约肌没有家畜明显,一般不单独用来做菜。禽肠精加工时应注意洗净异味,最常用的主要是鸭肠和鸡肠。鸭肠由于其壁较鸡肠稍厚且粗,品质较鸡肠好,所以通常采用爆、炒、卤、回锅等方法制作成菜。经爆后的鸭肠质地脆嫩,口感较佳。

(四) 舌和心

禽舌由于种类不同,所以大、小、宽、厚有一些差异。但它们都由舌尖、舌体和舌根 3 部分所组成。禽舌有舌内骨,这也是与家畜舌的不同之处。舌表面被覆有角质化的上皮。舌内骨、上皮在舌初加工时应除去,不能食用。鸭舌是禽类舌中常用的原料,因其宽厚、鲜、嫩、脆的特点,故深受消费者欢迎。多用于烩、爆炒等。禽心与家畜的心构造相似,质地上较家畜的心更细嫩。烹调此类原料要注意温度的控制,否则成品质韧。可用爆、卤等方法成菜。

(五) 蹼

蹼是由皮肤形成的固定皮肤褶,鸭科动物较为发达。常用的主要为鸭蹼和鹅蹼,也称为鸭掌和鹅掌。蹼是鸭科动物膝关节以下的部分,较高档的做法是将蹼内骨骼取出后使用,取骨后的蹼常用烩、蒸、烧等烹饪方法成菜。一般采用卤的方法制作。

(六) 血液

家禽血主要有鸡血、鸭血、鹅血等。家禽血液中的红细胞及血红蛋白量比家畜血液要低一些。含血红蛋白、血清白蛋白、血清球蛋白、纤维蛋白、免疫球蛋白、维生素 B1、维生素 A、叶酸、硒、核酸、铁等。鸭血和鸡血在凝血后,质感很好,普遍用作烹饪原料,其中鸭血非常有名,有用猪血冒充鸭血的欺诈行为。鹅血含有大量的免疫球蛋白,可能有助于增强人体的免疫功能。民间传言鹅血有抗癌作用,有的人还生饮鹅血,但是这样容易被寄生虫、禽流感等致病病毒和细菌等感染。因此,家禽血需要加热烹饪后才能供食用。鹅血制品可用作保健食品原料。家禽取血相对比较卫生,因此我国对家禽血液在烹饪或食品上的使用,没有特别限制。

第七节 畜禽肉类的品质检验与保藏

畜禽肉类的品质与人体健康、食物安全以及菜肴成品的质量有着密切的关系。掌握畜禽类原料品质检验及科学的贮存方法,是烹饪工作者的基本技能。烹饪工作者主要用感官鉴定的方法对原料的品质进行鉴定,这也是决定选用何种烹饪方法,制作突出原料特点的菜肴的前提要求。

一、肉的品质检验

（一）鲜猪肉

猪肉纤维细致柔嫩，肌细胞含水量适中，结缔组织与牛、羊等家畜相比要少且韧性也较弱，脂间脂肪的积蓄量比其他家畜肉多，使猪肉的风味不同于其他家畜。猪肉的色泽呈淡红色，因部位、年龄、品种不同，其色泽也有所不同。猪肉脂肪色白，带有猪肉特有的香味。

鲜猪肉是指生猪经过屠宰加工后，经卫生检验符合市场鲜销而未经冷冻的猪肉，其品质从感官上判断要有以下几个方面。

1. 外观

良好的猪肉表面有一层微干或微湿润的外膜，有光泽，呈淡红色，切断面稍湿，不粘手，肉汁透明。次之的猪肉表面有一层风干或潮湿的外膜，呈暗灰色，无光泽，切断面的色泽比新鲜的肉色暗，有黏性，肉汁混浊。变质猪肉表面极度干燥或粘手，呈灰色或淡绿色，发黏并有霉变的现象。切断面也呈暗灰色或淡绿色，很黏，肉汁严重混浊。

2. 弹性

好的猪肉，用手指按压后的凹陷能立即恢复。肉质比新鲜肉柔软、弹性小、用指尖按压凹陷后不能完全复原的次之。腐败变质猪肉由于自身被严重分解，出现不同程度的腐烂，所以肌肉组织已完全失去弹性。

3. 气味

良好的猪肉具有猪肉正常的气味。表面能嗅到轻微氨味、酸味或酸霉味，但深层没有这些气味的次之。变质猪肉不论是表层及深层均有腐臭气味。

4. 脂肪

新鲜猪肉脂肪呈白色，具有光泽，柔软而富于弹性。脂肪呈灰色，无光泽，容易粘手，有时略带油脂酸败味和哈喇味的次之。变质猪肉脂肪有黏液，带霉变呈淡绿色，柔软，具有油脂酸败气味。

5. 煮沸后的肉汤

好的肉汤透明澄清，脂肪团聚于表面，具有肉香味。稍有混浊，脂肪呈小滴浮于汤的表面，有轻微的油脂酸和霉变气味的次之。变质猪肉的汤极混浊，汤内漂浮着有如絮状的烂肉片，汤表面几乎无油滴，具有浓厚的油脂酸败味或显著的腐败臭味。

根据胴体外观、肉色、肌肉质地、脂肪色将胴体质量等级从优到劣分为Ⅰ、Ⅱ、Ⅲ3 级，具体要求应符合表 9-2 的规定。若其中有一项指标不符合要求，就应将其评为下一个级别。

表 9-2　胴体质量的等级要求

	Ⅰ级	Ⅱ级	Ⅲ级
胴体外观	整体形态美观、匀称，肌肉丰满，脂肪覆盖情况好。每片猪肉允许表皮修割面积不超过 1/4，内伤修剖面积不超过 150 cm^2	整体形态较美观、较匀称，肌肉较丰满，脂肪覆盖情况较好。每片猪肉允许表皮修割面积不超过 1/3，内伤修割面积不超过 200 cm^2	整体形态、匀称性一般，肌肉不丰满，脂肪覆盖一般。每片猪肉允许表皮修割面积不超过 1/3，内伤修割面积不超过 250 cm^2

续表

	Ⅰ级	Ⅱ级	Ⅲ级
肉色	鲜红色，光泽好	深红色，光泽一般	暗红色，光泽较差
肌肉质地	坚实，纹理致密	较为坚实，纹理致密度一般	坚实度较差，纹理致密度较差
脂肪色	白色，光泽好	较白略带黄色，光泽一般	淡黄色，光泽较差

（二）冻猪肉

冷冻猪肉与新鲜猪肉有较大的差异。其品质检验如下。

1. 色泽

良好的冻猪肉色红、均匀，具有光泽，脂肪洁白，无霉点。次质冻猪肉肌肉红色稍暗，缺乏光泽，脂肪轻微发黄，有少许霉点。变质冻猪肉肌肉色泽暗红、无光泽，脂肪呈黄色或灰绿色，有霉斑或霉点明显。

2. 组织状态

良好的冻猪肉肉质坚密，手触有坚实感，肉质软化或松弛的次之。变质的冻猪肉肉质明显松弛。

3. 黏度

好的冻猪肉外表和切面微湿润、不粘手。微粘手，切面有渗出液但不粘手的次之。

4. 气味

好的冻猪肉应无臭味和异味。稍有臭味和异味的次之。变质冻猪肉有严重的氨味、酸味或臭味，加热后更明显。

（三）注水猪肉和种猪肉

1. 注水猪肉

猪肉注水过多时，水会从瘦肉上往下滴，肌肉缺乏光泽，表面有水淋淋的亮光。手的触弹性差，也无黏性。注水后的肉刀切面有水顺刀面渗出。若是冻肉，则肌肉间有残留的碎冰。解冻后营养流失严重，肉品质下降。

2. 种猪肉

种猪肉皮厚而硬，毛孔粗，皮肤与脂肪间无明显的界限。公猪肉色苍白，皮下脂肪又厚又硬。母猪肉呈暗红色，肌肉粗，用手指按压无弹性和黏性，脂肪非常松弛，种猪都有较重的臊味和毛腥味。

（四）鲜牛肉、羊肉、兔肉

鲜牛肉、羊肉、兔肉有一定的特征，具体如下。

1. 色泽

鲜牛肉、羊肉、兔肌肉呈均匀的红色，具有光泽。经养肥后的牛肉，瘦肉呈大理石花纹。脂肪洁白或呈乳黄色，肌肉色泽稍转暗，切面尚有光泽，但无脂肪光泽的次之。肌肉色泽呈暗红，无光泽，脂肪发暗直至呈绿色为变质肉。

2. 气味

新鲜牛肉、羊肉、兔肉具有该种动物特有的气味，如膻味或土腥味等。如稍有氨味或酸味的次之。有腐臭味的则变质。

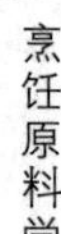

3. 黏度

新鲜的牛肉、羊肉、兔肉表面微干或有风干膜，触摸时不粘手。次鲜肉表面干燥或粘手，新的切面湿润。表面极度干燥或发黏，新切面也粘手的肉为变质肉。

4. 弹性

新鲜肉手指按压后的凹陷能立即恢复。次鲜肉不能完全恢复且较慢。完全不能恢复并留有明显痕迹的肉则是变质肉。

5. 煮沸后的肉汤

新鲜肉汤汁透明澄清，脂肪团聚于表面，具有该种动物特有的香味。次鲜肉汤汁略显混浊，脂肪呈小滴浮于表面，香味差或无香味。变质肉汤混浊，有黄色或白色絮状物，浮于表面的脂肪极少，有明显的腐臭气味。

鲜牛肉、羊肉质量分级详见农业农村部标准《牛肉等级规格》（NY/T 676—2010）和《羊肉质量分级》（NY/T 630—2002）。

（五）鸡肉

鸡肉的品质感观鉴定如表 9-3 所示。

表 9-3　鸡肉的品质感观鉴定

	鲜鸡肉		冻鸡肉（解冻后）	
眼球鉴别	新鲜鸡肉	眼球饱满	良质冻鸡	眼球饱满或平坦
	次鲜鸡肉	眼球皱缩凹陷，晶状体稍显混浊	次质冻鸡	眼球皱缩凹陷，晶状体稍有混浊
	变质鸡肉	眼球干缩凹陷，晶状体混浊	变质冻鸡	眼球干缩凹陷，晶状体混浊
色泽鉴别	新鲜鸡肉	皮肤有光泽，因品种不同可呈淡黄色、淡红色和灰白色等颜色，肌肉切面具有光泽	良质冻鸡	皮肤有光泽，因品种不同而呈浅黄色、淡红色、灰白色等颜色，肌肉切面有光泽
	次鲜鸡肉	皮肤色泽转暗，但肌肉切面有光泽	次质冻鸡	皮肤色泽转暗，但肌肉切面有光泽
	变质鸡肉	体表无光泽，头颈部常带有暗褐色	变质冻鸡	体表无光泽，颜色暗淡，头颈部有暗褐色
气味鉴别	新鲜鸡肉	具有鲜鸡肉的正常气味	良质冻鸡	具有鸡的正常气味
	次鲜鸡肉	仅在腹腔内可嗅到轻微不愉快味，无其他异味	次质冻鸡	唯有腹腔内能嗅到轻度不快味，无其他异味
	变质鸡肉	体表和腹腔均有不快味，甚至臭味	变质冻鸡	体表及腹腔内均有不愉快气味

续表

	鲜鸡肉		冻鸡肉（解冻后）	
黏度鉴别	新鲜鸡肉	外表微干或微湿润，不粘手	良质冻鸡	外表微湿润，不粘手
	次鲜鸡肉	外表干燥或粘手，新切面湿润	次质冻鸡	外表干燥或粘手，切面湿润
	变质鸡肉	外表或干燥或粘手或腻滑，新切面发黏	变质冻鸡	外表干硬或黏腻，新切面湿润，粘手
弹性鉴别	新鲜鸡肉	指压后的凹陷能立即恢复	良质冻鸡	指压后的凹陷恢复慢，且不能完全恢复
	次鲜鸡肉	指压后的凹陷恢复较慢，且不完全恢复	次质冻鸡	肌肉发软，指压后的凹陷几乎不能恢复
	变质鸡肉	指压后的凹陷不能恢复，且留有明显的痕迹	变质冻鸡	骨肉软、散，指压后凹陷不但不能恢复，而且容易将鸡肉用指头戳破
肉汤鉴别	新鲜鸡肉	肉澄清透明，脂肪团聚于表面，具有香味	良质冻鸡	煮沸后的肉汤透明，澄清，脂肪团聚于表面，具备特有的香味
	次鲜鸡肉	肉汤稍有混浊，脂肪呈小滴浮于表面，香味差或无味	次质冻鸡	煮沸后的肉汤稍有混浊，油珠呈小滴浮于表面，香味差或无鲜味
	变质鸡肉	肉汤混浊，有白色或黄色絮状物，脂肪浮于表面者很少，甚至能嗅到腥臭味	变质冻鸡	肉汤混浊，有白色或黄色的絮状物悬浮，表面几乎无油滴悬浮，气味不佳

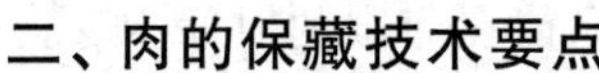

二、肉的保藏技术要点

畜禽肉含有丰富的营养成分，在室温下放置时间稍长，因受到外界微生物的侵袭，以及内部自身酶的作用，会产生一系列变化，以致腐烂变质。因此，肉的贮藏保鲜，就是抑制或消灭微生物的生长繁殖，抑制酶的活性，延长肉内部的化学变化，以达到较长时间保藏的目的。在烹饪运用中，应注意初加工后原料的保鲜。

肉的贮藏保鲜方法很多，大致分为物理贮藏和化学贮藏两个方面。物理贮藏方法，包括低温、高温、辐射、气调等。化学贮藏方法有盐腌、烟熏、添加化学制剂等。化学贮藏方法往往会改变肉的风味。

（一）肉的低温贮藏

在肉的贮藏保鲜方法中，低温贮藏是目前应用最广、效果最佳的一种贮藏方法。低温可以抑制微生物的生命活动和酶的活性，不仅能延长肉的贮藏期，而且不会引起肉的组织结构和性质发生根本的变化，保持了肉固有的特性和品质。与肉品腐败有关的许多细菌和病原菌多为嗜温性细菌，它的最适生长温度为20～40℃。这类细菌在10℃以下生长发育变慢，发育被抑制，温度达0℃左右，发育便极为缓慢。肉中酶的种类很多，肉中各种酶活性的最适温度为37～40℃，低温对酶的活性有抑制作用，但并非完全停止。低温贮藏，

由于采用的温度不同,又分为冷却法和冷冻法。

1. 肉的冷却

肉的冷却就是将刚宰好的胴体吊挂在冷却室内,使其冷却至胴体最厚部位的深层温度达到0~4℃的过程。经过冷却的肉,称为冷却肉。对刚屠宰后的生鲜肉进行及时快速冷却处理,是因为其表面潮湿,肉体温度还没有完全下降到室温,这种湿度和温度很适宜微生物生长繁殖,肉体内酶的活性较强,很容易导致肉的腐败、变味、变质,缩短保存期。为了抑制微生物活动和酶的活性,在最短的时间内减弱到最低限度,必须使胴体在一定的温度范围内迅速下降。在冷却过程中,由于肉表面水分的大量蒸发,所以在肉的表面容易形成一层油干的表面膜。此膜有助于减少肉在贮藏期间水分的蒸发,同时有利于阻止微生物的侵入。冷却的温度只能抑制微生物的繁殖和降低酶的活性,而不能终止其活动,所以冷却肉的贮藏期不能太长,一般在一周左右。

2. 肉的冷冻

肉的冷冻就是将屠宰后的胴体进行深度冷冻,使肉的温度降到-18℃以下,肉中大部分水分(95%以上)冻结成冰,称为肉的冷冻或肉的冻结。这种肉就叫作冷冻肉或冻结肉。由于肉中大部分水分变成冰晶,阻碍了酶的活性和微生物的生长繁殖,因此冷冻肉能贮存较长时间。肉的冷冻速度,对肉的质量有一定的影响。快速冻结,即将肉放在-25℃以下的冷库内,使肉的温度迅速降到-18~-15℃冷冻,肉中形成的冰晶颗粒小而均匀,对肉的质量影响较小,经解冻后肉汁流失少。慢冻形成的冰晶大,肌肉细胞受到的破坏就大。肉在解冻后,汁液流失较多,品质就差。肉经冷冻,包装入库后,存入时间较长。

(二)肉的化学贮藏

肉的化学贮藏就是在肉品生产制作和贮运过程中,使用化学添加剂或食品添加剂,使肉能得以贮藏,并保持它原有品质的一种方法。在某些烹饪制作的成品中,常用的有防腐剂、抗氧化剂、护色剂等。

化学贮藏的优点是在成品中添加化学制品,能在室温等条件下延缓肉的腐败变质,与其他贮藏方法相比,具有简便且较经济的特点。化学贮藏只能在有限的时间内保持肉的品质,是一种短时间贮藏方法。化学防腐剂只能推迟微生物的生长,并不能完全阻止它的生长。

化学贮藏法使用的化学制剂,必须符合食品添加剂的要求,要做到安全,对人体无毒害作用。目前,天然的防腐剂和抗氧化剂应用也较广泛。如采用科学的方法,从辣椒、生姜、大蒜等物中提取有效成分,应用于肉品及其成品的贮藏保鲜。

在成品防腐保鲜方面,常使用的化学防腐剂有山梨酸、山梨酸钾、乳酸、乳酸钠。此外,在成品贮藏保鲜中,也有配合冷藏使用气调保鲜和脱氧剂保鲜。

思考题

资料:国家林业和草原局关于规范禁食野生动物分类管理范围的通知

1. 哪些因素可以影响肉品的颜色?烹饪时如何应用?
2. 简述肌肉的构成。不同部位的肉的使用有什么特点?
3. 常见的猪、牛有哪些品种?请说明产地。
4. 怎样识别注水猪肉与种猪肉?

第十章　蛋品和乳品烹饪原料

学习目标

- 掌握蛋品和乳品的结构、性质与化学成分。
- 了解蛋品和乳品类的烹饪应用。
- 掌握蛋品和乳品类的品质检验与保藏技术。

蛋品原料主要是指禽类动物排出体外的卵。爬行类动物也产蛋,其商品数量少,烹饪上所用的蛋主要是禽蛋。乳品烹饪原料是哺乳动物为维持其幼儿生长发育,从乳腺中分泌出来的乳汁,它们都具有营养价值高,且容易被人体吸收,烹饪方法简单等特点,是烹饪上常用的原料。

第一节　蛋　　品

蛋的种类不同,其大小、外形及颜色存在差异。有的品种壳厚,有的则薄,但结构基本相同。鸡蛋的结构分为 3 部分,即蛋壳、蛋清和蛋黄。按轻重计,一般蛋壳约占全蛋的 10%,蛋清约占全蛋的 60%,蛋黄约占全蛋的 30%。鸡蛋的大小主要取决于鸡的品种、饲料构成和饲养条件。蛋的大小对蛋的营养成分无影响。

一、蛋壳

蛋壳由外蛋壳膜、石灰质蛋壳、内蛋壳膜和蛋白膜组成。

(1) 外蛋壳膜是一种无定形的、透明、可溶性的黏蛋白,呈霜状分在蛋壳的外层。外蛋壳膜能透过气体,但可减少微生物的侵入和阻止蛋内水分的蒸发,具有保护作用。

(2) 蛋壳主要由碳酸钙组成,质脆不耐碰撞和挤压,可承受较大的均衡静压。蛋壳的颜色取决于鸡的品种,一般蛋壳色深的含色素较多,蛋壳较厚。颜色浅的含色素少,蛋壳较薄。蛋壳在强光下可以透光,故可采用灯光透视法以鉴定蛋的质量。蛋壳上分布着许多肉眼不可见的气孔,可供胚胎呼吸时气体进出,蛋内的水分也可通过气孔蒸发,而使蛋变轻。微生物也可通过该孔进入蛋内。气孔是造成蛋在保管贮藏过程中质量降低、腐败和损耗的主要因素。蛋壳上的气孔分布数量以大头居多。小头部位的蛋壳较大头部位稍厚。

(3) 内蛋壳膜和蛋白膜是具有弹性的网状薄膜,主要由角质蛋白组成。细菌不能直接通过,所以有阻止微生物通过的作用。

蛋生下后,温度逐渐下降,蛋的内容物收缩,遂在气孔分布较多的大头部位,蛋白膜和蛋壳之间形成气室。水分向蛋壳外蒸发,使气室的空间逐渐增大。蛋存放的时间越长,气室就越大,这也是判别蛋新鲜程度的一个标志。

二、蛋清

鸡蛋中的蛋清主要由蛋白质组成。按形态分为两种,即浓厚蛋清和稀薄蛋清。整个蛋清靠外层为稀薄蛋清,中层为浓厚蛋清,蛋黄外围为稀薄蛋清。浓厚蛋清中含有能溶解微生物细胞壁的溶菌酶,有抗菌的能力。随着时间的延长,浓厚蛋清逐渐变稀。在低温的条件下,变稀的过程比较缓慢,在高温条件下变稀的过程则较迅速。浓厚蛋清含量的多少也是蛋质量好坏的标志。

三、蛋黄

蛋黄由系带、蛋黄膜、胚胎和蛋黄的内容物组成。它位于蛋的中心,呈圆球状,为黄色,系浓稠、不透明、半流动的黏性体,外部含有一层很薄的蛋白质膜,为蛋黄膜,可防止蛋黄与蛋白混合。蛋黄膜的韧性随着时间的延长而逐渐松弛直至破裂,使蛋黄、蛋清混淆,而成为“散黄蛋”。系带附着于蛋黄的两端,分别连接于蛋的大头与小头的浓厚蛋清中,它具有使蛋黄固定在蛋的中心位置的作用。系带的成分与浓厚蛋清基本相同。随着存放时间的推移,系带也会变稀,降低固定蛋黄位置的作用,使蛋黄发生位移而形成“搭壳”蛋。蛋黄表面的小白圆点称为胚胎,由于其密度略小于蛋黄,所以一般附着在蛋黄上方。蛋的结构如图 10-1 所示。

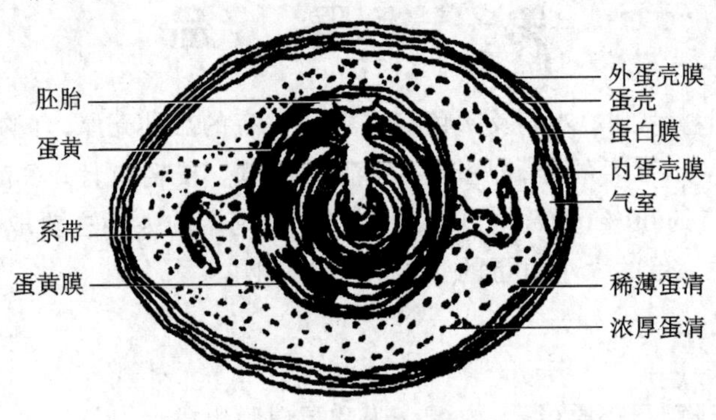

图 10-1 蛋的结构

四、蛋的营养成分

蛋的营养成分极为丰富,含有大量的蛋白质、脂肪、维生素及无机盐。蛋类的营养物质容易为人体所吸收,是营养配餐中的常用原料。

(一) 蛋白质

蛋中含有的蛋白质,主要是蛋清中的卵白蛋白质和蛋黄中的卵黄磷蛋白。它们都属于完全蛋白,易被人体所吸收。卵白蛋白质的吸收率为 97%,卵黄磷蛋白的吸收率近 100%。

(二) 脂肪

蛋的脂肪多集中在蛋黄中。在蛋黄的组成中,除卵黄磷蛋白外,脂肪和类脂质占 30%~33%,其中脂肪约占 62.3%,其成分主要由脂肪酸组成,卵磷脂约占 32.8%,其主要成分为卵磷脂等。这些成分都是人脑及神经组织发育生长所必需的物质。

（三）维生素

蛋黄中含维生素 E 及维生素 B_1，蛋清中含维生素 P 和 B_2 较多。所以，鲜蛋是一种含维生素较丰富的动物性烹饪原料，并对人体有一定的疗养作用。

（四）无机盐

蛋的内容物中含磷和铁，主要分布在蛋黄中。蛋含钙较少。

（五）糖类

蛋中含糖量较少，主要以葡萄糖为主，另外还含有极少的乳糖。蛋清中含糖 0.7%，蛋黄中含糖 0.5%左右。

五、蛋的理化特性

（一）密度

蛋的密度因其在贮存过程中，随着蛋清的分解、水分的挥发而逐渐下降。鲜鸡蛋的相对密度为 1.08～1.09。一般陈蛋的相对密度为 1.03～1.06。所以通过测定蛋的相对密度可以鉴定蛋的新鲜程度。但烹饪行业一般不采用此方法。另外，蛋黄的密度较蛋清的密度小。若贮存的时间过长，则系带失去作用时，蛋黄总是浮在蛋的上面，容易形成贴皮蛋。

（二）凝固点和冰点

鲜鸡蛋清的凝固温度为 62～64℃，蛋黄的凝固温度为 68～72℃。烹饪“溏心蛋”的制作就是利用此原理。即在煎蛋时控制温度，使蛋清凝固而蛋黄则呈半流动状态。最好将蛋黄与蛋清混合凝固的温度保持在 72～77℃。如果温度长时间在 65～68 ℃，则蛋黄凝固而蛋清呈半流动状态。此时蛋清的口感极嫩。另外，蛋在碱性环境条件下，因蛋内蛋白质受到碱的作用也可以凝固。皮蛋的制作就是利用此原理。

蛋清的冰点为-0.48～-0.41℃，蛋黄的冰点为-0.62～-0.54℃。蛋的冷藏温度不能低于-1℃，否则会因蛋液结冰使蛋破裂。

（三）乳化性

蛋黄中的磷脂具有很强的乳化能力，是天然乳化剂中效率最高的乳化剂之一。蛋清也具有乳化性，但比蛋黄的乳化力要弱许多。沙拉酱、油酥糊等都是运用蛋的乳化性能来制作的。

（四）黏度与发泡性

蛋的各部分黏度与发泡性是不同的，鲜蛋的黏度和发泡性能均比陈蛋好。新鲜鸡蛋蛋黄的相对黏度为 110.0～250.0，蛋清的相对黏度为 3.15～10.5。陈蛋因蛋清变稀，黏度下降。

蛋清在强烈的搅拌下，能产生大量的气泡且稳定。当蛋清的 pH 接近等电点，即 pH 达 4.8 时，它的发泡性能最佳。在烹饪上，常在蛋清中添加柠檬汁，以提高蛋清的发泡性能。

（五）蛋内渗透压

蛋黄和蛋清由于两者之间的化学成分不同，特别是蛋黄中含有较多的钾、钠和氯离子，所以导致蛋黄内外渗透压不同，相互之间的盐类和水分会透过蛋黄膜不断地渗透。蛋黄中的盐类渗到蛋清中来，而蛋清的水分又不断地渗透到蛋黄中去。若贮存期过长，蛋黄吸水量增加，则形成散黄蛋。

在加工蛋制品的过程中常利用蛋具有渗透的特性，通过食盐、碱、酒糟来制作咸蛋、松花蛋和糟蛋。

六、蛋的烹饪应用

(一) 可作为主料和配料

蛋的理化特点非常突出,制作过程不是太复杂,可任意调味,这些特点使蛋既可作为主料,也可作为配料,还可单独成菜。如“蛋白烧排骨”“鸡蛋羹”等。

(二) 可作为佐助原料使用

蛋经加热凝固后,可用于造型、围边、装饰菜肴。用于上浆、挂糊,使主料特点及口感更加鲜明,色泽明亮洁白。在某些缔子的制作中起发泡和黏合的作用。

第二节 乳 品

乳是哺乳动物乳腺分泌的一种白色稍带黄色的不透明的微有甜味的液体。乳中含有初生机体所需要的易消化的物质。在泌乳期中,由于生理和其他因素的影响,乳的成分会发生一些变化。在乳制品生产上分为初乳、常乳、末乳。初乳是产犊后一周内的乳。初乳干物质和球蛋白含量较高,酸度也较高,一般不作为烹饪原料使用。末乳是母牛干奶前两周所分泌的乳汁,因其味苦咸,同时伴有油脂氧化味,因此也不食用。用来制作菜肴和饮用的为常乳。我国不同的地区饮用的主要乳种有牛乳、山羊乳、绵羊乳和马乳。

一、乳品的营养成分

不同的乳的营养构成与消化吸收率各有差异,同时也受动物种类、年龄、泌乳的不同时期、饲料、气候等因素的影响,我国最为常见的是牛乳。牛乳的组成中含有人体生长发育所必需的一切营养物质。尤其重要的是,牛乳的各种成分几乎能全部被人体消化吸收。

(一) 蛋白质

蛋白质在乳中的含量为3%~4%。牛乳中含有3种主要的蛋白质,其中酪蛋白的含量最多,约占83%,乳白蛋白占13%,乳球蛋白等约占4%。乳白蛋白是一种具有高度营养价值的物质。酪蛋白的消化率为95%,水溶性白蛋白与球蛋白的消化率为97%。酪蛋白中含有较多的缬氨酸、甲硫氨酸、色氨酸和赖氨酸,乳白蛋白含有较多的胱氨酸。

(二) 乳脂肪

乳脂肪在乳中的含量一般为3%~5%,乳脂肪以微小的脂肪球分布在乳中,所以肉眼看不见。乳脂肪是乳重要的营养要素之一。乳脂肪组成中含有几十种脂肪酸,低熔点的约占63.3%。由于牛乳脂肪分散度高,熔点(27~34℃)低于人的体温,所以消化吸收率很高。

乳产生的热量,有近50%是由乳脂肪提供的。此外,乳脂肪中含有大量脂溶性维生素,以及作为神经细胞和细胞核主要成分的卵磷脂、胆固醇、麦角固醇等,对大脑的发育和增强智力有极为重要的作用。

(三) 乳糖

乳糖溶解在乳清中,牛乳中含量为4.5%。乳糖是乳中最主要的糖类,对牛乳的特征风味有影响。乳糖在人体内被乳糖酶分解为单糖,易被人体吸收,其吸收率为98%。此外,乳糖还能促使人体对食物中磷和钙的吸收贮存。

（四）无机盐和维生素

乳中含有人体必需的无机盐和维生素。其中无机盐以磷、钙、镁最为主要。铁含量虽少，但可被人体充分吸收利用。乳中脂溶性的维生素有A、D和E，水溶性的维生素有B_1、B_2、PP和C。这些无机盐和维生素对儿童或成人的生长发育都有着极为重要的作用。

二、牛乳的特点

新鲜的牛乳是一种白色或稍带黄色的不透明液体。颜色稍黄的乳是由于其中含有核黄素、乳黄素和胡萝卜素的结果。正常的乳由于其中含有挥发性脂肪酸和其他挥发性物质，所以具有特殊的香味，特别是加热后，香味更明显。乳汁中含有乳糖，所以略显甜味。牛乳的冰点一般为-0.565～-0.525℃，平均为-0.540℃。牛乳中的乳糖和盐类是导致冰点下降的主要因素。正常的牛乳其乳糖及盐类的含量变化很小，所以冰点很稳定。在乳中掺水可使乳的冰点升高，可根据冰点测定结果，来推算掺水量。掺水10%，冰点约上升0.054℃。牛乳的沸点在101.33 kPa（1个大气压）下为100.55℃，乳的沸点受其固形物含量的影响。浓缩到原体积的1/2时，沸点上升到101.05℃。

第三节　蛋品和乳品的品质检验与保藏

一、鲜蛋的品质检验与保藏

鲜蛋蛋壳清洁、完整、无光泽，壳上有一层白霜，色泽鲜明。若用手摸蛋壳表面有一种粗糙的感觉，手握蛋摇动应无响声。经灯光透视照射观察，蛋呈微红色，蛋黄略见阴影或无阴影，且位于蛋的中央，不移动，蛋壳无裂纹。将鲜蛋打开置于器皿上，蛋黄、蛋清色泽分明，无异常颜色。蛋黄略显凸起而完整，且有韧性。蛋清浓厚、稀稠分明，系带粗白而有韧性，并紧贴蛋黄。

鲜鸡蛋、鲜鸭蛋的分级标准参见《鲜鸡蛋、鲜鸭蛋分级》（SB/T 10638—2011）。

鲜鸡蛋、鲜鸭蛋根据品质分级分为AA级、A级、B级3个等级。鲜鸡蛋根据质量分级分为XL、L、M和S 4个级别。鲜鸭蛋分为XXL、XL、L、M和S 5个级别。

有些蛋由于保存时间过长，所以蛋壳颜色发暗，失去了蛋壳上的光泽。摇动时蛋内有声响，经透光检查，其透明度降低，出现暗影则为陈蛋。

霉蛋蛋壳上有细小的灰黑色点或黑斑，这是由于蛋壳表层的保护膜受到破坏，导致细菌侵入，引起发霉变质。经透光检查，则完全不透明，此类蛋不宜食用。能闻到一股恶臭味的为臭蛋。这种蛋打开后臭气更大，蛋白、蛋黄混浊不清，颜色黑暗，此类蛋有毒，不能食用。

散黄蛋打开后可见蛋清、蛋黄混在一起，此类蛋若无异味，蛋液较稠，则还可食用。

贴皮蛋是因为保存时间过长，蛋黄膜韧力变弱，导致蛋黄紧贴蛋壳。贴皮处呈红色（俗称红贴）者，还可食用。若贴皮处呈黑色，并有异味者，表明已腐败，不能食用。

蛋的腐败变质有多种原因，微生物的侵入是最主要的因素。蛋内的微生物主要存在于蛋黄中，这是因为蛋清中含有很多溶菌酶，这种酶具有杀菌的作用。蛋的最初变质特征是蛋白变稀，呈淡绿色并逐渐扩大到全部蛋清。此时系带逐渐变细失去作用，使蛋黄向蛋壳靠近而黏壳。待蛋黄膜破裂，蛋黄和蛋白相混合在一起后，开始逐渐变质。蛋白呈现出

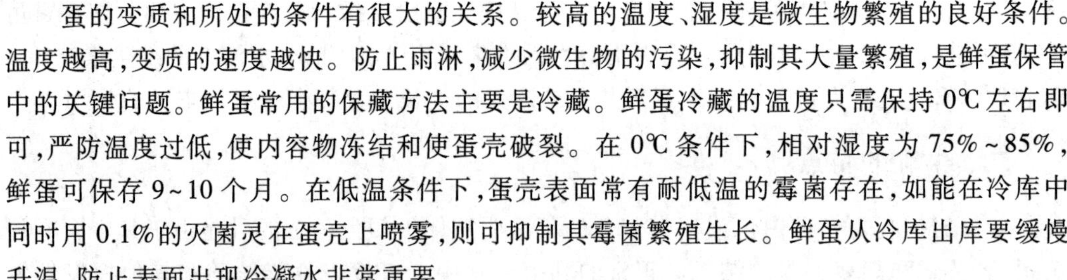

蓝色和绿色荧光，有腐臭味产生，蛋黄变成褐色。

蛋的变质和所处的条件有很大的关系。较高的温度、湿度是微生物繁殖的良好条件。温度越高，变质的速度越快。防止雨淋，减少微生物的污染，抑制其大量繁殖，是鲜蛋保管中的关键问题。鲜蛋常用的保藏方法主要是冷藏。鲜蛋冷藏的温度只需保持0℃左右即可，严防温度过低，使内容物冻结和使蛋壳破裂。在0℃条件下，相对湿度为75%~85%，鲜蛋可保存9~10个月。在低温条件下，蛋壳表面常有耐低温的霉菌存在，如能在冷库中同时用0.1%的灭菌灵在蛋壳上喷雾，则可抑制其霉菌繁殖生长。鲜蛋从冷库出库要缓慢升温，防止表面出现冷凝水非常重要。

二、乳品的品质检验与保藏

收购鲜乳时的常规检测包括以下几个方面。

（一）感官评定

感官评定主要包括牛乳的滋味、气味、清洁度、色泽等。

（二）理化指标

理化指标主要包括含脂率、蛋白质含量、杂质度、冰点、乙醇试验、酸度、温度、相对密度、抗生素残留量等。

（三）微生物指标

微生物指标主要是指细菌总数。其他如体细胞数、芽孢数、耐热芽孢数及嗜冷菌数等。

我国国家标准关于生乳的理化指标（GB 19301—2010）如表10-1所示。

表10-1　我国国家标准关于生乳的理化指标（GB 19301—2010）

项目	指标	检验方法
冰点[①,②]/℃	-0.560~-0.500	《食品安全国家标准　生乳冰点的测定》（GB 5413.38—2010）
相对密度/（20℃/4℃）≥	1.027	《食品安全国家标准　生乳相对密度的测定》（GB 5413.33—2010）
蛋白质/（g/100g）≥	2.8	《食品安全国家标准　食品中蛋白质的测定》（GB 5009.5—2010）
脂肪/（g/100g）≥	3.1	《食品安全国家标准　婴幼儿食品和乳品中脂肪的测定》（GB 5413.3—2010）
杂质度/（mg/kg）≤	4.0	《食品安全国家标准　乳和乳制品杂质度的测定》（GB 5413.30—2010）
非脂乳固体/（g/100g）≥	8.1	《食品安全国家标准　乳和乳制品中非脂乳固体的测定》（GB 5413.39—2010）
酸度/（°T）		《食品安全国家标准　乳和乳制品酸度的测定》（GB 5413.34—2010）
牛乳[②]	12~18	
羊乳	6~13	

① 挤出3 h后检测。

② 仅适用于荷斯坦奶牛。

例如酸度和乙醇试验可以判断乳的品质是否已经下降。高酸度乙醇阳性乳脂滴定酸度增高(0.20以上),与70%的乙醇发生凝结现象的乳,说明该乳的乳糖分解成乳酸,乳酸升高,蛋白变性。又如体细胞数主要针对乳房炎乳。乳房炎乳中既会有大量的细菌,又含有较多的体细胞。目前规定牛乳中体细胞数不得超过500 000个/mL,否则定为乳房炎乳。

现场收购的鲜乳一般不做细菌检验,但加工以前必须检查细菌总数、体细胞数,以确定原料乳的质量和等级。在我国国标中细菌指标检验有两种方法,一种是采用平皿培养法计算细菌总数,另一种是采用亚甲蓝还原褪色法,按亚甲蓝还原时间分级指标进行评级,两者只允许用一种方法,不能重复。细菌指标分为4个等级,如表10-2所示。

表10-2 鲜乳分级的细菌学检验方法

分级	平皿细菌总数分级指标法/(10^4 cfu · ml^{-1})	亚甲蓝褪色时间分级指标法
Ⅰ	≤50	≥4 h
Ⅱ	≤100	≥2.5 h
Ⅲ	≤200	≥1.5 h
Ⅳ	≤400	≥40 min

烹饪原料主要偏重乳品的感官鉴别,主要是用眼观其色泽和组织状态,嗅其气味和尝其滋味。鲜乳的色泽为乳白色或略带微黄色,并呈均匀的流体,无沉淀、凝块和机械杂质,无黏稠和浓厚现象。同时还应有乳特有的乳香味,无其他任何异味。若用口尝,则具有鲜乳独有的醇香味,滋味可口而稍甜,无其他任何异常滋味。

原料乳在验收时,应测量乳的温度。乳的温度不得超过10℃,否则要降价。牛乳在4.4℃时最佳,10℃稍差,15℃以上则影响牛乳的质量。

乳品保藏的时间与乳品生产加工和消毒的方式有着密切的关系。一般来说,牛乳在运输途中温度上升到4℃以上是不可避免的,但不允许高于10℃。因此,牛乳在进入大贮罐以前,通常用板式冷却器冷却到4℃以下。有些细菌是非常有害的,特别是嗜冷菌。在低温下,嗜冷菌的生长会超过乳酸菌,引起牛乳变质。这就是冷藏牛乳要受到时间限制的原因。目前,国内主要采用高温短时间杀菌法和超高温瞬间灭菌法生产乳品。此类方法都能使乳中的过氧化氢酶失活,保持乳的良好风味。经高温短时间杀菌后,用成型纸盒灌装,在5℃条件下保存,可贮存1~2周。如无菌灌装,则可延长贮存期至3~6周。超高温灭菌后的包装产品,在无冷藏的条件下,可贮存4~6个月。

思考题

1. 烹调时怎样利用蛋清的发泡性能和蛋黄的乳化作用?
2. 牛乳有哪些特点?

第十一章　鱼类烹饪原料

学习目标

- 了解鱼类的分类。
- 熟悉鱼类的结构、主要成分和烹饪应用。
- 熟悉常见的鱼类烹饪原料的种类。
- 掌握鱼类烹饪原料的分布、捕捞季节、鱼的特征、烹饪特点和常见的烹饪菜肴。
- 掌握鱼类的品质检验技术和保藏技术。

鱼类属于脊椎动物亚门鱼纲。鱼纲是脊椎动物中最大的一个纲。鱼类烹饪原料是指脊椎动物亚门鱼纲中可提供人类食用的鱼类原料。鱼类由于生长环境、生活习性的不同，一般分为淡水鱼、咸水鱼(海产鱼)两大类，其中包括某些洄游性鱼类。另外，根据鱼类的构造特征和外部形态特点的不同，又可分为软骨鱼类和硬骨鱼类两大类。

第一节　鱼类的原料概况

我国鱼类资源丰富。鱼类肉质鲜嫩，滋味鲜美，营养丰富，是提供动物性蛋白质的重要食物来源，是一种较为理想的烹饪原料。

一、鱼的种类和分类

现在全世界生存的鱼类有 22 000 多种。我国有咸水鱼类 3 000 多种，淡水鱼有 860 多种，将近 4 000 种。鱼的基本分类单位是“种”。某些经济鱼类，还可分到种族(或称为种群)。种族是由鱼的许多个体组成的，具有相同的形态、生理与生态特征，还具有相同的产卵习性和洄游路线。

目前分类的重要依据是以鱼的形态结构为主，其他特征为辅。一般是依据鱼体上比较固定的可数的性状，如鳃耙、侧线鳞、脊椎骨、背鳍和臀鳍的鳍条数目。此外，还可以依据鱼体各部位的可量性状，如体长、头长、体长与身高、头长与眼径等各项的比值。另外，根据口的位置和形状、须的有无和数目、腹棱和肛门的位置、咽齿的排列和数目、鳔和鳔管等来进行分类。鱼类烹饪原料的分类有两种。

(一) 生物学分类

鱼类在生物学的分类上属于脊索动物门脊椎动物亚门，根据其骨骼的性质，鱼类可分为软骨鱼纲和硬骨鱼纲两大类。

1. 软骨鱼纲

软骨鱼纲具有的共同特征如下。

① 内骨骼全为软骨。

② 外骨骼常表现为盾鳞或棘刺。

③ 鳃间隔发达。

④ 无鳔。雄性具有交配器。

⑤ 雌性体内受精、卵生或卵胎生。肠内具有螺旋瓣。软骨鱼纲在我国各水域分布的约有 237 种,均为咸水鱼。软骨鱼纲可分为板鳃亚纲和全头亚纲两大类。

(1) 板鳃亚纲

头骨为舌接型或双接型,体被盾鳞或裸露,具有 5~7 对鳃裂,无鳃盖。板鳃亚纲可分为两个总目。

① 侧孔总目:为各种鲨鱼。头多侧扁。体呈长纺锤形。眼和鳃裂侧位。鳍发达。有利齿。侧孔总目可分为六鳃鲨目(扁头哈那鲨等)、虎鲨目(狭纹虎鲨等)、鼠鲨目(路氏双髻鲨等)、角鲨目(白斑角鲨等)等。

② 下孔总目:为各种鳐鱼或魟鱼。头平扁。体呈平扁形,眼上位。鳃裂腹位。胸鳍前缘与体侧相连。无臀鳍,背鳍如有均远在尾上。下孔总目可分为锯鳐目(尖齿锯鳐等)、鳐形目(中国团扇鳐和许氏犁头鳐等)等。

(2) 全头亚纲

一般形态特征与板鳃亚纲相似,但头为全接型,腭方软骨完全与头颅骨相愈合;鳃裂 4 对,外被膜质假鳃盖,仅有一个鳃孔通外方;体光滑无鳞。

我国常见的全头亚纲有银鲛目:头部特别大,尾部尖细,无鳞,如黑线银鲛等品种。

2. 硬骨鱼纲

硬骨鱼纲具有的共同特征如下。

① 内骨骼基本为硬骨。

② 外骨骼常表现为骨鳞和硬鳞。少数种类无鳞。

③ 鳃间隔退化,鳃裂外方有骨质鳃盖。

④ 大多数有鳔,无鳍脚。

⑤ 大多数体外受精,卵生。肠内多数不具有螺旋瓣。

硬骨鱼纲在我国各水域分布的有 3 000 多种,包括淡水鱼和咸水鱼。根据其特征,硬骨鱼纲可分为肺鱼亚纲、总鳍亚纲和辐鳍亚纲 3 类。常用的鱼类烹饪原料基本上是辐鳍亚纲。

辐鳍亚纲的鱼类的鳍条呈辐射状排列。无内鼻孔,颌与脑颅为舌接型。头部两侧各有一个外鳃孔,覆以鳃盖,通常有鳔。鳞片多为骨鳞,仅少数种类为硬鳞或无鳞。辐鳍亚纲的主要类群和代表种类如下。

(1) 鲟形目

鲟形目主要分为鲟科(中华鲟和鳇鱼等)和白鲟科(白鲟)等。

(2) 鲱形目

鲱形目主要分为鲱科(鲥鱼、鳓鱼和太平洋鲱鱼等)、鲚科(刀鲚、凤鲚和七丝鲚等)和遮目鱼科(遮目鱼)等。

(3) 鲑形目

鲑形目主要分为银鱼科(银鱼)、茴鱼科(黑龙江茴鱼)、胡瓜鱼科(公鱼)、香鱼科(香鱼)、狗鱼科(狗鱼)和鲑鱼科(大麻哈鱼、哲罗鱼、细鳞鱼、乌苏里白鲑)等。

(4) 鳗鲡目

鳗鲡目主要分为鳗鲡科(鳗鲡)和海鳗科(海鳗)等。

(5) 鲤形目

鲤形目主要分为胭脂鱼科(胭脂鱼)、鲤科(鲤鱼、鲫鱼、团头鲂、青鱼、草鱼、鳡鱼、鲮鱼、铜鱼、翘嘴红鲌、中华倒刺鲃)和鳅科(泥鳅)等。

(6) 鲶形目

鲶形目主要分为鲶科(鲶鱼)、胡子鲶科(胡子鲶)、海鲶科(海鲶)、鲱科(中华纹胸鲱)和鮠科(黄颡鱼、长吻鮠)等。

(7) 鳕形目

鳕形目主要为海产鱼的鳕鱼科(鳕鱼和江鳕)等。

(8) 鳢形目

鳢形目主要分为鳢科(乌鳢、斑乌鳢)和塘鳢科(沙塘鳢、葛氏鲈塘鳢)等。

(9) 合鳃目

合鳃目有合鳃科(黄鳝)等品种。

(10) 鲻形目

鲻形目仅有鲻科(鲻鱼、梭鲻、梭鱼)等。

(11) 鲈形目

鲈形目常见的为鮨科(鳜鱼、鲈鱼、宝石石斑鱼、赤带石斑鱼)、石首鱼科(大黄鱼、小黄鱼、黄姑鱼、鮸鱼等)、鲳科(银鲳、中国鲳)、带鱼科(带鱼、沙带鱼)、鲷科(真鲷、黄鲷、黑鲷)、鲭科(鲐鱼、羽鳃鲐)、鲅科(蓝点马鲛鱼、康氏马鲛)和杜文鱼科(松江鲈鱼)等。

(12) 鲽形目

鲽形目主要有鲆科(牙鲆、斑鲆)、鲽科(高眼鲽、木叶鲽、黄盖鲽)、鳎科(条鳎、日本条鳎)和舌鳎科(半滑舌鳎、窄体舌鳎、宽体舌鳎)等。

(13) 灯笼鱼目

灯笼鱼目主要有狗母鱼科(长条蛇鲻、花斑蛇鲻、龙头鱼)等。

(14) 鲀形目

鲀形目主要有革鲀科(绿鳍马面鲀)和鲀科(暗色东方鲀、弓斑东方鲀)等。

(二) 商品学分类

商品学分类主要是根据鱼的生长环境和习性,将鱼分为淡水鱼、咸水鱼两大类。其适合于商品销售,但无法描述鱼类的特征与鱼的结构。

二、鱼的结构

鱼类与其他脊椎动物比较,具有独有的特征,具体如下。

(1) 终生生活在水中,以鳍游泳。

(2) 体被有鳞片(骨鳞和硬鳞),少数无鳞。

(3) 具有颅骨和上下颌,多数有鳔。

(4) 鱼眼一般长于头的两侧,少数鱼眼的位置有变化。

(5) 多数鱼用鳃呼吸,个别用皮肤、鳔、伪鳃、原始的肺等器官进行呼吸。

（一）鱼类的外部形态

1. 鱼类的体型

鱼的体型根据体轴划分为主轴（头尾轴）、纵轴（背腹轴）和横轴（左右轴），如图11-1所示。根据体轴的划分，鱼类的体型可分为以下4种。

（1）纺锤形

如马鲛鱼、鲐鱼、鲣鱼、金枪鱼等。

（2）侧扁形

如银鲳鱼、胭脂鱼、长春鳊等。

（3）平扁形

如犁头鳐、中国团扇鳐、赤魟等。

（4）棍棒形

如黄鳝、鳗鲡、海鳗等。

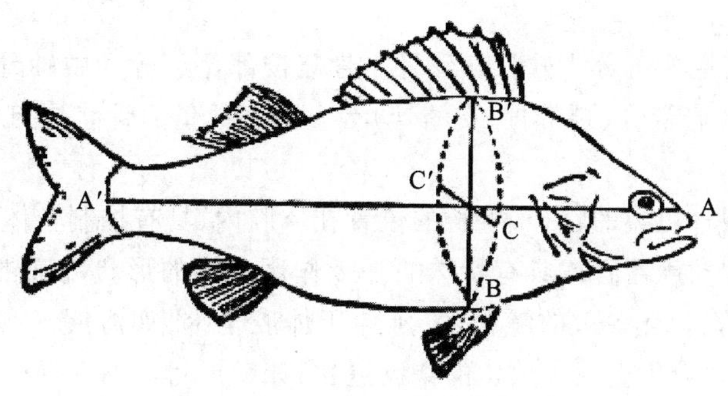

图 11-1　鱼体体轴的划分

AA′—头尾轴　BB′—背腹轴　CC′—左右轴

2. 鱼类的外部器官

鱼类的外部器官有眼须、鳍、鳞片和皮肤。这些器官与内部器官紧密相连。

（1）鱼类的头部器官

自吻端至鳃盖骨后缘，称为头部。鱼类头部有吻、口、须、眼、鼻孔和鳃孔等器官。

（2）鱼类的躯干部和尾部

鳃盖骨后缘至肛门部位，称为躯干。从肛门至尾鳍基部，称为尾部。这两部分的附属器官有鳍、鳞片、侧线。鳍是鱼游泳和保持身体平衡的器官，有背鳍、胸鳍、腹鳍、臀鳍和尾鳍。大多数鱼类体被鳞片。鳞片实际上是一种皮骨。少数鱼无鳞片，但体被表面有发达的黏液腺。二者都具有保护机体的作用。鱼类的鳞片可分为盾鳞（软骨鱼类）、硬鳞（呈斜方形互不覆盖）和骨鳞（呈覆瓦状排列，边缘光滑的称为圆鳞，边缘有小锯齿突起的称为栉鳞）。在鱼体两侧常有一条或数条带小孔的鳞片，称为侧线鳞，也是鱼类分类的依据。

（二）鱼类的内部结构

1. 鱼类的肌肉

鱼类的肌肉组织一般呈细长纤维状。依据肌肉纤维细胞构造的不同或形态的不同分为骨骼肌（又称为横纹肌，构成鱼体大部分肌肉，为随意肌）、心脏肌（分布在心脏周围，为

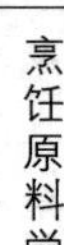

不随意肌)和平滑肌(分布在内脏与血管壁上,也属于不随意肌)。鱼体各部分的肌肉可分为以下几种。

(1) 头部肌肉

头部肌肉构造最复杂,有腭弓提肌、下颌收肌、鳃盖肌、眼肌和咽肌等。

(2) 躯干部肌肉

躯干部肌肉主要有体侧肌(在侧线处,侧线上方称为轴上肌,侧线下方称为轴下肌)、背纵肌(鱼体背面或体侧肌最上背缘部)和腹纵肌(鱼体腹部肌肉)。

(3) 鳍基肌肉

鳍基肌肉由体侧肌分化而来,又称为附肢肌。可分为背鳍肌、尾鳍肌等,即鳍周边的肌肉。

肌肉是由肌纤维组成的,肌纤维颜色浅的称为普通肌或普通肉。肌纤维颜色深的称为血合肌(血合肉)。一般鲐鱼、马鲛鱼、鲣鱼等血合肌较发达,真鲷、鲈鱼含量较少。

2. 鱼类的骨骼

鱼类的骨骼按性质可分为软骨和硬骨。骨骼按部位可分为中轴骨(颅骨、内脏弧骨、脊椎骨)和附肢骨(肩带骨、腰带骨、支鳍骨)等。大多数鱼的骨骼是相对称的。

3. 鱼类的鳔

鳔是大多数硬骨鱼类的特征,生长的位置在体腔内,具有控制鱼体沉浮的作用。某些鱼类的鳔还是一种发声器官或具有特殊的呼吸作用。鳔的形状以圆锥形最多,还有卵圆形、马蹄形和心形等。有些鱼的鳔很大,延伸于体腔全部,如海鳗。有些带鳔管,如鲱形目、鲤形目等低等硬骨鱼类。多数鱼的鳔已退化,如鲈形目等高等硬骨鱼类。

三、鱼类的主要成分

(一) 蛋白质

鱼体中的蛋白质主要是肌肉蛋白质,含量为15%~22%,并含有人体必需的8种氨基酸。由于鱼肌纤维较短,肌球蛋白和肌质蛋白之间联系疏松,再加上水分含量较多,所以肉质细嫩,易于人体消化吸收,消化率可高达87%~98%,是补充蛋白质的良好来源。

(二) 脂肪

鱼类含脂肪一般在1%~3%,多者鲥鱼可达17%。鱼的脂肪多由不饱和脂肪酸组成,易于人体消化吸收(吸收率高达95%)。海鱼的脂肪中不饱和脂肪酸高达70%~80%。特别是含有比较丰富的ω-3脂肪酸,例如DHA(常称为脑黄金),营养价值很高。

(三) 糖类

鱼的品种不同,产地不同,所含的糖类也会有差异。鱼类的糖类主要是糖原和黏多糖。糖原贮存在肌肉和肝中。黏多糖与蛋白质结合成黏蛋白,主要贮存在结缔组织中。

(四) 维生素

在海产鱼的肝中含有丰富的维生素A和维生素D。在鱼肉中,含有较多的维生素B_1、B_2、B_6以及烟酸、泛酸、生物素等。

(五) 矿物质

鱼肉中含有丰富的钾、钠、钙、镁、磷,还有对人体极为重要的铜、铁、硫等元素,并含有特别丰富的碘。

（六）水分

鱼肉含有的水分一般在70%～80%。由于鱼肉含水量较高，肉质相对柔软，所以鱼肉在加热过程中失水率较低（20%），使成熟后的鱼肉保持了软嫩的特点。

四、鱼的烹饪应用

鱼是烹饪中应用最为广泛的原料，既适合鲜食（葱油鲈鱼），也适合晒干食（乌狼鲞㸆肉）和腌食（咸鳓鱼炖蛋）。既可单独成菜（清蒸鳜鱼），也可搭配成菜（雪菜大汤黄鱼）。既可作为家常、大众化烹饪原料（鲐鱼、带鱼、鲫鱼、鳊鱼等），也可作为中、高档烹饪原料（鲥鱼、加吉鱼、松江鲈鱼、石斑鱼等）。

（一）整理加工

在烹调中运用最多的是鱼肉，但某些大型鱼的副产品经过整理加工，就能成为烹饪的高档原料，如鲨鱼、鳐鱼的皮、鳍，黄唇鱼、鮸鱼、大黄鱼的鳔，鲨鱼、鳐鱼、鲟鳇鱼的软骨等，经整理加工能成为鱼翅、鱼肚、鱼皮、明骨等高档原料。大麻哈鱼的子、鲟鱼的子经腌渍能成为高档美食——黑鱼子或红鱼子。

（二）刀工处理

形体小的鱼多数整用，只是在鱼体表面剞上花刀。而形体大的鱼除了断开使用，还可分为割成片、条、丝、丁、段、块、茸、泥或花刀块等形状，来丰富菜肴的品种。

（三）烹制方法

根据鱼体形状和特点，选择不同的烹调方法来进行制作。重点突出原料的特点和保持形态最佳的效果，如活鱼或含脂量较高的鱼可采用蒸、炖的方法（清蒸鲥鱼、雪菜炖鳗鱼）。

（四）调味方法

由于鱼含有一定的腥味成分，所以一般在调味时选用有抑制性的调料来去除腥味（米醋、料酒、胡椒、葱、姜等），从而突出原料本身的鲜味和口味的多样化。例如豆瓣鱼、酸菜鱼等菜品。

（五）边角余料的利用

边角余料既包括整理加工中的废料（鱼鳞、鱼子、鱼白等），也包括刀工处理中的边角废料（鱼皮、鱼腹、鱼头、鱼尾等）。通过合理的应用变废为宝，如干锅鱼尾、水晶鱼子、蛋清鱼白、鱼鳞冻、三鲜鱼皮卷等菜品。

第二节　淡　水　鱼

我国有淡水鱼860多种，具有经济价值的约有250种。体型大、产量高、食用价值高的经济淡水鱼有50多种，其中有20多种已成为主要的养殖对象，如青鱼、草鱼、鲢鱼、鳙鱼、鲤鱼、鲫鱼、鳊鱼、鳜鱼、河鳗、黄鳝和泥鳅等。我国淡水鱼不仅兼有寒、温、热三带的类型，还兼有平原水系、高山水系和高原水系的类型，如冷水性淡水鱼主要分布在我国东北寒温带或中温带水域（鳇鱼、鲟鱼、大麻哈鱼、狗鱼等）。暖水性淡水鱼主要分布于我国黄河以南的暖温带、亚热带、热带水域（胭脂鱼、倒刺鲃、胡子鲶、鳗鲡）。山区和高原水系淡水鱼主要分布在我国华西、西南的内陆水区，以及青藏高原地区（鲈鲤、岩原鲤、华鲮等高山鱼类和青海湖裸鲤、大理裂腹鱼等高原鱼类）。本节重点介绍淡水鱼的主要品种。

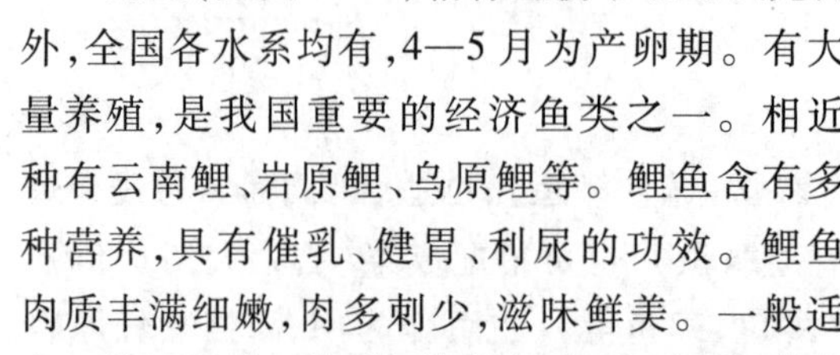

一、鲤鱼(carp; *Cyprinus carpio*)

鲤鱼(见图 11-2)俗称鲤拐子、红鱼、龙门鱼,为鲤形目鲤科。分布很广,除青藏高原外,全国各水系均有,4—5 月为产卵期。有大量养殖,是我国重要的经济鱼类之一。相近种有云南鲤、岩原鲤、乌原鲤等。鲤鱼含有多种营养,具有催乳、健胃、利尿的功效。鲤鱼肉质丰满细嫩,肉多刺少,滋味鲜美。一般适宜于烧、炖、焖、蒸、熘等烹调方法,如糖醋黄河鲤鱼、干烧鲤鱼、酸辣鲤鱼、油浸鲤鱼、赤豆煲文庆鲤、醋椒鲤鱼和冬瓜炖鲤鱼等菜品。

图 11-2　鲤鱼

二、草鱼(grass carp; *Ctenopharyngodon idellus*)

草鱼俗称草青、草根、白鲩、草鲩、鲜鱼,为鲤形目鲤科。草鱼分布广。4—7 月为产卵期,有大量养殖,为我国四大家鱼(草鱼、鲢鱼、鳙鱼、青鱼)之一。草鱼肉质细嫩,肉厚刺少,味道鲜美,一般适宜于熘、烧、炖、焖、蒸、煮等烹调方法,如西湖醋鱼、菊花草鱼、五柳草鱼、白汁全鱼、红烧划水、清汤鱼圆、番茄鱼片、葱辣鱼脯和生烧草鱼粉皮等菜品。

三、鲢鱼(silver carp; *Hypophthalmichthys molitrix*)

鲢鱼俗称白鲢、鲢子、白脚鲢、鳔鱼、洋胖头鱼,为鲤形目鲤科。鲢鱼分布于我国东部平原各主要水系。4—7 月为产卵期,有大量养殖。相近种为大鳞白鲢。鲢鱼体大肉厚,刺少肉多,肉质细嫩,味较鲜美。体胖蕴之人,不宜多食鲢鱼。民间有“鲢鱼美在腹,鳙鱼美在头”的说法。一般适宜于烧、蒸、焖、炖、炒等方法,如红烧鲢鱼、天麻蒸鲢鱼、冬瓜鲢鱼汤、苏州鲢鱼、炒醋鱼块等菜品。

四、鳙鱼(variegated carp;big head fish;*Aristichthys nobilis*)

鳙鱼俗称花鲢、黑鲢、胖头鱼、鳙鱼、大头鱼、包头鱼,为鲤形目鲤科。鳙鱼分布于我国东部平原各主要水系。4—7 月为产卵期,有大量养殖。鳙鱼头大肉厚,肉质细嫩,刺少味鲜。一般适宜于蒸、炖、焖、烩、炸、炒等烹调方法,如剁椒鱼头、砂锅鱼头豆腐、拆烩鲢鱼头、砂锅大鱼头、粉皮鱼头锅仔、三鲜鱼圆煲、椒盐鱼块等菜品。

五、鳊鱼(bream;*Parabramis pekinensis*)

鳊鱼(见图 11-3)俗称鳊花、长春鳊、鲂鱼、平胸鳊、法罗鱼,为鲤形目鲤科。鳊鱼分布于我国东部平原,南北各水系均有。5—6 月为产卵期,有大量养殖。相近种有鲂、团头鲂等。鳊鱼肉质细嫩,肉较少,骨刺较多,味鲜美。一般适宜于蒸、烧、焖、熘等烹调方法,如清蒸鳊鱼、海参武昌鱼、奶汤鳊鱼、浇汁鳊鱼、葱油鳊鱼、酱汁鳊鱼等菜品

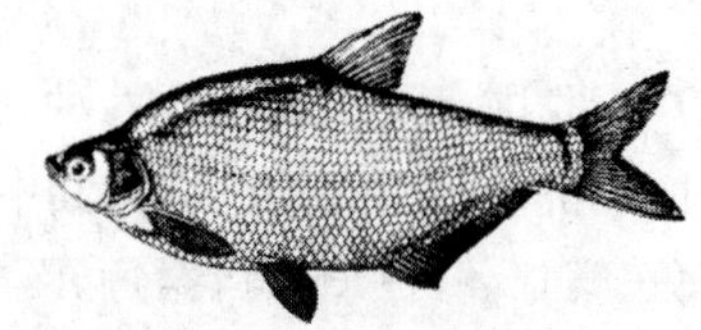

图 11-3　鳊鱼

六、青鱼(black carp,snail carp; *Mylopharyngodon piceus*)

青鱼俗称黑鲩、乌鲩、螺蛳青、五侯鲭(古名),为鲤形目鲤科。青鱼分布于北起黑龙

江,南至珠江各水系。生活在水的中下层,5—7 月产卵。有大量养殖。

青鱼营养丰富,蛋白质含量较高,也是 ω-3 脂肪酸的最佳来源之一(每日摄取 1 g 可降低心血管发病率 40%)。青鱼肉多刺少,肉质细嫩,滋味鲜美。一般适宜于拌、炒、熘、烧、焖、炖等烹调方法,例如拌青鱼丝、炒鱼片、红烧肚裆、汤卷、糟卤划水、炒秃肺、氽糟青鱼、茄汁青鱼片、老烧青鱼等菜品。

七、鲫鱼(crucian carp; *Carassius auratus*)

鲫鱼(见图 11-4)俗称喜头、鲋鱼、鲫瓜子、月鲫仔、鲼(古名),为鲤形目鲤科。鲫鱼分布于我国各水系(除青藏高原和新疆维吾尔自治区北部),3—8 月产卵,现为我国重要的养殖对象之一,是我国重要的经济鱼类之一。相近种有须鲫、银鲫。鲫鱼营养丰富,蛋白质含量较高,可治脾胃虚弱、食欲不振、酸懒无力。鲫鱼有健脾利湿、活血通络、和中开胃、温中下气作用。鲫鱼肉少骨多,肉嫩而鲜美。《吕氏春秋》记载“鱼之美者,洞庭之鲋”。一般适宜于烧、熘、氽、炖、酥、㸆等烹调方法,如荷包鲫鱼、软熘鲫鱼、蛤蜊鲫鱼、奶汤鲫鱼、葱㸆鲫鱼、酥鲫鱼和鲫鱼羹等菜品。

八、乌鳢(snakeheaded fish; *Ophicephalus argus*)

乌鳢(见图 11-5)俗称黑鱼、乌鱼、生鱼、财鱼、斑鱼、文鱼,为鳢形目鳢科。乌鳢分布于我国东部平原(除西北高原外),几乎遍布全国各水系。5—7 月产卵,现为我国南方重要的养殖对象,是一种经济价值较高的鱼类。相近种有斑鳢、月鳢。乌鳢营养丰富,被认为是滋补食品,为国际市场畅销品。乌鳢具有健脾利水、通气消胀的功效。乌鳢肉多刺少,肉质细嫩,味道鲜美,一般适宜于熘、炒、烧、炖等烹调方法,如将军过桥、大蒜炖乌鱼、鲜蘑乌鱼片、炝乌鱼片、酸菜鱼等菜品。

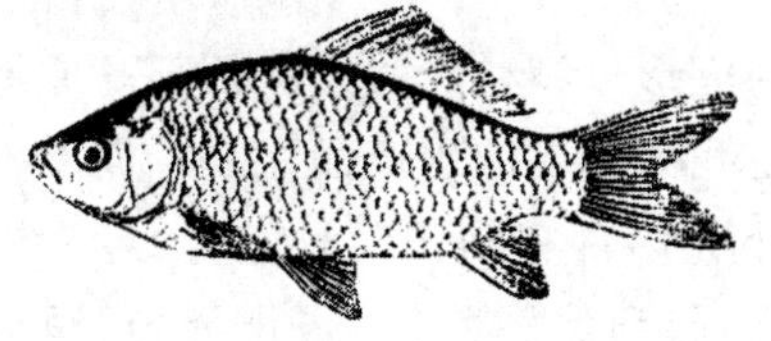

图 11-4 鲫鱼

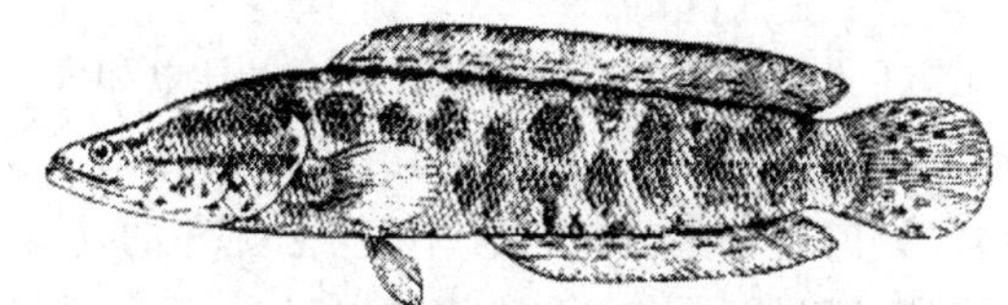

图 11-5 乌鳢

九、鳜鱼(mandarin fish; *Siniperca* spp.)

鳜鱼俗称鯚花鱼、胖鳜、花鲫鱼、鳌花鱼、母猪壳、锦鳞鱼、水豚、鳜豚,为鲈形目鮨科。除青藏高原外,全国各水系均产。5—7 月为产卵期,现为我国重要的养殖对象,是一种经济价值很高的鱼类。相近种有斑鳜、鳜等。鳜鱼营养丰富,含脂量较高。熟食能益气力,补虚劳。鳜鱼肉质细嫩,滋味鲜美,肉多刺少,肉色洁白。鳜鱼自古被认为是鱼中上品,如古诗句“桃花落尽鳜鱼肥”,说明春季是鳜鱼肥美诱人的时候。再如,药神李时珍将鳜鱼比作“水豚”,有“河豚”的美味。鳜鱼一般适宜蒸、炖、烧、炒、熘等烹调方法,如清蒸鳜鱼、家常熬鳜鱼、松鼠鳜鱼、叉烤鳜鱼、白汁鳜鱼、金银鱼丝卷、枣泥鳜鱼、麻蓉鱼片等菜品。

十、鲶鱼(catfish;*Silurus asotus*)

鲶鱼俗称鲶拐鱼、鲶巴郎、黏鱼、年鱼、洼子、鲡鱼、鳀鱼,为鲶形目鲶科。除青藏高原及新疆维吾尔自治区外，遍布全国各水系。4—7 月为产卵期，现为我国重要的养殖对象，是我国重要的经济鱼类之一。相近种有胡子鲶、东北大口鲶等。鲶鱼营养丰富。熟食能补益气血。鲶鱼无鳞少刺，肉质细嫩洁白，滋味鲜美。一般适宜于炖、烧、炸、焖等烹调方法，如鲶鱼炖茄子、大蒜烧鲶鱼、干煎鲶鱼、鲶鱼粥、豆腐鲶鱼、萝卜丝鲶鱼等菜品。

巴沙鱼，越南音译为“卡巴沙”(Cabasa)，意思是“三块脂肪鱼”。主要指鲶形目巨鲶属博氏巨鲶(*Pangasius bocourti*)。这是东南亚国家重要的淡水养殖品种，原产于越南湄公河三角洲和泰国湄南河流域。该鱼在生长过程中，腹腔内积累有三块较大的油脂，约占体重的 58%，因而得名“三块脂肪鱼”。另外一种芒鲶属(*Paugusiushamiltoa*)无鳞淡水鱼类，也称为巴沙鱼。巴沙鱼在我国市场常被标注为龙利鱼，实际上龙利鱼是鲽形目舌鳎科舌鳎属近海大型底层海洋鱼类，两者没有关系。带皮巴沙鱼皮下有很厚一层脂肪，影响食欲，因此常去皮销售。鱼肉呈白色，也与脂肪含量高有关。但是巴沙鱼没有泥腥味，价格便宜，久煮不老，受到国人欢迎，进口量也较大。

十一、黄鳝(ricefield eel; *Monopterus albus*)

黄鳝俗称长鱼、罗鳝，为合鳃目黄鳝科。除西北、西南外，我国东部江河平原各水系均产。6—8 月为产卵期。现为我国南方重要的养殖对象，是我国特产鱼类。黄鳝营养丰富，含脂肪较高。但死鳝不宜食用(鳝鱼含有蛋氨酸，鳝鱼死后蛋氨酸发生变化，会产生有毒物质)。鳝鱼熟食具有补虚损、除风湿、强筋骨的功效。黄鳝肉味鲜美，肉质细嫩，肉多刺少。一般适宜于炒、烧、爆、炖、烩等烹调方法，如炒软兜、炖生敲、梁溪脆鳝、清炒鳝糊、干煸鳝丝、参归鳝鱼、韭黄炒鳝丝、胡椒鳝丝汤等菜品。

十二、泥鳅(loach;*Misgurnus anguillicaudatus*)

泥鳅(见图 11-6)俗称泥狗、鳅鱼、河鳅和海鳅，为鲤形目鲤科。我国除西部高原地区外，各地水域都有分布。现为南方重要的养殖对象，是我国重要的水产品之一。泥鳅营养丰富，含蛋白质较多。具有补中气、祛湿邪的功效。小儿多食有助于生长发育，也为男子滋补佳品，能强精壮体，迅速恢复体力。常食用泥鳅能起到保健养颜、防止衰老、润滑皮肤、青春美容的作用。泥鳅骨多肉少，肉质细嫩，滋味较美。一般适宜于炸、炖、蒸、烧等烹调方法，如干炸泥鳅、泥鳅豆腐、腊肉炖鳅鱼、泥鳅炖汤、雪花泥鳅羹和冷菜香酥泥鳅等菜品。

图 11-6　泥鳅

十三、鲥鱼(seasonal shad; *Tenualosa reevesii*)

鲥鱼俗称鲥刺、三来、三黎鱼、迟鱼，为鲱形目鲱科。分布于我国沿海的长江、钱塘江、珠江等水域。栖息于近海，4—6 月由海进入江河产卵，是我国最著名的珍贵食用鱼种。

鲥鱼初入江时丰腴肥美,富含脂肪,生殖后体瘦味差,故民间有"来鲥去鲞"之说。鲥鱼肉质细嫩,滋味鲜美。最适宜蒸、烧等烹调方法(加笋、苋、芥、荻等植物与不去鳞的鲥鱼同蒸,其味更鲜美),如清蒸鲥鱼、双冬烧鲥鱼、红烧鲥鱼、铁扒鲥鱼、芥菜鲥鱼等菜品。鲥鱼是我国一级保护动物,现人工养殖已获成功。目前市场上销售的是美洲鲥和长尾鲥,被称为鲥鱼出售。

十四、凤鲚(long-tailed anchovy; *Coilia mystus*)

凤鲚(见图 11-7)俗称凤尾鱼、黄鲚、马鲚、靠子鱼、刀鱼、河刀鱼,为鲱形目鳀科,多生活于海中,每年春季成群入江产卵,多分布于长江中下游及湖泊中,5—6 月产卵,是我国南方应季珍贵佳品,江苏省民间有"刀鱼不过清明"之说。相近种有刀鲚、七丝鲚、短颌鲚。凤鲚刺多肉少,肉质细嫩,滋味鲜美,一般适宜于清蒸、红烧、油炸、熏制等烹调方法,如清蒸刀鱼、双皮刀鱼、油炸卤浸凤尾鱼、红烧刀鲚鱼、凤鲚卤子面、发菜刀鱼圆汤等菜品。

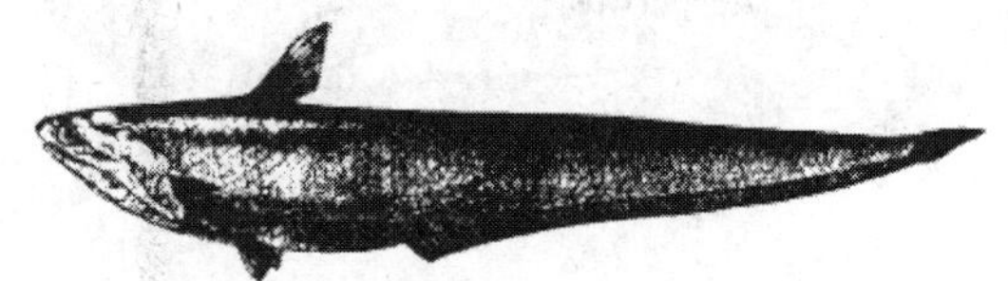

图 11-7 凤鲚

十五、银鱼(whitebait; *Salanx cuvieri*)

银鱼(见图 11-8)俗称银条鱼、面条鱼、面杖鱼、玉筋鱼、鲙残鱼(古称),为鲑形目银鱼科。分布于我国沿海和许多湖泊中,每年春季成群沿岸溯河而上,在江河下游产卵。我国太湖所产银鱼最为著名,是我国南方应季珍贵佳品。相近种有大银鱼、太湖银鱼、长江银鱼、尖头银鱼等。银鱼体型很小,味鲜质嫩。一般适宜于炒、烩、炸、蒸等烹调方法,如面杖鱼炒鸡蛋、八珍银鱼羹、芙蓉银鱼、干炸银鱼等菜品。

图 11-8 银鱼

十六、鲮鱼(dace; *Cirrhinus molitorella*)

鲮鱼俗称土鲮、鲮公、雪鲮、花鲮、鲮鱼,为鲤形目鲤科。分布于我国华南及西南各地水系。现已人工养殖,是我国华南地区重要的经济鱼类之一。相近种有华鲮、桂华鲮。鲮鱼肉味鲜美,肉多刺少,是粤菜常用的原料,适宜于蒸、炒、煎、炸、炖、焖等烹调方法,如家常熬鲮鱼、发菜鲮鱼丸、豆豉蒸鲮鱼、清蒸华鲮鱼、荷包华鲮鱼等菜品。

十七、大麻哈鱼(salmon; *Oncorhynchus keta*)

大麻哈鱼俗称大发哈、大马哈、孤东鱼、果多鱼,为鲑形目鲑科。分布于我国黑龙江省的乌苏里江、图们江等水系。秋季由海洋进入江河产卵,是我国名贵的冷水性鱼类之一。

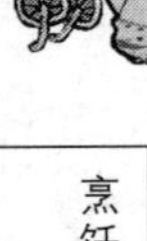

相近种有孟苏大麻哈。大麻哈鱼肉色鲜红,味鲜美,肉质细嫩,肉多刺少。一般适宜于烧、焖、熏、煎等烹调方法,如烤大麻哈鱼、红烧大麻哈鱼、煎焖麻哈鱼、红油大麻鱼、清炖大麻哈等菜品。

十八、鮠鱼(*Leiocassis dumerili*)

鮠鱼(见图 11-9)俗称鮰鱼、肥沱、白吉鱼、江团、肥头鱼、蓝鱼,为鲶形目鮠科。分布于辽河、淮河、长江和珠江等水系,4—6 月为产卵期,是长江流域上等的食用鱼类之一,湖北省荆州市石首所产最佳。相近种有长吻鮠、钝吻鮠等。鮠鱼肉嫩味鲜,肉色洁白,含脂量较高,肉多刺少。一般适宜于炖、蒸、焖、熬等烹调方法,如清炖江团、蒜烧鮠鱼、白汁鮰鱼、鮰鱼烧鱼翅、芽笋烧鮰鱼、红烧鮰鱼、汤氽鮰鱼等菜品。

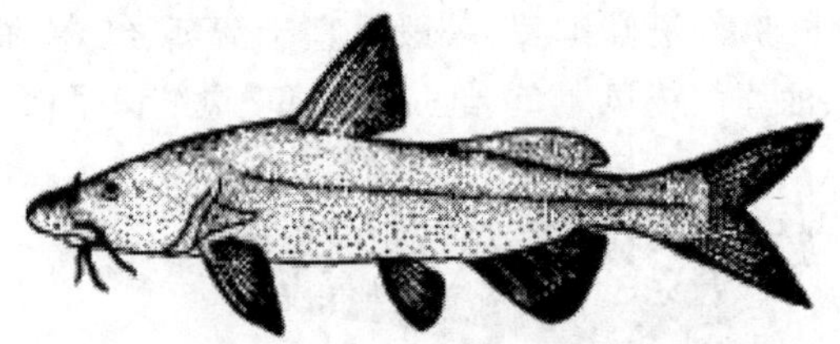

图 11-9　鮠鱼

十九、铜鱼(*Coreius heterodon*)

铜鱼(见图 11-10)俗称鸽子鱼、尖头棒、黄道士鱼、长条铜鱼、金鳅、铜钱鱼、麻花鱼,为鲤形目鲤科。分布于我国黄河和长江水系,长江上游数量较多。4—6 月为产卵期,是长江上游重要的经济鱼类。相近种有北方铜鱼、圆口铜,北方铜鱼是黄河流域珍贵的鱼类。铜鱼肉质细嫩,肉多刺少,味鲜美。一般适宜于烧、焖、炖、蒸等烹调方法,如醋熘铜鱼、茄汁鱼球、酱汁铜鱼、清蒸铜鱼、铜鱼炖粉条等菜品。

图 11-10　铜鱼

二十、鳡鱼(*Elopichthys bambusa*)

鳡鱼俗称黄钻、竿鱼、猴鱼、竹鱼、生母鱼、黄颊鱼、水老虎,为鲤形目鲤科。分布于西北、西南高原地区之外的南北各水系,4—6 月为产卵期,是我国大型上等食用鱼。鳡鱼温脾胃,助消化。鳡鱼肉味鲜美,刺少肉多,肉质细嫩。一般适宜于蒸、炖、熬、煎、炸、熘、烤等烹调方法,如清蒸鳡鱼、煎蒸鱼扇、果汁鳡鱼、灌馅鱼圆汤等菜品。

二十一、鯮鱼(*Luciobrama macrocephalus*)

鯮鱼俗称马头鯮、尖头鳡、长嘴鳡,为鲤形目鲤科。分布于我国长江、珠江、闽江及支流,是我国大型的食用鱼类。鯮鱼肉质细嫩,肉多刺少,滋味较美。一般适宜于烧、炖、蒸等烹调方法,如红烧鯮鱼块、炒鯮鱼片等菜品。

二十二、胭脂鱼(*Myxocyprinus asiaticus*)

胭脂鱼俗称黄排、火烧鳊、木叶盘、红鱼、燕雀鱼、紫鳊,为鲤形目鲤科。分布于长江、闽江。3—4 月为产卵期,是长江上游重要的经济鱼类。胭脂鱼肉质较粗,肉多刺少,肉味鲜美,肉色洁白,含脂量较高。一般适宜于蒸、炖、烧、炒、煎等烹调方法,如清蒸胭脂鱼段、豆豉胭脂鱼、干烧胭脂鱼、清炒鱼丝、炖鱼尾豆腐、酸菜鱼、豆瓣鱼块等菜品。胭脂鱼是我国二级保护动物。

二十三、鳇鱼(kaluga;*Huso dauricus*)

鳇鱼又称为达氏鳇、秦王鱼、玉版鱼,为鲟形目鲟科鳇属。分布于黑龙江省各水系,生活于江河的底层,不做长距离洄游。5—7 月为产卵期,是黑龙江省的特产大型鱼类之一。现属于濒危动物。相近种有中华鲟、长江鲟、史氏鲟、白鲟。鳇鱼肉质细嫩,肉多刺少,肉味鲜美。卵是名贵的食品(黑鱼子),鱼鳔和脊索可制鱼胶。体壮或有内热之人,不可多食。一般适宜于烧、焖、炖、熬等烹调方法,如红烧鳇鱼、鲟鱼鸡片、软炸鲟鱼条、清炖鳇鱼、炸松仁鳇鱼片等菜品。中华鲟、达氏鲟、白鲟都是我国一级保护动物。史氏鲟是濒危动物。鳇鱼在 1999 年人工繁殖成功。

二十四、翘嘴红鲌(*Erythroculter ilishaeformis*)

翘嘴红鲌(见图 11-11)俗称翘嘴巴、翘壳鱼、白鱼、大白鱼、兴凯湖大白鱼,为鲤形目鲤科。分布于我国平原地区各水系。兴凯湖产量较多。6—7 月产卵,是我国大型的经济鱼类之一,太湖以产“白鱼”而著名。相近种有蒙古红鲌、尖头红鲌、青梢红鲌等。翘嘴红鲌肉味鲜美,含脂量高,肉色洁白细嫩,鱼刺较多,一般适宜于蒸、炖、烧、汆等烹调方法,如清蒸白鱼、葱油鱼扇、汆鱼腹、糟蒸白鱼等菜品。

图 11-11 翘嘴红鲌

二十五、罗非鱼(*Tilapia mossambica*)

罗非鱼俗称非洲鲫鱼、莫桑比克非鲫、南洋鲫鱼、越南鱼,为鲈形目丽鱼科。体呈灰黑色,繁殖时雄鱼变蓝黑色,雌鱼变灰黄色。现已成为普遍的养殖对象,一年可繁殖数次,常年可以提供。相近种有尼罗罗非鱼。罗非鱼肉质较嫩，肉味较鲜微带甜，刺较少。一般适宜干烧、炖、蒸等烹调方法，如清蒸罗非鱼、红烧罗非鱼、葱油罗非鱼、清炖罗非鱼、罗非鱼酿肉、咸肉蒸罗非鱼等菜品。

第三节 咸 水 鱼

我国是一个海岸线较长(18 000 多千米)的国家。我国沿海有渤海、黄海、东海和南海，四海跨越了温带、亚热带和热带水域，构成了我国咸水鱼类品种齐全、产量较高的特点。我国有咸水鱼 3 000 多种，其中软骨鱼纲有 237 种，硬骨鱼纲有 2 786 种。在硬骨鱼纲中，鲈形目鱼类占总量的一半以上，其次是鲱形目、鳗形目、鲽形目、鲻形目、鳕形目、鲀形目等。我国咸水鱼南海占 2 000 多种(绝大多数为热带、亚热带鱼类)，东海占 700 多种(大多数为亚热带和热带鱼类)，黄海和渤海占 300 多种(大多数为温带鱼类和少量寒带鱼类)。

资料：抗冻鱼

19 世纪末，由于鱼类资源受到酷渔滥捕和缺乏对产卵亲鱼、幼鱼资源的保护和鱼类资源再生能力的保护，使鱼类资源相继衰退，甚至于某些鱼类资源枯竭。例如，岱山大黄鱼等几乎灭绝。近几年虽然加强了资源保护，但鱼类资源很难在短时间内得到恢复。本节重点介绍咸水鱼的重要品种。

一、带鱼(cutlass fish；*Trichiurus haumela*)

带鱼俗称牙带鱼、青宗带、白带鱼、鳞刀鱼、海刀鱼，为鲈形目带鱼科。我国各沿海均产。嵊泗列岛为东海冬季主要渔场，产量较大。带鱼为我国最主要的经济鱼类之一。相近种有小带鱼、沙带鱼等。带鱼肉质肥嫩鲜美，肉多刺少。一般适宜于烧、蒸、炸、煎、焖、烹、熘等烹调方法，如家常带鱼、糖醋带鱼、清蒸刀鱼、酒酿带鱼、萝卜丝带鱼、醋熘带鱼羹、油煎咸带鱼、奶汁带鱼、椒盐带鱼等菜品。

二、鲳鱼(pomfret)

鲳鱼(见图 11-12)是银鲳和中国鲳等的通称，为我国海产名贵的经济鱼类。银鲳(silvery pomfret；*Pampus argenteus*)俗称鲳鱼、长林鱼、叉片鱼、镜鱼、平鱼，为鲈形目鲳科。银鲳体呈卵圆形。我国沿海均产，东海和南海产量较多，春秋为捕捞期。秦皇岛和青岛等地产的质量较好，为我国海产名贵的食用经济鱼类之一。相近种有中国鲳、燕尾鲳、刺鲳和乌鲳等。

鲳鱼腹中鱼子有毒，能使人诱发痢疾。鱼肉多食易导致发疥、动风。银鲳肉质鲜嫩，滋味鲜美，肉多刺少。一般适宜于烧、煎、蒸、炖、熏、熘、炸、烤等烹调方法，如清蒸昌鱼、煎焖镜鱼、茄汁鲳鱼、苔菜鲳鱼、糟鲳鱼、荔枝鲳鱼、烤木笔鲳鱼、美味烟鲳鱼、干炸鲳鱼等菜品。

图 11-12 鲳鱼

三、大黄鱼(large yellow croaker; *Pseudosciaena crocea*)

大黄鱼俗称黄衣鱼、金龙、红口鱼、大鲜、大黄花鱼,为鲈形目石首鱼科。长 30~50 cm,头大,吻圆钝,分布于我国南海、东海和黄海南部。浙江省舟山群岛产量较多。3—6 月为产卵期,东海和黄海南部以春季为捕捞期,南海以秋季为捕捞期,为我国主要的经济鱼类之一。目前大的野生大黄鱼很少,主要是人工饲养的大黄鱼。大黄鱼富含各种营养,鱼鳔含胶体蛋白和黏多糖较多。体胖有内热者不可多食。大黄鱼肉质细嫩鲜美,刺少肉多。肉呈蒜瓣状。一般适宜于烧、熘、炸、煎、烤、烩、熬等烹调方法,如红烧黄鱼、干煎黄花、雪菜大汤黄鱼、苔菜拖黄鱼、黄鱼鱼肚汤、全折黄鱼、炸糟黄鱼、闽煎黄鱼、橘子黄鱼、琥珀黄鱼、糖醋黄鱼、脯酥黄鱼等菜品。

四、小黄鱼(little yellow croaker; *Pseudosciaena polyactis*)

小黄鱼(见图 11-13)俗称小黄瓜、小鲜、大眼、花鱼、黄花鱼,为鲈形目石首鱼科。小黄鱼体型酷似大黄鱼。体长 20 cm 左右,头大而尖,分布于我国东海、黄海和渤海,青岛、烟台等地产量较多。春秋为捕捞期,为我国主要的经济鱼类之一。小黄鱼滋味比大黄鱼更加鲜美。一般适宜于蒸、炸、烧、烩等烹调方法,如清蒸爆腌小黄鱼、面拖小黄鱼、海参黄鱼羹、椒盐小黄鱼、煎小鲜、苋菜黄鱼羹等菜品。

五、鲨鱼(shark)

鲨鱼(见图 11-14)是扁头哈那鲨、白斑角鲨和路氏双髻鲨等的通称。我国沿海有 146 种,为我国次要的经济鱼类。

图 11-13　小黄鱼

图 11-14　鲨鱼

(一) 扁头哈那鲨(*Notorhynchus platycephalus*)

扁头哈那鲨俗称哈那鲨、花七鳃鲨,软骨鱼纲,六鳃鲨科。分布于我国南海、东海和黄海,为近海底层栖息鱼类。我国以黄海产量较多,为黄海经济鱼类之一。

(二) 白斑角鲨(spiny dogfish, piked dogfish, dogfish; *Squalus acanthias* Linnaeus)

白斑角鲨俗称角鲛、刺鲨,为软骨鱼纲、角鲨科。分布于我国黄海和东海,是小型次要的经济鱼类。

(三) 路氏双髻鲨(scalloped hammerhead, kidney headed shark; *Sphyrna lewini*)

路氏双髻鲨俗称丁字鲨、官鲨、相公帽,为软骨鱼纲,双髻鲨科。分布于我国沿海,为我国次要的经济鱼类之一。

鲨鱼的主要经济种类有姥鲨、白斑星鲨、真鲨、日本扁鲨和尖头斜齿鲨等。

鲨鱼含有多种营养，特别是鱼肝中含有的鱼肝油高达 65%～70%，鱼油中含有大量维生素 A、D、E 及微量元素硒等，营养成分都高于其他鱼类，尤其是鲨鱼的鳍（鱼翅）含有大量的胶体蛋白和黏多糖。鲨鱼肉质粗糙有韧性，含有较多的异味（尿素），肉味较差。烹调前应先剥皮或去沙，切块后用热水焯，再用清水漂洗干净（去除氨味）。鲨鱼肉多骨少，骨头基本上为软骨，所以一般适宜于烧、焖、炖、烩、炸、熘、炒等烹调方法，如醋熘鲨鱼块、炸鲨鱼条、菜尖鲨鱼、白菜鲨鱼羹、枸杞番茄鲨鱼片、菜蕻节鲨鱼、鲨鱼归芪汤等菜品。

六、比目鱼（dab，flatfish，fluke）

比目鱼为鲽形目所有鱼类的总称，包括鲆科、鲽科、鳎科、舌鳎科等的鱼类。为我国食用的经济鱼类。

（一）牙鲆（*Paralichthys olivaceus*）

牙鲆俗称左口鱼、沙地、地鱼、比目鱼、牙鳎、偏口，为鲽形目鲆科，分布于中国、朝鲜、日本、俄罗斯远东海区。春秋为捕捞期，为我国黄海、渤海名贵的鱼类之一。相近种有斑鲆、花鲆、桂皮斑鲆等。牙鲆不宜多食，有动气作用。牙鲆肉质细嫩，滋味鲜美，肉多刺少，含脂量较高。一般适宜于蒸、炖、煎、炸等烹调方法，如软炸鱼条、松子鱼米、香蕉鱼片、白汁龙凤卷、家常炖鱼块、麻蓉鱼片、麻辣鱼卷等菜品。

（二）木叶鲽（*Pleuronichthys cornutus*）

木叶鲽俗称滴苎、溜仔、蚝边、砂轮、鼓眼、猴子鱼，为鲽形目鲽科，分布于我国南海、东海、黄海和渤海，冬春为捕捞期，东海产量较多。相近种为高眼鲽、黄盖鲽和石鲽。体胖有痰火者，不可多食木叶鲽。木叶鲽肉味鲜美，肉多刺少，肉质软嫩，含脂量较高。一般适宜于蒸、炖、焖、炒等烹调方法，如金银鱼丝卷、碧绿葡萄鱼、荷叶蒸鱼、茄汁鱼片、炸板鱼、酸辣炖鱼块等菜品。

（三）条鳎（*Zebrias zebra*）

条鳎俗称虎皮鱼、花利、猫利、花牛舌、花鞋底、花手绢，为鲽形目鳎科，分布于我国各沿海，秋冬季为捕捞期，为我国食用的经济鱼类之一。相近种有日本条鳎。条鳎不宜多食，易动气。条鳎肉质细嫩，肉多刺少，肉味鲜美。一般适宜于蒸、炒、烧、熘、炸等烹调方法，如清蒸鳎鱼、脆皮鳎鱼、葱油鳎鱼、红烧鳎鱼、芝麻鳎鱼等菜品。

（四）半滑舌鳎（*Cynoglossus semilaevis*）

半滑舌鳎俗称龙脷鱼、鳎鳎、牛舌头、鳎米，为鲽形目舌鳎科。分布于我国各海域，秋冬为捕捞季节，是我国东海、黄海名贵的鱼类之一。相近种有宽体舌鳎、窄体舌鳎、三线舌鳎和短吻舌鳎等。半滑舌鳎肉质细嫩，肉色洁白肥嫩，肉多刺少，滋味鲜美。一般适宜于炸、烩、蒸、炖、煎、烧等烹调方法，如姜汁舌鳎鱼、菊花鱼球、雪菜蒸舌鳎鱼、八珍鱼羹、银丝鱼球、茄汁鱼柳等菜品。

七、鲈鱼（Japanese sea bass，perch；*Lateolabrax japonicus*）

鲈鱼（见图 11-15）俗称鲈鲛、花鲈、鲈板、花寨、鲈子鱼，为鲈形目真鲈科。我国各沿海均产，春秋季为捕捞期，多见于沿海河口咸淡水区域。目前已成为海产养殖鱼，为上等食用鱼类之一。鲈鱼可治水气、风痹并能安胎。鲈鱼肉质细嫩，肉色洁白，肉味鲜美，肉多刺少。一般适宜于蒸、炖、烧、焖、熘、炒、烩等烹调方法，如葱油鲈鱼、鲈鱼锅仔、酸菜鲈鱼、醋椒鲈鱼、松江鲈鱼、菊花鲈鱼窝等菜品。

图 11-15 鲈鱼

八、石斑鱼(grouper)

石斑鱼是宝石石斑鱼、点带石斑鱼等的通称。

(一) 宝石石斑鱼(*Epinephelus areolatus*)

宝石石斑鱼俗称石斑、过鱼、芝麻斑,为鲈形目鮨科。鱼体长椭圆形,体色深褐色或红色。分布于我国南海、东海南部,春夏季为捕捞期,为我国南海食用的名贵鱼类之一。

(二) 点带石斑鱼(*E. malabaricus*)

点带石斑鱼俗称过鱼、石斑,为鲈形目鮨科。体棕灰色,体侧有 5 条不明显的横带。头部、体侧及各鳍上散布着黑色圆斑点。分布于我国南海和东海南部,春季为捕捞期,为我国南海的食用名贵鱼类之一。

(三) 赤点石斑鱼(*E. akaara*)

赤点石斑鱼又称为红石斑鱼、红过鱼、花鱼、花斑,为鲈形目鮨科。全身散布有橙红色斑点,分布于我国南海和东海南部,为我国南海、东海南部食用的名贵鱼类之一。相近种有云纹石斑鱼、青石斑鱼。石斑鱼的肉质细嫩,滋味鲜美,肉多刺少,肉色洁白,为上等宴席常备的原料,一般适宜于蒸、炖、焖、烧、熘等烹调方法,如清蒸石斑鱼、芋艿石斑鱼、白汁石斑鱼、双色菊花鱼、葡萄鱼、过桥石斑鱼等菜品。

九、鲱鱼(herring)

鲱鱼是太平洋鲱鱼和脂眼鲱等的通称。

(一) 太平洋鲱鱼(*Clupea harengus pallasi*)

太平洋鲱鱼俗称青鱼、青条鱼,为鲱形目鲱科。分布于我国黄海、渤海等海域,为冷水性中层鱼类,是北太平洋的重要经济鱼类。

(二) 脂眼鲱(*Etrumeus micropus*)

脂眼鲱俗称脱鰛、圆仔、大肚鰛,为鲱形目鲱科。分布于我国南海和东海等海域,为近海暖水性中上层鱼类。每年 3—5 月为捕捞期,为我国南方食用的经济鱼类。相近种有青鳞鱼、斑鰶等。鲱鱼精巢可制鱼精蛋白。鲱鱼肉质细嫩,滋味鲜美,刺较多,含脂量较多,一般适宜于炸、蒸、炖、焖、烧、炒等烹调方法,如茄汁鱼块、炒鱼松、酥炸鲱鱼、白汁鲱鱼等菜品,也可加工鱼罐头。

十、鳓鱼(Chinese herring; *Ilisha elongata*)

鳓鱼(见图11-16)俗称曹白鱼、白力鱼、鲞鱼、白鳞鱼、大鳞鱼、鲙鱼,为鲱形目鲱科。鳓鱼体侧扁,腹缘隆凸,银白色或白色。分布于我国各沿海,以江苏省产量最多,秦皇岛市所产的质量较好,是我国四大经济鱼类之一。鳓鱼滋味鲜美,肉质细嫩肥美,但细刺较多。由于鳞下脂肪丰富,所以新鲜时烹调可不去鳞。一般适宜于蒸、焖、烧、炖等烹调方法,如清蒸鳓鱼、奶汤炖鲞鱼、黄豆煮咸鳓鱼、咸鲞鱼蒸肉末、糟鳓鱼、咸鳓鱼炖鸡蛋等菜品。

十一、鳗鱼(eel)

鳗鱼是海鳗和鳗鲡的通称。

(一)海鳗(*Muraenesox cinereus*)

海鳗俗称门鳝、狼牙鳝、即勾鱼、尖嘴鳗、乌皮鳗,为鳗鲡目海鳗科。分布于我国各海区,以南海和东海产量较多。每年秋冬季为捕捞期,是我国海产主要经济鱼类之一。相近种有鹤海鳗。

(二)鳗鲡(*Anguilla japonica*)

鳗鲡俗称鳗鱼(见图11-17)、白鳗、白鳝、青鳝、河鳗,为鳗鲡目,鳗鲡科。分布于我国各海区和主要淡水系,平时生活在淡水中,秋后成体鱼洄游入海产卵,卵在海中成幼鱼后再进入江河生长,江苏省无锡市江阴一带为鳗鲡的主要产地。现全国各地均有人工养殖,四季均有供应,是我国常用的食用鱼类之一。

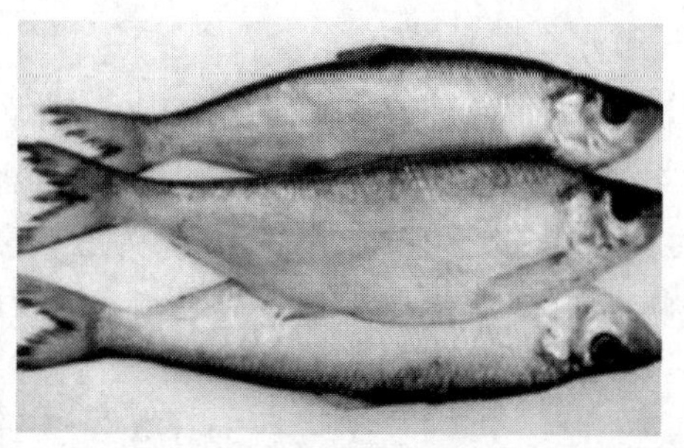

图11-16　鳓鱼

图11-17　鳗鱼

鳗鱼富含多种营养成分。鳗油成分大部分为软脂酸;脑、卵、脊髓含有磷脂,其胶体含有高浓度的卵磷脂,有滋补强身的作用。鳗鱼肉质细嫩,滋味鲜美,肉多刺少。肉色洁白或灰白,一般适宜于烧、爆、蒸、焖、炖、炒等烹调方法,如新风鳗鲞、辣椒鳗鱼条、火腩焖大鳝、干菜蒸河鳗、黄焖鳗、爆炒鳗鱼花、锅锡鳗鱼盒、蜈蚣鳗鱼丝、豉汁蟠龙鳗等菜品。

十二、鳕鱼(cod; *Gadus macrocephalus*)

鳕鱼俗称大头鱼、大口鱼、狭鳕、明太鱼、石肠鱼、大头腥,为鳕形目鳕科,分布于我国黄海、渤海、东海北部海域,是黄海北部的重要经济鱼类。鳕鱼鱼肝中含油量很高,并富有维生素A和D,可制药用鱼肝油。鳕鱼为低脂肪食物,可帮助人体降低胆固醇和降低心脏病及一些癌症的发病率。鳕鱼肉质细嫩洁白,刺少肉多,肉味较差。一般适宜于炸、蒸、焖、烧、熘等烹调方法，如油炸卤浸鱼、干烧鳕鱼块、烧鳕鱼、葱煨鳕鱼、鳕鱼冻、红焖大头鱼。

十三、梭鱼（redlip mullet; *Liza haematocheila*）

梭鱼俗称斋鱼、犬鱼、红眼鱼、肉棍子、鲻鱼，为鲻形目鲻科。体细长，近圆筒形，背部深灰色，腹部白色。体侧上方有数条暗色纵条纹。分布于中国各沿海，为我国华北主要港养对象，是我国食用经济鱼类之一。相近种有梭鲻。梭鱼肉嫩味鲜，一般适宜于炖、蒸、焖、烧等烹调方法，如葱烧梭鱼、糟熘梭鱼片、菊花鱼、茄汁鱼柳、豆瓣梭鱼等菜品。

十四、鲻鱼（mullet; *Mugil cephalus*）

鲻鱼俗称信鱼、际鱼、乌鲻、白眼、白眼梭鱼，为鲻形目鲻科。鲻鱼体延长，前部近圆形，后部侧扁，头部平扁。头和体背青黑色，腹部白色。体的两侧上半部有 7 条黑色纵条纹。我国沿海均产，为我国东南沿海主要养殖对象，是我国主要食用鱼类之一。鲻鱼肉质细嫩，味鲜美，肉多刺少。一般适宜于炖、烧、焖、蒸等烹调方法，如酱汁鲻鱼、黄芪鲻鱼、烧鲻鱼、葱油鲻鱼、醋椒鲻鱼、清炖鲻鱼、鲻鱼黄芪山药汤、白汁鲻鱼、糖醋瓦块鱼等菜品。

十五、黄姑鱼（yellow drum; *Nibea albiflora*）

黄姑鱼俗称花皮、春水鱼、黄婆鸡、铜罗鱼、黄姑子，为鲈形目石首鱼科，在我国南北各海均有分布，南海和台湾海峡出产品种较多。因在海中能发出“咕咕”的叫声，故而得名，为我国沿海常见鱼类之一。相近种有白姑鱼、叫姑鱼。黄姑鱼肉质坚实，肉味稍逊于黄鱼，肉略带酸味。体壮内热者不可多食。一般适宜于烧、炸、焖等烹调方法，如红烧铜罗鱼、清炖黄姑鱼、糖醋黄姑鱼、卷筒黄姑鱼、松子鱼球、蛙式黄姑鱼等菜品。

十六、鲐鱼（Japanese mackerel; *Pneumatophorus japonicus*）

鲐鱼俗称花池鱼、花鳀、青占鱼、油胴鱼、青花鱼，为鲈形目鲭科。鲐鱼体呈纺锤形，稍侧扁，背青色，腹白色，体侧上部具有深蓝色波状条纹。我国近海均产，但产量不大。黄海北部烟台和威海外海为鲐鱼产卵场。相近种有羽鳃鲐。羽鳃鲐与鲐鱼的外形较相似，区别在于羽鳃鲐带鳞片。鲐鱼肉呈红色，肉味较鲜，但腥味较重。一般适宜于焖、烧、炸、炖、蒸等烹调方法，如茄汁烧鲐鱼、雪菜炖鲐鱼、红烧鲐鱼、香椿鲐鱼、辣子鲐鱼块、鲐鱼蒸鸡蛋等菜品。

十七、蓝点马鲛鱼（Japanese spanish mackerel; *Scomberomorus niphonius*）

蓝点马鲛鱼又称为鲅鱼、马鲛鱼、燕鱼、马加鱼等，为鲈形目鲭科。蓝点马鲛鱼体长而侧扁，体背部蓝褐色，腹部银灰色，体侧散布有不规则的黑色斑点。我国主要产于黄海、渤海以及东海北部，是我国重要的经济鱼类之一。相近种有康氏马鲛。蓝点马鲛鱼对年老、久病有补益强壮的功效。蓝点马鲛鱼肉质细嫩，肉色发红，肉多刺少，肉味鲜美，腥味较鲐鱼小，一般适宜于蒸、烧、焖、盐腌等烹调方法，如雪菜蒸马鲛鱼、新风马鲛鱼、萝卜烧马鲛鱼、红烧马鲛鱼、酸菜炖鱼块等菜品。

十八、真鲷(genuine porgy; *Pagrosomus major*)

真鲷(见图 11-18)俗称立鱼、赤鲫、加纳、铜盆鱼、天竺鲷、红笛鲷、石鲷、加吉鱼、加拉鱼,为鲈形目鲷科。真鲷体高而侧扁,体长 15~30 cm。体呈淡红色,背部散布着许多淡蓝色斑点。在我国各海区均产,黄海和渤海产量较大,是我国名贵的经济鱼类之一。相近种有黄鲷和黑鲷。真鲷肉质细嫩紧密,肉多刺少,滋味鲜美,特别是鱼头滋味更加肥美,山东省地区民间有"加鱼头、巴鱼尾"之说。一般适宜于蒸、烧、焖、炖等烹调方法,如清蒸加吉鱼、双冬烧真鲷、油浸红加吉、清炖加吉鱼、橘汁加吉鱼、烤加吉鱼、乳汁红鲷等菜品。

图 11-18　真鲷

十九、中国团扇鳐(thornback ray; *Platyrhina sinensis*)

中国团扇鳐俗称皮鳐、货郎鼓、团扇、荡荡鼓,为软骨鱼纲团扇鳐科。体平扁,尾平扁,渐狭小。在我国各海区均产,是我国次要的经济鱼类之一。相近种有许氏犁头鳐、孔鳐等。鳐鱼肉可供食用,皮可干制"鱼皮"。各鳍可制鱼翅;吻侧的半透明结构组织可干制鱼骨(明骨)。鳐鱼肉质细嫩,肉多骨少,味鲜美,但腥味较重,一般需要进行脱腥处理。适宜于烧、焖、炖、烩等烹调方法,如红烧鳐鱼、雪菜鳐鱼羹、葱油鳐鱼、苦瓜焖鳐鱼、家常焖老板鱼等菜品。

二十、鮸鱼(Chinese drum; *Miichthys miiuy*)

鮸鱼俗称敏鱼、米鱼、鳘鱼,为鲈形目石首鱼科。主要产于东海、南海,黄海次之,是我国海产名贵经济鱼类之一。鮸鱼含有丰富的营养,除了蛋白质、脂肪外还有黏胶质和钙盐等成分。鮸鱼鱼鳔干制后为海产珍品鳘鱼肚,富含胶原蛋白,对体弱者有滋补作用。鮸鱼肉质厚实,肉多刺少,滋味鲜美。宁波一带有"宁可弃我廿亩稻,不可弃掉米鱼脑"的民谚。鮸鱼一般适宜于炸、烧、焖、炖、熘等烹调方法,如苔条鱼丸、萝卜丝鮸鱼、煎煮米鱼、脆皮鱼、家常烧鱼、酸辣鮸鱼骨酱等菜品。

二十一、梅童鱼(bighead croaker; *Collichthys lucidus*)

梅童鱼(见图 11-19)俗称小梅鱼、梅子鱼、大头鱼、黄皮,又称为棘头梅童鱼,为鲈形目石首鱼科。体型外观与大黄鱼相似,体长约 15 cm,背侧灰黄色,腹侧金黄色。我国东海、黄海产量较多,是我国常见的小型食用鱼类。相近种有黑鳃梅童鱼。梅童鱼肉细嫩,肉较少,食用价值较低,但滋味鲜美。一般适宜于炸、烧、焖、炖、烩等烹调方法,如八珍黄鱼羹、脆皮小黄鱼、黄鱼参羹、家常小梅鱼、萝卜丝汆小梅鱼、吐司梅鱼、腐皮包小梅鱼、苋菜鱼羹等菜品。

二十二、马面鲀(bluefin leather jacket; *Navodon septentrionalis*)

马面鲀(见图 11-20)又称为绿鳍马面鲀、橡皮鱼、羊鱼、皮匠鱼、面包鱼、剥皮鱼,为鲀形目革鲀科,呈长圆形,侧扁,蓝黑色,具有暗色斑块。鳍棘粗大,鳍绿色。我国的马面鲀主要分布于渤海、东海和黄海，是我国次要的经济鱼类之一。马面鲀肉质较实，纤维细嫩，味道鲜美，一般适宜于炸、炖、焖、烩等烹调方法，如五香熏鱼、茄汁鱼段、蒜汁鱼片、糖醋鱼块、干烧橡皮鱼、橡皮鱼干炖肉、鱼干炖鸡块等菜品。

图 11-19 梅童鱼

图 11-20 马面鲀

二十三、三文鱼（Salmon）

三文鱼并非种的分类名称，而是泛指肉色为橙红色的鲑鱼。而鲑鱼同样不是鱼类种类的名称，而是对鲑科部分鱼类的称呼。鲑科（Salmonidae）包括 15 个属——太平洋鲑属（大马哈鱼属）（*Oncorhynchus*）、刺舌鲑属（*Acantholingua*）、细鳞鱼属（*Brachymystax*）、白鲑属（*Coregonus*）、哲罗鱼属（*Hucho*）、长颌白鲑属（*Leucichthys*）、平头鲑属（*Platysalmo*）、柱白鲑属（*Prosopium*）、鳟属（鲑属）（*Salmo*）、钝吻鲑属（*Salmothymus*）、红点鲑属（*Salvelinus*）、茴鲑属（*Salvethymus*）、北鲑属（*Stenodus*）、茴鱼属（*Thymallus*）、真鳟属（*Trutta*）。

目前商业上的三文鱼主要来自太平洋鲑属（Oncorhynchus）、鲑属（Salmo），另外还有红点鲑属（Salvelinus）等。三文鱼属于冷水鱼，常见的有两个来源。一是太平洋鲑属：大麻哈鱼（*Oncorhynchus keta*，平时海水中，洄游时进入江河）、银鲑（银大麻哈鱼，*Oncorhynchus kisutch*）、虹鳟鱼（也称为麦奇钩吻鳟，rainbow trout，*Oncorhynchus mykiss*，原产美国，我国已大量养殖，金鳟是日本选出虹鳟鱼突变种）。二是鲑属：常见的有大西洋鲑鱼（*Salmo salar*），有三个亚种，安妮克鳟（*Salmo salar* ouananiche）、安大略鲑（*Salmo salar* saler）、塞巴各湖鳟（*Salmo salar* sebago），挪威三文鱼主要是塞巴各湖鳟（*Salmo salar* sebago）。三文鱼都是洄游性或降海型鱼类或鱼种，都有陆封型的淡水品种。太平洋鲑属和大西洋的鲑属都有适合海洋的也有适应淡水的。目前野生的大西洋鲑鱼或挪威三文鱼比例不到 10%，其他都是人工养殖的。我国从北欧和南美进口的三文鱼主要是海洋养殖的大西洋鲑鱼（*Salmo salar*）。国内大量养殖的挪威三文鳟就是塞巴各湖鳟等鲑鱼。

对三文鱼的口感品质影响较大的是鱼的品种，而对食用安全影响较大的是野生还是养殖，海水养殖还是淡水养殖。野生三文鱼的寄生虫比较多，以异尖线虫最常见，容易引起腹痛腹泻，不过海水寄生虫无法在人体内长期生存。养殖三文鱼的寄生虫可能会少一些。但是淡水养殖的虹鳟鱼被用来做刺身时，其风险较大。因为淡水鱼中的寄生虫可以在人体内生存，其中最常见的是肝吸虫。因此，淡水养殖的虹鳟鱼不能生食。异尖线虫可以通过冷冻方法冻死，在零下 20℃冷冻超过 24 小时或在零下 35℃冷冻 15 小时。

三文鱼主要生产国有日本、俄罗斯、美国、加拿大，以及挪威等北欧、智利等南美国家。我国青海、山西、山东、陕西、东北、北京等地也有大量养殖。

三文鱼皮为灰褐色，鱼肉颜色为橙红色，具有条纹，肉质鲜美，营养丰富，富含二十碳五烯酸（EPA）、二十二碳六烯酸（DHA）、omega-3 高不饱和脂肪酸，可以有效预防心脑血管疾病,对脑组织健康具有积极的作用。烹饪三文鱼有很多种方法,北欧人喜欢吃熏制或腌制的鲑鱼。国人喜欢做成刺身食用。

二十四、金枪鱼

又称鲔鱼、吞拿鱼。金枪鱼科有9个属,常见的有6个属:金枪鱼属(*Thunnus*)、舵鲣属(*Auxis*)、鲔属(*Euthynnus*)、狐鲣属(*Sarda*)、鲣属(*Katsuwonus*)、裸狐鲣属(*Gymnosarda*),分布于太平洋、大西洋、印度洋的热带、亚热带以及温带广阔水域。常见的金枪鱼主要有6种:黄鳍金枪鱼、大眼金枪鱼、蓝鳍金枪鱼、长鳍金枪鱼、鲣鱼和马苏金枪鱼。金枪鱼肉质柔嫩、鲜美,蛋白质含量很高,富含DHA、EPA、多不饱和脂肪酸。另外还含有丰富的甲硫氨酸、牛磺酸、矿物质和维生素,是一种高档海洋鱼类。

黄鳍金枪鱼(Yellowfin tuna, *Thunnus albacares*)俗称黄鲮甘、鱼串子,金枪鱼属;分布于印度洋、太平洋、大西洋热带、亚热带水域。黄鳍金枪鱼是金枪鱼属中渔业产量最大的重要经济鱼种,其在世界金枪鱼类的产量中仅次于鲣(*Katsuwonus pelamis*)。大眼金枪鱼(*Thunnus obesus*),金枪鱼属,肉呈粉红色,肉质稍软,可做生鱼片;是常见的制作金枪鱼生鱼片的鱼种。全世界热带和温带海区(南北纬度在40°之间)均有分布,赤道附近海域最多。我国主要分布在南海西沙、中沙、南沙,东海也有分布。除鲜食外,可制罐头,冷冻或制干品,肝可制鱼肝油。蓝鳍金枪鱼(*Thunnus thynnus*),金枪鱼属,主要分布于北大西洋及地中海海域,肌肉富含蛋白质、EPA、DHA、维生素,是制作生鱼片和寿司的顶级食材。根据脂肪含量的不同,蓝鳍金枪鱼的背、腹部肌肉通常被分成3个不同的组分。鱼体背部的3个部位为1组,称"赤身";腹部的中间和末尾为1组,称"中腹";腹部的前段为1组,称"大腹"。大腹肉油脂丰富,肉质鲜滑而带有浓郁的特有香味,价格最贵;中腹肉肉质鲜美,味道不及大腹之浓郁,价格也较之便宜;赤身肉油脂较少,肉质坚实具嚼感,价格最便宜。长鳍金枪鱼(*Thunnus alalunga*),金枪鱼属,分布于大西洋、太平洋和印度洋的热带、亚热带海域。鲣鱼(*Katsuwonus pelamis*),鲣属,体背蓝紫色,腹部银白色,腹侧有4~6条明显黑色纵带,故有"六条"之称,分布于太平洋、大西洋、印度洋热带和亚热带海域。我国产于南海、东海。马苏金枪鱼(*Thunnus maccoyii*),金枪鱼属,分布于南半球高纬度(30° S~60°S)海域。

在国际市场上,金枪鱼价格由高到低的顺序是鲜活、冰鲜、冻品、干品和罐头。新鲜金枪鱼中,肌红蛋白血红素分子中的Fe以亚铁形式存在,肌肉呈鲜红色,而氧化以后则以高铁氧合肌红蛋白形式存在,肌肉呈现暗褐色,肌红蛋白的氧化速度受到温度、pH、氧分压、盐类和不饱和脂肪等因素的影响。金枪鱼的贮藏期限一般以高铁氧合肌红蛋白的生成率达50%为界限。

第四节　鱼类的品质检验与保藏

一、鱼的品质检验

(一) 鱼体死后的品质变化

鱼类在捕获之后,绝大多数很快死亡。活鱼死后的皮肤腺中分泌较多的黏液(主要为黏蛋白的透明黏液),覆盖在整个体表。首先,鱼类含水量较高,非常适合大多数细菌

的繁殖。特别是鱼离水后随着时间的延长，pH 也逐步升高，弱碱性基质更有利于某些细菌的繁殖。其次，陆上较高的气温环境，促使其体内的酶增加活力，故特别容易发生变质。活鱼死后其肌肉组织的变化主要有以下 3 个阶段。

1. 死后僵直

鱼类死后僵硬发生的原因，主要是糖原无氧分解生成乳酸，ATP 发生分解反应，同时，肌球蛋白与肌动蛋白结合生成肌动球蛋白，肌肉收缩，使鱼体进入僵硬状态。

2. 自溶作用

僵硬状态的鱼体，由于组织中蛋白酶类的作用，使蛋白质逐渐分解为蛋白胨、多肽和氨基酸，便是自溶作用。

3. 腐败变质

自溶状态的鱼体，由于组织中的氨基酸氨态氮等增多，所以为腐败细菌在鱼体中的生长繁殖提供了条件（蛋白质分解菌、脂肪分解菌、氧化作用），从而加速腐败过程。

（二）鱼品质检验的方法

鱼类品质检验的方法很多，有感官检验、化学检验、物理检验和微生物检验等 4 种。鱼作为烹饪原料，最为适用的检验方法应该是感官检验。

1. 活鱼（养殖的淡水鱼和部分海鱼）

质量好的活鱼活泼好动，反应敏捷，游动自如，体表有一层透明的黏液，各部分无伤残。

2. 冻鱼（冷冻海鱼）

质量好的冷冻鱼色泽鲜亮，鱼鳞完整，眼球突起，角膜清亮，肛门完整无裂，外形紧缩不凸起。

3. 鲜鱼（指死后不久的鱼）

鲜鱼的感官质量鉴别，可从鱼体、体表、鳞、鳃、眼睛、肌肉等方面进行检验，如表 11-1 所示。

表 11-1 鲜鱼的感官指标

项目	新鲜鱼	次鲜鱼	不新鲜鱼
体表	具有鲜鱼固有的鲜明本色与光泽，黏液透明	色较暗淡，光泽差，黏液透明度差	色暗淡无光，黏液混浊
鳞	鳞完整或稍有花鳞，紧贴鱼体不易剥落	鳞不完整，较易剥落	鳞不完整，松弛，易剥落
鳃	鳃盖紧合，鳃丝鲜红色或紫红色，清晰，黏液透明，无异味	鳃盖放松，鳃丝呈紫红色、淡红色或暗红色，腥味较重	鳃盖松弛，鳃丝粘连，呈淡红色、暗红色或灰红色，有显著的腥臭味
眼睛	眼睛饱满，角膜光亮透明	眼球平坦稍凹隐，角膜暗淡或微混浊	眼球凹陷，角膜混浊或发黏
肌肉	肌肉坚实或富有弹性，肌纤维清晰，有光泽	肌肉组织紧密、有弹性，压陷能很快复平，肌纤维光泽较差	肌肉松弛，弹性差，压陷后复平较慢，肌纤维无光泽，有异味，但无腐臭味

化学检验是利用鱼类死后,在细菌作用下或由生化反应生成物质的测定,进行鲜度鉴定。常用的有挥发性盐基氮(VBN或TVB-N)法、三甲胺(TMA)法和K值法。物理检验是根据鱼体物理性质的变化进行新鲜度的判断。有测定鱼体的硬度、鱼肉电阻等,但这些指标因为鱼种、个体不同存在很大差异,所以一般不用于实际操作中。微生物检验是根据鱼体表皮或肌肉细菌数的多少来判断鱼腐败程度的鲜度鉴定方法。一般鱼体达到初期腐败时的细菌总数是:每1cm^2皮肤为10^6个左右,一旦达到10^7~10^8时,便有强烈的腐败臭味。

根据农业农村部渔业局国家水产品质量监督检测中心《水产品标准与法规汇编》,鱼类鲜度等级分为两级,如表11-2所示。

表11-2 鱼的新鲜度根据细菌总数和挥发性盐基氮指标分级

品种	TVB-N/($mg \cdot g^{-1}$)		细菌总数/(个$\cdot g^{-1}$)	
	一级	二级	一级	二级
黄鱼	$\leqslant 1.3\times10^3$	$\leqslant 3.0\times10^3$	$\leqslant 1.0\times10^4$	$\leqslant 1.0\times10^5$
带鱼	$\leqslant 1.8\times10^3$	$\leqslant 2.5\times10^3$	$\leqslant 1.0\times10^4$	$\leqslant 10\times10^5$
鲱鱼	$\leqslant 1.5\times10^3$	$\leqslant 3.0\times10^3$	$\leqslant 0.5\times10^4$	$\leqslant 0.5\times10^5$
鳇鱼	$\leqslant 1.0\times10^3$	$\leqslant 1.5\times10^3$	$\leqslant 0.1\times10^4$	$\leqslant 0.1\times10^5$
青鱼、草鱼、鲢鱼、鲤鱼、鳙鱼	$\leqslant 1.3\times10^3$	$\leqslant 2.0\times10^3$	$\leqslant 1.0\times10^4$	$\leqslant 10\times10^5$
鲐鱼	$\leqslant 1.5\times10^3$	$\leqslant 3.0\times10^3$	$\leqslant 3.0\times10^4$	$\leqslant 10\times10^5$
鲳鱼	$\leqslant 1.8\times10^3$	$\leqslant 3.0\times10^3$	$\leqslant 1.0\times10^4$	$\leqslant 100\times10^5$
鲚鱼	$\leqslant 1.5\times10^3$	$\leqslant 3.0\times10^3$	$\leqslant 50\times10^4$	$\leqslant 200\times10^5$

二、鱼的保藏技术要点

鱼类原料从产地到销售以及使用地点,都要经历中间的贮存保管过程。而鱼类原料一年四季中的产期又有淡旺之分,部分原料有明显的季节性特点。这就要求在旺季或产地进行贮藏保管。根据鱼类原料的特性,其保藏技术可分为以下4种。

(一)活养

活养主要针对淡水鱼和部分海产鱼。技术要点如下。

(1)水要宽,水要流动。

(2)要严格控制水温(20~30℃)。

(3)活养数量不宜过多。

(4)活养海产鱼水中必须加入海水晶,并保证水的盐度为1.6%~4.7%。

(二)冷藏

冷藏仅限用于短时间内的暂时保鲜。技术要点如下。

(1)短时间内冷却,使新鲜鱼冷却到0℃左右。

(2)冷藏温度严格控制在0~2℃。

(3)冷藏时间不宜过长,防止嗜冷细菌的繁殖,而影响鱼的质量。

(三)冰藏

冰藏是指用天然冰或机制冰保鲜鱼类,一般在海产鱼捕捞或运输过程中运用较多。技术要点如下。

(1)用冰来冷却。

(2)冷却用冰量一般为鱼体重的50%~100%。

(3)冷却到鱼体温度降到1℃左右。

(4)冰藏时间不宜超过12~13 d。

(5)可在冰中添加0.005%的次氯酸钠,可适当延长贮藏期(17~18 d)。

(四)冻结

技术要求如下。

(1)鱼体温必须降到-15~-12℃。

(2)可采用缓慢冻结和快速冻结的方法。

(3)冻结好的鱼,放在4℃以下的净水中浸蘸一下,使鱼体表面形成冰衣保护层,防止原料变质。

(4)在-15~-12℃的温度下,贮藏黄鱼、草鱼为9个月,脂肪含量高的鲐鱼和鲅鱼为6个月。时间再长鱼体内的脂肪易氧化,使鱼腐败变质产生异味。

思 考 题

1. 软骨鱼纲和硬骨鱼纲各具有哪些共同特征?
2. 鱼的结构特征是什么?鱼类的体型可分为几种?
3. 鱼类主要有哪些外部器官?简述鱼类各部位肌肉的特征。
4. 简述鲤鱼、草鱼、青鱼、鲢鱼、鳙鱼的特征和食用功能。
5. 区别海鱼的形态特征(黄姑鱼与大黄鱼,海鳗与鳗鲡)。

第十二章　其他水产品烹饪原料

学习目标

- 了解水中无脊椎动物和藻类的分类。
- 熟悉烹饪上常见的无脊椎动物和藻类的种类。
- 掌握主要的无脊椎动物和藻类烹饪原料的分布、识别特征、成分、烹饪特点和常见的烹饪菜肴。
- 了解无脊椎动物和藻类的品质检验技术与保藏技术。

第一节　水中无脊椎动物和藻类原料概况

其他水产品烹饪原料是指水中无脊椎动物和藻类中可供人类食用的烹饪原料。

一、水中无脊椎动物

在动物界,除了5万多种属于脊索动物外,其余125万种为无脊椎动物,即没有脊索、咽鳃裂和背神经管。无脊椎动物分属33个门。作为烹饪常用的水中无脊椎动物,主要有以下几种。

(一)节肢动物门

节肢动物身体两侧对称,附肢和身体均分节,体被外骨骼,是动物界中最大的一门,有100万余种,而且个别种类数量很大。食用价值较高的主要生存于海水、淡水中。如虾、蟹。

(二)软体动物门

软体动物是三胚层,两侧对称,具有真体腔的动物。身体柔软,不分节。大多数左右对称,并具有贝壳(外骨骼)。软体动物均分为头、足、内脏团3个部分,具有完整的消化管,出现了呼吸系统与循环系统。软体动物门是动物界仅次于节肢动物的第二大门,有7万余种。食用价值较高的主要生存于海水、淡水中,如贝类、螺类、头足类、石鳖类等。

(三)棘皮动物门

棘皮类动物身体多为五辐射对称,有独特的水管系统,有内骨骼,是一类后口动物,有6 000多种,生存于海水中。其中一些种类,如海参、海胆等有食用价值和经济价值。

(四)腔肠动物门

腔肠动物门具由外胚层发育来的表皮层和由内胚层发育来的胃层。腔肠动物门种类较多,有10 000多种,具有食用价值的主要是海水和淡水中的少数品种,如海蜇、海葵、水螅和桃花水母等。我国的海蜇资源丰富,分布在南北各个海域。

(五)环节动物门

环节动物有三胚层,两侧对称,是具有真体腔的动物,出现分节,常有附肢。环节动物门有13 000余种，具有一定的经济价值的有海蚯蚓、禾虫（疣吻沙蚕）等。因食用价值不高，在本书中不作叙述。

二、藻类

藻类植物是含有叶绿素和其他辅助色素的低等自养植物。植物体为单细胞、群体或多细胞，构造简单，无根、茎、叶的分化。除部分海产种类体型较大，一般都相当微小。主要分布在淡水和海水中，少部分生于土壤、岩石和树干上。藻类分为蓝藻门、绿藻门、轮藻门、金藻门、褐藻门、甲藻门、裸藻门和红藻门8种。具有食用价值的藻类主要是蓝藻门、绿藻门、红藻门及褐藻门的部分种类。

（一）蓝藻门

蓝藻门又称为蓝绿藻，蓝藻原生质体分化成周质和中央质两部分，而不分化成细胞质和细胞核。藻体有单细胞的、群体的及丝状体的。丝状体蓝藻呈丝状，例如螺旋藻。丝状体连成群体，例如葛仙米。

（二）绿藻门

绿藻的贮存养分主要是淀粉，其次是油类。藻体有单细胞体（如小球藻、绿球藻）、群体（如盘星藻）和丝状体（如丝藻），此外还有由薄壁组织形成的膜状体（如石莼、浒苔）。另外，还有团块状或鹿角状的种类。

（三）红藻门

红藻多数种类呈红色或紫红色，贮藏的养分是红藻淀粉和红藻多糖。藻体绝大多数是由多细胞构成的多细胞体。少数为简单的丝状体，大多数为假薄壁组织体，有各种形状，通常为辐射对称的圆柱状或侧扁的片状体或壳状体，分支或不分支。基部以盘状固着器固着在基物上，无柄或有短柄，细胞为胶质所包被，例如紫菜。

（四）褐藻门

褐藻门大多数都是海产，贮藏的养分主要是褐藻淀粉和甘露醇，此外还有油类及少量还原糖，色素体中含有叶绿素a、c、胡萝卜素和叶黄素。植物体由多细胞构成，有分支的丝状体、较高级的假薄壁组织体和薄壁组织体3种类型。有的分化为表皮、皮层和髓及不同的外部形态，如海带、昆布、裙带菜的藻体均为分化的薄壁组织体。再如鹿角菜的藻体也为分化的薄壁组织体，形似鹿角状。

第二节 甲 壳 类

甲壳类动物是节肢动物门中的一个重要的纲，有38 000余种。甲壳类动物的身体一般分为头胸部（头胸部有坚硬和较坚硬的头胸甲来保护躯体内的柔软组织）和腹部（腹部处骨骼不坚硬）；身体外骨骼中含有许多色素细胞（虾青素），遇热或遇乙醇时蛋白质变性，外骨骼就会变为红色（虾红素）；身体内肌肉发达，均属于横纹肌的性质。肌肉洁白，无肌腱，肉质细嫩，持水力强，滋味鲜美。常见或经济价值较高的有龙虾、对虾、梭子蟹、河蟹等品种，这些品种在烹饪中占有重要的地位。

一、虾（lobster，prawn，shrimp）

虾是甲壳纲十足目游泳亚目的动物。虾的种类很多（在中国有400多种，以海产虾

的种类和资源量居多),常见或食用价值较大的有龙虾、对虾、白虾、毛虾、虾蛄、琵琶虾和沼虾等。虾类具有补肾壮阳、通乳、解毒的功效。

(一) 龙虾(Lobster)

龙虾为节肢动物门龙虾科(*Panulirus spp.*)。龙虾(*Palinuridae*)是节肢动物门软甲纲十足目龙虾科下物种的通称。实际上,人们把龙虾科、海螯虾科、螯虾科、拟螯虾科等统称为龙虾。

头胸部较粗大,外壳坚硬,色彩斑斓,腹部短小,体长一般在 20~40 cm 之间,重 0.5 kg 上下,部分无螯,腹肢可后天演变成螯。体呈粗圆筒状,背腹稍平扁,头胸甲发达,坚厚多棘,前缘中央有一对强大的眼上棘,具封闭的鳃室。主要分布于热带海域,是名贵海产品。

龙虾科包括 11 属:龙虾属(*Panulirus*)、岩龙虾属(*Jasus*)、长须龙虾属(*Justitia*)、脊龙虾属(*Linuparus*)、鳞龙虾属(*Nupalirus*)、毛龙虾属(*Palinurellus*)、真龙虾属(*Palinurus*)、钝龙虾属(*Palinustus*)、原龙虾属(*Projasus*) 、游龙虾属(*Puerulus*)、塔斯马尼亚龙虾属(*Sagmariasus*),共约有 46 种。我国已发现约 7 种:锦绣龙虾(*Panulirus ornatus*)、中国龙虾(*Panulirus stimpsoni*)、波纹龙虾(*Panulirus homarus*)、杂色龙虾(*Panulirus versicolor*)、日本龙虾(*Panulirus japonicus*)、赤色龙虾(*Panulirus versicolor*)、日本脊龙虾(*Linuparus trigonus*)。

龙虾含蛋白质、脂肪,多种微量元素,肌肉中含碘量很高。肉质细嫩、色泽洁白、滋味鲜美。一般适宜于焗、蒸、炒、炸、溜等烹调方法,如手撕龙虾、生蒸龙虾、龙虾三吃、香汁焗龙虾、陈香龙虾片、鸡肝龙虾卷、微波焗龙虾、蟹黄龙虾丝等菜品。

1. 锦绣龙虾(*Panulirus ornatus*)

锦绣龙虾的代表是花龙虾,别名青龙虾、山虾、大和虾、沙虾等。花龙虾原产地在越南,也常称越南花龙虾,为无螯下目,龙虾科,龙虾属的一种。头胸甲前背部均有色彩花纹,足的颜色是黑白相间。体形较大,体长可达 60 cm,重量可达到 2.5~3.5 kg,是龙虾属中体型最大者。腹部、第一触角和步足有黑褐色和黄色相间的斑纹。触角的基部有四对疣刺,后面的一对较小。体色多彩明亮。杂色龙虾色泽与之有些相像。分布范围为印度-西太平洋区。在中国主要分布于南海和台湾海域。中国广东海岸和越南有大量养殖,体长为 20~40 cm 之间。体大肉多,富含蛋白质、矿物质和维生素 A、C,而且脂肪含量很低,有补肾壮阳、养血固精、化瘀解毒、益气滋阳、通络止痛等功效。食用方式:可豉椒龙虾头,肉身油泡龙虾球,尾部再煮龙虾汤。

2. 波纹龙虾(*Panulirus homarus*)

波纹龙虾的代表是青龙,越南小青龙。体表绿色至褐色。足的颜色是紫黄相间。波纹龙虾是台湾主产龙虾。营养和使用方法与锦绣龙虾类似。

3. 澳大利亚龙虾(*Jasus edwardsii*)

澳大利亚龙虾也称澳大利亚岩龙虾(Australian Spiny lobster, red rock lobster 或 southern rock lobster),岩龙虾属。主要产地澳大利亚,属于名贵淡水经济虾种。通体火红色,爪为金黄色。雄性的螯比雌性的发达,雄性螯的外侧端有一膜鲜质红带,是区分雌雄的第 2 性征;有 3 对触须,外缘的 1 对特别粗长,约长于体长的 1/3;尾部有 5 片强大的尾扇,外缀 3 片,中部 1 片较小。

商品澳大利亚龙虾,简称“澳龙”一般重为 100~250 克,成虾重 500~750 g。体大肥美,有极强的耐活力,在水温 5~35 ℃之间,盐度 1.7%~2.4%之间能正常生活,便于长途

运输。鲜活大虾在国内外市场上倍受消费者青睐。澳大利亚龙虾营养丰富、肉质细嫩松软滑脆、味道鲜美香甜、易消化。酒店常见的“澳龙”也叫锦绣龙虾,多为中国广东、越南等地的花龙虾,并不是正宗澳龙。在选购澳龙的时候,注意区分澳龙和纽龙(新西兰龙虾),纽龙多为暗红色或黑色或草色,爪红色。形态与澳龙极为相似,但宽度和肥壮程度均不及澳龙。市面的所谓“澳龙”多为纽龙。

还有一种淡水“澳龙”,是原产于澳大利亚的红螯螯虾(*Cherax quadricarinatus*)。拟螯虾科、光壳虾属,不是真正的龙虾科成员。这种虾的体色会变色,一般为蓝绿色或褐绿色,外形酷似海水中的龙虾。我国已有养殖。

4. 美洲螯龙虾(*Homarus americanus*)

这种大钳龙虾原称北美洲龙虾,常见的是波士顿龙虾,真名叫缅因龙虾,属于海螯虾科螯龙虾属美洲螯龙虾种。北美洲东北以至加拿大东沿岸都有,由于缅因州产量多,又最先做商业采捕营运,在 19 世纪已被定名为缅因龙虾。生活于寒冷海域,肉较嫩滑细致,味道鲜美,高蛋白,低脂肪,维生素 A、C、D 及微量元素含量丰富。体长 20~60 cm,体重 0.5~4 kg。体色一般为橄榄绿或绿褐色,另外也有橘色、红褐色或黑色。螯足有别于其他种类的龙虾,其重量约占龙虾体重的 15%。分级规格:美国龙虾通常按每半磅(222 g)间隔,为一个级别划分规格。Chicken 或 Chix(454 g),Quarters(454~681 g),Selects(681~908 g)和 Jumbo(908 g 及以上)。失去一只或两只螯足的龙虾被称为 Cull。软壳龙虾(如蜕壳后)比硬壳龙虾产肉率低,在运输过程中更易死亡。捕捞集中于 7~10 月。龙虾大多以鲜活形式销往餐馆和超级市场,现在也有龙虾加工生产商使用低温冷冻技术(使用氮和二氧化碳)冷冻熟和生龙虾。这种产品与鲜活龙虾烹制后的食用品质相差无几。冷冻产品包括整只熟龙虾、半熟龙虾(刚发白,9 秒钟部分煮熟)、生龙虾和熟龙虾肉。活龙虾以海藻或浸有海水的纸加胶冰包装,11.3~22.6 kg 包装箱,4℃时离水龙虾可生存 36~48 个小时。在运交前应置于 4~7 ℃水中以延缓代谢。西方烹饪方法有:虾趴凉面,椒菜围城,橄榄点睛。在中国与其他龙虾烹饪方法一致。

5. 南极深海螯虾(斯干比,Scampi,*Metanephrops Challengeri*)

又称新西兰小龙虾、新西兰挪威海蜇虾、南极深海小龙虾。虾体较小、鲜艳,长约 13~18 cm,重约 100g,壳很硬。与传统龙虾相比,双螯明显细长很多。分布于新西兰和南极之间 150~650 m 的深海中。肉质鲜美醇厚、细嫩、有弹性,口感顺滑鲜甜。含有不饱和脂肪酸、蛋白质和维生素较多。总脂肪、胆固醇较少,营养价值高,常制备刺身、螯虾鱼籽鸡蛋羹、迷迭香柠檬烤深海螯虾、螯虾黑松露沙拉,或熬粥。我国主要从新西兰进口冷冻品。

6. 小龙虾(*Procambarus clarkii*)

也称克氏原螯虾、红螯虾、淡水小龙虾、红色沼泽螯虾。螯虾科原螯虾属小龙虾种。分布在中美洲、北美洲南部、亚洲东部、欧洲南部。形似虾而甲壳坚硬。成体长约 5.5~12 cm,整体颜色包括红色、红棕色、粉红色。背部是酱暗红色,两侧是粉红色,带有橘黄色或白色的斑点。甲壳部分近暗黑色,腹部背面有一楔形条纹,螯狭长。甲壳中部不被网眼状空隙分隔,甲壳上明显具颗粒。额剑具侧棘或额剑端部具刻痕。小龙虾体内的蛋白质含量很高,且肉质松软,易消化。含镁、锌、碘、硒丰富。我国已经大量养殖。烹饪方法有:香辣小龙虾、十三香小龙虾、麻辣小龙虾等。

另外我国商业上还有玫瑰龙虾(也称莫桑比克龙虾、粉龙)、美洲花龙虾(也称小蜜蜂,背部有白点)等。

（二）对虾（prawn；*Penaeus* spp.）

对虾（见图 12-1）俗称明虾，对虾为节肢动物门对虾科。对虾体长大，甲壳薄，光滑透明。雌性呈青白色或青蓝色，雄性呈棕黄色。因过去常成对出售，故称为对虾。对虾主要分布于我国黄海、渤海以及朝鲜西部沿海，以天津河口尾红、爪红的对虾最好，为我国特产虾类。主要种有中国对虾、哈氏仿对虾、长毛对虾、日本对虾、墨吉对虾、斑节对虾等。现已大部分进行人工饲养，因圈地围建虾池饲养，故将饲养虾称为基围虾。但是浙江省市场上称为基围虾的实际指日本对虾，也称为花虾，墨绿色虾体上节环多且明显；而明虾实际是中国对虾；墨吉对虾是大明虾。对虾体长可达 12 cm 以上，离水后很快死亡，主要为冷冻虾。哈氏仿对虾也称为滑皮虾，是浙江省沿海主要捕捞的虾，甲壳较厚而坚硬。长毛对虾也称为红尾虾，是大型虾。斑节对虾土黄色，有红点斑节。

阿根廷红虾（Red shrimp），是对虾科对虾属，产于南美大陆的东南沿海、大西洋西南部海域。属于野生虾，体长 10～20 cm，体重 25～100 g，体红色，第 1～6 腹节后缘颜色较浓，呈鲜红色带状，头胸甲较大，易脱落。富含蛋白质，低脂肪。冷冻品进口，规格：L1 为 10～20 头/kg、L2 为 20～30 头/kg、L3 为 30～40 头/kg。虾线较脏，解冻后应该去除虾背上的虾线。

对虾食用率很高。体肌含原肌球蛋白和副肌球蛋白。对虾肉质细嫩，皮薄肉多，滋味鲜美，是海鲜中的上品，被誉为海中“八珍”之一。中医认为，其味甘兼性温，可补肾壮阳，滋阴健胃。一般适宜煮、蒸、烧、炒、炸、烹、熘等烹调方法，如豉汁蒸明虾、大良煎虾饼、水晶明虾球、糯米纸包明虾、生菜明虾、五彩明虾、生焖大虾、㸆大虾、锅纸基围虾、锡纸基围虾、避风塘基围虾等菜品。

长毛对虾

哈氏仿对虾

中国对虾

日本对虾

图 12-1　对虾

（三）白虾（*Palaemon carinicauda*）

白虾俗称江白虾、晃虾、白米虾、脊尾白虾，为节肢动物门长臂虾科。白虾体长 5~9 cm，体色透明，微带蓝色或红色小点，死后呈白色，故称为白虾。我国沿海淡水和海水交界处均产。以黄海、渤海产量较多。白虾为我国虾中佳品，是重要的经济虾类之一（可供鲜食，白虾干制后为开洋或称为海米，卵干制为虾籽）。白虾肉质细嫩，滋味鲜美，一般适宜于炒、煮等烹调方法，如盐水白虾、青椒炒白米虾、白虾炒韭菜、白虾蒸鸡蛋等菜品。

（四）毛虾（*Acetes chinensis*）

毛虾为节肢动物门樱虾科。毛虾体小，长 2~3 cm，分布于我国沿海，以渤海沿岸为最多，为经济价值较大的虾类之一。一般采用煮制或生制风干，即为虾皮，也可制成虾酱和虾油（卤虾油）等。毛虾所含的碘、钙、B 族维生素、烟酸等微量元素比一般海产鱼虾丰富。虾皮滋味鲜美，一般适宜于炒、拌、煮等烹调方法，如虾皮炒鸡蛋、虾皮拌芫荽、虾皮拌豆腐、虾皮菠菜粥、虾皮炒韭菜等菜品。

（五）虾蛄（*Oratosquilla oratoria*）

虾蛄（见图 12-2）俗称口虾蛄、虾姑弹、濑尿虾、螳螂虾、富贵虾，为节肢动物门虾蛄科。虾蛄体背腹扁平，长 15 cm 左右。第 2 对颚足强大，似螳螂的前足，末端扁平。因提上水面时会从腹部射出一股水流，故称为濑尿虾。虾蛄主要产于我国热带和亚热带地区，南海品种较多。现已人工饲养，为我国经济价值较大的虾类之一。虾蛄肉质洁白，质地细嫩，滋味鲜美，特别是卵巢味道鲜香。一般适宜于酱、炸、炒、氽等烹调方法，如酱虾蛄、椒油富贵虾、炒虾球、卤水氽虾蛄等菜品。

（六）琵琶虾（*Ibacus ciliatus*）

琵琶虾（见图 12-3）俗称九齿扇虾，为节肢动物门扇虾科。琵琶虾体长 16 cm，身体宽阔，极为扁平。触角也变得又宽又扁。色泽褐红色，形如乐器中的琵琶，故称为琵琶虾。琵琶虾分布于我国南海，是南海地区经济价值较大的虾类之一。琵琶虾肉质鲜美，肉色洁白，软嫩，但外壳坚硬，食用不太方便。一般适宜于煮、蒸、炸等烹调方法，如白煮琵琶虾（带佐料）、清蒸雪菜汁琵琶虾、香辣琵琶虾等菜品。

图 12-2 虾蛄

图 12-3 琵琶虾

（七）沼虾（*Macrobrachium* spp.）

沼虾是节肢动物门长臂虾科。沼虾体形粗短，长 4~8 cm，青绿色透明，带有棕色的斑纹。头胸部较粗大，前 2 对步足呈钳长，雄性第 2 对很长。沼虾生活在淡水中，分布于我国南北各地水域中，以河北省白洋淀、江苏省太湖、山东省微山湖产的最为著名。现已进行人工饲养，全年可以供应。主要种有日本沼虾（在浙江省称为河虾、青虾）、罗氏沼虾（在浙江省称为沼虾，也称为淡水长臂虾、马来西亚大虾）。沼虾质地细嫩，滋味鲜美。一般适宜于炒、烧、蒸、爆等烹调方法，如萝卜丝炒河虾、龙井虾仁、油爆河虾、麻酱虾、白灼河虾、炝虾仁、梅干菜蒸河虾等菜品。

（八）北极虾（Northern Prawn、Coldwater Prawn，*Pandalus borealis*）

也称北方长额虾，产自北冰洋东部和北大西洋深海海域。主要捕自加拿大纽芬兰岛外海、拉布拉多海和丹麦格陵兰岛西部海域，挪威、冰岛、波罗的海海域也有少量捕捞。北极虾是100%的纯野生冷水虾，跟其他野生冷水虾相比，口感更加鲜甜，也被称为北极甜虾。全球北极虾年捕捞产量大约为25万吨，中国市场每年进口大约5万吨，是全球最大的北极虾消费市场。中国进口的北极虾70%来自加拿大。北极虾会有黑头，主要原因是捕食了褐色的深海浮游生物。雌性虾头常有深绿色，与头部留有虾籽有关。

（九）南极磷虾（*Euphausia superba*）。

节肢动物门，磷虾属，又名大磷虾或南极大磷虾，是一种生活在南冰洋的南极洲水域的磷虾。最高密度是在大西洋区域。国外有俄罗斯、日本、波兰、挪威等国商业性捕捞。成虾长45～60 mm，重2 g。胸甲部分与甲壳相连，由于在甲壳两侧的胸甲短小，南极磷虾的鳃肉眼可见。它的足并非形成颚足，与其他的十足目有所不同。南极磷虾有生物荧光器官，可以产生光。这些器官分布在南极磷虾的不同部位：一对在眼柱、另一对在第二至第七胸足的位置，一个在腹片。这些发光器官能每隔2～3秒发出黄绿色的光。南极磷虾具有典型的高蛋白、低脂肪的特点，含量分别为16.31%和1.3%。还含有活性物质，例如类胞菌素氨基酸等。我国山东、辽宁、上海等地都有冷冻品和加工品生产。

二、蟹（crab）

蟹属于甲壳纲十足目爬行亚目的动物。体分头胸部和腹部，外被甲壳。头胸部背面盖以头胸甲，腹部有附肢，雌蟹的腹部为圆形，称为“圆脐”，雄蟹的腹部为三角形，称为“尖脐”。雌蟹的消化腺和发达的卵巢统称为“蟹黄”，雄蟹发达的生殖器（精巢）统称为“脂膏”。蟹的种类很多，在中国有600多种，以海产蟹居多。常见或食用价值较高的有梭子蟹、青蟹、蟳、河蟹等。

（一）梭子蟹（swimming crab；*Portunus trituberculatus*）

梭子蟹（见图12-4）俗称枪蟹、白蟹、盖子，为节肢动物门梭子蟹科。梭子蟹头胸甲两侧具有梭形长棘。雌蟹头胸甲深紫色，有青白云斑；雄蟹头胸甲蓝绿色。我国沿海均产，黄海北部产量较多，现已进行人工饲养，是经济价值较高的蟹类之一。梭子蟹肉质细嫩，洁白，滋味鲜美。一般适宜于蒸、炒、腌等烹调方法，如芙蓉蟹斗、蚝油梭子蟹、梭子蟹豆腐煲、咸蛋黄梭子蟹、香辣蟹、红膏枪蟹等菜品。

图12-4　梭子蟹

(二) 青蟹(crab;*Scylla serrata*)

青蟹俗称锯缘青蟹、蝤蠓、膏蟹、肉蟹,为节肢动物门梭子蟹科。青蟹头胸甲两侧无长棘,边缘呈锯齿状。螯足不对称,甲壳和步足呈青绿色。青蟹分布在我国浙江省以南海域,是我国南方主要的食用海蟹之一。青蟹肉质细嫩,肉色洁白,肉比较多,滋味鲜美。一般适宜于蒸、炒、烹等烹调方法,如姜葱焗青蟹、肉蟹炒年糕、青蟹炆豆腐、香蒜炒肉蟹等菜品。

(三) 蟳(*Charybdis* spp.)

蟳俗称日本蟳(*C.japonica*),为节肢动物门梭子蟹科。蟳头胸甲呈横卵圆形。螯足强大、不对称,腹部密被软毛。日本蟳样子与青蟹类似,但是其外观颜色比较红,表面也比较粗糙。蟳分布于我国南北各海域,广东省、福建省、台湾省等地产量较多,是我国南方主要的食用海蟹之一。主要种有斑纹蟳(*C.cruciata*)、异齿蟳(*C.anisodon*)。蟳肉较多,肉质细嫩,滋味鲜美。一般适宜于蒸、炒、氽、腌等烹调方法,如清水煮蟳、西湖蟳、八蒸全蟳、芙蓉蟳片、干煸蟳片、八宝炖蟳饭、青苗蟳球等菜品。

(四) 河蟹(*Eriocheir sinensis*)

河蟹亦称为中华绒螯蟹,俗称湖蟹、毛蟹、绒螯蟹、大闸蟹,为节肢动物门方蟹科。河蟹头胸甲呈方圆形,第1对螯足较大,有绒毛,分布于我国南北各地与海相通的江、河、湖中。著名的品种有河北省廊坊市霸州胜芳镇的胜芳蟹、江苏省苏州市阳澄湖的大闸蟹、南京市的江蟹、安徽省安庆市望江县的清水大闸蟹、上海市的崇明蟹等。现已进行人工大面积饲养,全年有供应,是我国著名的食用蟹之一。河蟹肉质鲜嫩,肉较少,滋味鲜美,一般适宜于蒸、炒、烹、酱等烹饪方法。如清蒸大闸蟹、酱毛蟹、菠菜炒毛蟹、南湖蟹粉、蟹粉狮子头、蟹酿橙、西施蟹等菜品。

第三节 软体动物类

食用率较高的软体动物有腹足纲、瓣鳃纲和头足纲等。软体动物一般分为头、足、内脏团。外套膜可向外分泌物质产生贝壳。腹足纲的螺类有螺旋状的单个贝壳,以其发达的足作为主要食用部分。瓣鳃纲的贝壳为两片,左右合抱,以发达的闭壳肌柱为食用部分。头足纲的贝壳大多数退化为内壳,例如乌贼,藏于背部外套膜之下,以肌肉质的外套膜和发达的足作为食用部分。

海产软体动物按其生活习性和栖息的基质不同分为游泳生活型(如乌贼、枪乌贼等)、浮游生活型(如软体类的幼虫等)和底栖生活型(如皱纹盘鲍等)。这些软体动物的肉质味道鲜美,营养丰富,易于消化吸收,是优良的海产烹饪原料。常见或经济价值较高的有贝、螺、墨鱼、鱿鱼、章鱼和海石鳖等,在烹调中占有重要的地位。

一、贝类

(一) 鲍鱼(abalone;*Haliotis* spp.)

鲍鱼俗称鳆鱼、石决明肉、镜面鱼、明目鱼、九孔螺,为腹足纲鲍科。外有一个坚硬的贝壳,呈椭圆形。壳面上有30多个一列突出的小孔,末端有8~9个孔特别大,且开孔与内部相通。壳表面呈绿褐色,有条纹,壳内面为银白色,有彩色光泽。鲍鱼分布于我国沿海,广东省、福建省、辽宁省、山东省等地均产,现已进行人工养殖。鲍鱼可鲜食,也可干制鲍鱼干，是我国最为珍贵的海产软体动物之一（被誉为海产品“八珍”之一）。相近种有皱纹盘鲍、耳鲍、杂色鲍等。鲍鱼除含有蛋白质、脂肪和无机盐等，还含有“鲍灵Ⅰ”“鲍灵Ⅱ”和“馏分物C”等物质，具有抗菌、抗病毒的作用，具有益精明目、滋阴清热、温补肝肾的食疗价值，是名贵海产品。鲍鱼肉质细嫩，滋味鲜美。一般适宜于烧、扒、蒸、爆等烹调方法，如龙井鲍菜、蚝油鲍鱼、一品鲍鱼、麻汁鲍鱼、龙须菜扒鲍鱼、金蟾鲍鱼、扒原壳鲍鱼、菊花鲍鱼、油泡鲜鲍鱼片等菜品。

（二）蚶（clam；*Arca* spp.）

蚶俗称蚶子、大元蚶、银蚶，为瓣鳃纲蚶科。蚶的贝壳两枚相等。壳质坚硬，卵圆形，壳顶突出。壳有壳肋，肋上有小结，状如瓦楞，故又称为“瓦楞子”。蚶壳被有绒毛状的褐色表皮。蚶肉色泽浅褐，前后闭壳肌发达，足短，大部分有足丝。我国渤海、黄海、东海、南海均有分布，现已进行人工养殖，为我国沿海主要经济种类之一。相近种有泥蚶、毛蚶、魁蚶。蚶营养丰富，含有多种氨基酸和多种维生素，还有少量的镁、铁、硅酸等，能温脾胃、散寒邪。蚶肉质嫩，味鲜美，一般适宜于汆、涮、醉、炒等烹调方法，如奉化摇蚶、醉蚶、紫菜蚶肉、炝蚶肉、青椒蚶肉、肉片炒蚶肉等菜品。

（三）贻贝（mussel；*Mytilus* spp.）

贻贝（见图12-5）俗称壳菜、海虹、淡菜、东海夫人，为瓣鳃纲贻贝科。贻贝的两壳同型，壳呈三角形。壳表为紫褐色，壳内为白色，具有珍珠光泽。后闭壳肌发达，前闭壳肌退化，色质乳白或浅黄。贻贝分布于我国渤海、黄海和东海。贻贝可鲜食，也可干制淡菜干。现已进行人工养殖，是我国主要的经济种类之一。相近种有紫贻贝、厚壳贻贝、翡翠贻贝等。贻贝营养丰富，含有钙、磷、铁、碘、烟酸等微量元素，具有滋阴、补肝肾、益精血、调经的功效。贻贝肉质细嫩，味道鲜美，一般适宜于汆、煮、烧、炒等烹调方法，如葱油贻贝、香菇烧淡菜、淡菜炖鸡蛋、淡菜煨肉、鸡蓉烩淡菜、水晶淡菜等菜品。

图12-5　贻贝

（四）栉江珧（*Atrina pectinata*）

栉江珧俗称江珧柱、江瑶、干贝蛤，为瓣鳃纲江珧科。贝壳大而薄脆，呈扇形。表面有放射肋，肋上有小棘。壳面褐色或黑褐色。后闭壳肌发达，可占软体部分的1/3~1/2。分布于我国渤海、黄海、东海、南海，既可鲜食，也可干制（干贝）。现已人工进行养殖，是我国最为珍贵的海产软体动物。相近种有细长裂江珧和扇贝科的栉孔扇贝、日月贝。扇贝是贝类中比较容易积累海藻毒素的品种，要选择无赤潮危害的个体，并去内脏后烹饪。栉江珧肉营养丰富，具有滋阴补肾的功效。栉江珧肉质脆嫩，滋味鲜美，清香，风味独特。一般适宜于爆、炒、烧、蒸、汆等烹调方法，如油爆鲜贝、软炒鸡蓉干贝、干贝萝卜球汤、蒜头干贝、冬瓜干贝炖田鸡、串炸鲜贝、生炒带子球、桂花干贝等菜品。

（五）大连湾牡蛎（oyster；*Crassostrea talienwhanensis*）

牡蛎俗称蚝、蛎蝗、蛎蛤、海蛎子，为瓣鳃纲牡蛎科。贝壳呈三角形。壳表面灰黄色，有褐色斑纹，壳面厚重、粗糙，左右壳不等。左壳极凹，以此面生活于礁石上。分布于我国各沿海，现已有部分进行人工养殖。既可鲜食，也可干制（如牡蛎干或蚝豉）。相近种有褶牡蛎、近江牡蛎。牡蛎含有牛磺酸和 10 多种必需氨基酸，锌含量很高，具有滋阴养血的作用。牡蛎色泽乳白，滋味鲜美，质地软嫩。一般适宜于炒、炸、炖、烩等烹调方法，如蛎蝗炒鸡蛋、清炸蛎蝗、海带蚝豉汤、牡蛎豆腐汤、火腿炖蚝蛎、麦门冬牡蛎烩饭、发菜扣蚝豉、火腩焖蚝豉等菜品。

（六）中国蛤蜊（clam；*Mactra chinensis*）

蛤蜊（见图 12-6）俗称海蚌，为瓣鳃纲蛤蜊科。蛤蜊两壳相等，壳质较厚，壳光滑，壳顶稍向前突起，壳表面彩色，壳里面白色。中国蛤蜊分布于我国各海域，在我国很常见，既可鲜食，也可干制。相近种有四角蛤蜊、西施舌和帘蛤科的文蛤、青蛤、杂色蛤仔、彩虹明樱蛤（即海瓜子）等。蛤蜊肉质细嫩，滋味鲜美。一般适宜于煮、拌、蒸、炒等烹调方法，如韭菜炒蛤肉、蛤蜊肉烧卖、蛤蜊蒸鸡蛋、香菇文蛤、爆炒西施舌、芙蓉西施舌、青菜炒蛤仔肉、炒海瓜子等菜品。

花蛤　　海瓜子

文蛤　　圆蛤

图 12-6　蛤蜊

（七）蛏（razor clam；*Sinonovacula constricta*）

蛏（见图 12-7）俗称蛏子、青子、缢蛏，为瓣鳃纲蛏科。蛏的贝壳呈柱形，壳表面黄色，壳里面白色。两片贝壳薄、脆、平滑、有纹。分布于我国各海域，江苏省、浙江省、福建省产量较多，是我国最为常见的海产软体动物，既可鲜食，也可干制。相近种有大竹蛏、长竹蛏等。蛏肉含碘量较高。蛏肉肉质细嫩，色泽洁白，滋味鲜美，一般适宜于炒、汆、拌、煨等烹调方法，如韭菜炒蛏子、三丝拌蛏、葱油蛏子、锅锡竹蛏、蛏肉糊、姜汁蛏子、氽蛏肉丸等菜品。

图 12-7　蛏

(八) 背角无齿蚌(freshwater mussel, clam; *Anodonta woodiana*)

背角无齿蚌俗称河蚌,为瓣鳃纲蚌科。河蚌侧扁,两片贝壳相等,壳面有同心圆线,壳面黄褐色,壳内乳白色,有光泽。全国均有分布,是我国主要的淡水软体动物之一。相近种有三角帆蚌等。河蚌肉味鲜美,一般适宜于烧、烩、炖、煮等烹调方法,如肉烧河蚌、蚌肉狮子头、灵芝河蚌、炸熘河蚌肉、豆腐河蚌羹、蚌肉粥、洋葱炒蚌肉等。

(九) 象拔蚌(Geoduck, *Panopea abrupta*, *Panopea generosa*)

商品名称"象拔蚌",生物名称是太平洋潜泥蛤,又名皇帝蚌、女神蛤。缝栖蛤科海神蛤属的大型贝类。象拔蚌是已知最大的钻穴双壳类动物,壳长约 18~23 mm,水管不能缩入壳内。主要分布在美国、加拿大东海岸。象拔蚌肉质鲜美,营养丰富,在餐饮业中属高档消费品。我国象拔蚌人工种苗的繁殖已取得成功。投放壳长 10 mm 左右的种苗经过 4~5 年的养殖,其体重可以达到 600~700 g 的商品规格。象拔蚌的出肉率高达 60%~70%,主要食用部位为水管肌,占总食用量的 30%~35%。每 100 g 含蛋白质 14.4 g、脂肪 1.3 g,具有很高的营养价值。外壳开口而不能复闭的为死蚌;用手触摸蚌壳时,仍然显得"硬口"的,也是死蚌。象拔蚌内脏不能食用,因为象拔蚌内脏含有红潮毒素,可能引发食物中毒。可以生食象拔蚌,不需焯水,直接切成薄片,蘸味碟食用。制备熟食象拔蚌时,常用的有氽、烫、炒、爆、油泡等方法成菜,宜旺火速成,火候宁欠勿过,否则蚌肉易变老发韧,口感变差;调味宜淡色轻口,以突出成菜洁白清鲜之特色。

二、螺类

(一) 皱红螺(conch; *Rapana bezoar*)

皱红螺(见图 12-8)俗称海螺、顶头螺、海窝窝,为腹足纲骨螺科。螺贝壳呈陀螺形,中等高。壳顶结实,壳面有结节或棘状突出。壳面灰黄色或褐色,壳口内为橙红色。我国南北沿海均有分布。既可鲜食,也可干制为海螺干。相近种有红螺、灰螺科的管角螺、蛾螺科的香螺。脾胃虚寒者不宜多食皱红螺。皱红螺及其相近种肉质脆嫩,滋味鲜美,一般适宜于煮、蒸、烧等烹调方法,如竹荪红螺汤、油爆海螺、炝糟响螺片、火腿炒香螺肉、珠海焗全螺、芙蓉红螺片、葱烧香螺肉等菜品。

图 12-8　皱红螺

（二）瓜螺（*Cymbium melo*）

瓜螺俗称油螺，为腹足纲涡螺科。贝壳大，近球形，体螺层极膨大，壳光滑灰褐色，有红褐色大斑块，壳口大，壳内面橘黄色，有光泽。分布于我国南海和东海南面，是我国南方地区常食用的一种海产螺类。相近种有马蹄螺科的大马蹄螺、马蹄螺，白带琵琶螺，蛾螺科东风螺属的泥东风螺、方斑东风螺，地螺科的泥螺。瓜螺及其相近种肉肥大，质脆嫩，味鲜美，一般适宜于氽、炒、烩、爆等烹调方法，如清汤瓜螺、芙蓉瓜螺肉、瓜螺肉片、油爆东风螺、清炒泥螺、姜芽炒泥螺等菜品。

（三）中国圆田螺（river snail；*Cipangopaludina cahayensis*）

中国圆田螺俗称田螺、黄螺、蜗螺牛，为腹足纲田螺科。贝壳大，呈圆锥形，壳质坚实。壳口边缘呈黑色，壳体绿色、褐绿色或墨绿色。分布于华北和黄河平原、长江流域等地水域，是我国常食的淡水螺之一。相近种有螺蛳，即方形环棱螺等。田螺肉脆韧，滋味较鲜。一般适宜于炒、炖、煨、糟等烹调方法，如炒黄螺片、韭菜炒田螺、烧田螺、汤田螺、田螺凤尾虾、酿田螺、辣炒田螺、大田螺塞肉、糟田螺等菜品。

（四）法国蜗牛（snail；*Helix pomatia*）

蜗牛俗称苹果蜗牛、葡萄蜗牛，为腹足纲玛瑙螺科。蜗牛是我国引种养殖的一种陆生腹足类动物。贝壳壳质较厚，螺体圆锥形，体螺层膨大，壳灰黄色或蓝白色。全球均有分布，现已进行大规模人工养殖。相近种有意大利庭园蜗牛、褐云玛瑙螺等。蜗牛具有很高的营养价值，不仅富含蛋白质，还含有矿物质和微量元素，特别是钙、磷、铁等含量较高。蜗牛肉质软嫩，滋味鲜美，一般适宜于炒、烧、爆等烹调方法，如银芽蜗牛丝、蚝油蜗牛片、宫保蜗牛丁等。

三、头足类

（一）乌贼（cuttle fish，ink fish；*Sepiella* spp.）

乌贼（见图 12-9）俗称墨鱼、墨斗鱼，为头足纲乌贼科。乌贼背腹略平扁，触腕一对与体同长，其他 8 腕较短，外套膜肌肉厚，内壳石灰质，称海螵蛸，俗称墨鱼骨。体内墨囊发达。雄体身上有花点，雌体背上发黑。分布于我国沿海，主要产于南海、东海和黄海等海域，是我国四大海洋经济鱼类之一（其余为大小黄鱼、带鱼、鳓鱼）。主要种有曼氏无针乌贼、金乌贼。乌贼肉质细嫩，色泽洁白，滋味较鲜美。乌贼肉质中含有一种可降低胆固醇的氨基酸，可防止动脉硬化，但是本身含胆固醇比较多。一般适宜于炒、爆、炝、拌、氽、熗、焗、熏等烹调方法，如油爆墨鱼卷、炝乌鱼花、红焖墨鱼、墨鱼柳叶大熗、子排熗墨鱼、雪菜墨鱼花、三色墨鱼卷、芹椒炒花枝等菜品。

(二) 枪乌贼(squid;*Loligo* spp.)

枪乌贼(见图 12-10)俗称鱿鱼、柔鱼、缆鱼,为头足纲枪乌贼科。鱿鱼体稍长,呈圆锥状,肉鳍较长,在身体后端合成菱形,内壳不发达,角质呈一条细线。分布于我国沿海,南部沿海产量较多。相近种有乌贼科的中国枪乌贼、日本枪乌贼,柔鱼科的太平洋柔鱼、夏威夷柔鱼等。鱿鱼具有养血滋阴、补心通脉的功效,但含胆固醇较多,故高血脂、高胆固醇血症、动脉硬化等心血管病及肝病患者应慎食。鱿鱼肉质细嫩,色泽洁白,滋味鲜美,一般适宜于炒、爆、烧、烩、蒸、拌、炝等烹调方法,如双色鱿鱼卷、芹菜炒鱿鱼条、八宝酿鲜鱿、鱿花鸡卷、味广鱿鱼等菜品。

(三) 章鱼(octopus; *Octopus* spp.)

章鱼俗称章举、鲢、望潮、小八梢鱼、八带鱼,为头足纲章鱼科。章鱼卵圆形,头上生八腕,无触腕,无肉鳍,内壳一般退化或完全消失。雌体无卵腺,表面褐色,带有小斑点。章鱼较大型,价格便宜,而望潮的形状很小,在浙江省沿海比较名贵。我国沿海均有分布,北部海域产量较多。主要种有真蛸、短蛸等。章鱼质地软嫩,肉色洁白,滋味较鲜美,但部分人食用章鱼有过敏现象。一般适宜于腌制、炒、爆、烩、卤、熏等烹调方法,如白卤章鱼、韭菜炒章鱼、章鱼干炖花生米、章鱼干蒸鸡、章鱼干炖蹄髈、椒油望潮等菜品。

图 12-9　乌贼

图 12-10　枪乌贼

四、石鳖类

红条毛肤石鳖(*Acanthochiton rubrolineatus*)

红条毛肤石鳖俗称海石鳖,为头足纲石鳖科。呈卵圆形,背面有 8 块壳板呈覆瓦状排列。壳片暗绿色,沿中部有 3 条红色色带,分布于全球各海域。海石鳖的足(肌肉质)具有一定的食用价值。相近种有日本花棘石鳖(*Liolophura japonica*)、日本宽板石鳖(*Placiphorella japonica*)等。海石鳖营养丰富,除含有蛋白质、脂肪,还含有钙、碘等微量元素,具有软坚散结的功效。凡食海产品过敏者忌食。海石鳖肉质细嫩,滋味鲜美,一般适宜于炒、氽、炖等烹调方法,如海石鳖炒韭菜、海石鳖汤、海石鳖炒鸡蛋等菜品。

第四节　棘皮、腔肠类

一、棘皮动物类

棘皮动物成体多为辐射对称,而幼体却是明显的两侧对称。整个体表都覆盖着纤毛

上皮。其下是中胚层形成的内骨骼,由钙化的小骨片组成。内骨骼有的极其微小,分散在体壁中(海参类);有的成为一个完整的壳(海胆类);骨片间以结缔组织及肌肉组织连接,形成关节(海星类)。此类动物骨骼常突出体表,形成棘皮,故称为"棘皮动物"。棘皮动物肉质柔软,味道鲜美,营养丰富,易消化,易吸收,是优良的海产品烹饪原料。常食用或经济价值较高的主要是海参(sea slug, trepang, sea cucumber)(我国沿海就有 100 多种,具有食用价值的有 20 多种)和少量海胆。

(一) 刺参(bechedemer;*Apostichopus japonicus*)

刺参俗称沙噀、灰参、仿刺参,为海参纲刺参科。成体圆柱形,体色为黄褐色、黑褐色、绿褐色、赤褐色、纯白色或灰白色等。我国北方沿海均产,主产于威海、烟台、大连、长山岛等,以大连红旗参最著名。捕捞期为每年 11 月至次年的 6 月,尤其是 6 月和 12 月捕捞量最大。大多数干制后涨发食用,是海参中质量最好的一种,是我国山珍海馐的八珍之一。刺参形体较大,体壁较厚,质地软嫩。相近种有方刺参(又称为黄肉参、白刺参、方参)、花刺参(又称为绿刺参、方柱参),都为南海很普通的食用海参,产量较高,但过于软嫩。

(二) 梅花参(*Thelenota ananas*)

梅花参俗称海花参、凤梨参,为海参纲刺参科。梅花参体型较大,背部肉刺很大,肉刺基部相连呈花瓣状,故称为"梅花参"。背面橙黄色或橙红色,并有黄褐色斑点;腹面带赤色,触手黄色。在我国主要产于南海,是海参中品质仅次于刺参的优良品种。梅花参形体大,体壁厚,质地脆嫩。

(三) 大乌参(*Actinopyga nobilis*)

大乌参俗称乌元参、黑乳参、开元参、猪婆参,为海参纲海参科。成体呈长椭圆形,背面两侧有数条横线和乳状突起,活时体黑色或有黄白色斑点,干制后为黑褐色。主要产于我国南海一带,为优质海参。大乌参形体较大,皮细肉厚,质地软嫩。相近种有黑海参、糙海参。

(四) 白底辐肛参(*Actinopyga mauritiana*)

白底辐肛参俗称白底靴参、赤瓜参、靴海参,为海参纲海参科。成体呈长筒形,后部较前部粗壮,背部隆起,散生一些小疣,疣的基部围有白环。腹面平坦,背面通常为橄榄青近褐色。我国主要分布于南海。相近种有石参、乌皱参、图纹白尼参和黑乳参等。

海参营养丰富,富含蛋白质、糖类和微量元素。有再生、滋补、生肌、修补组织的功能,还可益精、补肾、养血、润燥,是上等滋补佳品,被誉为海上人参。海参肉质肥厚、糯软,一般适宜于烧、扒、蒸、烩、炖、拌、炝等烹调方法。如葱烧海参、鸡腿扒海参、海参羹、清汤大乌鱼、鲜菱拌海参、炝海鲜、虾籽大乌参、红炖全参、红焖乌石参、和合大乌参、蝴蝶海参等菜品。

(五) 马粪海胆(sea chestnut, sea urchin; *Hemicentrotus pulcherrimus*)

马粪海胆俗称海胆,为海胆纲球海胆科。多为雌雄异体,在外形上很难识别。食用部分主要是海胆的生殖器(卵巢)。生殖器以肠系膜连在壳内的各间步带板(间辐部)内。成熟或接近成熟的生殖腺呈块状,充满在间辐部和消化管之间的空隙。雌为黄色或橙黄色;雄为黄色或淡黄色,又称为"海胆黄"。分布在我国渤海、黄海和东海,是一种具有食用价值的海胆。相近种有细雕刻肋海胆、紫海胆、中华釜海胆等。

海胆黄脂肪酸含量很高,具有预防某些心血管疾病的作用。海胆黄不仅滋味鲜美,而且口感柔软,既可鲜食,也可制酱或制成罐头。罐头畅销国内外,日本人把海胆用盐腌渍,称为"云丹",将其视为鱼酱中的珍品,用法与蟹黄相似。一般适宜于炖、汆、煮、腌等烹调方法。如海胆黄鸡蛋汤、海胆黄汤、海胆黄豆腐羹等菜品。

二、腔肠动物类

腔肠动物有两种基本形态，即营固着生活的水螅型和营漂浮生活的水母型。两种体型均为辐射对称或两辐对称的体制。其体壁有两层肌细胞，分别构成表皮层（外胚层）和胃层（内胚层），中间是中胶层。中胶层在水母型中十分发达，几乎占据了身体的整个厚度。腔肠动物肉质脆嫩，味道鲜美，营养丰富，是一种经济价值较高的烹饪原料，常使用的主要有两类水母，一类是海产的大型水母——海蜇，另一类是淡水产的小型水母——桃花水母。

（一）海蜇（jellyfish；*Rhopilema* spp.）

海蜇俗称水母、石镜、水母鲜，为根口水母目根口水母科。海蜇从外形上分为伞部和口腕部。伞部隆起呈半球形，伞缘无触手，中胶层厚而硬，含有大量水分和胶质物，通常为青蓝色。伞部称为“蜇皮”，口腕部称为“蜇头”或“蜇爪”。海蜇在我国南北沿海均产，福建省和浙江省较多。海蜇分为南蜇、北蜇、东蜇，是我国重要的海产品之一。主要种有黄斑海蜇、棒状海蜇等。相近种有口冠海蜇。海蜇除含有蛋白质、脂肪，还含有钙、磷、铁、碘、烟酸、胆碱等。海蜇质地脆嫩，色泽洁白或老黄。一般适宜于拌、氽、炖等烹调方法，如拌海蜇、葱油萝卜丝蜇皮、海蜇羹、芙蓉海底松等菜品。

（二）桃花水母（*Craspedacusta sowerbyi*）

桃花水母俗称桃花鱼、伞花鱼，为淡水水母目花笠水母科。外形呈扁半球形，边缘有一圈向内折的绿膜。中胶层比较厚，水母鲜活时呈微绿色，体透明。有时也呈粉红色或天蓝色。主要分布于长江流域和长江以南地区。春暖花开时漂浮于水面，因似随波荡漾的桃花瓣而得名。形状较小，但具有一定的食用价值。桃花水母质地柔软，特别适宜于制汤菜，如鸡泥桃花鱼、芙蓉桃花鱼等菜品。

第五节　藻　　类

除部分海产种类体型较大外，藻类植物一般都相当微小，需借助显微镜才能看见。藻类植物中的多数种类是鱼类的主要饵料，部分种类可供食用（如海带、紫菜、发菜、海白菜等）、药用（如鹧鸪菜、海人草）以及工业用（如石花菜）。

首先，藻类中的营养成分主要为糖类，占 35%~60%，大多为具有特殊黏性的多糖类，一般难以消化，但具有一定的医疗作用。

其次，藻类中含有蛋白质，褐藻中蛋白质的含量为 6%~12%，紫菜中蛋白质的含量最高，达 39%，但营养价值不高。

最后，藻类中还含有丰富的胡萝卜素、一定量的 B 族维生素如视黄醇、硫胺素，以及钾、钠、钙、镁、铁等无机盐。海产藻类含有丰富的碘，是人体摄取碘的重要来源。

经常作为烹饪原料的食用藻类，主要有海产褐藻门、红藻门和陆产蓝藻门等。我国所产的大型食用藻类有 50 余种。

一、紫菜（laver，nori；*Porphyra haitanensis*）

紫菜俗称子菜、索菜、紫英，为红藻门红毛菜科。藻体呈膜状，紫褐色、紫红色、黄褐色或褐绿色。紫菜圆形或长形，无柄或具有短柄。幼时呈淡粉红色，渐渐变为深色，干制后

变为紫色,故名“紫菜”。分布于我国各沿海。相近种有条斑紫菜、圆紫菜、甘紫菜等。

紫菜富含蛋白质和碘,碘含量仅次于海带,磷、铁、钙和胡萝卜素、核黄素的含量也较高。脾胃虚寒者忌食。紫菜味道鲜美、柔软,有特殊海味的芳香。选择时以色泽鲜润、干燥、不带泥沙、无虫蛀等为佳。一般适宜于氽汤,如紫菜蛋花汤、虾皮紫菜汤、紫菜猪心汤、紫菜蛋卷、紫菜饭团、紫菜萝卜汤等菜品。

二、海带(kelp, tangle;*Laminaria japonica* Aresch)

海带俗称江白菜、海马兰、海草,为褐藻门海带科。海带为大叶藻科植物,成熟时为带状。全株分 3 个部分,最下部为分支的假根,即固着器:中间为一个短而圆的柄;上部为扁平狭长的带片,呈绿褐色,长 2~6 m,宽 20~50 cm,中间厚,两边薄,有波状皱褶,革质状。干制后黑褐色,表面有白霜,有腥气和咸味。一般在夏季采收。我国各沿海均产,现我国辽宁省、山东省等地已大量人工养殖。

海带含有较高的营养价值,富含多糖类成分、碘质、褐藻氨酸、藻胶酸、昆布素、甘露醇。此外,粗纤维、胡萝卜素和烟酸以及钙、磷等含量亦较丰富。海带可用于治疗甲状腺肿大。选择时以色泽绿褐油润、肉质厚实、条长体宽、干燥、尖端及边缘无白烂及黄化等为佳。一般适宜于烧、拌、酥等烹调方法,如凉拌海带丝、海带烧肉、海带炖老豆腐、酥海带等。海带的干制品表面有白色粉末,为析出的甘露醇,碘含量亦以表层为多,故食前不宜用大量水久浸,以免损失营养成分且不易煮烂。宜干蒸半小时,再用 5 倍量的清水浸泡回软,即可恢复原有的爽脆感。

三、鹿角菜(*Pelvetia siliquosa*)

鹿角菜俗称鹿角豆、鹿角棒、猴葵、赤菜、山花菜、海萝,为褐藻门海萝科。鹿角菜呈紫红色,高 4~10 cm,叉状分支,分叉像鹿角,故而得名。新鲜时黄橄榄色,干制后变黑色。基部有圆锥状固着器。鹿角菜雌雄同株。鹿角菜含有丰富的无机盐,还含有蛋白质、糖类和维生素等。鹿角菜脆嫩滑爽,味道鲜美,一般适宜于拌、烧、氽、烩等烹调方法,如凉拌鹿角菜、鹿角菜烧肉、鹿角菜打卤面、鹿角菜鱼肚羹、鹿角菜海鲜羹等菜品。

四、浒苔(sea grass;*Enteromorpha prolifera*)

浒苔俗称苔菜、苔条、海青菜、海苔、海藻,为绿藻门石莼科。藻体管状单条或分支,细长如丝,绿色,常丛集。苔菜晒干后可供食用。我国沿海均产。供食用者种类较多,如条浒苔、育枝浒苔、扁浒苔、肠浒苔等,常混杂食用。苔菜含有蛋白质、大量藻胶、脂肪和钙、磷、铁等微量元素。苔菜味道鲜美,色泽碧绿,具有特殊的香味,一般适宜于炸、氽汤、拌等烹调方法。如炸苔条花生仁、苔菜肉丝汤、香拌苔菜、苔条拖黄鱼、苔菜松炸鱼球、苔菜千层饼、苔菜小麻花等菜点。

五、昆布(kelp;*Ecklonia kurome okam*)

昆布俗称鹅掌菜、黑昆菜、木履菜、五掌菜、海昆布、面其菜,为褐藻门翅藻科。昆布是大型褐藻类,根状固着器,柄部为圆柱状或扁圆形。叶平扁、革质,叶片长舌状,叶缘有粗锯齿,表面稍有皱纹,黑褐色。我国福建省、浙江省等沿海多有分布。干品全体呈黑色,表面附有白霜,质较薄,有腥气,味咸。昆布含有丰富的褐藻酸、甘露醇、蛋白质和碘等成分。

昆布质地脆嫩,味道较美,风味与海带相似,但质地略为粗糙,一般适宜于煮、炖、汆等烹调方法,如昆布煮黄豆、昆布炖乳鸽、昆布烧鲫鱼、昆布苡仁鸡蛋汤等菜品。

六、发菜(star jelly,long thread moss;*Nostoc commune* var. *flagelliforme*)

发菜为一种野生陆地藻类,藻体细长如发,故名之,属于蓝藻门念珠藻科植物。发菜一般生长在荒漠或半荒漠地区。我国分布在内蒙古自治区、宁夏回族自治区、新疆维吾尔自治区、甘肃省、青海省等地,产量极少,被人们视为山珍之一。新鲜时呈橄榄绿色,风干后变成黑色。发菜是一种美味可口的野生食用藻类,水发后变为褐绿色,气味清香,质地柔软滑嫩。一般适宜于烩、蒸、拌等烹调方法,烹饪中常与鲍鱼、干贝、虾米等鲜味原料合烹,西北地区常与鸡蛋同蒸或凉拌。如发菜扣蚝豉、发菜莲子羹、发菜甲鱼、发菜海鲜羹、三丝拌发菜、发菜鸡蛋卷等菜品。近年来由于过度开发,已经造成环境问题。

七、地木耳(*Nostoc commune* Vauch)

地木耳又称为地耳,属于蓝藻门念珠藻科。幼小的地木耳呈球形,成熟后则扩展开来,呈皱褶片状,鲜品为蓝绿色。洗净晒干后呈亚圆球形,大的似黄豆,小的似赤豆,墨绿色。味似黑木耳,滑而柔嫩。地木耳附生在淡水的沙石间或阴湿的泥土上。主要产于湖北省恩施土家族苗族自治州的鹤峰县、十堰市的房县、襄阳市的保康县及四川省达州市等地,以四川省所产最为著名。地木耳富含蛋白质、矿物质,其中钙、磷、铁的含量较高。性寒者不宜多食。选择时以色泽深绿、干燥、粒径 2 mm、片径 10 mm、无泥沙杂质者为佳。地木耳质地软嫩,无异味。一般适宜于烧、炒、拌等烹调方法,如地耳包子、红枣烧地耳、肉片炒地耳、地耳炖猪肘、白菜拌地耳等菜品,也可用来制汤、甜羹或馅心。

八、石花菜(agar;*Gelidium amansii*)

石花菜又称为牛毛菜、鸡毛菜、红丝、毛石花菜、琼胶、泽菜、冻菜、草珊瑚、琼枝等,为红藻门石花菜科植物。主枝圆柱形或扁压,两侧羽状分枝,分枝上再生短侧枝,藻体高 20 cm左右,紫红色或深红色。分布于我国黄海、渤海、东海沿海。选择时以乳白色或乳黄色、干燥、无砂石等为佳。石花菜富含黏性多糖——琼脂,加热至 80℃开始溶解,冷却至 40℃成为透明凝胶。烹制时多用干品。食用前以冷水浸软后,用热水稍烫即可凉拌,切不可长时间加热。亦可煮成溶胶后,加果肉、果汁等配料,冷却后成甜冻,是夏季优良的清凉食品,并且是工业上提取琼脂的主要原料。

九、石莼(green laver;*Ulva lactuca*)

石莼又称为石蓴、纸菜、海青菜、绿菜、海白菜、海莴苣、海菠菜、海条、蛎皮菜等,为绿藻门石莼科植物。我国沿海均产。藻体宽而薄,鲜绿色或黄绿色,长可达 40 cm 以上。一般以个体大、质地厚、色泽鲜艳、形体完整、干爽、无杂质为佳品。石莼藻体中蛋白质和碘的含量较高,味道鲜美,口感脆嫩,具有特殊的海藻香味,一般晒干后供食用。有时可代替紫菜。烹饪中经水发制后可以生拌,或炒、煮、制汤。

十、江蓠(gracilaria;*Gracilaria verrucosa*)

江蓠又称为龙须菜、海面线、竹筒菜、粉菜,为红藻门江蓠科植物。我国沿海均有分

布。藻体呈分支状线形圆柱体,紫褐色、绿色或黄绿色。新鲜藻体肥满多汁,干后呈软骨质。基部为盘状固着器。藻体中含有大量黏性多糖,鲜食或制成干品。口感脆嫩鲜美,可拌、炝、炒等,或用于制作胶冻食品,也是加工琼脂的主要原料。

十一、礁膜(*Monostroma nitidum*)

礁膜又称为石莼、绿苔,属于绿藻门礁膜科。幼体的形状为束状,易裂为不规则的膜体。边缘多皱褶,黄绿色或淡黄色,体柔软而有光泽。一般采集经加工处理后直接晒干而成的干品。在福建省、浙江省、广东省、台湾省等地均产,以个体大、质地厚、色泽鲜艳、无杂质、无异味者为佳品。

第六节　其他水产品的品质检验与保藏

一、其他水产品的品质检验

其他水产品原料的检查方法以感官检验为主。

(一)活物体

活物体是指咸水、淡水域养殖的虾、蟹、贝、螺等。质量好的活物体反应快,活泼,游动或爬行快。贝、螺的壳肌体具有黏液,各部位无伤残。反之较差。

(二)鲜物体

鲜物体是指捕捞后即死的乌贼、鱿鱼、章鱼、海参、海蜇或藻类原料。质量好的能保持原有的形态;都有固有的色泽和光泽;质地坚实饱满,富有弹性和韧性;都有其特有的气味。反之较差。

(三)冻物体

冻物体是指冷冻的乌贼、鱿鱼、章鱼等。解冻后的原料状态品质检验与鲜物体相同,如表 12-1 所示。

表 12-1　其他几种水产品的感官鉴定指标

水产品	新鲜	不新鲜
对虾	色泽、气味正常,外壳有光泽,半透明,虾体肉质紧密,有弹性,甲壳紧密附着虾体 带头的虾头胸部和腹部连接膜不破裂 养殖虾体色受养殖场底质影响,体表呈青黑色,色素斑点清晰、明显	外壳失去光泽,甲壳变黑较多,体色变红,甲壳与虾体分离,虾肉组织松软,有氨臭味 带头的虾头胸部和腹部脱开,头部甲壳变红、变黑
梭子蟹	色泽鲜艳,腹面甲壳和中央沟洁白,有光泽,手压腹面较坚实,螯足挺直	背面和腹面甲壳色暗,无光泽,腹面中央沟出现灰褐色斑点和斑块,有时能见到黄色颗粒状流动物质,螯足与背面呈垂直状态
头足类	具有鲜艳的色泽,色素斑清晰、有光泽,黏液多而清亮,肌肉柔软而光滑,眼球饱满,无异味	色素斑点模糊,并连成片,呈红色,体表僵硬,发涩,黏液混浊并有臭味

对鲜度稍差或异味程度较轻的水产品以感官鉴定鲜度有困难时，可以通过水煮实验嗅气味、品尝滋味、看汤汁来判断。

进行水煮实验时，水煮样品一般不超过 0.5 kg。将水烧开后放入样品，再次煮沸后停止加热，开盖嗅蒸汽气味，再看汤汁，最后品尝滋味。具体如表 12-2 所示。

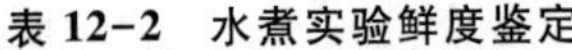

表 12-2　水煮实验鲜度鉴定

项目	新鲜	不新鲜
气味	具有本种类固有的香味	有腥臭味或氨味
滋味	具有本种类固有的鲜味，肉质有弹性	无鲜味，肉质发糜，有氨臭味
汤汁	清晰或带有本种类色素的色泽，汤内无碎肉	肉质腐败脱落，悬浮于汤内，汤汁混浊

新鲜度鉴定的理化方法常用的有次黄嘌呤鲜度鉴定法、吲哚鲜度鉴定法和挥发性盐基氮测定方法。研究表明，虾蟹死后 ATP 降解产物次黄嘌呤的含量与其鲜度评分有较高的相关性，一般认为鲜度质量较高的虾，次黄嘌呤含量为 0~0.15 μmol/g。当次黄嘌呤含量超过0.7 μmol/g 时，就不能食用。吲哚是虾产品重要的腐败代谢物，其含量的增加与从新鲜到腐败的变化呈线性关系。虾的鲜度等级与吲哚含量的美国标准是：一级鲜度，<25 μg/100 g；二级鲜度，25~50 μg/100 g；三级鲜度（初期腐败）>50 μg/100 g。

二、其他水产品的保藏技术要点

其他水产品原料的保藏技术主要有活养、湿地保藏、冷藏或冻结。活养技术主要针对虾、蟹以及部分海参和海胆等原料。这些原料可以通过活养的方法来进行保藏。乌贼、鱿鱼、章鱼等，这些原料捕捞后马上死亡，一般可以通过冷藏或冻结的方法来进行保藏。海带、鹿角菜等，这些原料打捞后可新鲜供应，一般通过常温保藏或冷藏保管的方法，以此来延长原料的供应周期。其余的水产品原料，如贝、螺均采用湿地保藏方法来进行养殖，以此来保证贝、螺的成活率，既要控制水量，又要根据咸水产品的特征，添加适宜的盐分。

思　考　题

1. 烹饪常用的水中无脊椎动物主要有几种？各自均有哪些特征？
2. 常见的或食用价值较大的虾有几种？均有哪些特征？适合制作什么菜肴？
3. 软体动物的结构特点有哪些？各类软体动物的主要食用部位是什么？适合制作什么菜肴？
4. 棘皮动物的结构特点有哪些？我国常用的海参有几种？
5. 常用的藻类有几种？各自均有哪些特征？

第十三章　干货制品类烹饪原料

学习目标

- 了解干货的分类和加工方法。
- 熟悉常见的植物、动物和食用菌的干货制品。
- 掌握干货制品的品质判断技能、干货原料的烹饪特点和烹饪应用。
- 了解干货原料的品质检验和保藏技术。

第一节　干货制品类的原料概况

干货制品类烹饪原料是指鲜活原料以外，一切可供人类食用的干制品。将鲜活原料经过自然脱水或加工煮制脱水的方法，使水分活度降低、抑制微生物的繁殖和原料组织内酶的活性，使原料达到干爽易保藏的目的。

干货制品类烹饪原料，因其加工原料的种类不同，原料来源和性质不同，一般可分为陆生植物性干料、陆生动物性干料、动物性海味干料、植物性海味干料和菌类、藻类干料等几大类。

干货制品类烹饪原料按其干燥前的预处理方法和干燥方法的不同，一般又可分为淡干制品、盐干制品、煮制干制品、焙烘干制品和熏制干制品等多种。

一、淡干制品

淡干制品是指原料不加处理或个别原料在去除杂物、洗涤等简单加工处理后，直接进行干燥而成的制品。淡干制品一般没有咸味，如鱼肚、鱼骨、鱼翅、蹄筋、台鲞、银鱼干、香菇、金针菜、黑木耳、玉兰片等。

二、盐干制品

盐干制品又称为腌干制品，是指原料经过简单加工处理后，用盐或其他调味品腌制后干燥而成的制品。盐干制品一般有咸味，某些品种还带有颜色，如黄鱼鲞、鳗鱼鲞、青鱼干、霉干菜、冬菜、糟鲞等。

三、煮制干制品

煮制干制品是指原料先煮熟后干燥而成的制品。煮制干制品一般可分为淡干制品，如万年青、天目笋干、淡笋衣等；盐干制品，如海蜒、箓笋干、毛笋衣、红笋衣、咸虾干、海米等。

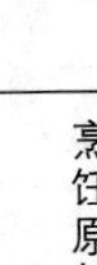

四、焙烘干制品

焙烘干制品是指原料先煮熟后利用焙、烘方法来干燥的制品。一般是在煮制干制品的基础上，采用焙烘的方法，使成品迅速失水，达到干燥的目的。如梅雨季节加工箓笋干，就可以采用此方法。

五、熏制干制品

熏制干制品是指原料先经腌渍或煮熟处理，后利用熏制来干燥的制品。熏制干制品表面有一层烟熏色和烟熏味，如湖南腊肉、金华火腿、苦笋干等。

首先，这些干料都具有一个共同的特点，即干、硬、韧、老。其次，形成了干料各自特殊的风味。最后，具有便于保管、便于运输、避免腐烂变质的特点，更有利于烹饪原料的开发利用和广泛应用。目前，干货制品类烹饪原料既是烹饪原料重要的组成部分，也是人们调节饮食、调节菜品的重要因素之一。

第二节 陆生植物性干料

陆生植物性干料是指陆地上生长的植物性原料，经脱水干制而成的干品。餐饮业经常使用的陆生植物性干料有以下几种。

一、脱水蔬菜

（一）笋干

1. 玉兰片

玉兰片是以鲜嫩的冬笋或春笋为原料（毛竹笋），经加工脱水干制而成的品种。因其形如玉兰花，色白如玉，故称为玉兰片。玉兰片主要产于湖南省、福建省、浙江省、江西省、广西壮族自治区、贵州省等地。按采收时间的不同，分为冬片、桃片、春片等。

（1）冬片

冬片是在农历十一月至第二年惊蛰前用冬笋加工而成的。此时的笋，色泽洁白、笋节紧密、笋纤维细、质嫩味鲜，故加工后成为玉兰片中的佳品。

（2）桃片

桃片又名桃花片，是春分前后出土的春笋加工而成的。此时的笋，形体较大，肉质厚而柔软，故加工后成为玉兰片中仅次于冬片的佼佼者。

（3）春片

春片又名大片，是清明节前后出土的春笋加工而成的。此时的笋肉质较桃片粗老，含纤维较多，笋节较明显，故加工后成为玉兰片中质量较差的一个品种。

2. 天目笋干

天目笋干又称为天目笋尖，是利用天目山石竹林所产的鲜笋，经过整理、煮笋、烘焙 4 次加工后即为成品。由于鲜笋上市季节不同，加工方法不同，所以天目笋干有焙息、秃挺、肥挺、直尖、小挺、统挺等传统产品。天目笋干以其色泽青绿黄亮、香气清馥、芬芳、滋味鲜嫩可口、包装古朴典雅的独特风格而享誉海内外。据《临安县志》载：明正德、嘉靖年间，天目笋干已为江南士民所称道。

3. 篆笋干

篆笋干俗称笋干、干笋或羊角笋，用毛竹笋制成，加工方法比较原始，将毛竹笋剥壳洗净，用大锅煮熟，放入木榨中压紧压实，然后取出晒干。篆笋干由于加工方法不同、成品性状不同，它的品级有凤尾、羊角短尖、黄片、副片等6种，以凤尾质量为最佳（色泽黄白、香嫩味鲜，宜红烧，亦可清炖）。篆笋干以笋体干净平扁、色泽黄亮、嗅之有香气并略带酸味为佳品。

4. 笋衣

笋衣一般采用毛竹笋的笋衣制成。毛笋剥壳洗净，放入锅中煮熟。用小刀在笋尖处划一刀，剥下笋衣，平整地取出晒干或烘干。由于加工笋衣的原料不同和方法不同，所以一般有毛笋衣、淡笋衣、红笋衣（大红笋）等。笋衣以色泽浅黄、干爽、嗅之有清香味为佳品。

上述4种笋干都含有丰富的植物蛋白、维生素和钙、磷、铁等营养成分，还含有大量的纤维素。不仅能补充人体必需的营养成分，还有吸附脂肪、促进胃肠蠕动、助消化去积食、防止便秘的作用。笋干肉质鲜嫩、味鲜美。一般适宜于拌、炒、烧、炖、焖等烹调方法，如凉拌野笋干、红油笋干、笋衣炒尖椒、笋干老鸭煲、笋干炖蹄髈、笋干汽锅鸡、灰树花炒笋衣、红笋干焖肉、清汤笋干等菜品。

（二）黄花菜

黄花菜采摘后经蒸晾晒或烘干即为成品。以颜色金黄有光泽、味香、条长肥壮、干燥为标准。黄花菜含有少量秋水仙碱（有毒），食用前必须通过焯水或涨发来去除秋水仙碱成分。黄花菜一般适宜于炒、烧、炖等烹调方法，如黄花菜炒肉丝、黄花菜烧肉、炒木樨肉、黄花菜木耳炖蹄髈、炒素什锦、三色烤麸等菜品。

（三）万年青

万年青又称为菜蕻干，主要产于浙江省宁波市，是采用青油菜的挺尖、嫩苔或水芥缨制成的。加工时，需在油菜的黄色小花蕾未开时割下，洗净，开水焯后晒干或烘干。每年四五月生产，成品以色泽碧绿、鲜嫩干爽、无老茎、不霉、无虫为佳品。万年青的维生素和纤维素含量较丰富，能促进胃肠蠕动和促进消化。一般适宜于烧、烩、炖等烹调方法，如万年青烧肉、菜蕻干烧鲳鱼、肉片烩万年青、虾皮万年青汤等菜品。

（四）霉干菜

霉干菜又称为咸干菜、梅干菜，主要产于广东省和浙江省等地，有长条和短条两种。广东省以梅菜腌制而成，梅菜分为两色，外皮为菜片，质老而稍次，菜心较嫩，以广东省惠州市惠阳区的产量多、质量好。浙江省主要产于绍兴市、宁波市慈溪、宁波市余姚、杭州市萧山区。以鸡冠芥（鲜雪里蕻）腌制而成。质量以菜细嫩、圆心、黑褐色、咸淡适度、香气正常、身干、无杂质、无硬梗为佳品。霉干菜具有一定的营养，并有特殊的香味，一般适宜于炒、炖、蒸、烧等烹调方法，如霉干菜炒四季豆、霉干菜炖肉、霉干菜蒸河虾、霉干菜烧仔排等菜品。

二、脱水果品

（一）葡萄干

葡萄干主要产于新疆维吾尔自治区。葡萄干多悬挂于四面通风的干燥屋内阴干而成。葡萄的品种有以下两种。

1. 白葡萄干

无核、色泽绿白、粒小而有透明感、肉质细腻、味甜美。

2. 红葡萄干

无核或有核、皮紫红或红色、粒大而有透明感、肉质较软、味酸甜为佳品。葡萄干含糖类、蛋白质、多种维生素等。葡萄干主要运用于面点,既作为糕点配料(馅心),也是甜菜品中常用的配料,如八宝饭表面的甜料、什锦水果羹等的配料。

(二)枣干

枣干根据不同的加工方法,分成红枣、乌枣、蜜枣等果干。红枣果皮色红鲜艳。乌枣又称为黑枣,果皮乌紫光亮。蜜枣果实黄亮具有透明感。果干以粒大核小、肉厚皮薄、口味香甜、质软糯者为佳品。枣干除了含有蛋白质、脂肪、糖类和多种维生素外,还含有钙、磷、铁等微量元素,具有健脾胃、补血的作用。枣干主要运用于面点,既作为糕点配料(馅心),也可作为菜肴原料,如红枣煨肘、蜜汁黑枣、枣生贵子等的主料、配料。

(三)柿饼

柿饼即对柿子采用晾干或烘干至软,再整形、封缸、置阴凉处生霜而成的干果制品。柿饼以个大整齐、柿霜白而厚、肉色红亮质软糯、味甜、无涩味为佳品。柿饼含糖、鞣质、三萜烯酸、桦树脂酸、乌孛酸、齐墩果醇酸等,具有清热解毒的作用,对治疗高血压、动脉硬化、痔疮出血等也有一定功效。柿饼主要运用于面点,即作为糕点配料(馅心)。

(四)菠萝干

菠萝干的做法一般是把菠萝去除鳞片后洗净,切成厚片状,采用烘干的方法加工,干燥后密封。菠萝干以干爽、鲜艳、表面有白霜、酸甜适口、软硬适度为佳品。菠萝干含糖类、脂肪、淀粉、蛋白质和有机酸等。菠萝干除了直接食用外,也可作为面点的配料(馅心)使用,或作为甜菜品中的配料使用,如八宝饭表面的甜料、什锦水果羹、水果圆子羹的配料。

三、脱水花卉药草

(一)脱水花卉

1. 玫瑰花

玫瑰花在每年4—6月花蕾初开时采取,用文火迅速烘干,干燥后略呈半球形或不规则团块状。玫瑰花目前在糕团制作中运用较多。近年也有制作成菜肴的,如玫瑰花鸡片等。

2. 木樨花

木樨花又称为桂花(devilwood flower),为木樨科植物木樨初开放的花,原产我国。花簇生于叶腋,黄色或黄白色。常见的有金桂,又称为丹桂,花橙黄色。银桂,花黄白色。每年花期9—10月,将木樨花采取,自然晾干,密封贮藏备用或用糖腌渍成“糖桂花”备用。桂花主要在糕团点心中运用较多,也可制作甜菜,如桂花糯米藕、桂花酒酿圆子、桂花水果羹、桂花鲜栗羹等菜品。

3. 番红花

番红花又称为红花、藏红花(*Crocus*),为鸢尾科植物红花花柱的上部及柱头,原产于欧洲南部。花呈红紫色。每年9—10月间晴天采收花朵,摘下柱头,烘干后收藏备用。具有活血祛瘀、通经的功效,主治妇女淤滞痛经、癥瘕积聚、关节疼痛、斑疹等症。红花在我国主要用于浸酒或作为药用,烹饪上运用较少,但在法式烹调中运用较多。

4. 菊花

菊花又称为白菊花、杭菊。每年9—11月,将菊花采取,自然晒干,密封贮藏备用。菊花具有平肝明目、疏风清热、解毒的功效。不仅可以沏茶、酿酒,而且还可制作菜肴,如菊花瘦肉片、菊花炒鱼丝、菊花炖蛇段等菜品。

(二)滋补药草

1. 人参(ginseng;*Panax ginseng*)

人参为五加科多年生草本植物人参的根。野生者为“山参”,栽培者为“园参”。主要产于辽宁省、吉林省、黑龙江省。将鲜参洗刷干净,用硫黄熏后,日光晒干,即为生晒参。或者放入恒温箱内直接烘干,统称白人参。将鲜参洗刷干净,蒸制2 h,再晒干或烘干,即为“红参”。人参具有补元气、补脾益肺、生津止渴、延年益寿、安神增智的功效。人参既可药用,也用于烹调或药膳,如人参汽锅鸡、爆人参鸡片、人参羊肉片、人参全鹿汤、人参菠饺、人参鸡油汤圆等菜品。

2. 当归(Chinese angelica root,radix angelicae sinensis;*Angelica sinensis*)

当归为伞形科草本植物当归的根,主要产于甘肃省、云南省、四川省等地。将鲜当归的根部洗刷干净,自然晒干或切片后自然晒干。以主根肥大、身长、支根少、断面白色、气味浓厚者为佳品。当归具有补血和血、调中止痛、润燥滑肠的功效。当归既可药用,也用于药膳或保健餐,如当归生姜羊肉汤、当归羊肉羹、当归苁蓉鸡血羹、猪蹄当归汤、当归山鸡汤等菜品。

3. 黄芪(astragalus;*Astragalus membranaceus*)

黄芪为豆科草本植物黄芪的根,主要产于内蒙古自治区、东北、山西省、甘肃省、四川省等地。将黄芪的根洗净后直接晒干或洗净后切片晒干,以肉黄白、质坚而不易断、粉多、味甜、无黑心及空心者为佳品。黄芪具有补气升阳、益卫固表、托疮生肌、利水退肿的功效。黄芪既可药用,也用于药膳和保健餐,如黄芪炸里脊、黄芪汽锅鸡、黄芪鲤鱼汤、黄芪母鸡汤、黄芪炖乌骨鸡、黄芪补血鸡、黄芪猴头汤、黄芪蒸鸡等菜品。

4. 枸杞子(barbary wolfberry fruit, fructus lycii;*Lycium barbarum*)

枸杞子又称为枸杞,为茄科落叶灌木植物枸杞的成熟果实,主要产于宁夏回族自治区、甘肃省、河北省等地。以色红、粒大、肉厚、味甜、种子少、质柔软、嚼之唾液染成红色者为佳。待枸杞子呈橙红色时采收,晾至皮皱、晒干,即为成品。具有滋肾补肝、明目润肺的功效,并有降低血糖、降低胆固醇的作用。枸杞子既是药材,也是烹饪常用的原料;既可润色,又可滋补身体,如红杞活鱼、枸杞肉丝、红枣枸杞鸡、枸杞泥鳅汤、枸杞蒸排骨、枸杞桃红鸡丁、银杞明目汤、红杞乌参鸽蛋等菜品。

5. 杜仲(eucommia bark;*Cortex eucommiae*)

杜仲为杜仲科乔木植物杜仲的树皮,主要产于四川省、贵州省、云南省、湖北省等地。以皮厚、完整、去净粗皮、断面白丝多、内表面呈褐色或紫褐色为佳品。一般剥取15年以上植株局部树皮，刨去粗皮，洗净，切成方块晒干，晒干后用盐水炒制后即可。杜仲具有补肝肾、强筋骨、安胎的功效，并对治疗高血压也有一定的作用。杜仲不仅作为药材，也可作为药膳和保健餐的原料，如杜仲腰花、杜仲炒羊腰、杜仲乌龟汤、杜仲炖公鸡、羊肾杜仲五味汤、杜仲炖猪肚、杜仲猪蹄汤等菜品。

6. 天麻（gastrodia tuber；*Gastrodiae Rhizoma*）

天麻为兰科多年生草本植物天麻的块茎，主要产于四川省、陕西省、云南省等地。以体大、完整、肥厚、色黄白、断面明亮无空心者为佳。一般立冬后采挖，洗净、蒸透、低温干燥后即可。天麻具有平肝、定惊的功效，并对高血压、耳源性眩晕有一定的作用。天麻主要作为药材使用，在药膳中也有运用，如天麻肉片汤、天麻腰花、天麻鱼头等菜品。

第三节　陆生动物性干料

陆生动物性干料是指陆上饲养的畜类原料、禽类原料和两栖爬行类原料的某些部位，经脱水干制而成的干品。餐饮业经常使用的陆生动物性干料有以下几种。

一、脱水肉制品

（一）肉松

肉松是我国著名的特色肉制品，全国各地均有生产。肉松是将各种瘦肉，先经煮熟，再进行焙、煎、脱水制作而成。按其加工原料品种不同，有猪肉松、牛肉松、鱼肉松、兔肉松等。最为著名的有福建肉松、太仓肉松、汕头肉松、四川肉松和台湾肉松。肉松以酥松柔软、香味浓郁、滋味鲜美、色泽鲜艳、无团状和硬粒为佳品。肉松营养丰富，味道鲜美。特别对于体弱、久病者，具有易消化、易吸收的特点。肉松入馔，除直接作为小菜食用外，也可作为筵席冷盘或作为花色冷盘的垫衬料、围边料、组拼料、花色热菜的瓤馅料，如瓤苦瓜、瓤辣椒等菜品。

（二）肉干或肉脯

肉干和肉脯是两种形状不同的脱水肉制品，全国各地均有生产。将各种瘦肉经刀工处理后，用调配料煮制或腌制，再经烘烤脱水而成。按其加工方法和原料品种的不同，有哈尔滨五香牛肉干、江苏省靖江牛肉干、上海咖喱猪肉干、天津五香猪肉干、江苏省靖江肉脯、汕头猪肉脯、浙江黄岩肉脯、湖南肉脯、四川省达川灯影牛肉、鞍山枫叶肉脯和台湾肉脯。肉干或肉脯以色泽鲜艳、香味浓郁、滋味鲜美、咀嚼后有回味、硬度适口为佳品。

肉干或肉脯富含蛋白质、矿物质和维生素。既可补充人体营养，又可调节口味。不仅可作为零食，而且也可在筵席上作为冷菜使用或作为花式冷盘的点缀、配色料。

（三）蹄筋

蹄筋是我国餐饮业常用的干货原料之一。蹄筋有猪、羊、牛、鹿蹄筋之分。猪蹄筋产品较多，鹿蹄筋最为名贵。前蹄筋的质量较差，后蹄筋的质量较好。一般前端呈圆形，后端分为两条，也都是圆形（呈人字形状）。一般均采用晾干或晒干的方法加工。干蹄筋以形大、干爽、透明、无残肉、无异味、色泽洁白为佳品。蹄筋含有较多的胶原蛋白和弹性蛋白，二者都属于不完全蛋白质，营养价值较低，但蹄筋富含胶质，经不同的方法涨发质感各异,适合焖、扒、烧、拌、炝等烹调方法,如虾籽烧蹄筋、蟹粉蹄筋、稀露蹄筋、干烧蹄筋、少子蹄筋、豆云蹄筋、蒜头牛筋、三鲜牛筋、白汁牛筋等菜品。

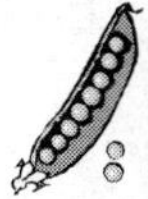

(四) 猪皮

猪皮是我国餐饮业常用的干货原料之一。以猪后腿和背部的皮干制的为佳品,具有形状较大、质地较厚的特点。猪皮一般采用自然晾干的方法,成品以干爽、无杂质、无异味、透明度好为佳品。猪皮含有较多的胶原蛋白和弹性蛋白,营养价值较低。南方地区将猪皮进行油发后,作为假鱼肚使用。虽然营养价值较低,但烹调上使用较多,既可单独成菜,也可与其他原料组合成菜,如凉拌发皮、炒三鲜、花三鲜、三鲜砂锅、什锦砂锅、什锦暖锅、菜心扒肉皮等菜品。

二、干蛋类

(一) 干全蛋

干全蛋也称为全蛋粉。将全蛋液搅拌均匀过滤,再经巴氏消毒,然后以高压喷射呈雾状,由热空气(60~80℃)使水分蒸发干制成粉末状,即为干全蛋。干全蛋呈淡黄色粉末状,颗粒均匀,无异味,具有较长的贮存期,溶度良好。餐饮业主要用于制作糕点。干全蛋由于起泡性较差,一般不宜用于制作海绵状蛋糕。使用比例一般控制在 1∶3,即 1 份干全蛋,3 份水的状态。

(二) 干蛋黄、干蛋白

干蛋黄也称为蛋黄粉,呈黄色粉末状,其使用状况与干全蛋相似。干蛋白是将蛋白液经过发酵,加热脱去大部分水分,而不使蛋白质凝固的蛋白制品。其制作方法是先将蛋白液搅拌均匀,并过滤后倒入缸内,在适当的温度(35℃)和相对湿度(80%左右)下发酵(30 h)成熟,然后再次过滤并用适当的氨水中和,使蛋白液的 pH 达到 7.0~8.0,在不使蛋白液凝固的原则下,利用水流温度(50~75℃)蒸发蛋白液的水分,烘干成透明的结晶片,再经晾白(继续蒸发水分)、拣选、捂藏(使成品水分均匀),即为干蛋白。干蛋白呈透明结晶片,色泽浅黄,片状均匀,无异味,具有较长的贮存期,溶度良好。餐饮业主要用于制作糕点,效果与新鲜蛋白相同,但不能抽打蛋泡糊。

三、食用燕窝及其相关的产品

(一) 天然燕窝

天然燕窝俗称燕菜,是东南亚一带海域的热带金丝燕、白腰雨燕等筑的巢。巢是金丝燕、白腰雨燕筑巢时将鱼、虫等经过体内半消化和唾液一起吐出,胶结而成的窝。燕窝在我国主要产于海南和台湾等地。根据燕窝品质不同可分为白燕窝、毛燕窝、血燕窝等品种。

1. 白燕窝

白燕窝是金丝燕第一次筑的窝。由于时间比较充足,筑得比较细致,唾液多而杂质少,所以排列整齐均匀,色泽白而透明。燕窝以半圆形、杂质少、根小而薄、略有清香、涨发率高为佳品。按商品销售又分为“龙牙燕”“象牙燕”和“暹罗燕”等品种。燕窝经过熏制增白,并去除杂物,为古时“官燕”,又称为“贡燕”。可制作清汤燕菜、蟹黄扒燕盅、蝴蝶燕菜、鸡丝扒燕菜、白扒燕菜等菜品。

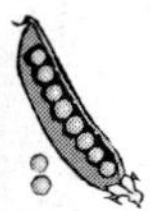

2. 毛燕窝

毛燕窝是金丝燕第二次筑的窝。由于筑窝时间比较紧迫，窝体已不甚匀整，毛、藻等杂质较多，唾液较少，色泽灰暗，涨发率较低，质地仅次于白燕窝。毛燕窝又分为牡丹毛燕窝、直哈毛燕窝、暹罗毛燕窝。牡丹毛燕窝质量最好，窝体厚，色较白而有光泽，毛、藻较少。直哈毛燕窝和暹罗毛燕窝，窝体小而薄、色灰暗，毛和藻杂物较多，质量较差。可制作竹荪扒凤燕、嘉禾燕盅、佛手燕窝、三丝芙蓉燕菜等菜品。

3. 血燕窝

血燕窝是金丝燕第三次筑的窝。由于产卵期临近，十分匆忙，窝形零乱，唾液少，而毛和藻等杂物较多，并带有血丝（唾液中带有血丝或口腔部破损出血所致），色泽深，涨发率低，质量最次。可制作凤尾燕菜、五彩燕窝、杏仁燕窝、鸡蓉燕窝等菜品。

（二）加工燕窝

1. 燕饼

燕饼是将毛燕窝涨发后，去净毛、藻等杂质，再加入海藻胶黏结成饼状，自然晾干或烘干后制成。燕饼质地与毛燕窝相似，但使用方法比较简单，只需热水浸泡即可制作菜品。可制作金丝燕菜卷、百鸟拌冷燕、四喜燕菜等菜品。

2. 燕碎

燕碎又称为“燕条”，为各类燕窝剩下的破碎体，形体较小，色泽各异，一般无杂质，质量好坏必须根据燕碎的具体情况而定。燕碎涨发简便，涨发率较高，只是形体小而不整齐。可制作夜香燕条、鸡蓉燕窝、攒丝燕菜等菜品。

（三）人造燕窝

人造燕窝一般是采用海藻制作而成。虽然形似燕窝，但缺乏燕菜的柔软度和特有的鲜味与香味。其本身色浅黄，有一定的光泽，质感坚硬，并具有海藻味。可制作白扒燕菜、三鲜扒燕菜等菜品。

第四节　动物性海味干料

动物性海味干料是指海水中生存的所有动物性原料，经脱水干制而成的干品，统称为动物性海味干料。餐饮业经常使用的动物性海味干料分为鱼干制品和其他水产干制品两大类。

一、鱼干制品

（一）鱼翅

鱼翅是用大中型的鲨鱼和鳐鱼等软骨鱼类的鳍，经过腌制或直接晒干而成的干品。鱼翅是一种名贵的海味干料，在我国主要产于广东省、福建省、台湾省、浙江省、山东省和海南诸岛。进口鱼翅主要为日本、美国、印度尼西亚、泰国等国所产。一般来讲菲律宾所产质量最好，“吕宋黄”被誉为上品。

1. 按软骨鱼品种划分

鱼翅按其软骨鱼品种不同，可分为鲨鱼翅和鳐鱼翅，如表 13-1 和表 13-2 所示。

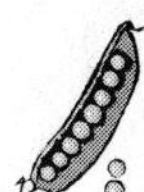

表 13-1　部分鲨鱼的鱼翅

鱼的名称	鱼翅名称		
	背翅	胸翅	尾翅
真鲨(多种)	名称:披刀翅,又称为刀翅、脊翅、刀皮、大肉翅、脊皮翅等 形状:为三角形,板面宽,顶部略向后倾斜,后缘略凹 色泽:为灰褐色。但日本真鲨的背翅棕灰色;沙拉真鲨和乌翅真鲨的背翅色较黑	名称:青翅,又称为划翅、上青翅、翼翅等 形状:为长三角形,背面略凸 色泽:为青褐色,凹面为黄白色。但日本真鲨的胸翅棕灰色;沙拉真鲨和乌翅真鲨的胸翅色较黑	名称:勾尾翅、勾尖翅 形状:勾尾翅,呈叉形,鱼尾状,上叶宽长,下叶前部为三角形并向下斜,后部有一缺刻,灰褐色;勾尖翅,形似拐把子 色泽:青灰色或灰褐色
扁头哈那鲨	名称:象耳刀翅 形状:呈三角形。板面宽而薄,前缘向后倾斜,后缘凹入,下角伸出 色泽:为灰褐色	名称:象耳翅 形状:呈三角形,上下角尖钝,板片薄 色泽:背面为浅灰色。腹面为灰白色,板面有不规则的暗色斑点	名称:象耳尾翅 形状:呈叉形,下叶前部突出,后部有一缺刻,尾椎骨略上翘 色泽:为灰褐色
欧氏椎齿鲨	名称:象耳白刀翅 形状:呈三角形,板面宽而薄,前缘向后倾斜,后缘凹入,下角伸出 色泽:为灰白色	名称:象耳白翅 形状:呈三角形,上下角尖钝,板片薄,鳍基角处卷凹似象耳 色泽:背面为灰色,腹面为白色	名称:象耳白尾翅 形状:呈叉形,上叶宽而薄,下叶前部圆形,后部有一缺刻,尾椎骨上翘 色泽:为灰白色
姥鲨	名称:猛鲨刀翅,又称为猛鲨翅 形状:呈三角形,板厚大而平展,盾鳞粗糙 色泽:为青灰色	名称:猛鲨青翅 形状:呈长三角形,翅板厚大而平展,外角尖挺,内角平直,后缘稍凹 色泽:背面为青灰色,腹面色较淡	名称:猛鲨尾翅 形状:呈宽叉形,下叶向后倾斜,尾椎骨上翘 色泽:为青灰色
路氏双髻鲨	名称:脊披刀翅 形状:呈三角形,翅板高而直立,顶端尖而薄。板面凸,表皮有由鳍条积起的顺棱 色泽:为灰褐色	名称:反白青翅 形状:呈长三角形,翅板面宽而凸出,后缘稍凹,鳍条稀疏并有明显的突起顺棱 色泽:背面为青灰色,腹面色较淡	名称:象耳白尾翅 形状:呈叉形,上叶宽而长,下叶前部三角形,后部有一缺刻,翘板厚实,皮层有由鳍条积起的顺棱 色泽:为灰褐色

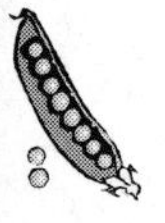

表 13-2　部分鳐鱼的鱼翅

鱼的名称	鱼翅名称	
	背翅	尾翅
尖齿锯鳐	名称:黄肉翅 形状:呈三角形,翅板宽大,高度大于宽度,板的后缘较直。板面鼓状,板面的盾鳞大而紧密 色泽:黄褐色有光泽,透光度好,无鳍条钙化的阴影	名称:黄肉尾翅 形状:呈叉形,叉间盾圆;上叶长于下叶,下叶前部呈三角形突出,后部无缺刻。叶片宽短而发达,板面厚实,片盾鳞排列紧密 色泽:淡褐色有光泽,透光度好
许氏犁头鳐	名称:群翅 形状:呈长三角形,翅板宽大,高度大于宽度,后缘较直。翅板厚而挺实,板面的盾鳞大而紧密 色泽:淡黄色有光泽,透光度好,无鳍条钙化的阴影	名称:群尾翅 形状:呈叉形,上叶大而上翘、长于下叶,下叶前部呈三角形突出,后部无缺刻。叶片宽短而发达,板面厚实。盾鳞排列紧密 色泽:黄褐色有光泽
圆犁头鳐	名称:飞虎翅 形状:呈三角形,翅板面宽大而平展,翅板薄 色泽:为黄褐色,并有白色斑点	名称:飞虎尾翅 形状:呈叉形。翅板薄,上叶略大于下叶,尾椎骨上翘 色泽:为灰褐色

2. 按生长部位划分

鱼翅按其生长部位不同,可分为背翅、胸翅、臀翅和尾翅。

(1) 背翅

背翅又称为脊翅或披刀翅,背翅包括第一背翅和第二背翅,一般来讲背翅翅多肉少,质量最好。常使用的大肉翅、明翅,均可用背鳍来进行加工。

(2) 胸翅

胸翅又称为翼翅或上青翅,胸翅一般一对,翅少肉多,质量仅次于背翅。常使用的明翅,可用胸翅加工。

(3) 臀翅

臀翅又称为荷包翅、翅根,一般形体较小、较薄,肉多翅少,质量较前两者差。常使用的荷包翅可用臀翅加工。

(4) 尾翅

尾翅又称为尾勾或勾尖,虽然形体较大,但肉多,翅少而短,有些翅间带硬软骨,相对来讲质量更差。常使用的皮针翅,可用尾翅来进行加工。

3. 按色泽划分

鱼翅按色泽来划分,可分为白翅和青翅两大类。

(1) 白翅

白翅主要用阔口真鲨、尖头斜齿鲨、路氏双髻鲨等的鳍制成。一般生长于热带海洋的软骨鱼制作的鱼翅颜色白黄,质量最佳。

(2) 青翅

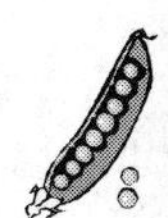

青翅主要用白斑角鲨、宽纹虎鲨、扁头哈那鲨、许氏犁头鳐、中国团扇鳐等的鳍制成。一般生长于温带海洋者颜色灰黄,质量一般。生长于寒带海洋者色呈青灰色或青色,质量较差。

4. 按加工方法划分

鱼翅按加工方法划分,可分为原翅和净翅两大类。

(1) 原翅

原翅又称为皮翅、青翅、生翅和生割,是未经退沙、去皮、去肉而直接干制的原只鳍。因在加工过程中有些利用腌渍脱水来干制,故原只鳍又分为淡翅和咸翅两部分。淡翅质量较好,咸翅质量较差。鱼翅作为商品在出售时经常一副销售或成套销售,即背翅、胸翅、臀翅、尾翅为一副。

(2) 净翅

净翅又称为明翅,是经过复杂的工序处理后所得到的干鱼翅。净翅的筋针称为"翅针"。翅筋散乱的称为"散翅"。排列整齐有序的称为"排翅"。用零乱的翅筋合在一起的称为"翅饼"。

鱼翅以翅板大而厚、板皮无皱褶而有光泽,基根皮骨少,肉洁净,无异味、无虫蛀、无油根、无夹沙、无石灰筋为佳品。鱼翅含有丰富的胶原蛋白,还含有一定量的脂肪、糖和矿物质,对人体有补血、补气、补肾、补肺、医治虚痨等滋补强身作用,为此被誉为珍贵的烹调原料。但据泰国国际环境监测部门野生动物保护协会对一些鲨鱼翅进行了详细的研究,结果发现鱼翅中含有大量的水银,而水银对人体的危害是显而易见的。鱼翅适宜于烧、烩、蒸、扒等烹调方法,如黄焖鱼翅、蟹黄鱼翅、滑鸡丝鱼翅、燕菜大扒翅、修汁群翅、炖凤吞鱼翅、鸡蓉烩鱼翅、虎皮鸽蛋鱼翅、干贝黄肉翅、凤尾鱼翅、鸡包鱼翅等菜品。

(二)鱼肚

鱼肚是中小型的毛鲿鱼、黄唇鱼、黄姑鱼、鮸鱼、大黄鱼和海鳗等硬骨鱼类的鳔,经去脂膜、洗净、推平、晒干或晾干而成的干品。鱼肚是一种名贵的海味原料,在我国主要产于广东省、福建省、浙江省、江苏省、山东省、辽宁省等地。

鱼肚按其鱼的品种不同,可分为以下几种。

1. 毛鲿鱼肚

毛鲿鱼肚又称为毛鲿肚,是用毛鲿鱼的鳔制成的。形体较大,呈椭圆形,体壁厚实,色泽浅黄,涨发率高。

2. 黄唇鱼肚

黄唇鱼肚又称为黄肚、皇鱼肚,是用黄唇鱼的鳔制成的。形体较大,呈椭圆形,并带有两条胶条。表面有显著的鼓状波纹,色泽浅黄,有光泽,半透明,肚壁较厚,涨发率较高。

3. 鮸鱼肚

鮸鱼肚又称为敏鱼肚、鳘肚、米肚,是用鮸鱼的鳔制成的。形体较大,呈纺锤形或亚椭圆形,凸面略有鼓状波纹,凹面光滑,色泽浅黄略带浅红,有光泽,呈透明状,形体较大,肚壁较厚,涨发率较高。

4. 黄鱼肚

黄鱼肚又称为小鱼肚、片肚、筒胶、长胶,是用大黄鱼的鳔制成的。形体较小,肚壁较薄,色泽浅黄,呈叶片状。因加工方法不同,剪开鳔后干制的称为"片胶",形状大的称为提片。形状小的又称为吊片。不剪开鳔筒干制的称为"筒胶"。将鳔剪开拉成长条,挤压并干制的称为“长胶”,又称为“搭片”。

5. 鳗鱼肚

鳗鱼肚又称为鳗肚、胱肚,是用海鳗或鹤海鳗的鳔制成的。形体较小,呈牛角状,肚壁薄,色泽浅黄,半透明状,涨发率较高。

6. 鮰鱼肚

鮰鱼肚又称为笔架鱼肚,是用长江内的长吻鮠的鳔制成的。形体较大,形状不规则,肚壁较厚,色泽白而半透明,涨发率较高。

鱼肚质量一般以片大而厚,色泽浅黄有光泽,肚形平整,表面无杂质,无异味为佳品。鱼肚的营养十分丰富,不仅富含胶质,还具有高蛋白、低脂肪的优点。经常食用有补气血、润肺健胃、补肝、补肾等滋补强身的作用。一般适宜于烧、炖、烩、扒等烹调方法,如鸡蓉鱼肚、鸡汁广肚、家常鱼肚、奶油广肚、蟹黄鱼肚、白扒鱼肚、虾子鱼肚、金钱鱼肚、凤凰鱼肚、珊瑚百花肚、鹅掌扒广肚、鸡丝烩花胶等菜品。

(三)鱼骨

鱼骨又称为明骨、鱼脆、鱼脑,是用鲨鱼和鳐鱼等软骨鱼类的软骨,经选料、去血污残肉、浸泡、漂烫、剥去软骨表层残肉黏膜、干燥、熏制而成的干品。选用软骨一般以头骨、脊椎骨边缘、支鳍骨为主。常见的鱼骨一般是用姥鲨的软骨加工制成的,形体较大,白色,呈半透明状,质量较好。其他鲨鱼或鳐鱼的软骨制成的明骨,体薄而脆,质量较差。鲟鱼和鳇鱼的鳃脑骨制后的明骨质量较好。鱼骨一般以形状大小均匀、无白色硬骨、骨块坚硬洁净、呈透明状为佳品。鱼骨是名贵的海产品,营养价值较高,不仅含有丰富的骨胶蛋白,还含有骨素。骨素对人体的神经、肝、循环系统等均有滋补作用,适宜于烧、炖、煨、烩等烹调方法,如蜂蜜鱼脆、鸡蓉鱼骨、桂花鱼骨、明玉鱼骨、烩鱼丁鱼骨、鱼骨白烧海参、烩鱼骨两丁等菜品。

(四)鱼唇

鱼唇是用软骨鱼类中的鲨鱼、鳐鱼、魟鱼的唇部,经加工处理后自然晾干或晒干而成的干品。较常见的是用犁头鳐的上唇加工而成的。将犁头鳐的上唇带眼鳃部割下,从唇中间用刀劈开,但不劈透,使之左右相连。唇的里面带有两条薄片软骨。浸入水中 24 h 去污,然后晒干或烘干。鱼唇以形体大、无残污水印、无异味、色艳有光泽、质地干燥、半透明状为最佳。

鱼唇是名贵的海味之一,含有丰富的脂肪和胶质蛋白,是一种强健身体的滋补品。一般适宜于烧、焖、烩、扒、炖等烹调方法,如蟹黄烩鱼唇、红烧鱼唇、雪红鱼唇、白扒鱼唇、鸡球鱼唇、砂锅鱼唇、三鲜鱼唇、烩唇丝、海红扒鱼唇、蚝油扒鱼唇、砂锅糟蛋鱼唇等菜品。

(五)鱼皮

鱼皮是用鲨鱼、鳐鱼、魟鱼等软骨鱼背部的厚皮,经剥皮、去残肉、洗涤、干燥、熏制而成的干品。鱼皮加工因鱼的种类不同,又可分为青鲨皮、真鲨皮、虎鲨皮、姥鲨皮、犁头鳐皮、魟鱼皮等。鱼皮的质量一般以皮厚胶质多、残肉少、色泽鲜艳、有光泽无异味为佳品。

鱼皮含有丰富的胶质蛋白,还有一定量的脂肪、糖类和矿物质。鱼皮与猪肉、鸡肉一起炖食,还具有治胃病、肺病的作用。一般适宜于烧、炖、烩、扒、焖等烹调方法,如砂锅鼋皮、红烧鱼皮、鸡翅鱼皮、红烧鼋皮、蚝油鼋鱼皮、蟹黄鱼皮、鸡蓉鱼皮、三鲜鱼皮等菜品。

(六)其他鱼干制品

其他鱼干制品江南地区运用较多,如黄鱼鲞(经腌渍后自然晒干或晾干)、台鲞(又称

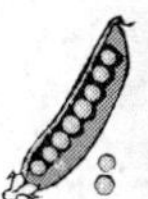

为乌狼鲞，即河鲀鱼干经特殊处理后，直接晒干或腌渍后晒干）、鳗鲞（经腌渍后自然晒干、晾干）、银鱼干（经加工后直接晒干、晾干）。上述鱼干制品一般以质地坚硬、无异味、无杂物、咸淡适中为佳品。一般适宜于㸆、炖、蒸等烹调方法，如乌狼鲞㸆肉、白鲞炖牛蛙、鳗鱼炖鸡块、银鱼烩三鲜、香辣银鱼干等菜品。

二、其他水产干制品

（一）鲍鱼

鲍鱼又称为大鲍、石决明，是在鲜鲍鱼捕捞后将鲍壳去除，用20%的盐腌渍，再煮熟、晾干或晒干，即为干品。干制的鲍鱼由皱纹盘鲍、杂色鲍、耳鲍等品种加工而成。色泽分为紫色和浅黄色两种，俗称紫鲍和明鲍。以金黄色、形体大而均匀、坚实、无虫蛀、无异味、表面有白霜者为佳品。

（二）干贝

干贝是在鲜江珧捕捞后将其后闭壳肌取出，即为鲜贝，在此基础上再经加工后自然晾干或晒干即为干品。干制的干贝由栉江珧、细长裂江珧、栉孔扇贝、日月贝等品种加工而成。以色泽浅黄、个体大、坚实、形状整齐、无虫蛀、无杂质、无异味、表面有白霜者为佳品。一般以山东省的东褚岛和渤海的长山八岛海域所产的干贝质量最好。

（三）淡菜

淡菜是在贻贝捕捞后，取出贻肉，自然晾干或煮制后晾干而成的干品。干制的淡菜由紫贻贝、原壳贻贝、翡翠贻贝等品种加工而成。以色泽鲜艳、肉肥、身干坚实、无虫蛀、无异味、表面有白霜者为佳品。

（四）海螺干

海螺干是在海螺捕捞后，取出螺肉，经洗涤、煮制、晾干而成的干品。干制的海螺由皱红螺、管角螺、红螺、香螺等加工而成。以色泽青褐、坚实、无虫蛀、无异味、表面有白霜者为佳品。

（五）虾干、虾仁、虾皮

虾干是在中国对虾、哈氏仿对虾、长毛对虾、日本对虾、墨吉对虾等养殖的基围虾捕捞后，放入沸水中煮制，再晾干而成的干品。虾仁是白虾等中型海虾，经煮制晾干，去除虾头和虾壳而成的干品。虾皮是毛虾等小型海虾直接晒干而成的干品。三者以个体大、均匀干爽、无异味、无虫蛀、色泽鲜艳为佳品。海米品种有海米、钳子米、大虾干、勾米和河米、湖米等。

（六）虾子、蟹子

虾子或蟹子是各种虾卵或蟹卵，取出后直接晒干或煮制后晒干而成的干品。以籽粒饱满、颗粒整齐、色泽鲜艳、无杂质、干爽利落为佳品。

（七）海参

海参又称为海鼠，是将捕获的海参直接晾干、晒干或用草木灰拌和炝干而成的干品。海参作为商品，一般分为有刺参和无刺参两种，颜色多为黄褐色、黑褐色、绿褐色、纯白色和灰白色等多种。以黄海和渤海所产的刺参质量最佳。海南岛、西沙群岛或南海所产的梅花参质量略次。其次有方刺参、花刺参、大乌参、黑海参、糙海参、白底辐肛参、石参、乌皱参、黑乳参、图纹白尼参、二斑参等。以个体大、坚硬、无杂物、无虫蛀为佳品。某些海参表面还带有白霜。

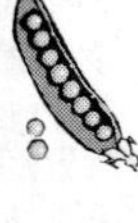

（八）墨鱼干、乌鱼蛋、乌鱼穗

墨鱼干又称为螟、乌贼鲞，是将捕获的乌贼，从腹部划开经加工后晾干或晒干而成的干品。雌性缠卵腺干制后称为“乌鱼蛋”，雄性生殖腺干制后称为“乌鱼穗”。以个体大、肉壁厚、无异味、肉色白、表面有白霜者为佳品。

（九）鱿鱼干

鱿鱼干是将捕获的枪乌贼，从腹部划开经加工后晾干或晒干而成的干品。以个体大、肉壁厚、无异味、色鲜艳、半透明、表面有白霜者为佳品。一般福建省、广东省、台湾省所产的鱿鱼干质量较好。

第五节　藻类、菌类和植物性海味干料

藻类、菌类和植物性海味干料是指土壤、岩石、树上生的和淡水、海水中长的原料，经脱水干制而成的干品。餐饮业经常使用的干料主要有以下几种。

一、食用菌干制品

（一）香菇

鲜花菇、厚菇、薄菇、菇丁等，经采集或收获后，经加工处理后晾干或烘干而成的干品，统称为香菇。又因生长季节的不同，分为春菇、夏菇、秋菇、冬菇。花菇形状如伞，伞面有似菌花般的白色裂纹，褐黄色，光润，身干，朵小，柄短，质嫩，肉厚，味芳香，为佳品。厚菇形状如伞，菇面没有花纹，栗色，质嫩，肉厚，朵稍大，质量仅次于花菇。薄菇菇面平，朵大，肉薄，浅褐色，味淡，质量较差。

（二）口蘑

蒙古口蘑、香杏丽蘑、大白桩菇、野蘑菇、白杵蘑菇、林地蘑菇、四孢蘑菇等，经采集加工处理后直接晾干或烘干而成的干品，统称为口蘑。由于品种不同，口蘑质量也略有区别。蒙古口蘑（白蘑、白口蘑）、香杏丽蘑（香杏片、香杏口蘑）、大白桩菇（青腿片、青头蘑）等为口蘑中的上品。其余 4 种因菌褶为黑色，故称为黑口蘑，质量较差。口蘑以个体均匀整齐、不破碎、肉质细嫩、色白、体短粗、硬实、香味浓厚、无虫蛀、无杂质为佳品。

（三）草菇

将鲜草菇和银丝草菇采集或收集后，经加工处理后直接晒干或烘干而成的干品，统称为草菇。干制的草菇必须以菇身粗壮均匀、质嫩肉厚、菌伞未开、清香无异味者为原料，才能保证草菇的品质。一般以色灰白不断裂、不开伞、个体大而均匀、身干、不霉者为佳品。

（四）猴头菌

将鲜猴头菌采集或收集后，经加工处理后直接采用烘干而成的干品称为猴头菌，以色泽浅黄、个体大、干爽、质嫩、须刺完整、无虫蛀、无杂质为佳品。

（五）羊肚菌

羊肚菌是指鲜羊肚菌采集后，经加工处理后，直接晒干或烘干而成的干品。羊肚菌下半段的根柄质老，含沙多，一般不可食。以个体均匀、不破、无杂质、身干、不霉者为佳品。

（六）竹荪

制作干品时将鲜竹荪中的长裙竹荪和短裙竹荪经过加工处理后直接除菌盖（臭头）或涨发前去除，以免影响竹荪口味。竹荪以个体大、色泽白、网状菌幕松软、干爽而不破

裂、无杂质、无虫蛀为佳品。

（七）银耳

将鲜银耳采集或收集后，经加工处理后直接晒干或烘干而成的干品，称为银耳。一般人工培养的银耳根部较大，直接晒干不宜干透。银耳以色泽黄白、完整无斑、朵大肉厚、气味清香、底板小、无异味，涨发率高、胶质重为佳品。

（八）木耳

将鲜木耳采集或收集后，经加工处理后直接晒干而成的干品。木耳因季节的不同，质量也略有差异，如3—5月份产的为春耳，6—8月份产的为伏耳，9—10月份产的为秋耳，春秋产量较少，夏天产量较大，质量较好。黑木耳以颜色黑亮、身干肉薄、朵大质嫩、半透明、无杂质、无碎渣、无霉烂、涨性好、有清香者为佳。

（九）冬虫夏草

将冬虫夏草夏天采集，经加工处理后直接晒干或烘干而成的干品，称为冬虫夏草。冬虫夏草为子囊角座及其寄生的昆虫残骸构成的复合体。冬虫夏草以形体完整、干爽、无虫蛀、有清香味为佳品。

二、地衣类

（一）石耳

将鲜石耳和雀石耳经洗涤、去沙、去除背面毛刺晒干而成的干品，统称为石耳。石耳都生长于山地的悬崖石壁上，通常背面灰色或绿色，颇平滑，形似木耳，古称木耳。以江西省庐山产的石耳最为著名（庐山名吃“三石”，即石耳、石鸡、石鱼）。一般以耳片大、肉质厚、色黑而有光泽、干爽整齐、不带泥沙杂质、无异味为佳品。

（二）树花

将鲜树花采集，经加工处理后自然晾干或晒干而成的干品，称为树花。树花通常生于树皮上，无软骨质的中轴，有皮层，故称为树花。一般以个体大、灰白色、质嫩而干爽、无杂质、无虫蛀、涨发回软快、久炖不碎散为佳品。

三、海洋藻类干制品

海洋藻类已在第十二章第五节中介绍。

第六节　干料的品质检验与保藏

一、干料的品质检验

干货制品类烹饪原料包括的品种较多，有陆生植物性干料、陆生动物性干料、动物海味干料和植物性海味干料等。由于品种不同，特征不同，干制的方法不同，其检查方法也不同，以感官检验为主，即通过人的眼（看）、鼻（嗅）、手（敲、摸）等方法，对干料的品质进行检验。

（一）看

对干货原料进行观察，看杂质含量确定品质（根据海米中杂物和虾壳含量的多少确定质量等级），看形状确定品质（根据海参形体大小、形状整齐与否、数量多少确定质量等

级)，看色泽确定品质(新干贝色泽浅黄、陈干贝色泽老黄，某些要变质的还有霉斑等，以此来确定质量等级)。

(二) 嗅

首先，对干货原料进行气味鉴别，以气味来确定品质(植物性干料和植物性海味干料，均有各自固有的清香味。新陈干料的清香味程度不同，以此来确定质量标准)。

其次，动物性干料由于贮藏时间过长，易产生异味(脂肪氧化产生的异味和霉变后产生的异味)，以此来确定品质。

(三) 敲、摸

对干货原料进行敲打、触摸，以此来确定原料含水量多少，从而确定品质。如陆生动物性干料、动物性海味干料，就可以采用敲打的方法，通过声响来判断原料的干制程度，来确定质量标准；陆生植物性干料或菌类、藻类和植物性海味干料，就可以采用触摸的方法，判断原料的干脆程度，来确定质量标准。

二、干料的保藏技术要点

干货制品类烹饪原料，一般采用常温、低温保藏和密封保藏。

(一) 常温和低温保藏

将所有的干货制品类烹饪原料放入相适应的容器中(盆、罐、麻袋等)，存放在库房内进行保藏。一般来讲此方法适合短时间保藏，如果时间较长就容易受到温度、湿度、空气流通等影响，发生腐烂变味、返潮霉变等现象。为此，正常保藏的技术要点如下。

(1) 库房要通风，避免阳光照射(经常开门开窗使空气流通；库房建立在背阴处，减少阳光直射)。

(2) 严格控制库房内的温度和湿度(温度过高易使含水量较高的原料腐烂变质，湿度过高易使干料霉变，一般温度控制在 0~10℃)。

(二) 密封保藏

密封保藏是在常温或低温的基础上，选用密封瓶、罐来保藏体积小、形状小的动物性干料，避免湿度对其的影响，从而达到较长时间的保藏。保藏技术的要点，是在上述两点的基础上进行，如将鲍鱼、干贝、海参、虾皮等装入标本瓶或大玻璃瓶内，使室内温度、湿度对其影响减少，干料霉变或腐烂变质明显减少，就能达到较长时间保藏的目的。

思 考 题

1. 干货制品一般分为哪几种？每种又有哪些品种？
2. 常用的陆生植物性干料有几种？各自适合制作什么菜品？
3. 什么是陆生动物性干料？蹄筋分为几种？各自适合制作什么菜品？
4. 什么是动物性海味干料？常用的鱼翅有几种？
5. 干料的品质检验有几种方法？各自适合检验哪些原料？

第十四章　半成品烹饪原料

学习目标

- 熟悉烹饪原料中常用的粮食制品、肉制品、果蔬制品、水产制品、蛋制品、乳制品的种类。
- 了解半成品烹饪原料的主要加工方法。
- 掌握半成品烹饪原料的品质判断、烹饪特点、主要成分、烹饪应用和常见的烹饪菜肴。

半成品烹饪原料是指在烹饪制作前，已经过初步处理和加工的，有些品种从风味和质地上发生了较大变化的一类原料。其中有许多是各个地方的名优特产品，可以较长时间存放。这部分原料，既可以用来制作主食，又能当主配料使用，同时还能制作出各式各样的小吃。

第一节　粮食制品

粮食制品是人们食物中植物蛋白质的重要来源。在烹饪上，粮食制品能制作出极其丰富可口的菜肴。全国各地同一粮食品种制作的方法有所不同，许多品种与当地的风俗习惯有着密切的关系，所以在烹饪应用上具有鲜明的地方特色。粮食制品主要分为谷制品、豆制品和淀粉制品。

一、谷制品

谷制品分为面制品和米制品两大类，它们分别由小麦制成的面粉和以大米为原料制作而成。面制品主要有面筋、面包渣、挂面等。米制品有年糕、米线、锅巴、米粉等。

（一）面筋

面筋又称为百搭菜、面根。它是以小麦面粉加水和成面团后稍静置，再放入水中揉洗，待面团中所含的淀粉、麸皮基本洗去后余下的一团白色、柔软、筋力较强的胶状物，就是面筋。面筋的主要成分是麦胶蛋白和麦谷蛋白。麦胶蛋白具有良好的延伸性，但缺乏弹性。而麦谷蛋白则富有弹性，但缺乏延伸性。正是因为这些特性，面筋在菜肴制作中得到了广泛的应用。在各种谷物面粉中，只有小麦粉中的蛋白质能吸水而成面筋。质量好的面筋呈白色或稍带灰色，具有轻微的面粉香味，并有较好的弹性和延伸性。

生面筋因加工成熟方法的不同，其名称和用途也不相同。生面筋放入开水中，焖至浮起发硬捞出的，称为水面筋。生面筋揪成小剂，下入油锅炸至起泡，色泽金黄捞起的泡状球形，称为面筋泡。面筋洗出后，经自行发酵起泡后，上笼蒸熟而成的，称为熟面筋或烤麸。

面筋既可作为主料,又可作为配料,其本身没有什么味道,可与多种原料搭配,故称为百搭菜。面筋通过烧、煨、卤汁、软炸、干煸等烹饪方法能够制作出风味各异的名菜。如山东省的“烧煨面筋条”、湖南省的“口蘑子面筋”、安徽省的“文武面筋”等。

(二) 米线

米线又称为米榄、米粉、粉干等。它是大米经浸泡、磨粉、蒸煮、压条、成型、干燥加工制作而成的。米线质量的好坏与生产米线的大米中直链淀粉的含量有直接的关系,大米直链淀粉的含量在15%左右时,生产出的米线质量最佳,其主要利用籼米作为原料。主要表现在米线韧性好,不易断条,煮后不黏条,不糊汤。全国较有名的有广东省的“沙河粉”、浙江省的“陈屿米线”、广西壮族自治区的“桂林米线”、江西省的“石城粉”、福建省的“兴化粉”等。

米线主要用来制作小吃或当主食食用。我国许多地区早餐有吃米线的习惯,在烹饪应用中,常用来炒或者与汤同煮。云南省的“过桥米线”、遵义的“牛肉米粉”、广东省的“炒米粉”、浙江省台州市的“炒米面”等在全国较为有名。

(三) 米粉

米粉是指用大米经磨制加工而成的粉末状原料,分生米粉和熟米粉两类。根据米粉磨制加工方法的不同又分为干磨粉、湿磨粉、水磨粉。干磨粉是将干燥的大米磨成粉,也可将大米炒熟,然后再磨制,这样加工出来的米粉,质地干燥香松。湿磨粉是将大米先用冷水浸泡透,捞出晾干,再磨制成粉。大米浸泡时间的长短,要根据米的品种及气候情况而定。夏天浸泡一般在2~3 h,冬天则要浸泡1 d左右,米粒泡至松胖即可磨制。湿磨米粉质地细软,滑腻。将大米用冷水浸泡透,连水带米一起磨成粉浆,然后装布袋将水分挤出,此种方法磨制的米粉为水磨。水磨米粉最为细腻。

米粉可根据菜肴制作时的要求,选用不同品质的大米磨制。一般用油炸的方式制作菜肴时,多选用糯米粉。若成品口感要求松软,或者用来稀释面筋和调节面筋的涨润度,应选用籼米粉制作。米粉因含淀粉较多,受热凝固,气体易散逸,故一般不用来做发酵制品。

二、豆制品

豆制品主要以大豆制作。

(一) 豆腐

豆腐是以大豆为原料,经点卤、上箱、紧压、切块等工序制成。我国南北方在豆腐制作上所用盐卤有所不同。北豆腐多以氯化镁配制卤水制作而成。这种豆腐由于水分含量较少,所以质地坚实,豆香浓郁,但纹理松散,显得粗糙。适宜用煮、烧的方法制作菜肴。南豆腐则是以硫酸钙配制卤水。这种豆腐由于水分含量较多,所以质地光滑细嫩,富有弹性。由于含水分多,所以不能炸食。

豆腐是植物性原料中蛋白质含量较高的一类原料,因此在营养配餐中经常使用。豆腐可用蒸、炸、煮、煎、烩、烧等20余种方法烹制。我国许多地方的名菜中,都有以豆腐为原料制作的名菜肴。如川菜的“麻婆豆腐”、粤菜中的“蚝油豆腐”、鲁菜中的“三美豆腐”等。豆腐应以颜色洁白、表面光洁、质细柔滑、手指轻按不破碎、气味正常为佳。

（二）豆干

豆干又称为豆腐干、干子、白干等，是将豆腐脑用布包成小方块，或盛入模具压制而成的。它较干硬，有大小两种，小块可直接用作主料、配料，大块可切片或切丝使用。常见的有菜干、五香干、臭干等。著名的有安徽省的石矶菜干、四川省的五香豆腐干、苏州的卤干等。质量好的豆干，表面较干燥，手感坚韧，质细，有香味。

（三）油皮和腐竹

油皮又名豆腐衣、豆腐皮等。将豆浆煮熟后，再改用微火慢烧，使豆浆表面保持平静状态，此时豆浆表面层中的蛋白质和脂肪成分，遇冷而凝结成薄薄的一层豆腐衣，即油皮。再用长竹筷将薄膜揭出晾干或烘干即成干油皮。油皮是营养价值很高的干制品，可做成各种风味的炸酥肉和肉卷等。质量好的油皮，色泽浅黄，富有光泽，皮薄透明，厚薄均匀，质地柔软，表面光滑，每张完整，张张能揭开，没有破洞。全国各地均有生产。

腐竹是将油皮挑起后，呈半干状态时，卷成杆状，经充分干燥后而制成。因其外形像竹笋干，故称腐竹。我国桂林出产的"桂林腐竹"、广东省的"三边腐竹"、湖南省的"金鸡腐竹"较为有名。质量好的腐竹，色泽浅黄，富有光泽，蜂孔均匀，外形整齐，气味正常。腐竹常用烧、烩、炸等方法成菜，也可凉拌、炒等单独成菜。

（四）腐乳

腐乳是豆腐经发酵、加料等制成的产品。腐乳主要利用曲霉，使大豆蛋白水解成多种氨基酸，再加上用黄酒、白酒、米醪、红曲、砂糖等配成的汤料加以调味，从而使制成的腐乳味极鲜美，营养丰富。腐乳主要有以下 3 个品种。

1. 红腐乳

红腐乳为浙江省绍兴市最早生产，成品色泽鲜红，酱香浓郁，味咸稍甜，绵软爽口。

2. 白腐乳

白腐乳以广西壮族自治区桂林市出产的最为有名。用桂林市的三花酒为主要汤料，成品是乳白色，吃起来有醇厚的白酒香味。

3. 青腐乳

青腐乳又名臭豆腐乳。汤料用豆腐本身压出来的水加上盐腌制发酵而成。成品味臭，色泽青，入口绵软而细滑，鲜香适口。

（五）豆芽

豆芽是将豆类种子在一定的湿度、温度条件下无土培育的芽菜的统称。常见的有黄豆芽和绿豆芽。豆芽营养丰富，其生物效价和利用率较高，黄豆芽脆嫩清香，绿豆芽清脆鲜嫩，食用方法颇多，炒、拌、制馅都可。

三、淀粉制品

淀粉制品主要是用薯类、谷类及豆类淀粉制作的成品。不同类别的淀粉制作出的产品特色各不相同。主要产品有凉粉、粉丝、西米等。

（一）凉粉

凉粉一般是由粉块制成的。如东北粉块，是用玉米和豆类为原料，经浸泡、发酵、湿磨成粉浆后用布滤出而成。凉粉可直接用来做菜。新鲜粉块呈白色或青色，质地细腻，透明度好，无任何不良气味。凉粉本身无味，在菜肴制作中应注意调味。

（二）粉皮

粉皮是用淀粉加工制成的圆形薄片。华北地区生产的粉皮，历史悠久，名闻国内外，它以绿豆或其他豆类、粮食的淀粉为原料，采用传统工艺制作而成。其中以绿豆为原料生产的粉皮最好。市场上常见的粉皮有湿粉皮和干粉皮两种。

1. 湿粉皮

湿粉皮又名新鲜粉皮。质地柔软，比较厚，呈胶冻状，水分大。在生产中加有明矾，用以防腐，并增强其韧性。若食用前未放入水中浸泡，则有涩味。

2. 干粉皮

干粉皮即湿粉皮的干制品，以夏季出品的为好。此时制出的粉皮，不缩小，不破碎。

质量好的粉皮，色泽洁白，富有光泽，片形完整，厚薄均匀，拉力强，不破碎。

（三）粉丝

粉丝是用豆类、粮食、薯类等淀粉加工制成的干制品。粉丝按原料不同有以下品种。

1. 绿豆粉丝

绿豆粉丝是粉丝中质量最好的品种。如闻名国内外的山东省的龙口粉丝，其色泽洁白，光亮透明，粗细均匀，弹性强，韧性大，煮后呈透明状，久煮不会溶化。若与肉或鸡汤煮，粉丝味特佳。

2. 甘薯粉丝

甘薯粉丝以甘薯为原料制作而成。其品质特点是色泽灰黄，暗而无光，弹性小，韧性差，容易折断，久煮易糊。煮这种粉丝，不可盖锅，以防烂糊。

第二节　蔬菜和水果制品

以新鲜果蔬为原料，配以各种辅助材料或配料经加工而成的产品称为果蔬制品。果蔬制品具有独特的口感和风味，且耐贮藏，它既可作为主料，也可作为配料使用，有些品种还可作为调料，如酱制蔬菜。

一、腌酱制品

蔬菜的腌、酱、渍加工在我国有着悠久的历史，有许多地方的特产品种。如北京市的酱菜、四川省的榨菜、广东省的梅干菜、浙江省杭州市萧山区的萝卜干、浙江省的雪菜等。常见的主要品种有榨菜、萝卜干、雪菜、大头菜等。

榨菜分为两种，有四川省的榨菜和浙江省的榨菜。榨菜是用一种茎用芥菜为原料加工制成的。因在制作中需经压榨，故名榨菜。榨菜以重庆市涪陵区生产的最为有名。浙江省宁波市、嘉兴市也有大量生产，两种产品的特点各不相同。四川省的榨菜的特点是干湿适度，咸淡适口，味香而鲜，嫩脆，这与其风干工艺有关。而浙江省的榨菜则比较湿润，微酸，鲜味稍差，色鲜明，采用盐干工艺。榨菜生产所用的配料有茴香、砂仁、胡椒、山柰、食盐、白酒等。榨菜既可生食，也可作为开胃菜，做汤，作为动物性原料的配料等。

云南大头菜又名云南黑菜，产于昆明，是历史悠久的地方特产，具有独特的风味。云南大头菜是选用不起筋、不抽薹、新鲜肥嫩的芥菜头为主要原料，并加食盐、老白酱、红糖、饴糖等辅料，先腌制后酱制而成。产品色泽发亮，光滑油润，心内红褐色，质地柔软而有弹性，脆嫩，咸甜，有酱香。云南大头菜可生吃、熟吃，也可与肉搭配炒制。浙江省的雪菜常作为墨鱼、黄鱼等原料的配料，形成地方特色。

二、罐装制品和速冻菜

（一）罐装制品

罐装制品是将新鲜蔬菜和水果经过分选、修整、热烫、抽空、装罐、灌汁、排气、密封、杀菌、冷却等工艺制作而成。目前使用的罐装容器有玻璃罐、铁罐、塑料复合薄膜"软罐"等。罐装制品蔬菜和水果由于在加工过程中的热处理，使制品的质地发生了改变，大多口感和味道不及鲜品。常见的蔬菜罐装品种有青豌豆、蘑菇、芦笋、竹笋等。水果有梨、苹果、菠萝等。罐装蔬菜制品一般用来作为配料。

（二）速冻菜

蔬菜经筛选、初处理、加工、包装后，放入-18℃的冷冻机中速冻成产品。蔬菜不同的种类、品种对冷冻加工的适应性有显著的差别。主要速冻产品有青豌豆、刀豆、蚕豆、毛豆、洋葱、甘蓝、菠菜、蘑菇等。冷冻蔬菜食用前的解冻处理，直接影响菜品的质量。一般应在烹饪前进行，切不可解冻后长时间搁置。最好放入微波炉直接解冻或直接入热锅煮制。

三、蜜饯和果酱

蜜饯是果品加糖煮制或加糖腌制而成。在北京一带，人们通常把不带汁，含水量在18%左右的干果制品称为果脯；把裹了糖汁，含水量在30%左右的果制品称为蜜饯。北方盛产果脯，南方擅制蜜饯。按照工艺学上的概念，蜜饯是保持果实原形的高糖制品。蜜饯有干态和湿态两种，前者糖制后晒干或烘干（称为果脯）；后者糖制后保存于糖液之中（称为带汁蜜饯）。因此蜜饯是总称，包含了果脯。

果酱类主要有果酱、果泥、果冻等。果酱是果肉加糖煮制成中等稠度而不成果块原形。果泥是筛滤后的果肉酱液，主要有较大的稠度与细腻均匀的质地。果冻则是胶凝成冻的制品。果酱在西餐中大量使用，例如番茄酱、草莓酱等。

第三节　肉　制　品

人们将鲜肉用物理和化学的方法，配以适当的添加物，对肉品进行腌制、干制或烟熏等处理后的产品称为肉制品。肉制品按加工方法的不同分为腌腊制品、烧制品、烤制品、炸制品和灌肠制品等。

一、腌腊制品

腌腊制品是腌制品和腊制品的统称。用食盐、硝酸盐、香辛料等对原料肉进行加工而成的制品称为腌制品，如再经过晾晒烘烤或熏制加工的即成为腊制品，腊制品生产的季节性非常突出。

肉类腌制最初的腌制料就是食盐，其目的是防腐变质。随着对肉制品要求的提高及腌制技术的发展，腌制已不仅是单纯的防腐，更重要的是使制品具有良好的风味和色泽。

食盐防腐的作用是由于食盐在腌制过程中的渗透作用,使盐分不断地向肉组织中渗透。当盐分渗入微生物细胞时,使微生物细胞中的水分不断地脱出,造成微生物的脱水而抑制其生长繁殖。但食盐在腌制过程中并不能杀死所有的微生物,特别是一些耐盐性的细菌。因此,为了保证腌制品的质量,防止腌制过程中微生物的繁殖,肉类的腌制主要在冬天进行。单纯的低温腌制并不能够保证肉制品长时间贮存而不变质,有些产品为了改善风味和贮存期,还要采用干燥、烟熏、包装等其他措施来提高腌制品的贮存期。目前,腌制品的食盐用量逐渐减少,因为研究表明食用高浓度的食盐食品,给人的身体健康带来许多不良后果。国际营养学会建议成人每天食盐摄入量不超过 6 g,目前我国普遍超标。

肉类腌制品在制作加工过程中加入微量的亚硝酸盐等添加物,以有利于制品的颜色变红。该物质可以防止肉毒梭状芽孢杆菌的危害。这种红色在热加工过程中比较稳定。由于亚硝酸盐和肉中的二甲胺类化合物作用,生成致癌物质亚硝胺,因此在使用剂量上必须严格控制在安全范围内。为了使腌肉制品中的红色能维持较长时间,在肉类腌制品中可同时加入发色辅助剂维生素 C。由于维生素 C 的存在,使腌肉制品的风味提高,柔软多汁,保存性增加。

(一) 金华火腿

火腿在我国有宣腿、北腿和南腿之分。宣腿产于云南省。北腿主要产于长江以北的江苏省、安徽省。南腿产于浙江省,而以金华火腿最为著名。

金华火腿是浙江省金华市的传统特产。隆冬季节腌制的火腿叫正冬腿。初冬季节腌制的火腿称为早冬腿。立春以后腌制的火腿称为春腿。金华火腿风味特殊,香气浓郁,咸淡适口,酥松柔软,鲜味独特。质量好的火腿,腿爪细短,腿心丰满,质地致密而结实,切面平整,腿形整齐,皮薄,无损伤,无斑痕。火腿肌肉切面呈深玫瑰色或桃红色,肥肉切面微红色有光泽。用竹签插入肌肉内,用手旋转拔出后迅速嗅其味,应具有火腿特有的香气,而无异味。火腿的保藏主要是避免油脂酸败、回潮、发霉、虫蛀。应放在阴凉、干燥、通风、清洁处。在使用过程中,若在短时间内不能用完整只火腿,应注意刀切面的密闭隔氧,一般是在切面处用保鲜薄膜密闭切面或涂擦一层芝麻油起保护作用。火腿可作为主料和配料。在高汤的制作中,常用来提鲜和增香。火腿还可用来包粽子,制作月饼的馅料,使其具有独特的风味。

(二) 南京板鸭

南京板鸭是全国著名的一种腌腊特产。南京板鸭外形饱满,皮白,肉红,骨头绿,食之酥、香、板、嫩,回味返甜。每年 10 月至春暖花开的清明节,是生产南京板鸭的旺季。其中,大雪到立春期间生产的板鸭称为腊板鸭,为最佳腌制期。立春到清明生产的板鸭称为春板鸭。腊板鸭能保存到清明,而春板鸭不宜长期保存。良好的南京板鸭体表光洁,呈白色或乳白色,腹腔内壁干燥,有盐霜,肉切面呈玫瑰红色,切面致密结实,有光泽,具有板鸭特有的风味。

二、灌肠制品

灌肠制品是将原料肉绞碎或斩拌成肉糜,加入各种调味料、香辛料和增稠料后,加工制成的肉类制品。灌肠制品分为两大类,即香肠和灌肠。

(一) 传统香肠(腊肠)

我国习惯上把传统加工制作的肠类制品称为“香肠”。香肠的生产有着悠久的历史,它选料精细，加工考究，外形美观，如有名的广东香肠、四川香肠、哈尔滨干肠等。香肠制品因在生产过程中需要晾挂和日晒，水分被大部分脱去，并成熟发酵，故产品具有浓厚的特殊香味，可保存较长的时间。

1. 广东香肠

广东香肠的品质特点是外形美观，色泽明亮，皮薄肉嫩，香醇芬芳，味鲜可口。广东香肠的花式品种繁多，有生抽肠、老抽肠、鲜鸭肝肠、瘦肉猪肠、鲜虾肠、牛肉肠、羊肉肠及具有地方特色的“东莞腊肠”等。

2. 四川香肠

四川香肠品种也很多，味型上有麻辣、甜咸、桂花等味的，有添加虾米、花生仁、芝麻的，有用橘红等蜜饯加工制成的。还有用牛肉、羊肉、兔肉灌制成的香肠。各种香肠具有不同的风味特色。一般肉制香肠的品质特征是肥多瘦少，肉质红白分明，外形细致，淡咸适口，味道鲜美。

质量好的香肠，长短粗细一致，肠衣干燥完整且紧贴肉馅，无黏液和霉点，有弹性，条状坚实，切面肉馅有光泽，瘦肉鲜红，肥肉洁白或略带红色，用竹签插入香肠内，旋转一圈拔出后闻之，具有香肠特有的风味。

（二）灌肠制品

灌肠制品由国外传入，在我国的生产历史不长。适合大规模连续式生产，因此发展较快，目前正是我国肉制品加工业中产量和销售量最多的产品之一。灌肠制品种类较多，可根据原料不同，含水量不同，是否水煮和烟熏等分为许多种，通常分成 4 类，即鲜灌肠、水煮灌肠、烟熏水煮灌肠和熏灌肠。制作灌肠的原料肉较香肠为广，由于加工工艺的特点，基本上所有畜、禽、鱼肉都能作为原料。

红肠属于欧式灌肠，1917 年传入我国东北，红肠有大小之分，因肠的外表呈枣红色，故称为红肠。大红肠以猪肠做肠衣，小红肠以羊肠做肠衣。红肠除用动物的肉做馅料外，还加入马铃薯淀粉，以增加肉馅的黏性和凝胶性，使产品组织细腻，食用时切口整齐，口味偏清淡、鲜美。大红肠在国际市场上称为里道斯灌肠。该肠外表呈枣红色，肉质细软均匀，肠衣完整，肠身干爽，富有弹性，黏面结实而有光泽，食之鲜嫩可口。大红肠防腐性好，产品卫生，易于保管，携带方便。小红肠外表红色，内部肉质乳白色，质地细腻鲜嫩，每根长度12～14 cm，形似手指，故名小红肠，食用方便。

三、烤制品

烤制品能保持原有的鲜味，制品色泽鲜明，香味浓郁，风味独特，让人有食欲。烤制品中以广式最为著名，其中有脆烤及软烤两类。脆烤制品特点是色黄皮脆，香味浓郁，代表产品为烤乳猪。软烤制品的特点是色泽红艳，味香甜，质鲜嫩，代表产品为叉烧肉。

（一）烤乳猪

烤乳猪在广州又称为脆皮乳猪。脆皮乳猪有光皮乳猪与芝麻皮乳猪之分。光皮乳猪皮色深红，全身光滑。芝麻皮乳猪则皮色淡红，整体芝麻粒。除了芝麻皮乳猪较为酥化以外，两者的特点均为皮脆肉甘香，故统称为脆皮乳猪。脆皮乳猪是将上好调味料的乳猪，用铁叉支好，放在明火的炉炭上烧烤而成。脆皮乳猪之所以名贵，是由于它选用的小猪每只只有5 kg左右，猪的肉质不肥不瘦，一经烹制，自然味美可口，且吃法比较讲究。食用时常常配白糖、千层饼、酸菜、葱球、甜酱等作料。

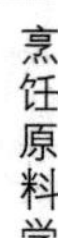

（二）叉烧肉

叉烧肉是选用肩胛肉、里脊肉等，经修整、腌渍、烧烤等工序制作而成。可用于多种原料，或者用来做馅心料。好的叉烧肉，肌肉切面微赤红色，脂肪白而透明，有光泽，肌肉切面紧密，脂肪结实而脆，无异味。

四、酱卤制品

酱卤制品是我国传统的肉类制品，分酱制和卤制两种。酱制又称为红烧，加有五香料的为五香酱肉，是烧制品中品种最多的一类，酱制品按制法不同有带汁和不带汁的两种。酱制品的特点是色泽酱红有光泽，皮肉酥烂，入口即化，瘦肉不塞牙，肥肉不油腻。

卤制是先将配料及作料制成卤汁，待肉煮熟后再放入卤汁中轻煮浸泡。这类肉制品均带有卤汁，特点是味甘清香，入口鲜嫩。

我国酱卤肉品种繁多，口味、色泽、形状不一，具有鲜明的地方特色，苏州市的酱汁肉和酱肉、上海市的五香酱肉和蜜汁蹄髈、无锡市的酥骨肉、湖南省的糖酥排骨等，都是我国著名的地方特产。酱卤制品的质量是通过眼看、鼻闻和手摸等方法检验。从色泽、气味和外形来判断熟肉的新鲜程度以及有无变质等情况，质量正常的熟肉，具有比较鲜艳的色泽、鲜美的自然肉香、鲜润而有弹性的肉组织。

第四节　水产制品

水产制品是以不同的水产品，分别采用不同的加工方法制作而成的，通常采用腌制、冷冻、熏制等方法制作。所用原料极其广泛，鱼类、虾类、蟹类、贝类等都可用来加工成制品。

一、鱼糜制品

在鱼肉碾碎的肉馅中，添加2%~3%的食盐后，再搅打上劲，则馅即为高黏度的肉糊，这种肉糊就叫作“鱼糜”。如根据市场需要，进一步添加调味料等辅助材料将“鱼糜”制成适应贮运及消费要求的形状，并加热凝固成有弹性的胶凝性食品，就总称为“鱼糜”制品。

鱼糜制品加工原料来源丰富，不含骨刺，腥味少，色泽浅。可按消费者的爱好，进行不同口味的调制。针对不同地区的消费习惯，进行不同形状、独具特色的成型。鱼糜制品以鱼为基本原料，其营养价值良好，特别是经加工后，原有营养很好地保存下来，使人体消化吸收率更高。鱼糜制品的常见品种有鱼丸、鱼糕、鱼肉香肠、鱼卷、鱼面等。

（一）鱼丸

鱼丸也称为“鱼腐”，有氽鱼丸和炸鱼丸两种。鱼丸是将鱼去皮骨后取肉剁蓉，加淀粉和调味料，经搅拌随加清水，搅至黏稠上劲，即可氽制或油炸。成品鱼丸可作为主料、做汤、烩制成菜。湖北省的做法是将鱼丸挤成橘瓣状成菜，叫作橘瓣鱼丸。在我国其他地区用来制作火锅原料。

（二）云梦鱼面

湖北省孝感市云梦县的鱼面是选用青鱼、草鱼、鲢鱼等鱼肉和上等白面、玉米粉，再拌上芝麻油、精盐，经过揉、擀、蒸、切、晒等工序精制而成。鱼面成形似普通面条，但更精细，以色白、味鲜、香味浓郁著称，为湖北省特产中的精品。东南沿海地区一般用海鱼，例如鳗鱼等制作鱼面。

二、冷冻制品

水产冷冻制品是水产制品中的一大类。按对水产原料处理方式的不同,可分为生鲜水产冷冻制品和调味冷冻制品(对原料进行初步加工并配以辅料、调料等)。冷冻制品选用优质原料进行加工,一般采用快速冻结方式,产品带有包装。产品只需简单地加热或烹调即可食用。

(一)冷冻海鳗片

冷冻海鳗片是选用活鳗,经去头、去内脏、洗涤、保护处理、真空包装、冻结等工序加工制成。冷冻海鳗片,色泽雪白,晶莹透亮,无血腥味,味道鲜美,食用方便。解冻后可爆炒、烩制成菜。冷冻海鳗片以无血块,颜色洁白,无异常气味为佳。

(二)冷冻熟制螯虾仁

螯虾俗称淡水龙虾,在江湖、河滨、池塘、稻田等各种水体中生产繁殖,具有极强的生态适应能力,主要产在江苏省、安徽省、湖北省等长江南北地区。近年来,人们逐渐认识到它的食用价值,冷冻熟制螯虾仁主要有块冻熟制螯虾仁和单冻熟制螯虾仁两种。冷冻熟制螯虾仁是经蒸煮、冷却、消毒、真空封口包装等工艺制作而成。打开包装后可直接加调料食用,也可以当配料使用。冷冻熟制螯虾仁产品包装应无破损,呈现熟制虾仁固有的色泽,组织紧密,有弹性,虾仁完整无肠腺。块冻熟制螯虾仁块形应平整,无风干和氧化现象,产品中应无任何杂质。浙江省一带还有利用对虾等制作冷冻熟制虾仁。

三、罐头制品

我国能用于罐藏加工的鱼、虾、蟹、贝类有 70 多种,鱼类约 50 种,甲壳类及贝类约 20 种,水产罐头制品分为清蒸类、调味类、油浸调味类和油浸烟熏类。

(一)清蒸类

将处理好的水产原料经预煮脱水后装罐,加入精盐、味精而制成的罐头产品称为清蒸类水产罐头制品,又称为原汁水产罐头。此类罐头保持了原料特有的风味和色泽,常用鲭鱼、马鲛鱼、鳓鱼、对虾、蟹、蛏等为加工原料。在烹饪时可根据需要适当调味。

(二)调味类

将处理好的原料盐渍脱水或油炸后,装罐并加入调味而制成的罐头称为调味类水产罐头制品。这类罐头又可分为红烧、茄汁、葱烤、五香、酱油等几种,产品各具独特风味。常用来做冷碟或与蔬菜一起烹制。常见的品种有凤尾鱼罐头、豆豉鲮鱼罐头、鲜炸鱿鱼罐头、辣味带鱼罐头等。

(三)油浸调味类

油浸调味是鱼类罐头所特有的加工方法,注入罐内的调味汁是精制植物油及其他调味料如糖、盐等。方法是将生鱼肉装罐后,直接加注精制植物油。或者将生鱼肉装罐经蒸煮脱水后,加注精制植物油。也可以将生鱼肉经预煮,再装罐后,加注精制植物油。或者将生鱼肉经油炸再装罐后,加注精制植物油。这种方法制成的鱼类罐头称为油浸调味类罐头。

(四)油浸烟熏类

凡预热处理采用的是烘干和烟熏方法,然后装罐,再加注精制油制成的鱼类罐头,称

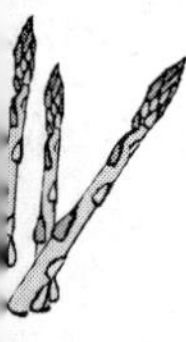

为油浸烟熏类水产罐头制品。这类罐头经贮藏成熟，使色、香、味调和后再食用，其味更佳。常见品种有油浸烟熏鲅鱼罐头、油浸烟熏鳗鱼罐头、油浸烟熏带鱼罐头等。

四、水产腌制品

水产腌制品有悠久的历史，品种繁多，但主要以鱼类为主。水产品腌制包括盐渍和成熟两个阶段。盐渍过程就是食盐向鱼肉中渗入的过程。当鱼体组织中的盐分浓度和它周围盐液中的盐分浓度相等时，这一过程就结束，这会导致鱼体内水分的损失，使鱼体出现皱缩。由于肌肉组织的收缩使鱼体变得更加坚韧而有弹性，而且还具有强烈的咸鱼味，没有了鲜鱼的滋味和气味。常见的品种有广东酶香鳓鱼、咸鲑鱼卵等。另外，还有利用泥螺、辣螺等添加盐、酒、糖等制作的腌制品。

（一）广东酶香鳓鱼

酶香鳓鱼属于盐渍发酵制品。它是利用鱼体内酶的自溶作用和微生物在食盐抑制下的部分分解作用，使鱼中的蛋白质、核酸等分解为氨基酸、核苷酸等呈味物质，使物品具有特殊的酶香风味。质量好的酶香鳓鱼，鱼体完整，体色青白，富有光泽，鳞片较齐全，气味正常，并有酶香味。

（二）糟鱼

糟鱼一般选淡水鱼加工制作，它是经盐渍 3~5 d 后，置于清水中，适当脱盐并洗去表面黏滞物，再用酒糟及香辛料制作而成。以江西省产的鲤鱼、青鱼、草鱼糟渍品为佳。品质好的糟鱼，肉呈红色，香味浓郁，肉质坚实。

第五节　蛋　制　品

蛋制品主要以不去壳的新鲜鸭蛋、鸡蛋、鹌鹑蛋经加工制作而成。主要有制蛋类和冰蛋类两种。蛋制品种类不多，但特点鲜明，在烹饪应用中范围广泛，既可做主料，也可当配料使用，还可制作出各式各样的花色品种。

一、制蛋类的品种

（一）皮蛋

皮蛋又称为松花蛋或彩蛋，是我国著名的特色产品。在皮蛋制作中加入的生石灰和纯碱，由于蛋壳的浸透作用，使蛋清和蛋黄接触碱溶液而发生变化。首先是蛋白质开始变性，使蛋清液化形成冻胶状的凝固体，其后蛋黄也开始凝固。碱溶液的浓度不够则蛋清弹性不够，蛋黄呈液体流质状态。若碱溶液浓度过大，则蛋清凝固后不被水解，蛋黄发硬不能形成溏心，且制品碱味较重。皮蛋在制作过程中，蛋白质在碱液作用下，部分水解，形成氨基酸，但也有一部分氨基酸生成氨和硫化氢，使皮蛋具有一种特有的风味。蛋白中松花状的白色结晶，主要是蛋白质在水解过程中所生成的游离氨基酸和盐类的混合物生成的结晶物质，积聚在蛋清和蛋黄表面的缘故。皮蛋因加工用料及条件的不同，可分为硬心皮蛋和溏心皮蛋两种，各地制作的皮蛋在风味上也略有不同，其中以北京松花蛋最为著名。其品质特征是个头丰硕，大小均匀，无裂纹，壳白而洁净，气室小，用手掂有弹颤的感觉，剥壳时皮不黏手，蛋白层中有松叶状的结晶花纹，切开的蛋黄呈深橘红色或墨绿色的黏糊状，具有松花蛋特有的香味。

（二）咸蛋

咸蛋又称为腌蛋、盐蛋，是一种常见的烹饪原料。其中以江苏省扬州市高邮产的咸蛋最为有名。咸蛋主要用食盐腌制。蛋经盐水浸泡后，使原来蛋黄中的蛋白质与油脂形成的均匀而稳定的乳浊液发生改变，蛋白质变性，而油脂析出。煮熟后蛋黄就会出油。食盐有一定的防腐能力，可以抑制微生物的繁殖，增加了保藏性，同时延缓了蛋内容物的分解和变化速度，所以咸蛋的保存期较长。常见的咸蛋有黄泥浆咸蛋和草灰咸蛋。它们在风味上有所不同。黄泥浆加工的咸蛋，咸味一般稍重，蛋黄松沙，油珠较多，蛋黄色泽鲜艳，其蛋黄常用来做月饼馅心料。因其色和口感与蟹黄相似，故有时也用来当蟹黄使用。煮熟的蛋白可与排骨或五花肉烧制成菜。草灰加工的咸蛋，蛋味偏淡，蛋白稍嫩，蛋黄穿心花油的程度不如黄泥浆加工的咸蛋，吃起来松沙不太明显。煮熟的草灰咸蛋刀切面光滑，常用来制作冷拼。有包料的咸蛋，包料上不得有局部潮湿现象。有此现象则说明蛋壳已破裂，蛋液流出。无包料的咸蛋，壳表面完整无霉点为好。

（三）糟蛋

糟蛋是选用优质鸭蛋经糯米、酒糟和食盐，封存在缸内制成的一种蛋制品。酒糟中的醇和盐，通过渗透作用进入蛋内，使蛋白呈乳白胶冻状，蛋黄呈橘红色半凝固状态，气味芬芳，滋味鲜美。四川省宜宾市的叙府糟蛋和浙江省嘉兴市的平湖糟蛋较为有名。而浙江省嘉兴市的平湖糟蛋不经烹制即可直接食用。

二、冰蛋类的品种

冰蛋类原料是经过搅拌、过滤、消毒、装罐、急冻、冷藏等工艺制作而成，分为冰全蛋、冰蛋黄和冻蛋白 3 种。面点和菜肴中使用较少，常用于冷冻海产品，如人造蟹肉、鱼丸等，糕点中也有所应用。冰蛋的质量应从产品的状态上看其冻结是否坚硬，蛋液是否清洁，搅拌是否均匀。全蛋解冻后，蛋液质地应均匀，蛋黄液是稠密膏状体。品质好的冰全蛋，色泽应呈淡黄色，加热后无异味产生。

第六节　乳　制　品

乳制品种类较多，加工方法有所不同，大多以牛乳制作而成。主要有炼乳、奶粉、奶油、酸乳等。中餐中用乳制品制作菜肴的品种较少，西餐中使用较多。乳制品常用来制作配料，或添加到菜品中，使成品具有奶香味。主要品种有以下几种。

一、炼乳

炼乳是用鲜牛奶或羊奶经消毒浓缩除去大部分水分制成。有加糖炼乳、淡炼乳、脱脂炼乳、半脱脂炼乳、强化炼乳及调制炼乳等品种。这些炼乳是根据人们的口味和身体需要而生产的。甜炼乳是一种加糖炼乳。全脂炼乳是牛乳中的奶油成分未被提取出来而制成的炼乳。脱脂炼乳是将鲜牛乳中的脂肪成分提取后制成的产品。在菜肴制作应用中，应注意甜炼乳对菜品味道的影响。质量好的炼乳呈乳白色或稍带微黄色，有光泽。常温下质地均匀，黏度适中，无脂肪上浮，无杂质。淡炼乳具有明显的牛乳滋味，甜炼乳具有纯正的甜味。

二、奶粉

用冷冻或加热的方法，除去乳中几乎全部的水分，干燥后而成的粉末，通常称为奶粉。奶粉中的营养成分与鲜奶没有太大的差异。由于加工方法和原料奶处理的不同，有全脂奶粉、脱脂奶粉、加糖奶粉、调制奶粉等。脱脂奶粉和全脂奶粉较为常见，在烹饪应用上，奶粉经调制后，用法与鲜奶基本相同。但在炒鲜奶之类的菜肴中则不能使用。新鲜的优质奶粉，色泽雪白或浅黄色，颗粒大小均匀，粉粒疏松，投入水中能很快溶解，具有清淡的乳香味。

三、干酪

干酪是在乳中加入适量的乳酸菌发酵剂，使蛋白质凝固后，排除乳清，将凝块压成块状而成。制成后未经发酵的称为新鲜干酪。经长时间发酵成熟而制成的产品称为成熟干酪。这两种干酪也统称为天然干酪。干酪中含有丰富的营养成分，干酪中的蛋白质经过发酵，在酶分解的作用下，形成胨、肽、氨基酸等便于人体消化吸收的营养成分。另外，还含有丰富的无机盐，尤其是含有大量的钙和磷。质量好的干酪外皮质地均匀细薄，无裂缝，无损伤，无霉点及霉斑，呈白色或淡黄色，且有光泽，具有干酪特有的气味，微酸。

思 考 题

1. 使用速冻菜时应注意哪些问题？
2. 金华火腿有哪些特点？
3. 蛋制品有哪些品种？各有什么特点？

第十五章 调料和食品添加剂

学习目标

- 熟悉调味料和调香料的种类与作用。
- 了解食品添加剂的性能。

调料和食品添加剂在烹饪中虽用量不多,但应用广泛,对菜点的色、香、味、质起着不可忽视的作用。

第一节 调料和食品添加剂概况

一、调料概况

调料又称为作料,是烹饪行业及商品流通领域的一个习惯名称,泛指在烹调制作菜点过程中用量较少,但对菜点的色、香、味起重要作用的一类原料。

我国的调料种类繁多,每种调料都具有独特的感官特征。在长达 3 000 多年的历史中,我国历代厨师研制出的各种复合调料已达近千种,对我国烹饪技术的发展及地方菜风味的形成起了重要的作用。

调料可分为天然和人工合成的。有动物、植物和微生物等多种来源,有固态、半固态和液态等多种形态。因此对调料的分类有多种方法。有的按加工方法分,有的按形态分,有的按商品经营习惯分。本章按调料在烹饪过程中的作用,分为调味料和调香料两大类叙述各调料的品种。调色料和调质料在食品添加剂一节中叙述。

二、食品添加剂概况

食品添加剂是指在食品加工或烹调进程中为了改善食品的品质,提高食品风味及为了防腐和加工工艺的需要而加入食品中的少量的化学合成物质或天然物质。食品添加剂按来源的不同可分为天然与化学合成两种。天然的添加剂是利用动植物或微生物的代谢产物。化学合成添加剂是通过合成反应所得到的物质。按照添加剂在食品加工中的用途,可分为提高食品风味的改善剂如着色剂、发色剂、甜味剂、酸味调味剂等;食品质地的改良剂如增稠剂、膨松剂、嫩肉剂等。有些添加剂有毒,所以在使用时应尽可能少用或者不用。

第二节 调 味 料

调味料又称为调味品,是指在烹调过程中用于调和食物口味原料的统称,用量少,但

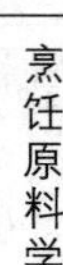

使用频繁。在烹调过程中这些呈味成分连同菜点主配料所含的呈味成分相互作用，而形成菜点的不同的风味特色。调味料的种类很多，根据其主要的呈味特点，将调味料分成以下6类分别介绍。

一、咸味调味料

咸味是中性无机盐的一种味道，许多中性无机盐都有咸味，但除食盐外，其他中性无机盐都带有一些涩味、苦味、金属味等不良味道。咸味是基本味的主味，又是各种复合味的基础味。在烹调中常用的咸味调味品主要有食盐、酱油、酱和豆豉等。

（一）食盐

食盐俗称盐巴，为咸味的主要调味料，主要呈味成分为氯化钠。我国的食盐资源非常丰富，按产地不同可分为海盐、湖盐、井盐和矿盐；按加工程度可分为粗盐、加工盐、精盐等。

1. 粗盐

粗盐又称为大盐、原盐，大多为我国沿海地区生产的粗制海盐，是将海水蒸发到饱和溶液状态，氯化钠结晶析出。粗盐的颗粒较大，色泽灰白，氯化钠的含量达94%左右，并含有氯化钾、硫化镁等杂质，因此常有微苦味，多用于腌制原料。

2. 加工盐

加工盐是粗盐经磨制而成的产品，盐粒较细，易溶解，但杂质的含量也较高，适用于腌制加工或一般的调味。

3. 精盐

精盐又称为再制盐，是将粗盐溶解，经过去杂质处理后，再蒸发、结晶而成的。现在我国市场上出售的精制盐均为加碘的食用盐。精盐呈细结晶状，杂质较少，白色，易溶解，呈味较轻，适用于烹饪中的调味。

食盐在烹饪中具有重要作用。

（1）食盐是咸味主要的来源，具有提鲜、增本味的作用。

（2）防腐脱水的作用。用盐腌制原料能较长时间贮存。

（3）嫩化剂的作用。加少量的食盐可提高肉的保水性，增加菜肴的脆嫩程度。

（4）制作泥、蓉、馅料时加入适量的食盐，能加大吸水量，使馅料的黏着力提高。

（5）作为传热介质可加工和烹制风味独特的菜品。

食盐的贮存保管应注意放置在清洁、干燥的环境中。

（二）酱油

酱油又称为酱汁、清酱，是以植物蛋白和淀粉水解成氨基酸与糖类后经酿造而制成的具有深红色的汁液。酱油按加工方法可分为天然发酵酱油、人工发酵酱油、化学酱油；按形态分为液体酱油、固体酱油；按色泽分为浅色酱油（生抽）、深色酱油（老抽）。还有加工酱油时加入了不同配料的风味酱油如辣酱油、鱼露酱油、五香酱油、草菇酱油等。著名的酱油品牌有海天牌酱油、致美斋酱油、龙牌酱油、美极鲜酱油等。

酱油是烹调中仅次于食盐的咸味调味品，它能代替食盐起到确定咸味、增加鲜味的作用，对菜肴还具有去腥解腻的作用。烹调中应用酱油时，要注意菜肴的口味及色泽的特点。一般色深、汁浓、味鲜的酱油用于凉拌及上色的菜品，而色浅、汁清、味醇的酱油多用于加热烹调。此外，酱油加热时间过长会变黑，影响菜品的色泽。

（三）酱

酱是以豆、面、米为原料，利用微生物的生化作用而酿制的一种发酵调味料。根据用料的不同分为豆酱、面酱、蚕豆酱3类。

1. 豆酱

豆酱又称为大豆酱、大酱，是以黄豆或黑大豆为原料制作的一种酱类。其特点是色泽橙黄，光亮，酱香浓郁，咸淡适口。根据制酱时加水的多少有干黄酱和稀黄酱之分。烹调中豆酱常用于炸酱和鲁菜酱爆技法的菜肴。

2. 面酱

面酱又称为甜面酱，是以面粉为主要原料制成的酱类。其特点为颜色金黄，有光泽，味醇厚鲜甜，在烹调中的用法同豆酱。

3. 蚕豆酱

蚕豆酱是以蚕豆为主要原料的一种酱类，因在制作过程中加入辣椒，所以又称为辣豆瓣酱。其特点是色泽红褐，有光泽，酱香味浓，咸鲜带辣，味道醇厚。著名的品牌有郫县豆瓣酱、临江寺豆瓣酱等。

酱品调味料在烹调中具有改善色泽和口味，增加菜肴酱香味的作用。可作码味、调味和蘸食使用。在热菜烹调时宜先将其炒香出色，以防菜肴的口味和色泽不佳。

（四）豆豉

豆豉又称为幽菽、香豉，是以黄豆、黑豆为主要原料，加曲霉菌种发酵制成的一类颗粒调味品。按加工方法划分，可分为干豆豉和水豆豉；按风味划分，可分为咸豆豉和淡豆豉。咸豆豉比较多，比较著名的有黄姚豆豉、潼川豆豉、浏阳豆豉、临沂豆豉、阳江豆豉等。优质的豆豉以色泽黑亮，味香浓郁，咸淡适中，油润质干，颗粒饱满，无霉变无异味为佳。在烹调中起提鲜、增香的作用，多用于炒、烧、爆、蒸等烹调技法的菜肴。

二、甜味调味料

甜味调味料在烹调中的作用仅次于咸味调料，是除咸味外唯一能独立调味的基本味。其主要调味品有食糖、饴糖、蜂蜜等。甜味调味品在烹调中除起到甜的作用外，还能起到增加鲜味，抑制辣味、苦味、涩味和酸味的作用。在某些菜点中还有着色、增色和增加光泽的作用。

（一）食糖

食糖又称为蔗糖，是以甘蔗或甜菜为原料经压汁、浓缩、结晶等工序加工制成的。按外形及色泽通常分为绵白糖、砂糖、冰糖、红糖和方糖。

1. 白砂糖

白砂糖含蔗糖为99%，色泽洁白明亮，晶体呈均匀小颗粒状，水分和杂质的含量很低。白砂糖易结晶，在烹调中用于挂霜类菜品的制作效果最佳。

2. 绵白糖

绵白糖是呈粉状白糖的总称，又称为细白糖。在加工时加入少量的转化糖浆，晶粒细小均匀，颜色洁白，质地绵软细腻，纯度低于白砂糖，蔗糖的含量约为98%，还原糖和水分含量均高于白砂糖，甜度高于砂糖，因含有少量的转化糖，结晶不易析出，在烹调中更适于制作拔丝类的菜肴。

3. 冰糖

冰糖是一种纯度较高的大结晶体蔗糖，是白砂糖的再制品。冰糖味甜且鲜，可作为甜味调料，常用于甜羹类的菜肴调味之用。

4. 赤砂糖

赤砂糖又称为红糖，还原糖含量高，非糖成分较多，色泽有赤红色、赤褐色或黄褐色等。其晶粒连接在一起，易结块，易溶化，不耐贮存。在烹调中用处较少，多为炒制沙馅之用。

5. 方糖

方糖也是白砂糖的再制品，主要用于牛奶、咖啡等饮料中。

（二）饴糖

饴糖又称为麦芽糖、糖稀，是以淀粉酶或酸水解淀粉制成的。其甜度约为蔗糖的70%，可分为硬饴糖和软饴糖两种。硬饴糖为淡黄色，而软饴糖为黄褐色。饴糖在烹饪中主要用于面点小吃及烧、烤类菜肴，它可使成熟后的点心松软而不发硬，可使菜肴色泽红亮，有光泽，并着色均匀，如烤鸭、脆皮乳鸽、烤乳猪等菜肴。这些原料刷上饴糖再烤，在高温作用下，变成红棕色，这是非酶褐变反应。优质的饴糖以颜色鲜明，浓稠味纯，洁净无杂质，无酸味者为佳。

（三）蜂蜜

蜂蜜又名蜂糖。蜂蜜的主要成分是葡萄糖、果糖和少量的蔗糖，并含有蛋白质、有机酸等。在烹饪中主要用来代替食糖调味，具有矫味、增白、起色的作用。主要用于制作面点、酿造蜜酒、蜜饯食品。蜂蜜具有较大的吸湿性和黏着性，烹饪时若使用过多，制品易吸水变软，相互粘连。质量以色泽黄白，透明，无酸味者为佳。

（四）甜叶菊糖和糖精

甜叶菊糖是由原产南美洲巴拉圭东北部的菊科草本植物甜叶菊的叶子中提取而得。糖精是人工合成的甜味剂。两者均属于食品添加剂。在烹调中极少使用。在小吃中有少量使用。

三、酸味调味料

酸味是有机酸及其酸性盐特有的味道。我们日常摄取的酸味有醋酸、琥珀酸、酒石酸、柠檬酸等有机酸，在烹调中使用的酸味剂主要有食醋、番茄酱、柠檬汁。酸味不能独立成味，但酸味是构成多种复合味的基本味，具有去腥解腻、刺激食欲、增加风味、帮助消化、促进钙质分解等多种作用。

（一）食醋

食醋在古代称为醯，是以谷、麦为主，谷糠、麦麸等原料为辅，经糖化、发酵、下盐、淋醋并添加香料、糖等工序制成的。其主要成分是醋酸，还含有挥发酸、氨基酸、糖等。食醋包括酿造醋和人工合成醋两大类。酿造醋有米醋、麸醋、酒醋等，以米醋质量最佳。著名的品种有山西老陈醋、镇江香醋、浙江玫瑰米醋、四川保宁醋等。人工合成醋用食用冰醋加水或食用色素配制而成，质量较差。

1. 山西老陈醋

山西省的老陈醋以高粱为主料，发酵而成。特点是色泽较深，汁液澄清，酸醇浓厚，绵软回甜，酸而不涩。

2. 镇江香醋

镇江香醋以大米为原料，发酵而成。特点是色泽褐红浓重，汁液澄清，醇香回甜，清香淡雅。

3. 四川保宁醋

四川省的保宁醋以小麦、大米及其麸皮为主要原料，发酵而成。用白豆蔻、母丁香、砂仁等香料调理香味。特点是色泽黑褐，汁液澄清，酸味厚重芳香。

4. 浙江玫瑰米醋

浙江省的玫瑰米醋以大米为主要原料，发酵而成。特点是色泽呈玫瑰红色，汁液澄清透明，醇香回甜，清香浓郁。

（二）番茄酱

番茄酱中的酸味物质主要有苹果酸等有机酸。产品色泽红润，酸而回甜，清香浓郁。番茄酱是从西餐烹调中引进而来的，现在广泛用于中餐烹调，主要用于酸甜味浓的复合味型的菜品中，以突出菜肴的色泽和风味。

（三）柠檬酸

柠檬酸为无色半透明结晶或白色颗粒，味极酸。在烹调中起保色、增香、添酸等作用。宜用水溶解后再进行调味，是食品工业制作饮料、果酱的重要原料，使用量通常为0.1%~1.0%。

四、辣味调味料

辣味主要是由辣椒碱、椒脂碱、姜黄酮、姜辛素、芥子油及蒜素等产生的。辣味在烹调中不能单独使用，需与其他调料配合使用。辣味在烹调中有增香、解腻、压异味的作用。同时它能增加淀粉酶的活性，能刺激食欲，帮助消化。辣味调料主要有干辣椒、辣椒粉、辣椒糊、胡椒、芥末等。

（一）辣椒制品

辣椒制品是指秦椒、海椒、朝天椒及羊角椒等品种的干制品及其加工制品。其辣味的主要成分是辣椒素、二氢辣椒素，它能促进血液循环，增加唾液分泌及淀粉酶的活性，具有促进食欲、去腥解腻的作用。主要产品有以下几种。

1. 干辣椒

干辣椒是各种新鲜尖头辣椒的干制品，主要品种有各种朝天椒、秦椒、羊角椒等。质量以色泽紫红，油光晶莹，皮肉肥厚，身干籽少，辣中带香，无霉烂者为佳。

2. 辣椒粉

辣椒粉又称为辣椒面，是将干辣椒研磨成粉末状的调料。辣椒粉一般以色红、质细、籽少、香辣味浓的为好。辣椒粉是制作辣椒油的主要原料，同时也是各种辣味小吃的调拌料之一。

3. 泡辣椒

泡辣椒又称为泡海椒、鱼辣子、鱼辣椒、泡椒，是将新鲜的尖头红辣椒加盐、酒和调香料，经腌渍而成的一种辣味调味料。质量以色红亮，滋润柔软，肉厚籽少，味道鲜美，兼带香辣，无霉变者为佳，泡辣椒的主要产地在四川省。泡辣椒是调制鱼香味型不可缺少的调味料之一。

（二）胡椒

胡椒又称为大川，为胡椒科植物胡椒的果实。主要成分为胡椒碱、胡椒脂碱、挥发油等。胡椒分为黑胡椒和白胡椒两类。黑胡椒是果实开始变红未成熟时采收晒干而成,未脱皮,果皮呈黑褐色。白胡椒是待果实全部变红成熟后采收的,经水浸去皮再晒干而成。胡椒作为调味品通常是加工研磨成细粒或粉状后使用,在烹调中用胡椒调味具有提味、增鲜、和味、增香、去异味等作用。主要适用于鲜咸肉类菜肴及汤羹、面点、小吃和调馅。

(三) 芥末

芥末是十字花科植物芥菜的种子干燥后研磨成的一种粉状调味料。芥末含有芥子苷、芥子碱等,经酶解后得到芥子油,具有强烈的刺鼻的辛辣味,在烹调中主要起提味、刺激食欲的作用。芥末是烹饪中制作芥末味型的重要调味料,多用于凉菜的制作,如芥末三丝、芥末鸭掌等,以及面点、小吃的制作。芥末的质量以油性大、辣味足、有香气、无异味、无霉变者为佳。

(四) 咖喱粉

咖喱粉是一种由 20 多种香辛调味料调制而成的辛辣微甜,呈深黄色或黄褐色的粉状复合调味料。主要配料有胡椒、辣椒、生姜、肉桂、肉豆蔻、茴香、芫荽子、甘草、橘皮、黄姜等,是将各种香辛料干燥粉碎后混合焙炒而成,以色深黄、粉细腻、无杂质、无异味者为佳。咖喱粉在烹调时多用于烧制的咖喱味的菜品,如咖喱鸡块、咖喱牛肉等。具有提辣、增香、去腥、和味、增进食欲的作用。现在常用咖喱粉调成糊加姜、植物油及香辛料炒成咖喱油,可直接入锅煸炒或拌制菜肴之用。

五、鲜味调味料

鲜味调味料又称为风味增强剂。呈味成分主要有核苷酸、氨基酸、酰胺、肽、有机酸等物质。鲜味在烹调中不能独立成味,必须在咸味的基础上才能发挥作用。在使用时应以不压制菜品的本味为宜。其调味品主要有味精、鸡粉(精)。此外,还有加工成复合味型的提鲜调味品如蚝油、鱼露、虾油等。

(一) 味精

味精又称为味素、味粉。主要成分为谷氨酸的钠盐,是用小麦的面筋或淀粉,经过水解法或发酵法制成的一种粉状或结晶状的调味品。无臭,有特有的鲜味,易溶于水。味精的主要成分除谷氨酸钠外,还含有食盐和矿物质。现在我国市场上出售的味精有谷氨酸钠的含量为 99%、98%、95%、90%、80%5 种,其中以谷氨酸钠的含量为 99%的颗粒状味精和 80%的粉末状味精为主要产品。味精具有强烈的鲜味,特别是在微酸的水溶液中更能突出其鲜味。使用质量浓度为 0.2%~0.5%,最适宜的溶解温度为 70~90℃。若在高温下长时间加热,则味精会部分失水而生成焦谷氨酸钠,从而失去鲜味,并有轻微的毒素产生,故一般提倡在菜肴成熟时或出锅前加入,以便突出鲜味。另外,在制作酸性或碱性偏大的菜品时不宜使用味精,因为味精在酸性条件下生成谷氨酸,鲜味很弱,而在碱性条件下则会生成谷氨酸二钠盐,失去鲜味。

(二) 5′-肌苷酸钠和 5′-鸟苷酸钠

5′-肌苷酸钠别名肌苷酸二钠(IMP),为白色结晶颗粒或粉末,无臭,有特别强烈的鲜味,易溶于水。5′-肌苷酸钠单独使用较少,多与谷氨酸钠混合使用,产生协同作用。如强力味精就是将谷氨酸钠与5′-肌苷酸钠以 5∶1至 20∶1的比例混合,谷氨酸钠的鲜味就能大大提高。又如鲜味鸡粉是以 5′-肌苷酸钠、5′-鸟苷酸二钠(GMP)、谷氨酸钠、脱水鸡肉配以酵母提取液及香辛料等配料加工制成的,其鲜味不仅大增,且有鲜鸡汤的味道,是制作

菜肴及汤羹的上等调味料。

（三）干贝素

干贝素（琥珀酸二钠）为白色结晶颗粒，无水物为结晶性粉末。无臭，无酸味。味觉阈值为0.03%。至120℃时失去结晶水而为无水物。易溶于水，不溶于乙醇。在空气中稳定。一般用量为0.01%～0.05%。对热具有稳定性。溶解性好，渗透性强。具有贝类风味，是提高食品美味的一种成分。除了可以单独使用外，还可以和谷氨酸钠一起以一定的比例合用，使它更能起到美味的作用。在具有调味效果的同时，还能缓和其他调味料的刺激（如盐味），产生好的口感。

（四）蚝油

蚝油是利用鲜牡蛎加工干制时的煮汁经浓缩而制成的一种浓稠状液体的鲜味调味品。近来以鲜牡蛎肉用酶水解后，加入鲜味剂及各种添加剂制成。蚝油是广东省、福建省沿海一带的特产调味品，含有鲜牡蛎浸出物中的各种呈味物质，具有浓郁的鲜味。以色泽棕黑，汁稠滋润，鲜香浓郁，无杂质，无异味，微带咸味者为最佳。蚝油在粤菜中应用比较广泛，在烹调中可作为鲜味调味料和调色料使用，具有提鲜、赋咸、增香、补色的作用。

（五）鱼露

鱼露又称为鱼酱油、水产酱油、白酱油，为酱油类的调味品，但习惯将其作为提鲜调味料使用。鱼露是利用各种小杂鱼、虾、贝及鱼加工品的废料经粉碎、腌渍、发酵、滤出的一种液体清汁。含有多种呈鲜味的氨基酸成分，味极鲜美，营养价值较高，为某些高级菜肴的名贵调味品。鱼露的应用多与酱油相同，主要用于菜肴的鲜味调料，尤其是制作海鲜类的菜肴，用其腌制各种肉类制品，别有风味特色。

（六）虾油

虾油又称为海虾油，是一种特殊的鲜味调味料，一般采用小型的海虾、河虾及加工虾类时的副产品，经过腌制、发酵、熬炼、澄清等工艺加工制成。虾油含有虾浸出物中的各种呈味成分。成品颜色淡黄，澄清透明，有浓重的腥鲜气味，口味鲜咸，清香淡雅。在烹调中多作为汤菜或炒、爆菜的鲜味调料，起提鲜、和味、增香、压异味的作用。

六、麻味调料

麻味是指刺激味觉神经有麻木感的一种特殊味道。麻味调料在烹饪中不能单独使用，需在咸味的基础上表现，并常与辣味合用，为烹饪上一种异常突出的味道。麻味调味料较少，主要的调味品就是花椒。

花椒又称为大椒、蜀椒、巴椒、川椒、秦椒，为芸香科植物花椒果皮或果实的干制品。我国的大部分地区均产，主要产于四川省、陕西省、甘肃省、河南省、河北省等地。著名的品种有四川省的茂汶花椒、陕西省韩城的大红袍花椒、河北省邯郸市涉县花椒。花椒有着浓郁持久的香麻气味，其香气主要来自内含的花椒油香烃、水芹香烃、香叶醇等挥发油及花椒素、不饱和有机酸固醇等。在烹调中有除异味、去腥去腻、增香提鲜的作用。可用于各种原料的腌制，可在炒、烧、炝、烩、卤等烹调方法中使用，常与其他调料配合使用制成椒盐、椒麻等不同的味型。以粒大均匀、果实干燥、外皮色红、果肉不含籽粒、香味浓、麻味足者为佳。

第三节 调 香 料

调香料是指具有浓厚的香气，并可增加菜肴香味，去除异味的一类调料。调香料的香味主要来源于其中含有的一些挥发性成分，包括醇、酮、酯、萜、烃及其衍生物等。根据香味类型的不同可分为芳香料、苦香料和酒香料 3 类。

一、芳香料

芳香料是香味的主要来源，广泛存在于植物的花、果、籽、皮及其制品中，且含有挥发油，芳香浓郁，在烹饪中起除异味、增香味的作用。

（一）八角（aniseed）

八角又称为大茴香、大料，为木兰科常绿乔木植物八角茴香的干燥成熟果实。多由 8 个蓇葖组成，呈放射状排列于中轴上，外表为红棕色，光亮，富油性，气味芳香。主要产于我国西南及两广地区，尤以广西壮族自治区的八角产量高、质量好，为我国特产香料。在烹调中适用于酱、卤、炖、蒸等技法的菜肴，可起除腻去腥、增添香味、促进食欲的作用，还可与其他香料混合使用，是制作五香粉、“八大料”的原料之一。以个大均匀，色泽棕红，香气浓郁，果实饱满完整者为佳。在鉴别时应注意假八角的混入，假八角又名莽草果，其外形与八角相似，但蓇葖果多至 11～13 个，且蓇葖果尖上翘呈弯钩状，其味苦，有一定的毒性。

（二）桂皮（cinnamon）

桂皮为樟科植物常绿乔木肉桂的树皮，经干燥后制成的卷曲状圆形或半圆形调香料。气味浓烈香甜，其主要成分是桂皮酚、桂酯类、丁香油酚等。主要产于广西壮族自治区、广东省、福建省、四川省、湖北省等地。在烹调中常与其他香料配合使用，适用于卤、酱、烧、扒等菜品，起去异味、增香的作用，也是制作五香粉、咖喱粉的主要原料之一。外表皮呈灰棕色或棕褐色，以皮细，有彩纹，油性足，味甜辣，嚼之少渣者为佳。

（三）茴香（fennel）

茴香又称为小茴香，为伞形科植物茴香的果实，形似稻谷，细小稍弯曲，外表呈黄绿色，气味芳香，味微甜，其主要呈味物质是茴香脑、小茴香酮。主要产于山西省、内蒙古自治区等地。在烹调中常与八角等其他香料配合使用，适用于腥臊味较强的动物性菜肴的制作，有去腥膻、增香气的作用。小茴香是制作五香粉的主要原料之一。

（四）丁香（clove）

丁香又称为公丁香，为桃金娘科植物常绿乔木丁香树的花蕾干制而成，形如乳钵锤，上端近圆球形，下部花柄为方圆柱形。有强烈的香气，味辛辣，其呈味成分主要是丁香酚、丁香酮、丁香素等。主要产地为印度尼西亚。我国的广东省、广西壮族自治区及海南省均有种植。常与其他香料配合使用，多用于肉食原料的增香去异。但丁香在使用时不宜过量，否则会影响菜品的质量。以个大均匀、粗壮干燥、色泽棕红、无异味、无杂质者为佳。

（五）香叶（cherry bay leaf）

香叶又称为月桂叶、桂叶、香桂叶，为樟科植物月桂的叶，叶椭圆形，边缘波形，顶端尖锐，薄革质，具有独特的香味。原产于地中海沿岸及南欧，现在我国南方地区亦有种植。香叶气味芬芳，其主要呈味成分为月桂油、月桂素、丁香油酚等，是烹调中常用的芳香调料之一,多用于卤、酱类菜肴,在食品工业可作为肉类、鱼类罐头的调香剂,在西餐中应用较广。

(六) 孜然(cumin; *Cuminum cyminum*)

孜然的学名为枯茗,又称为安息茴香,为伞形科植物的果实,"孜然"为维吾尔语的译音。形似小茴香,一端稍尖,略弯曲,呈黄绿色或暗褐色。具有独特的薄荷味和清香味,略带苦味,主要产于新疆维吾尔自治区。在使用时一般加工成粉末状,多用于牛肉、羊肉的烤制品,如烤羊肉串、孜然牛肉等,可去腥增香。

二、苦香料

苦香料是一类含有生物碱、糖苷等苦味成分和挥发性芳香成分的调香料。在烹调中可除异味,增香味,并与其他调香料配合使用形成特殊的风味。

(一) 陈皮(dried orange peel)

陈皮又称为橘皮,为芸香科植物常绿亚乔木植物橘或柑类果实的果皮干制而成。外呈红色,内呈淡黄白色,有不规则的裂状片,质脆而易碎。陈皮味苦而芳香。在烹调中多用于炖、炸、烧等动物原料,起去腥膻、增香提味的作用,如陈皮牛肉、陈皮鸭、陈皮鸡等。以皮薄、片大、色红、油润、无霉烂、香气浓郁者为佳。贮存时应置于通风干燥处。

(二) 草果(tsaoko)

草果为姜科草本植物草果的成熟果实,呈长椭圆形,灰棕色至红棕色,具有纵沟和棱线,果皮质坚韧。有特异的香气,味辛,微苦,主要呈味成分为芳樟醇、苯酮等。主要产于云南省、广西壮族自治区和贵州省等地。在烹调中常用于制作复合调味料,适合制作卤烧菜,可去除动物肉的腥膻味,提香味,对兔肉的草腥味有特殊的排除作用。

(三) 肉豆蔻(nutmeg; *Myristica Fragrans*)

肉豆蔻又称为肉果、玉果,为豆蔻科常绿乔木肉豆蔻的种仁,呈球形或椭圆形,灰褐色或淡褐色,质坚硬不易碎。富含油性,气味香烈,常有清凉感,微苦,其呈味的主要成分是肉豆蔻醚、肉豆蔻酸酯等。主要产于印度尼西亚、马来西亚等国。现在我国广东省等地区也有种植。烹调中常与其他调香料配合使用,多用于卤、酱、烧等技法的菜肴,有去异增香的作用,也可做糕点及配制咖喱粉。使用时应注意用量不宜过大,否则菜肴易发苦。以个大坚实,体圆滑爽,香气浓郁者为佳。

(四) 草豆蔻(*Alpinia katsumadai* Hayata)

草豆蔻又称为白豆蔻、原豆蔻,为姜科草本植物,呈圆球形,黄白色至浅黄棕色,果皮质清脆,气味芳香,味辛凉。主要呈味成分为山姜素、松油醇。主要产于广东省、广西壮族自治区两地。在烹调中的用途与肉豆蔻基本相同。以个大、完整、壳薄、种仁饱满者为佳。

(五) 荜拨(*Fructus piperis* Longi)

荜拨又称为鼠尾、荜茇、必卜、椹圣等,为胡椒科植物荜拨的干燥果穗。圆柱状,黄色或淡棕色,由多数细小的瘦肉果聚集而成。主要产地为印度尼西亚、越南等国,我国云南省、贵州省、广西壮族自治区等地也有种植。具有胡椒样特异气味,味辛辣,烹调中多用作卤、烧、烩等菜肴的调味,具有矫味、除异增香的作用。主要用于除去鱼类、畜禽类内脏的异味。以肥大、呈黑褐色、味浓、无杂质者为佳。

(六) 白芷(*Angelica dahurica*)

白芷又称为香白芷、香芷,由伞形科草本植物兴安白芷、川芷、杭白芷的根加工制成。

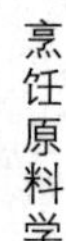

气味芳香，味微辛苦，内含挥发油等物质，在烹调中用作卤、酱、烧等菜品香味料的配料，因气味浓烈，故用料较少。以皮细、外表土黄色、坚硬、光滑、香气浓郁者为佳。

（七）山柰（*Kaempferia galanga*）

山柰又称为沙姜、山辣，为姜科草本植物山柰根状茎，经干燥而制成的调香料。原产于印度，我国台湾省、广东省、广西壮族自治区、云南省等地均有栽培。气味芳香，味微苦，是配制卤汤的调香料，在烹调中与其他香料配合使用，具有增香的作用。

（八）砂仁（*Fructus Amomi*）

砂仁又称为阳春砂仁，为姜科草本植物阳春砂和缩砂的种子仁。气味芳香，味微苦。主要产于我国广东省、广西壮族自治区、云南省、福建省等地。在烹调中主要用于肉食加工如卤、酱、烧等制品的调香料。以个大成熟、籽粒饱满、气味浓厚者为佳。

三、酒香料

酒香料是指含有乙醇的一类调香料，在与原料加热时，能分解原料中的腥膻气味，并被挥发。所含的香味成分能增加菜肴的香味。烹调中常用的酒香料有黄酒、葡萄酒、酒酿、香糟、白酒和啤酒等。

（一）黄酒

黄酒是以糯米、粳米或黍米为原料经酿造的一种低度酒。因酒液呈黄色而得名。含有糖、糊精、氨基酸、高级醇等多种成分。其呈香成分主要是酯类、醇类、酸类、酚类、羰基化合物等。主要产于浙江省、福建省、江苏省、山东省。以浙江省绍兴市所产的黄酒驰名中外，著名的品种有花雕酒、加饭酒、元红酒、女儿红酒等。特点是香气浓郁，口味甘顺，醇度适中，在烹调中应用极为广泛。可用于原料加工时的腌渍码味，也可在菜品的烹制中起去腥、解腻、增香、入味的作用。

（二）葡萄酒

葡萄酒分为红葡萄酒和白葡萄酒，酒精度一般在14°以下，含有糖分、有机酸、醇类等成分。酒香的呈味成分为酯类、醛类、挥发性脂肪酸及高级醇等。以法国所产最为著名，我国的著名品牌有王朝、张裕等。葡萄酒多作为饮品，在西餐菜肴中应用较广，中餐主要用于动物性原料的腌制、菜肴味汁的调制，具有去腥膻、增酒香、增色泽的作用。

（三）酒酿

酒酿又称为淋饭酒、醪糟，是以糯米为主要原料经煮蒸后拌入酒曲经发酵制成的一种渣汁混合的，具有酒香，甜醇甘美的食品。全国各地均有生产，以浙江省、福建省及四川省所产的质量最佳。可直接食用，也可作为调香剂，用于烧菜、甜品菜、糟汁菜以及风味小吃的制作，主要起增香、和味、去腥、除异味等作用。以色白质稠，香甜适口，无酸苦味，无异味及杂质者为佳。

（四）香糟

香糟又称为酒膏，是用黄酒发酵醪经蒸馏或压榨后余下的残渣，经加工干制而成。香糟分为白糟和红糟两类。白糟为普通黄酒糟加工而成，红糟为福建省特产，即在酿酒时加入5%的红曲形成，色泽鲜红。香糟的主要成分为酯类物质，酒精度在10%左右。香糟风味独特，主要起去腥、生香、增味的作用，适用于烧、烩、熘等技法的菜肴，如糟熘鱼片、糟烩鸡蛋等。红糟色泽鲜艳，还可以起到美化菜肴的作用。

第四节　食品添加剂

常用的食品添加剂有着色剂、发色剂、膨松剂、凝固剂、增稠剂和嫩肉剂。

一、着色剂

着色剂是一类在食品加工过程中能够通过着色，改变食品原有的颜色，使之鲜艳的染色物质。根据其来源可分为食用天然色素和人工合成色素。食品添加剂应尽可能不用或少用。

（一）食用天然色素

食用天然色素主要是指由动物、植物组织中提取的色素，包括微生物色素。常用的天然色素有以下几种。

1. 红曲米

红曲米即红曲，古称丹曲，是由红曲霉属中的诸种红曲霉菌种，接种于蒸熟的大米，经培育而成。耐高温，耐光，对蛋白质染着性好且安全无害。食品工业正培育出不产橘霉素的菌种。在烹调中多用于肉类菜点及肉类加工制品的着色，如叉烧肉、火腿粉蒸肉等。在食品工业可用于果酱、饮料、腐乳等食品的着色。

2. 紫胶色素

紫胶色素又称为紫胶虫色素，是介壳虫——紫胶虫所分泌的紫胶原胶中的色素。主要产于我国四川省、云南省、台湾省等地。在 pH 小于 4.5 时为橙黄色，在 pH 为 4.5~5.5 时为橙红色，pH 大于 5.5 时为紫红色。紫胶色素多用于果子露、糖果、红绿丝、罐头等食品的着色。

3. 姜黄素

姜黄素是由姜科草本植物姜黄的根茎中提取的黄色色素。姜黄的根状茎磨成粉末状即姜黄粉。具有辛辣气味，呈黄色，是配制咖喱粉的主要原料之一，也可作为黄色食品的增香和着色用。常用于饮料、糖果、糕点等食品的着色。姜黄应置于遮光的非铁制容器中密封贮存。

4. 胡萝卜素

胡萝卜素过去多由植物中提取，现在多采用合成法制取。为脂溶性色素，用于人造奶油、奶油、干酪等油脂性食品的着色，最大使用剂量为 0.2 g/kg。

5. 焦糖色素

焦糖色素又称为糖色、酱色，是以糖类物质如蔗糖、麦芽糖、葡萄糖在 160~180℃的高温下加热，焦化后加碱中和制成的红褐色或黑褐色的胶状物。必须选择食品级焦糖色素。在烹调中广泛使用于较长时间烹调加工的菜点中，如红烧、红扒等技法的菜肴，使成品色泽红润光亮。不允许使用加铵盐生产的焦糖，其会产生一种具有强烈惊厥作用的 4-甲基咪唑，若含量较高则对人体有害。

天然的色素还有叶绿素铜钠盐、辣椒红、玫瑰茄色素、甜菜红等。

（二）人工合成色素

人工合成色素成本较低，但有一定的毒素，应严格控制使用剂量。我国允许使用的合成色素有苋菜红、胭脂红、柠檬黄、日落黄、靛蓝 5 种。在烹饪中用于面点制作，食品工业中多用于糖果、饮料、罐头等的着色。最大的使用剂量为 0.05~0.1 g/kg。

二、发色剂

发色剂通常是指在制作肉制品及肉类菜肴时为了使肉色呈鲜艳的红色而加入的添加剂。主要有硝酸钠、硝酸钾和亚硝酸钠等。发色剂系危险品,与有机酸等接触后即可着火或爆炸,贮存时应注意防火和密封。

(一) 硝酸钠($NaNO_3$)

硝酸钠是白色结晶或浅黄色粉末,溶于水。在烹调中主要用于肉类的腌制及肉类制品的加工,使肉制品呈现鲜红的颜色。其最大使用剂量为 0.5 g/kg。

(二) 硝酸钾(KNO_3)

硝酸钾为无色透明结晶或白色结晶性粉末,易溶于水。在烹调中的作用与硝酸钠相似。最大的使用剂量为 1.0 g/kg。

(三) 亚硝酸钠($NaNO_2$)

亚硝酸钠为无色或略带黄色的结晶,外观、口味与食盐相似,易溶于水。在烹调中用于肉类的腌制,用于肉类着色和控制肉毒梭状芽孢杆菌。其最大的使用剂量为 0.15 g/kg,残留量不得超过 0.03 g/kg。

三、膨松剂

膨松剂又称为膨胀剂、疏松剂,是促使菜肴、面点膨胀、疏松或柔软、酥脆适口的一种添加剂。膨松剂在加热前掺入原料中,经加热后受热分解,产生气体,使原料或面坯起发,在内部形成均匀致密的多孔性组织,从而使成品具有酥脆或膨松的特点。膨松剂可分为碱性膨松剂、复合膨松剂和生物膨松剂。

(一) 碱性膨松剂

碱性膨松剂又称为化学膨松剂,是化学性质呈碱性的一类膨松剂,主要包括碳酸氢钠、碳酸氢铵和碳酸钠等。

1. 碳酸氢钠($NaHCO_3$)

碳酸氢钠又名小苏打、重碱、重碳酸钠、酸式碳酸钠等。加热到 30~150℃即分解产生二氧化碳,从而使制品疏松。对蛋白质有一定的腐蚀作用,使粗老的肉质纤维吸水膨胀提高含水量而形成质嫩的口感,所以适宜腌制较老的肉类原料,如腌制牛肉。但其能破坏原料中的营养物质,一般腌肉用量为 10~15 g/kg。

2. 碳酸氢铵(NH_4HCO_3)

碳酸氢铵又称为碳铵、重碳酸铵,俗称臭粉,有氨臭味,其水溶液在 70℃分解出氨和二氧化碳,起促进原料膨松柔嫩的作用。在烹调中主要用于面点的制作,亦可用于菜肴。但使糕点表面出现气孔,光泽性差,同时碳铵有少量残余,影响成品的风味,所以常和碳酸氢钠混合使用。

3. 碳酸钠(Na_2CO_3)

碳酸钠又称为纯碱、苏打、食用面碱,为白色粉末或细粒。在烹调中广泛用于面团的发酵,起酸碱中和作用。可使面团增加弹性和延伸性。还用于鱿鱼、墨鱼等干料的涨发,促进干料最大限度地吸收水分。在使用时浓度一般不超过 0.5%~1.0%,避免造成菜点的不良口味。

（二）复合膨松剂

复合膨松剂是含有两种或两种以上起膨松作用的化学成分的膨松剂，常用的有发酵粉和明矾。

1. 发酵粉

发酵粉又称为焙粉，是由碱性剂、酸性剂和填充剂配制而成的一种复合化学膨松剂。其中碱性剂主要是碳酸氢钠，含量占 20%～40%；酸性剂主要有柠檬酸、明矾、酒石酸氢钾、磷酸二氢钙等，含量为 35%～50%；填充剂主要为淀粉，含量占 10%～40%。发酵粉为白色粉末，遇水混合加热则产生二氧化碳。当酸性物质与碳酸钠反应时产生气体起膨松作用，并不残留碱性物质，而填充剂则起防止膨松剂吸湿结块，并在产生气体时起调节产气速度的作用。发酵粉在烹调中主要用于面点制作，起膨松发酵的作用，如制作馒头、包子及部分糕点。

2. 明矾

明矾多与碳酸氢钠配合使用，作为油条等油炸食品的膨松剂，使成品具有膨松酥脆的特点。但明矾用量过多会带来苦涩味。

（三）生物膨松剂

生物膨松剂是指含有酵母菌等发酵微生物的膨松剂。促使面团内的葡萄糖分解成酒精和二氧化碳气体，从而达到膨松的目的。

1. 压榨酵母

压榨酵母又称为面包酵母、新鲜酵母。先将纯酵母菌进行培养，然后离心，最后压榨成块状即得成品。按含水量分为鲜、干两种。压榨酵母不易对面团产生酸味。多用于面点等发酵制品，用量为面粉的 0.5%～1.0%。使用时先用 30℃ 的温水将酵母化开成酵母液，然后和入面团。

2. 老酵母

老酵母又称为老面、发面、老肥，是将含酵母菌的面团发展成为一种带有酸性、含乙醇和二氧化碳的酵母面团。老酵母多用于民间家庭。多用于各类发酵面点的制作，但由于含有大量的杂菌，在生醇的同时有生酸的过程，所以需加入少量面碱中和酸味。

四、凝固剂

凝固剂是指能促进食物中蛋白质凝固的添加剂。一般多用于豆制品的加工。

（一）硫酸钙（$CaSO_4$）

硫酸钙俗名石膏，作为豆制品的凝固剂广泛使用，一般适用于制作豆腐、豆花和百叶等。

（二）氯化钙（$CaCl_2$）

氯化钙多用于保持果蔬的脆性，还可用于豆制品的凝固。

（三）葡萄酸糖-δ-内酯

葡萄酸糖-δ-内酯是制作豆腐的一种新的凝固剂，它能溶解在豆浆中，逐渐转变为葡萄糖，使豆浆中的蛋白质发生凝固。制作的豆腐称为内酯豆腐，具有细腻、有弹性、口感好的特点。

（四）盐卤

盐卤又称为卤水、苦卤。为海水制盐后的下脚料，有毒。主要成分为氯化镁、氯化钾、

硫酸镁、溴化镁等物质。主要用来制作豆腐，使用时先将盐卤稀释到浓度为16%最好。

五、增稠剂

增稠剂是一种改善菜点物理性质，增加汤汁黏稠度，丰富食物触感和味感的添加剂。按其来源可分为两类。一类是从含有多糖类的植物原料，如琼脂、果胶、淀粉等当中提取的。另一类则是从富含蛋白质的动物原料中制取的，如明胶、皮冻等。

(一) 琼脂

琼脂又称为洋粉、冻粉，是由红藻中的石花菜等藻类提取出的胶质凝结干燥而成的，呈白色或淡黄色，加热煮沸分散为溶胶，冷却45℃以下即变为凝胶。多用于制作甜点、冷饮，也常用于胶冻类菜肴及花式工艺菜肴的制作。

(二) 明胶

明胶是指从动物的皮、骨、韧带、肌腱中提取的高分子多肽。白色或淡黄色半透明的薄片或粉末，在热水中溶解成溶胶，冷却后成凝胶。在烹调中用于冷菜和一些工艺菜品的制作，也可用于糕点的制作。

其他的增稠剂还有果胶、黄原胶、羧甲基纤维素钠、海藻酸丙二酯等，这些添加剂除了有乳化增稠的作用外，还具有稳定、增黏、防止淀粉老化的作用。

六、嫩肉剂

(一) 木瓜蛋白酶

木瓜蛋白酶是指从未成熟的番木瓜果实的胶汁中提取的一种蛋白质水解酶，为白色至浅黄褐色粉末，溶于水，能将蛋白质进行水解，从而提高肉的嫩度。在烹饪中主要用于肉制品的成熟前的腌制，使菜肴具有软嫩滑爽的口味特点。

(二) 菠萝蛋白酶

菠萝蛋白酶是指从菠萝的根、茎或果实的压榨汁中提取的一种蛋白质水解酶。黄色粉末，在烹调中主要用于肉类的嫩化处理。

思 考 题

1. 调味料分为哪几类？举例说明。
2. 简述食盐在烹调中的作用。
3. 常用的鲜味类调料有哪些？在烹饪运用上有何特点？
4. 简述食醋的种类和特点。
5. 列举常用的调香料的名称及在烹饪中的作用。
6. 如何正确地使用增稠剂？
7. 嫩肉剂是如何使肉类的肌纤维嫩化的？

第十六章 辅助烹饪原料

学习目标

- 熟悉烹饪常用的动植物油的主要种类。
- 掌握主要烹饪用油的烹饪特点和烹饪应用。
- 掌握烹饪用油的品质鉴定和保藏技术。
- 了解烹饪用水的要求和水在烹饪中的作用。

辅助烹饪原料是指除主料、配料和调料外,在烹调过程中主要起辅助作用的原料,它包括油脂和水。辅助原料不构成菜点的主体,但却是菜点制作工艺及形成菜点风味特色不可缺少的一类原料。

第一节 食用油脂

一、食用油脂概况

食用油脂是油和脂肪的总称,为高热量物质,是人类三大营养素之一,同时在烹饪中是良好的传热介质,是菜品制作工艺及形成菜点风味特色不可缺少的辅助原料。

二、食用油脂的种类和特点

烹饪中常根据食用油脂的制作方法及来源分为植物油脂、动物油脂、改性油脂和油脂加工品。

(一)植物油脂

植物油脂主要是从植物的种子和果实中提取出来的,常温下是液体状态。按加工状况的不同分为粗制油、精炼油、色拉油和硬化油 4 种规格。其生产基本方法可以分为物理压榨法和化学溶剂浸出法,化学溶剂浸出法通常使用 6 号溶剂(以正己烷为主)。食用油溶剂残留量不得超过 200 mg/kg。

1. 粗制油

粗制油又称为毛油,是将植物的种子或果实经过加工处理压榨出来的油,色泽较深,混浊,杂质较多,这种油加热后起沫,沸腾后起黑烟,且产生呛人的气体。棉籽粗制油含有比较多的棉酚,容易中毒。粗制油溶剂残留量常超过国家标准。目前,粗制油的使用逐渐减少。

2. 精炼油

精炼油是指将粗制油经水洗碱炼等方法加工处理后,其溶剂残留物或其他有害物质已基本去除,油色较浅,液体澄清的油,可食用。

3. 色拉油

色拉油是指将精炼油经过脱色、脱臭、脱味处理后形成的无色、无味液体,多用于需要保色的菜点。

4. 硬化油

硬化油是指植物油经过加氢处理,制成的固体油脂。硬化油具有更好的可塑性和起酥性,可代替动物油脂制作各种糕点。

常用的植物油有以下几种。

1. 豆油

豆油是从大豆中提取的。冷榨法或浸出法制得的油颜色较浅,生豆味淡。热压出油,色泽较深,并常有较浓的生豆气味。豆油的品质以色泽淡黄、生豆味淡、油液清亮、不混浊、无异味者为最佳。豆油的不饱和脂肪酸含量高达 85%,其中亚油酸约占 50%,亚麻酸占 10%,必需脂肪酸含量高。豆油在人体的消化率可高达 98%,含有较多的膦酸酯和维生素 E 等,不易酸败。豆油主要分布在我国的东北地区,是我国北方主要的食用油之一。

2. 菜籽油

菜籽油又名菜油,是用油菜和芥菜等菜籽加工榨出的植物油,具有菜籽的特殊气味和辛辣味。按加工质量分为 3 个等级。

(1) 普通。普通菜籽油色泽浅黄色或琥珀色,有涩味,属于半干性油类。

(2) 粗制。粗制菜籽油色泽呈黑褐色。

(3) 精制。精制菜籽油色泽呈金黄色。

菜籽油的质量以色泽黄亮、气味芳香、油液清澈不混浊、无异味者为佳。菜籽油的亚油酸含量较低,营养价值一般,但消化率较高,可达 99%。其凝固点较低,稳定性能好,烹调运用广泛,主要产于长江流域及西南、西北地区,是我国主要的食用油之一。

3. 花生油

花生油是用花生的种子加工榨出的植物油,凝固点较高,属于半干性油类。冷榨的花生油色泽浅黄,味道和气味均佳。热榨油的色泽橙黄,味道不如冷榨油,但出油率较高,且有炒花生的香味。花生油的品质以透明清亮、色泽浅黄、气味芬芳、无水分、无杂质、不混浊、无异味者为佳。花生油的营养价值较高,含不饱和脂肪酸 80%,其中亚麻酸含量为 25%。此外,还含有丰富的维生素 E、B 族维生素及微量元素锌、硒等,在烹饪中广泛用于炒、煎、炸等技法。主要产于华东和华北地区。

4. 芝麻油

芝麻油又称为麻油、香油,是用芝麻的种子加工榨出的植物油。按加工方法分为冷压麻油、大槽麻油和小磨香油 3 种。冷压麻油采用芝麻冷压制成,色泽金黄,无香味。大槽麻油为土法冷压生芝麻制成,香气不浓,色泽较浅,不宜生吃。小磨香油则采用传统的工艺方法炒熟芝麻后压榨而制成,具有浓郁的香味,呈红褐色,质量较好,多为熟吃。芝麻油的品质以色质光亮、香味浓郁、无水分、无杂质、不涩口、不混浊为佳。芝麻油中含有的芝麻酚有抗氧化作用,所以较稳定,不易酸败。芝麻油在烹饪中常作为调香料,起去腥、增香、和味以及滋润菜品的作用。主要产于我国的河南省、河北省、湖北省等地。

5. 棉籽油

棉籽油是从棉籽中提取的。粗制油为红褐色,精制油颜色为浅黄色。棉籽粗制油含有毒素棉酚,不宜食用。只有精炼后方能食用。棉籽油富含亚油酸、油酸,维生素 E 的含量高于所有食用油脂。棉籽油属于半干性油脂,凝固点较高,其中饱和脂肪酸的含量高,在冬季较低温下有沉淀析出。在烹饪中常用作冷菜的凉拌油脂。主要产地为华中和华北地区。

6. 葵花子油

葵花子油是用向日葵种子加工榨制而成的,呈琥珀色。精炼后呈金黄透明的颜色,并有一种特殊的清香气味,其熔点较低。以颜色淡、清澈明亮、味道芳香、无酸败异味者为佳。亚油酸的含量较高,植物固醇及磷脂的含量也较高,有丰富的维生素 E、B 族维生素及胡萝卜素等,是一种高级营养食用油脂。消化率可达 98%。但葵花子油含有的天然抗氧化剂较少,稳定性较差,不宜久贮。

7. 米糠油

米糠油是从米糠中提取的。粗制的油色泽深暗,质量差,并有浓厚的米糠味。精炼的油色泽清淡,气味芳香,无异味,熔点低,热稳定性好,最适合高温煎炸食品。米糠油的滋味纯正,也适于凉拌菜肴。米糠油中含不饱和脂肪酸高达 80%,油酸和亚油酸的含量也较高,此外还含有较丰富的生育酚和 B 族维生素,消化率极高, 是营养价值最高的食用油之一。

8. 玉米油

玉米油是从玉米胚中提取的,色泽淡黄透明,清香浓郁,口感淡雅,滋味纯正。它的稳定性较好,适合于高温煎炸用。凝固点较低,低温下色泽清亮,而且滋味和香味不变,是一种良好的凉拌油。亚油酸的含量较高,消化率高达 97%,营养价值较高。含有较多的天然氧化剂,稳定性较好。但含有的叶黄素和较多的叶红素难以去除,其颜色较深一些。

9. 棕榈油

棕榈油是以新鲜的棕榈果实为原料采用冷榨方法加工制成的油脂。淡黄色,澄清透明,香气清新。市场上出售的棕榈油是从马来西亚等地进口的,均为精制油,不含生物毒素,质量基本稳定。棕榈油富含油酸、棕榈酸和亚麻酸,不含胆固醇,是人造黄油、奶油、起酥油的重要原料;含有丰富的维生素 A、E,营养价值较高;其发烟点较高,不宜长时间加热使用。

10. 可可脂

可可脂是从可可豆中提炼出来的油脂,颜色淡黄色,澄清透明,具有特殊的香味,入口即化,无油腻感,营养价值较高。可可脂在 27℃以下为固体,但随着温度的提高会迅速熔化,到 35℃时即全部熔化。具有良好的氧化稳定性,它的脂肪组成以饱和脂肪酸为主,占 70%~80%。不饱和脂肪酸以油酸为多,适宜制作一些风味独特的糕点,不宜加热使用。

(二)动物油脂

食用动物油脂通常是从动物脂肪组织提取而来的,常温下是固态和半固态。烹饪中所用的动物油脂主要是猪脂、牛脂和鸡油。

1. 猪脂

猪脂俗称大油、猪油,是从猪的脂肪组织中板油、肠油和皮下脂肪层的肥膘中提炼制成的。以板油提炼的猪油质量最好。其品质以液态时透明清澈、固态时色白质软、明净无杂质、香而无异味者为佳。猪油的饱和脂肪酸的含量可达45%左右,油酸的含量可达50%,还含有过高的胆固醇。故动脉硬化、高血压和高脂血症患者应慎用。猪油可塑性强,起酥性好,在烹饪中广泛用于炸、炒等菜肴及酥点的制作。猪油内含的天然抗氧化剂很少,极易被氧化,不宜长久贮存。

2. 牛脂

牛脂是从牛的脂肪组织中提炼出来的油,色泽淡黄色或黄色,在常温下是硬块状态。含有大量饱和脂肪酸,其熔点较高,为42~52℃。食用口感不太好,而且人体消化吸收率较低,在烹饪中一般不直接利用牛脂来制作菜肴和糕点。牛脂可用做人造奶油和起酥油的原料。牛骨髓油具有独特的醇厚脂香,多用于油炒面。

3. 鸡油

鸡油是从鸡腹内的脂肪中提炼而成的,色泽金黄,油质清澈,鲜香味浓,常温下为半固态状。鸡油一般采取蒸制法,蒸至鸡油溢出杂质和水分即可。其不饱和脂肪酸是动物油脂中最高的,亚油酸、亚麻酸含量很高,消化率也高。在烹饪中常作为作料,增加菜肴的色泽及滋味。

(三)改性油脂和油脂加工品

天然油脂中含的杂质较多,对其进一步改良加工,改变其化学组成和物理性质,使油脂更具备良好的可塑性、起酥性、酯化性、口溶性和氧化稳定性,从而使食品品质获得最佳效果的油脂,称为改性油脂。

1. 色拉油

色拉油可由豆油、菜籽油、玉米油、棉籽油、葵花子油等植物油精炼而成。可以由一种或多种原料油混合制成。主要经过脱胶、脱酸、脱色、脱臭及脱蜡等工序。成品色浅,味道清淡。因除掉了挥发性物质,故发烟点升高,适于高温油锅。色拉油可生吃,是用于凉拌、人造奶油、蛋酱和家庭手工调制沙拉的上乘油脂。色拉油由于除掉了油脂中的有害物质,所以提高了食品的安全性和稳定性,能较长时间贮存而不变质,在高温下也不易发生氧化、热分解、热聚合等劣变。

2. 氢化油

氢化油又称为硬化油,多以豆油、花生油、椰子油、棉籽油、葵花子油等原料经氢化作用,使不饱和脂肪酸得到饱和,变成固体油。氢化油色泽为蓝白色或淡黄色,无臭、无味。其可塑性、乳化性、起酥性和稠度都优于一般的油脂。氢化油不含胆固醇,常代替猪脂、牛脂等动物脂肪。

3. 奶油

奶油又称为白脱油,是从牛奶中分离加工制成的,它以特殊的芳香和高营养而受到欢迎。优质的奶油为透明状,淡黄色。用刀切开时,刀面光滑,不出水滴,入口细腻,即可溶化,是制作糕点,特别是西式糕点的重要原料。奶油不是单纯的油脂,而是由80%左右的油脂、16%左右的水分和少量其他成分组成的。奶油中的水分以极小的液滴分散于脂肪中,以脂肪中的磷脂为乳化剂,给予水滴以良好的稳定性。此外,奶油还含有少量的空气,具有良好的可塑性,是西式糕点裱花不可缺少的原料。奶油中除含有脂肪外,还含有蛋白质、糖、维生素A、E等营养成分。

4. 人造奶油

人造奶油又称为麦淇淋,是以植物油为原料,通过加入氢气和催化剂,使含有双键的

不饱和脂肪酸与氢进行加成反应,形成饱和脂肪酸,提高油脂的熔点,使油脂硬化,通过加入乳化剂、色素、维生素、食盐、防腐剂、香味剂等经过乳化冷却制造而成。具有良好的可塑性、充气性、延展性和口溶性,不含胆固醇。在烹饪中,主要用来制作糕点,也可将其涂抹在面包上食用,西餐还用于肉类和蔬菜的菜肴制作中。

5. 起酥油

起酥油是指动物、植物油脂的食用氢化油、高级精制油或上述油脂的混合物,经过速冷捏合制造的固体状油脂,或不经速冷捏合制造的固体状、半固体状或流动状的具有良好起酥性能的油脂制品。其特性主要是具有起酥性、酪化性和稠度。主要用于食品工业的面包、糕点、焙烤点心的制作,以及用在欧美的油炸食品中。

三、食用油脂在烹饪中的运用

食用油脂的主要特点是沸点高,温度变化幅度大,能适应多种烹调技法的要求,其加热温度稳定,使原料受热均匀,烹调迅速,是各风味菜系常采用的一种加工手段。油脂为三大热能营养素之一,油脂中还含有磷脂和多种脂溶性维生素。在植物油脂中含维生素 E 较多,维生素 A、D、K 较少。在动物性油脂中含维生素 A、D、K 较多,维生素 E 较少。许多食品原料产生颜色的褐变反应与产生香气的化学反应多是在 180℃ 高温下发生的。用油脂加热可达到这种程度。此外,在高温下,原料表面的蛋白质立即受热凝固或卷缩,使菜肴能按要求呈现出各种花纹形状,起到定型的作用。同时,当原料在高温油中骤然受热时,表面组织收缩、凝聚,内部水分不易外溢,使菜品达到鲜嫩、滋润的质感。若浸炸的时间较长,将原料的水分从菜品中炸出,则使之产生酥、松、香、脆等不同的特点。

四、食用油脂的品质检验与保藏

(一)食用油脂的品质检验

食用油脂的品质检验在烹饪行业都采用感官鉴别的方法,一般从气味、滋味、色泽、透明度、沉淀物、水分和杂质等方面进行观察鉴别。

1. 气味

各种植物油脂都具有各自特有的气味。无异味为品质较好的油脂。

2. 滋味

每种油脂都具有各自独特的滋味。质量好的油脂无异味,变质的油脂常会有酸、苦、辛辣的滋味。

3. 色泽

每种油脂都有其不同的色泽,这主要取决于原料中色素的含量、加工的方法、精炼的程度及贮藏过程中的变化。一般色泽越浅,质量越好。

4. 透明度

优良的油脂应是透明的,当油脂中含有碱脂、类脂、蜡脂或含水量较大时,就会出现混浊,使透明度降低。除小磨香油允许微浊外,其他植物油脂要求清亮透明,无悬浮物。

5. 沉淀物

油脂在加工过程中混入的机械杂质和碱脂、蛋白质、脂肪酸黏液、树脂、固醇等非油脂物质,在一定的条件下沉入油脂的下层,称为沉淀物。优良的油脂应无任何沉淀物。

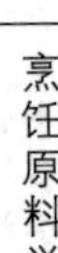

6. 水分和杂质

油脂中的磷脂、固醇和其他杂质能吸收水分,形成胶体物质悬浮于油脂中。油脂中的水分和杂质含量过多时,不仅降低其品质,还会加速油脂水解和酸败,影响油品贮存的稳定性。

动物油脂表面应干燥,不发黏,无霉变,无酸败味及污秽的色泽。如猪的脂肪应是白色,半软状,具有特有的香味。牛脂呈淡黄色,纯净而具有特殊的气味,冬季为白色,固态。各种优质的动物油脂不应有斑、污垢、哈喇味和苦涩味,熔化后应透明清澈,具有各种动物脂肪所特有的气味和滋味。

(二) 食用油脂的保藏

食用油脂的保藏一定要注意避免受气温的影响,避免日光的直接照射,减少与空气的长期接触,避免使用易被氧化的金属容器和塑料用具,保持卫生清洁。使用过的油脂不能久放或反复使用,一旦发现产生酸败现象应立即加热熬炼,尽快用完。若采用低温保管则效果最好。

第二节 烹饪用水

烹饪用水是指必须符合饮用水质标准,在烹饪中使用的矿物度小于 1 g/L,无毒且可以饮用的淡水,包括自来水、河、湖、泉、涧的淡水和雨水、雪水(经净化处理后),有些地方的井水、窖水也可作为烹饪用水。

一、烹饪用水概况

水是人体不可缺少的物质,人们通过各种途径包括从食物中获得水的补充。水还是参与烹调的重要辅助原料,许多原料都要通过水的参与,才能制作成菜点。水在烹饪中的作用主要有以下几方面。

(一) 传热作用

水的比热容大,导热性能好,是烹调中最常见的传热介质之一。水汽加热后,热量就会靠对流作用,迅速而均匀地进行传递,原料能均匀地受热。由于水的热容量大,所以水被加热后能贮存大量的热量,使原料获得足够的热量。当使用高压锅时,由于水的沸点随外界压力的增大而升高,所以能使水的温度高于 100℃,原料能获得更大的热量,从而缩短煮制的时间。水除了以液态的形式作为传热介质外,还能以气态形式作为传热介质。水蒸气中的热能通过对流方式逐步向原料内部渗透,使蒸制的菜点成熟。

(二) 溶媒和混合作用

水在烹调中可以溶解许多原料或化学物质,改变原来的食用特性,例如蛋白质、脂肪、多糖等在水中形成溶液,或形成胶体溶液或乳状液,改变了物理性质。又如调味品的互溶,需通过水的作用。菜肴的入味,也有赖于水的运动,使调料味渗透到菜点的内部。水还能溶解原料中的某些不良的呈味物质。通过焯水或水浸亦可去除异味。

(三) 影响菜点质量

菜肴质地老或嫩,取决于原料的含水量。除原料本身的因素外,外部水分的补充也是重要的原因。因此,当原料水分不足时,就可以通过浸泡、搅拌或其他方式使水分子与原料表面亲水性极性基团接触吸水,使原料达到较嫩的质量要求。

（四）减少微生物

通过烹调用水洗涤可以去除原料表面的污物，使原料清洁卫生。通过浸泡、焯水或煮制可去除原料内部的血污、腥膻味，减少微生物和减少微生物生长的基质。

二、水的种类和特点

（一）天然水与人工处理水

1. 天然水

天然状态的水包括雨水、雪水、江河湖水、井水等。这些天然水绝大多数都不是纯净物，或多或少有溶解的气体、矿物质和有机质，故大多不宜直接饮用及供烹调用水，需经净化处理后方能使用，部分来自深层的地下泉水，水质较好，可直接作为饮用水。

2. 人工处理水

人工处理水可分为自来水和新生水族两类。自来水是取自水质较好的天然水经沉淀、过滤，除去悬浮杂质并经过消毒处理后达到世界卫生组织水质标准的水，是主要的饮用和烹调用水。新生水族是近年来市场出现的磁化水、纯净水、矿化水和软化水等，这些水的水质好，但价格较高，一般只作为饮用水。

（二）软水与硬水

水的硬度是指水中含钙、镁等盐类的浓度。根据水的硬度的大小可将水分为硬水和软水两大类。各国对水的硬度表示方法不同，我国通常以含 $CaCO_3$ 的质量浓度 ρ 表示硬度，单位取 mg/L。也有用含 $CaCO_3$ 的物质的量浓度来表示的，单位取 mmol/L。国家标准规定饮用水硬度以 $CaCO_3$ 计，不能超过 450 mg/L。自然界的饮用水中的雨水、江河湖塘等普通地面水属于中硬度水，而多数地下水硬度偏高。

水的硬度高低与人体健康有着密切的关系，高硬度水中的钙离子、镁离子能与硫酸根结合，使水产生苦涩味，并会使人的胃肠功能紊乱，出现腹胀、排气、腹泻等现象。在加热时还会增加燃料的消耗，生成水垢等。

水的硬度还影响烹饪的效果，如用硬水沏茶、冲咖啡会有损于它们的风味，但用硬水腌菜可使蔬菜脆嫩，这是由于钙离子的渗入，把蔬菜细胞内处于无序排列的果胶酸联结起来，形成有序结构的果胶酸钙，从而增加了腌制品的脆性。然而肉和豆类在硬水中就不易煮烂，因此，饮用及烹调用水必须进行软化处理。

思　考　题

1. 烹饪中常用的油脂有哪些品种？各自的特点是什么？
2. 如何贮存和保管食用油脂？
3. 食用油脂在烹饪中的作用是什么？
4. 水在烹饪中有哪些作用？

第十七章 烹饪原料的安全性

学习目标

- 了解烹饪原料的安全性现状。
- 掌握烹饪原料主要安全危害因子,包括外源性的和内源性的影响安全的因素。
- 了解新技术应用带来的转基因食品、辐照食品等的安全性。
- 了解无公害食品、绿色食品、有机食品等安全烹饪原料。

据粮农组织统计,全球每年都有几百万人因食用被污染或携带病毒的食品而死亡。我国食品安全问题也非常突出,近年来,我国重大食物中毒事件数逐年增加,中毒人数和死亡人数一直居高不下。

第一节 烹饪原料的安全性概述

一、烹饪原料的安全问题

烹饪原料中毒致病因素主要分为4类(见表17-1、表17-2)。

表17-1 2008—2015年我国重大食物中毒事件统计数据

时间	中毒事件起数	中毒人数	死亡人数
2008	380	12 073	126
2009	192	7 783	128
2010	188	6 686	154
2011	189	8 324	137
2012	173	6 272	146
2013	150	5 455	108
2014	159	5 627	106
2015	166	6 015	118
合计	1 597	58 235	1 023

表17-2 2008—2015年我国发生食物中毒致病因素情况

	总计	微生物性	化学物	有毒动植物和毒蘑菇	其他
中毒起数	1 597	621	218	549	209

续表

	总计	微生物性	化学物	有毒动植物和毒蘑菇	其他
中毒人数	58 235	36 117	4 183	9 089	8 846
死亡人数	1 023	76	244	648	55

（一）生物性

烹饪原料的生物性污染包括微生物、寄生虫和昆虫的污染，以微生物污染为主，危害较大，主要为细菌和细菌毒素、霉菌和霉菌毒素。

（二）农药化学物

生产过程中出现的危害主要有农药、有害金属、多环芳烃化合物、*N*-亚硝基化合物、二噁英等。加工过程中出现的危害有油炸淀粉类食品的丙烯酰胺、油条中的铝残留等。包装容器和材料的危害有单体、助剂、溶剂等物质危害。滥用食品添加剂的危害有干制品熏硫等。

（三）有毒动植物

（四）原因不明

二、烹饪原料安全与卫生的概念

（一）烹饪原料安全的含义

烹饪原料安全是指烹饪原料及相关的产品不存在对人体健康造成现实的或潜在的侵害的一种状态，也指为确保此种状态所采取的各种管理方法和措施。

（二）烹饪原料卫生的含义

烹饪原料卫生是指烹饪原料应当无毒、无害，符合应当有的营养要求，具有相应的色、香、味等感官性状。还要求食品添加剂、包装容器、包装材料、加工工具、设备、洗涤剂、消毒剂、生产经营场所、设施、有关环境符合食品卫生标准和管理办法。

烹饪原料安全的含义包括了在数量上，要求人们既能买得到，又能买得起所需的基本烹饪原料；在质量上，要求烹饪原料的营养全面，结构合理，卫生健康；在发展上，要求烹饪原料的获取注重生态环境的保护和资源利用的可持续性。即烹饪原料数量安全，烹饪原料质量安全，烹饪原料可持续安全。

三、烹饪原料安全的评价方法

2015 年开始实施修改后的《食品安全国家标准食品安全性毒理学评价程序》（GB15193.1—2014）。我国现行的对食品安全性评价的方法和程序：初步工作→急性毒性试验→遗传毒理学试验→亚慢性毒性试验（喂养试验、繁殖试验、代谢试验）→慢性毒性试验（包括致癌试验）。

现代食品安全性评价除了进行传统的毒理学评价研究外，还需有人体研究、残留量研究、暴露量研究、消费水平（膳食结构）和摄入风险评价等。目前评价方式主要应用毒理学结合流行病学进行评价。国际食品法典委员会（CAC）将风险分析引入食品安全性评价中，并把风险分析分为风险评价、风险控制和风险信息交流 3 个必要的部分，其中风险评价最重要。

风险评价包括危害确定、危害鉴定、暴露量评估和风险鉴定。风险评价程序如下。

1. 危害确定

危害确定即确定食品中可能有哪些危害成分。

2. 危害鉴定

危害鉴定即对可能存在于食品中的生物、化学和物理性因素所造成的健康危害进行定性和定量评估。涉及毒理学评价、残留水平。

3. 暴露量评估

暴露量评估是指对通过食品或其他有关途径进入人体的有害物总量进行定性和定量评估。或用安全摄入量指标,即通过毒理学试验获得的数据,算出人体的每日允许摄入量ADI值(对于食品)。

4. 风险鉴定

风险鉴定是指根据上述有关资料,对某一特殊人群已知的或潜在的健康危害发生的可能性进行定性和定量的评价。风险鉴定一般来说包括两部分,即引起癌症(致癌物)或不引起癌症(非致癌物)。

第二节 烹饪原料的主要安全危害

烹饪原料的安全问题主要有环境污染、生物污染、农药、兽用药物残留、其他农用化学品残留物、自然产生的食品毒素、营养过剩或营养失衡、酗酒、食品添加剂和饲料添加剂、包装材料污染、新开发食品及新工艺产品(转基因食品、辐照处理食品等)、其他化学物质(如工业事故污染食品)、假冒伪劣食品等因素导致的食品安全问题。

特别是营养失控或营养素不平衡在当代食品安全性问题中已逐渐显现。因饮食结构失调使高血压、冠心病、肥胖症、糖尿病、癌症等慢性病显著增多。高能量、高脂肪、高蛋白、高糖、高盐和低膳食纤维,以及忽视某些矿物质和必要的维生素摄入,都可能给人的健康带来慢性损害。而有些矿物质和维生素用量过多(例如硒、维生素 A 等)也可能引起严重后果。

毒物按照出现危害的时间分为急性危害、慢性危害和远期危害。急性危害是指化学毒物大剂量污染食品后,人们的摄入量也比较大,将在短期内造成中毒或死亡,即化学性急性食物中毒。慢性危害是指小剂量的化学毒物污染食品。被人们持续不断地摄入体内,毒物将在体内积蓄,经过相当长的时间才能表现出其危害。远期危害主要是指化学毒物的致癌、致突变、致畸作用。

一、影响烹饪原料安全性的主要因素

(一) 烹饪原料中固有的有害物

植物性烹饪原料中固有的有害物有有毒植物蛋白、生物碱、生氰糖苷等。动物性烹饪原料中固有的有害物分为鱼类、贝类、动物腺体中固有的毒素等。

(二) 烹饪原料中的外来性有害物

按其性质可分为生物性、化学性和物理性(放射性)。微生物因素导致烹饪原料腐败变质、微生物毒素及传染病流行,是多年危害人类的顽症。外来性有害物根据是否主观添加,可以分为残留和污染两类。残留是人们在生产中,为了某种目的主观添加一些物质,

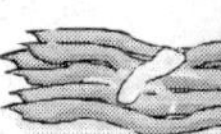

遗留在烹饪原料中。例如农药、兽药、饲料添加剂、食品添加剂、施肥导致的硝酸盐等，这已成为当今烹饪原料安全性方面关注的焦点。污染是指在生产过程中，环境中一些人们不期望的物质进入烹饪原料，例如重金属等。环境污染物通过环境及食物链而危及人类饮食健康。无机污染物中的汞、镉、铅等重金属及一些放射性物质，有机污染物中的苯、邻苯二甲酸酯、烷基磷酸酯、多氯联苯等工业化合物及多氯代二苯并二噁英、多氯氧芴、多核芳香烃等工业副产物，都具有在环境和食物链中富集、难分解、毒性强等特点，对烹饪原料的安全性威胁极大。另外，还有违法的经营者人为加入的有害物质。

（三）烹饪原料在加工过程中产生的有害物

烹饪原料在加工过程中产生的有害物主要有烧烤加热过程中产生的多环芳烃、杂环胺，是毒性极强的致癌物。还有腌制过程中产生的亚硝酸盐等。

二、烹饪原料中含天然有毒物质

烹饪原料中存在着许多种天然有毒物质，主要有毒物质有生物碱、苷类、有毒蛋白和肽、酶、其他有毒物质。食物中天然有毒物质中毒的主要原因如下。

（1）含有有毒物质，例如河豚、鲜黄花菜、毒蘑菇等。

（2）过敏反应，例如部分人对菠萝蛋白酶过敏。

（3）遗传原因，例如有些人先天缺乏乳糖酶，饮用牛奶后会发生腹胀、腹泻等症状。

（4）食用量过大时引起中毒，例如连续多日大量吃鲜荔枝，可引起“荔枝病”。

（一）含天然有毒物质的植物性食物

人们知道有的野生蘑菇是有毒的，发芽马铃薯不可以吃，白果不能多吃。这些是急性毒性，常引起严重后果，所以被人们熟知。但是实际上引起中毒的或影响营养吸收的也有日常蔬菜和水果。

1. 毒蘑菇中毒

毒伞是最著名的一种致死性菌类，有 90%～95% 的蕈中毒死亡事件与之有关。这种蕈通常生长于夏末或秋季，菌体较大，能生长到 20 cm 高。这种菌的菌盖颜色可由绿褐色到黄色。毒素主要是毒伞素和 α-鹅膏蕈碱，是环状肽化合物。生长在温带地区的毒蝇蕈，其毒性成分是毒蝇碱。另外，裸伞属和光盖伞属也可产生嗜神经毒素。

2. 发芽马铃薯中毒

马铃薯、番茄及茄子等茄科植物含有茄碱苷，又称为龙葵苷，是一类胆甾烷类生物碱苷。其分解后产生的茄碱是一种有毒物质，对红细胞有强烈的溶解作用，并抑制胆碱酯酶的活性引起中毒反应。马铃薯所含的茄碱苷集中在薯皮和萌发的芽眼部位。发绿、发芽和变黑的马铃薯的龙葵素含量很高，不可以食用。该物质不溶于水，对热稳定，烹调不能破坏。不成熟的番茄和秋茄的茄碱苷的含量也比较高。

3. 豆类中毒

豆类中毒主要是蚕豆中毒。蚕豆含有蚕豆嘧啶葡萄糖苷和伴蚕豆嘧啶核苷水解产物造成急性溶血性贫血症。蚕豆病患者敏感，正常人不敏感。无论吃煮蚕豆还是鲜生蚕豆后都可能发生中毒。另外，有山黧豆中毒。山黧豆属的豆类如野豌豆、鹰嘴豆和卡巴豆容易引起食物中毒。其有两种表现形式，即骨病性山黧豆中毒和神经性山黧豆中毒。前者毒性物质为β-L-谷氨酰氨基丙腈（BAPN）。BAPN 抑制胶原蛋白的交联。后者毒性物质是 β-N-草酰基-L-α，β-二氨基丙酸（ODAP）。

大豆、菜豆、刀豆、豌豆、小扁豆、蚕豆和花生等的种子与荚果中含有外源凝集素、消化酶抑制剂、过敏原、细胞松弛素。外源凝集素是对红细胞有凝聚作用的糖蛋白，主要造成消化管对营养成分吸收能力的下降，外源凝集素比较耐热。豆类是含有消化酶抑制剂最多的食物，其他如土豆、茄子、洋葱等也含有此类物质。主要有胰蛋白酶抑制剂、胰凝乳蛋白酶抑制剂和 α-淀粉酶抑制剂，具有较强的耐热耐酸能力。花生、大豆、菜豆和马铃薯等的过敏原大多是小分子蛋白质。儿童对这类物质容易过敏。儿童对消化酶抑制剂也很敏感，所以儿童不宜多食。豆类受一些真菌感染的时候会产生细胞松弛素，也会引起中毒。

4. 部分腐烂或机械伤的甘薯和生姜的中毒

腐烂的甘薯产生的细胞松弛素，大多是异类黄酮或萜类化合物。从腐烂的甘薯中分离出几种毒性萜类化合物，其中两种为甘薯黑疤霉酮和甘薯黑疤霉醇。食用腐烂的甘薯导致严重的呼吸窘迫、肺水肿、充血以致死亡，食用轻微损伤的甘薯也可产生一定的毒性。这些毒性萜在普通烹调条件下表现很稳定，但在用微波炉煮或烘烤的情况下，会大量降低。腐烂的生姜中含有黄樟素。黄樟素具有致突变性，可造成人的肝细胞坏死。

5. 过量食用十字花科蔬菜的中毒

甘蓝、大白菜、青菜、萝卜、花菜、蓝花等十字花科蔬菜含有硫代葡糖苷。其在黑芥子酶的作用下，可转化成腈类化合物、吲哚-3-甲醇、异硫氰酸酯、二甲基二硫醚和5-乙烯基噁唑-2-硫酮。如果大量食用（例如每天吃 900 g）这类蔬菜会引起甲状腺肿。5-乙烯基噁唑-2-硫酮（也称为致甲状腺肿大素）主要抑制甲状腺素的合成，异硫氰酸酯和腈类化合物抑制甲状腺对碘的吸收。碘缺乏促进甲状腺肿大。部分异硫氰酸酯也有好的一面，可激活人体微粒体氧化酶的活性，明显提高大鼠肝细胞的谷胱甘肽 S 转移酶的活性，有预防癌变的作用。

6. 白果和杏仁中毒

含有生氰糖苷的食源性植物有白果、木薯、杏仁、枇杷和豆类等，主要是苦杏仁苷和亚麻仁苷。生氰糖苷物质可水解生成高毒性的氰氢酸，引起的慢性氰化物中毒现象比较常见。苦杏仁苷具有强烈的苦味，具有镇咳作用。普遍存在于核果类（桃、白果、李、樱桃、苦扁桃等）果核及种仁中。生氰糖苷有较好的水溶性，水浸可去除产氰食物的大部分毒性。

另外，鲜黄花菜含有秋水仙碱，这是细胞分裂时能引起染色体加倍的物质，对人有一定的毒性作用。但是干制后分解，没有毒性。食用新鲜木耳，容易引起皮肤对光过敏。男子连续食用芹菜、香菜类会引起精子量下降。高血压患者食用香蕉和鳄梨容易中毒。香蕉和鳄梨含有天然的生物活性胺，如多巴胺和酪胺。多巴胺可直接收缩动脉血管，明显提高血压。酪胺可通过调节神经细胞的多巴胺水平间接提高血压。多吃荔枝也会出现荔枝病，其实质是引起低血糖。

（二）海洋鱼类食品中的天然毒素

1. 鱼类中毒

由河豚中毒引起的死亡人数占由食物中毒引起的总死亡人数的 60%～70%。河豚含有河豚毒素。除了河豚外，多种豚科鱼类，例如海洋翻车鱼、斑节虾虎鱼和豪猪鱼等普遍也含有河豚毒素。普通加热并不能破坏河豚毒素。

食用热带和亚热带海域珊瑚礁周围的鱼类有很大的风险。这类鱼被泛称为雪卡鱼，

有数十种雪卡鱼含有雪卡毒素、刺尾鱼毒素和鹦嘴鱼毒素。其中包括几种经济上比较重要的海洋鱼类如梭鱼、黑鲈和真鲷等。雪卡鱼中毒症状与有机磷中毒有些相似。雪卡鱼食用藻类。蓝绿海藻(冈比亚藻)、裸甲藻和海洋细菌是雪卡毒素的来源。

还有一类鱼中毒更加常见,但一般没有后遗症,死亡也很少。鲭鱼亚目的鱼类,例如青花鱼、金枪鱼、蓝鱼和飞鱼等,在非冰冻下贮存,鱼组织中的游离组氨酸在链球菌、沙门菌等细菌中的组氨酸脱羧酶作用下产生组胺。摄入后会发生过敏反应中毒,称为鲭鱼中毒。其他鱼类,例如沙丁鱼、凤尾鱼和鲕鱼中毒也与组胺有关。组胺为碱性物质,烹饪鱼类时加入食醋可降低其毒性。对易于形成组胺的鱼类来说,要在冷冻条件下运输和保藏,防止其腐败变质产生组胺。

即使平时经常食用的鱼类,食用了有些部位也可能产生中毒。例如淡水石斑鱼、鳇鱼和鲶鱼等的鱼卵产生鱼卵毒素。鱼卵毒素是球蛋白,具有较强的耐热性。胆汁中含有毒素的鱼类有草鱼、鲢鱼、鲤鱼、青鱼等。这是一种细胞毒和神经毒,会引起中毒乃至死亡。

2. 贝类和螺类中毒

大多数贝类均含有一定数量的有毒物质。贝类自身并不产生毒物,但是当它们摄取海藻就可能变得有毒了,毒素可在贝类的中肠腺大量蓄积。这些藻类有原膝沟藻、涡鞭毛藻、裸甲藻等。这些海藻主要感染蚝、牡蛎、蛤、油蛤、扇贝、紫鲐贝和海扇等。因此发生“赤潮”现象的水域的贝类不可以食用。贝类中毒主要由贝类毒素引起,其中最主要的是岩蛤毒素。贝类毒素主要包括麻痹性贝类毒素和腹泻性贝类毒素两类。麻痹性贝类毒素很少量时就对人类产生高度毒性。大多数贝类在赤潮停止后 3 周内将毒素分解或排泄掉。岩蛤毒素不会因洗涤而被冲走,一般烹调加热也不能分解。扇贝是最容易引起中毒的贝类。鲍鱼的内脏器官含有一种称为焦脱镁叶绿酸-a 的光致敏毒素,是脱镁叶绿素、海草叶绿素的一种衍生物,称为鲍鱼毒素。一般在春季聚集在鲍鱼的肝中。这种毒素是一种光敏剂,会引起皮肤的炎症。海兔(螺类)体内有毒腺,其皮肤含的挥发油,对神经系统有麻痹作用。误食其有毒部位会引起中毒。螺类,例如接缝香螺、间肋香螺和油螺常有毒,其唾液腺毒素的主要成分是神经毒四甲胺。

蟹类、海参类、乌贼和章鱼也会引起中毒。蟹或多或少含有有毒物质。受赤潮影响的海域出产的沙滩蟹是有毒的,其毒素是岩蛤毒素。少数海参含海参毒素。我国致毒海参有近 20 种,较常见的有紫轮参、荡皮海参等。海参毒素主要集中在与泄殖腔相连的细管状的居维叶氏器内。干品因为去掉了内脏,所以可以减少危害。可食用海参的海参毒素很少,而且少量的海参毒素能被胃酸水解为无毒的产物,是安全的。乌贼和章鱼的唾液腺含有头足毒素,是一种蛋白质,对神经有阻断和麻痹作用,但加热能减少危害。海葵、海蜇也有毒性,毒物也是蛋白质。

(三)陆生动物食品中的天然毒素

1. 内分泌腺

牲畜腺体分泌激素,如果摄入过量,就会引起中毒。

(1) 甲状腺

猪甲状腺位于气管喉头的前下部,是一个椭圆形颗粒状肉质物,附在气管上,俗称“栗子肉”。人一旦误食动物甲状腺,因过量甲状腺素扰乱人体正常的内分泌活动,则出现类似甲状腺功能亢进的症状。甲状腺中毒较为多见。甲状腺素的理化性质非常稳定,耐高温,一般的烹调方法不可能做到去毒无害。

(2) 肾上腺

肾上腺左右各一,分别跨在两侧肾上端,俗称"小腰子"。肾上腺的皮质能分泌多种重要的脂溶性激素。一般都因屠宰牲畜时未加摘除或髓质软化在摘除时流失,被人误食,使机体内的肾上腺素浓度增高,引起中毒。此病的潜伏期很短,食后 15~30 min 发病。

(3) 病变淋巴结

淋巴结分布于全身各部,为灰白色或淡黄色如豆粒至枣大小的"疙瘩",俗称"花子肉"。病变淋巴结含有大量的病原微生物。鸡臀尖是淋巴结集中的地方。淋巴结还贮存3,4-苯并芘等致癌物。

2. 动物肝中的毒素

(1) 胆酸

熊、牛、羊、山羊和兔子等动物肝中主要的毒素是胆酸、脱氧胆酸和牛磺胆酸,以牛磺胆酸的毒性最强,脱氧胆酸次之。猪肝并不含足够数量的胆酸,不会产生毒副作用。人类肠道内的微生物可将胆酸代谢为脱氧胆酸。脱氧胆酸对人类的肠道上皮细胞癌如结肠、直肠癌有促进作用。

(2) 维生素 A

维生素 A(视黄醇)是一种脂溶性维生素,主要存在于动物的肝和脂肪中,尤其是鱼类的肝中含量最多。鲨鱼、比目鱼、鲟鱼、北极熊和海豹肝中有很高的维生素 A 含量。成人一次摄入 200 g 的鲨鱼肝可引起急性中毒。一些渔民通过食用比目鱼肝,导致中毒。羊和牛肝中的维生素 A 含量高,不可一次过量食用。

三、烹饪原料中的外来性有害物

(一) 生物性有害因素

微生物、寄生虫、虫卵和昆虫都可造成生物性污染。食品中毒主要是由细菌及其毒素、霉菌与霉菌毒素引起的。病毒也会引起食物中毒。

食品微生物污染是指食品在加工、运输、贮藏、销售过程中被微生物及其毒素污染。主要包括细菌及细菌毒素污染和霉菌及霉菌毒素污染。从食品卫生的角度来看,微生物对食品的污染可分为 3 类:一是可以直接致病,如致病菌及其毒素;二是相对致病菌,在通常情况下不致病,只有在一定的特殊条件下才具有致病力;三是非致病性微生物,主要包括非致病菌、不产毒霉菌与常见的酵母。

微生物污染食品的途径可分为两大类:一是内源性污染,指原料本身带有的微生物而造成食品的污染,也称为第一次污染;二是外源性污染,指食品在生产加工、运输、贮藏、销售、食用过程中,通过水、空气、人、动物、机械设备及用具等而使食品发生微生物污染,也称为第二次污染。

1. 细菌对烹饪原料的污染

在各种食物中毒中,以细菌性食物中毒最多,患者一般有明显的胃肠炎症状,其中腹痛、腹泻最为常见。可分为感染型食物中毒和毒素型食物中毒。食用含有大量病原菌的食物引起消化道感染而造成的中毒称为感染型食物中毒。食用由于细菌大量繁殖而产生毒素的食物所造成的中毒称为毒素型食物中毒。能引起食物中毒的细菌主要有沙门菌属、致病性大肠杆菌、肉毒梭菌、副溶血性弧菌、金黄色葡萄球菌。有很多细菌能引起人畜共患病,如炭疽病、结核病、布氏杆菌病、李氏杆菌病。

反映食品卫生质量的细菌污染指标可分为两个方面:一是细菌总数,二是大肠杆菌数量。细菌总数的卫生意义有:是食品清洁状态的标志,监督食品的清洁状态;可以预测食品的耐保藏期。大肠杆菌数量的卫生学意义有:表示食品曾受到人与恒温动物粪便的污染;作为肠道致病菌污染食品的指示菌。

(1) 烹饪原料的主要细菌

① 陆地动物性原料

患病的畜禽其器官及组织内部可能有致病细菌存在,屠宰后的畜禽即丧失了先天的防御机能,很多致病细菌能侵入组织后迅速繁殖。鲜蛋中常见的感染菌有雏沙门菌、鸡沙门菌等。刚生产出来的鲜乳主要有微球菌属、链球菌属、乳杆菌属。当乳畜患乳房炎时,乳房内还会含有无乳链球菌、化脓棒状杆菌、乳房链球菌和金黄色葡萄球菌等。患有结核或布氏杆菌病时,乳中可能有相应的病原菌存在。李氏杆菌能在低温条件下生长和繁殖,冰箱中的奶制品可能会出现该菌的危害。

② 鱼类

刚捕捞的鱼体所带有的细菌主要是水生环境中的细菌,细菌主要存在于鱼的体表、鳃、消化管内。主要有假单胞菌属、黄色杆菌属、无色杆菌属等。淡水中的鱼还有产碱杆菌属、气单胞菌属和短杆菌属等。近海和内陆水域中的鱼可能受到人或动物的排泄物污染,而带有病原菌如副溶血性弧菌。它们在鱼体中存在的数量不多,不会直接危害人类健康,但如贮藏不当,病原菌大量繁殖后可引起食物中毒。在鱼上发现的病原菌还可能有沙门菌、志贺菌和霍乱弧菌、红斑丹毒丝菌、产气荚膜梭菌,它们也是由环境污染而产生的。

③ 植物性原料

粮食细菌多属于假单胞菌属、微球菌属、乳杆菌属和芽孢杆菌属等。植物体表还会附着有植物病原菌及来自人畜粪便的肠道微生物及病原菌。健康的植物组织内部应该是无菌或仅有极少数菌。

(2) 造成食物中毒的常见细菌

① 革兰阴性菌

a. 弯曲杆菌属:人食入含有该菌的食物后,可发生食物中毒。

b. 假单胞菌属:假单胞菌污染肉及肉制品、鲜鱼贝类、禽蛋类、牛乳和蔬菜等食品后可引起腐败变质,并且是冷藏食品腐败的重要原因菌。假单胞菌属中的有些种对人或动物有致病性。

c. 肠杆菌科:该科中的致病菌主要属有埃希菌属(少部分菌可产生肠毒素)、志贺菌属(主要致病菌)、沙门菌属(常引起鱼、肉、禽、蛋、乳等食品中毒)、耶尔森菌属(小肠结肠炎耶尔森菌引起肠胃炎)、克雷伯菌属(粮食和冷藏食品等中毒菌)、沙雷菌属(分解蛋白质食品产生很强的腐败性气味)。肠杆菌科细菌对热抵抗力弱,可被巴氏消毒法杀死。

d. 弧菌科:主要有弧菌属和气单胞菌属。都分布在水中,弧菌属病原菌主要是副溶血性弧菌、霍乱弧菌等。海产动物死亡后,在低温或中温保藏时,该菌可在其中增殖,引起腐败。气单胞菌属可引起海产食品的腐败变质及食用者的肠胃炎。

② 革兰阳性菌

a. 微球菌科:金黄色葡萄球菌可产生肠毒素等多种毒素及血浆凝固酶等。人食入后可引起食物中毒。该菌耐盐,是腌制品常见的致病菌。

b. 芽孢杆菌属:主要有蜡样芽孢杆菌、枯草芽孢杆菌。蜡样芽孢杆菌在调味料、乳及

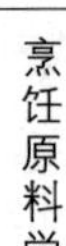

咸肉中经常发现,能引起人食物中毒。枯草芽孢杆菌污染面粉后,可以使发酵面团产生液化黏丝状现象,使烤制的面包或馒头出现斑点或斑纹,并且伴有异味。在肉类表面可产生黏液并有异味,肉制品上经常可以分离到该菌。在牛乳中生长,可以使牛乳变稠,产生甜凝乳现象。

c. 梭菌属:肉毒梭菌在食品中增殖时可产生肉毒毒素,会产生食物中毒直至死亡。对亚硝酸钠和氯敏感。

烹饪原料遭受细菌污染,需要符合《食品中致病菌限量》(GB29921—2013)中关于食品中致病菌限量的要求。大部分原料检测沙门氏菌、金黄葡萄球菌。肉制品还需要检测单核细胞增生李斯特氏菌,牛肉制品和生食果蔬制品要检测大肠埃希氏菌 O157∶H7。水产制品及其调味料还需要检测副溶血性弧菌。

2. 霉菌及其毒素

有些霉菌可产生毒素,目前已知的霉菌毒素有 200 多种。根据霉菌毒素作用的靶器官,可将其分为肝毒、肾毒、神经毒、光过敏性皮炎等。霉菌毒素通常耐高温,具有致癌和致畸作用。霉菌污染食品的评定:一是食品中的霉菌菌落总数,即霉菌污染度;二是食品中霉菌菌相的构成。

(1) 霉菌产毒的特点

① 霉菌产毒仅限于少数的产毒霉菌,而且产毒菌种中也只有一部分菌株产毒。

② 产毒菌株的产毒能力具有易变性,即产毒菌株后代可能不产毒,而非产毒菌株在一定的条件下可产毒。

③ 产毒霉菌所产生的霉菌毒素没有严格的专一性,即一种菌种或菌株可以产生几种不同的毒素,而同一霉菌毒素也可由几种霉菌产生。

④ 产毒菌株产毒需要一定的条件。

(2) 主要产毒霉菌

产生毒素的霉菌大部分属于半知菌纲中的曲霉属、青霉属和镰孢菌属。

① 曲霉属:黄曲霉、赫曲霉、杂色曲霉、烟曲霉、构巢曲霉和寄生曲霉等。

② 青霉属:岛青霉、橘青霉、黄绿青霉、红色青霉、扩展青霉、圆弧青霉、纯绿青霉、展开青霉、斜卧青霉等。

③ 镰孢菌属:禾谷镰孢菌、三线镰孢菌、玉米赤霉、梨孢镰孢菌、无孢镰孢菌、雪腐镰孢菌、串珠镰孢菌、拟枝孢镰孢菌、木贼镰孢菌、窃属镰孢菌、粉红镰孢菌等。

④ 其他:交链孢霉属、粉红单端孢霉、木霉属、漆斑菌属、黑色葡萄穗霉等。

(3) 黄曲霉毒素

1960 年,英国一家农场发生了 10 万只雏火鸡突然死亡的事件。原因是食用了霉变的花生粉,含有黄曲霉毒素,造成其肝坏死和中毒死亡。黄曲霉毒素是黄曲霉和寄生曲霉的代谢产物。寄生曲霉的所有菌株都能产生黄曲霉毒素,但我国寄生曲霉罕见。黄曲霉毒素有 20 多种,主要为 AFB 和 AFG 两大类。其中以 AFB_1 的毒性最强,作为检测对象。

黄曲霉毒素的裂解温度为 280℃,在通常的烹调条件下不易被破坏,在中性和酸性环境中稳定,在水中溶解度很低,能溶于油脂,在碱性条件下或在紫外线辐射时容易被降解。黄曲霉是我国粮食和饲料中常见的真菌,并非所有的黄曲霉都是产毒菌株。黄曲霉常在湿度为 80%~90%,温度为 25~30℃,氧气为 1%的条件下产毒。黄曲霉在水分为 18.5%的玉米、稻谷、小麦上生长时,第 3 天开始产毒素。如果在两天内进行干燥,粮食水分降至 13%以下,

即使污染黄曲霉也不会产生毒素。玉米、花生、花生油和棉籽油最易受到黄曲霉毒素污染，其次是稻谷、大米、面粉、小麦、大麦，而豆类很少受到污染。花生和玉米在收获前就可能被黄曲霉污染，成熟的花生和玉米果穗可能带有黄曲霉毒素。我国长江以南地区黄曲霉毒素污染要比北方地区严重。控制仓储粮食的含水量，防止其发霉是基础工作。另外，化学去毒是使用氨水、过氧化氢、臭氧和氯气。我国黄曲霉毒素的最大允许量如表17-3 所示。

表 17-3　我国黄曲霉毒素的最大允许量　　单位：μg/kg

食品种类	最大允许量
玉米和花生及其制品（含其油制品）	20
大米和食用油脂（花生油、玉米油除外）	10
麦、豆、发酵食品（酱油和醋等），	5
坚果（除了花生）	5
婴儿代乳品	0.5

（4）杂色曲霉素

杂色曲霉素主要由杂色曲霉和构巢曲霉等真菌产生，其急性毒性不强，慢性毒性主要表现为肝和肾中毒，致癌性仅次于黄曲霉毒素。其中的杂色曲霉毒素Ⅳa 是毒性最强的一种，不溶于水。杂色曲霉和构巢曲霉有 80%以上的菌株产毒。糙米中易污染杂色曲霉毒素，糙米经加工成精米后，毒素含量可以减少 90%。杂色曲霉主要污染玉米、花生、大米和小麦等谷物。

（5）赭曲霉素

赭曲霉素的产毒菌株有赭曲霉、硫色曲霉、纯绿青霉、圆弧青霉和产黄青霉等。赭曲霉素的急性毒性较强，致死原因是肝、肾的坏死性病变，其具有致畸性，但未发现其具有致癌和致突变作用。其易溶于碱性溶液。赭曲霉的适宜基质是玉米、大米和小麦。

（6）青霉毒素

发霉稻谷脱粒后会形成“黄变米”或“沤黄米”，这主要是由于岛青霉污染所致。黄变米在我国南方比较普遍。大米水分为 14.6%，在 12～13℃也可形成黄变米。黄变米毒素可分为以下 3 类。

① 岛青霉毒素：岛青霉污染的米粒呈黄褐色溃疡性病斑。除含有岛青霉毒素外，还可能包括黄天精、环氯肽、红天精。岛青霉毒素和黄天精均有较强的致癌活性，环氯肽为含氯环结构的肽类，有很强的急性毒性。

② 黄绿青霉毒素：黄绿青霉污染的米粒上有淡黄色病斑，该毒素不溶于水，加热至 270℃失去毒性，为强神经毒性。

③ 橘青霉毒素：橘青霉污染的米粒呈黄绿色。精白米易受此污染。除了橘青霉外，暗蓝青霉、黄绿青霉、扩展青霉、点青霉、变灰青霉、土曲霉等霉菌也能产生这种毒素。该毒素难溶于水，为一种肾毒。

青霉中其他主要毒素有展青霉毒素和青霉酸。展青霉毒素主要由扩展青霉产生，可溶于水、乙醇，在碱性溶液中不稳定，易被破坏。扩展青霉可使苹果腐烂。青霉酸由软毛青霉、圆弧青霉、棕曲霉等产生，极易溶于热水、乙醇。青霉酸有致突变作用。在玉米、大麦、豆类、小麦、高粱、大米、苹果上均检出过青霉酸。青霉酸是在 20℃以下形成的，所以低温贮藏食品霉变可能污染青霉酸。

（7）镰孢菌毒素

镰刀菌毒素是由镰刀菌产生的，已发现十几种，主要有单端孢霉烯族化合物、玉米赤霉烯酮、丁烯酸内酯、伏马菌素等毒素。镰刀菌大部分是植物的病原菌，并能产生毒素。

① 单端孢霉烯族化合物是引起人畜中毒最常见的一类镰刀菌毒素。我国粮食和饲料中常见的是脱氧雪腐镰刀菌烯醇（DON）。DON主要存在于麦类赤霉病的麦粒中，玉米、稻谷、蚕豆等感染赤霉病也含有DON。麦粒如在前期感染，则麦粒皱缩、干瘪，并有灰白色和粉红色霉状物；如在后期感染，麦粒饱满，但胚部呈粉红色。DON又称致吐毒素，易溶于水、热稳定性高。在烹调过程中不易破坏。另外有一种T-2毒素，会引起食物中毒性白细胞缺乏症；主要污染田间过冬的玉米、大麦、小麦、燕麦和饲料等；具有致畸性和致突变性，但致癌活性较弱。

② 玉米赤霉烯酮：玉米赤霉烯酮又称为F-2毒素，是一种雌性发情毒素，主要作用于生殖系统。妊娠期的人食用含玉米赤霉烯酮的食物可引起流产、死胎、畸胎、中枢神经系统中毒。玉米赤霉烯酮主要污染玉米，也可污染小麦、大麦、燕麦和大米等粮食作物，其不溶于水，溶于碱性水溶液，耐热性较强，110℃下处理1 h才被完全破坏。

③ 丁烯酸内酯：丁烯酸内酯在黑龙江省和陕西省的大骨节病区所产的玉米中发现。其易溶于水，在碱性水溶液中极易水解。

④ 伏马菌素：伏马菌素是最近受到发达国家极大关注的一种霉菌毒素。其是致癌剂和神经鞘脂类生物合成的抑制剂。主要污染玉米及玉米制品，具有水溶性，对热稳定，不易被蒸煮破坏。

（8）交链孢霉毒素

交链孢霉是粮食、果蔬中常见的腐败霉菌之一。交链孢霉产生多种毒素，有致畸和致突变作用。交链孢霉毒素在自然界产生水平低，一般不会导致人或动物发生急性中毒，但长期食用有慢性毒性。在番茄及番茄酱中检出过该毒素。

（9）麦角中毒

食用含有麦角的谷物可引起中毒。麦角是麦角菌侵入谷壳内形成的黑色和轻微弯曲的菌核。在收获季节如碰到潮湿和温暖的天气，谷物很容易受到麦角菌的侵染。麦角中毒可分为两类，即坏疽性麦角中毒和痉挛性麦角中毒。麦角毒素是以麦角酸为基本结构的生物碱衍生物。

烹饪原料中的霉菌毒素限制对象和限量依据《食品安全国家标准　食品中真菌毒素限量》（GB2761—2017）。限制的毒素有黄曲霉毒素B1（谷类、豆类、坚果、油脂，及其制品以及以谷豆为原料的调味品、特殊膳食食品）、M1（乳和含乳制品），DON（玉米、大麦、小麦及其制品）、展青霉素（苹果、山楂制品）、赭曲霉毒素A（谷类、豆类、咖啡、葡萄酒）、玉米赤霉烯酮（小麦、玉米及其制品）。

3. 病毒对烹饪原料的污染

病毒会引起食物中毒。生食带有肠道病毒的食品易患病毒性腹泻。贝类能够浓缩海水中肠道病毒的浓度高达900倍。特别是贝类中的诺沃克病毒是吃海鲜和旅游者腹泻的主要原因，常造成饭店顾客群发性食物中毒。如果水体被甲肝或乙肝患者的排泄物污染，贝类就可将肝炎病毒浓缩并滞留于其组织中。如果生食此种贝类（如毛蚶、牡蛎、蛏子、蛤蜊），就有感染肝炎病毒的可能，进而发展成肝炎，危害健康。另外，病毒可引起其他人畜共患病，如狂犬病、口蹄疫病、慢病毒病、疯牛病。

4. 寄生虫对烹饪原料的污染

主要是寄生虫及其虫卵。畜肉中常见的寄生虫病有猪囊尾蚴病、旋毛虫病、肝吸虫病、弓形体病。水产品中常见的寄生虫病有华支睾吸虫病、并殖吸虫病、裂头蚴病等,农产品中常见的寄生虫病有猪姜片吸虫病、钩虫病、蛔虫病。有两种寄生虫所引起的人类疾病受到最广泛的关注。一种是由隐孢子虫污染生水、未消毒牛奶、生菜和凉菜引起的胃肠道疾病;另一种是由圆孢子虫污染生水、水果等引起的疾病。这些寄生虫的虫卵和幼虫不能被一般的肥皂、洗涤剂和消毒药剂所杀死。人可通过生食或半生食用含有这类病源的食品而感染相应的寄生虫病。

5. 昆虫对烹饪原料的污染

昆虫污染主要有粮食中的甲虫、螨类和蛾类等虫卵,以及动物性食品和某些发酵食品中的蝇蛆等。昆虫可作为传播疾病的媒介。如蝇类、蟑螂,它们可将各种病原菌从污染源带到食品中,造成食品污染,人们食用受污染的食品会引起食物中毒及其他疾病的发生。

(二) 化学性有害因素

1. 农药

按用途可将农药分为杀昆虫剂、杀菌剂、除草剂、杀线虫剂、杀螨剂、杀鼠剂、杀螺剂、落叶剂和植物生长调节剂等类型。按化学组成及结构可将农药分为有机磷、氨基甲酸酯、拟除虫菊酯、有机氯、有机砷、有机汞等多种类型。其中使用最多的是杀虫剂、杀菌剂和除草剂三大类。在20世纪70年代之前使用有机氯农药的量比较大,现在主要是有机磷农药和除草剂。目前一半以上食品可检出杀虫剂的残留。农药残留是指农药使用后残存于生物体、食品(农副产品)和环境中的微量农药原体、有毒代谢物、降解物和杂质的总称。农药通过大气和饮水进入人体的仅占10%,通过食物进入人体的占90%。

农药污染食品的途径主要有以下几方面。

① 施用农药后对作物或食品的直接污染。

② 空气、水、土壤的污染造成动植物体内含有农药残留,而间接污染食品。

③ 来自食物链和生物富集作用,如从水中农药→浮游生物→水产动物→高浓度农药残留食品,如饲料污染农药而导致肉、奶、蛋的污染,含农药的工业废水污染江河湖海进而污染水产品等。

④ 运输及贮存过程中由于和农药混放而造成食品污染。

一般内吸性农药在植物内部农药残留量高于植物体外部,而渗透性农药在外表的农药浓度高于内部。施药次数越多,农药浓度越高,残留在植物中的农药量也越高。在最后一次施药至作物收获所允许的间隔天数(即安全间隔期)内施用农药,农药残留检出也较高。叶菜类植物的农药残留量一般高于果菜和根菜类。

(1) 有机氯农药

有机氯农药常用的包括DDT、BHC(六六六)、林丹、艾氏剂、狄氏剂、氯丹、七氯和毒杀酚等。绝大部分有机氯农药因其残留严重,并具有一定的致癌活性而被禁止使用。但由于这类农药在环境中具有很强的稳定性,不易降解,所以易于在生物体内蓄积和通过食物链的生物富集,目前仍是食品中重要的农药残留物质。该类农药多贮存在动植物体脂肪组织或含脂肪多的部位,在各类食品中普遍存在,但含量在逐步减少,目前基本上处在μg/kg的水平。对人的危害主要是由于蓄积性所造成的慢性毒性。

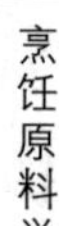

（2）有机磷农药

有机磷农药早期发展的大部分是高效高毒品种，如对硫磷、甲胺磷、毒死蜱和甲拌磷等。而后逐步发展了许多高效、低毒、低残留品种，如乐果、敌百虫、马拉硫磷、二嗪磷和杀螟松等。有机磷农药主要在植物性食品中残留，尤其是水果和蔬菜最易吸收有机磷，且残留量高。有机磷酸酯类农药有水溶性和脂溶性两种。有机磷农药虽然蓄积性差，主要为急性毒性，目前我国的急性农药中毒事件多由有机磷农药引起中枢神经中毒，但其也具有一定的慢性毒性，长期反复摄入可造成肝损伤。一般要求施药后 7~10 d 采收。

（3）氨基甲酸酯农药

氨基甲酸酯类杀虫剂的使用量已超过有机磷农药，销售额仅次于除虫菊酯类农药，位居第二。使用量较大的有速灭威、西维因、涕灭威、克百威、叶蝉散和抗蚜威等。其在酸性条件下较稳定，遇碱易分解，暴露在空气和阳光下易分解，在土壤中的半衰期为数天至数周。主要通过消化道被吸收。1985 年，在美国加州由于涕灭威污染西瓜造成 281 人生病入院。涕灭威具有高度水溶性，可以在含水分多的食物中富集至危险的水平。氨基甲酸酯对人的毒性不强，但具有致突变、致畸和致癌作用。

（4）拟除虫菊酯农药

拟除虫菊酯农药对人的毒性很低。目前，有近 20 种拟除虫菊酯杀虫剂投入使用，约占世界杀虫剂市场总份额的 25%。主要品种有氯氰菊酯、氰戊菊酯、溴氰菊酯和甲氰菊酯等。拟除虫菊酯在生物体内基本不产生蓄积效应，其为中枢神经毒。拟除虫菊酯在作物中的残留期为 7~30 d。因此，作物喷该类农药后一般要求 30~35 d 后采收。

（5）除草剂

① 氯酚酸酯：氯酚酸酯是目前广泛使用的除草剂，其模仿植物的生长激素——吲哚乙酸。2,4-D（2,4-二氯苯氧乙酸）和 2,4,5-T（2,4,5-三氯苯氧乙酸）是此类除草剂的代表。2,4-D和 2,4,5-T 对哺乳动物具有相对较低的急性毒性。摄入较低剂量可造成肌肉虚弱。大剂量摄入可引起肢体僵硬和昏迷。其在人体中的蓄积性较差，故慢性中毒并不常见。美国已经禁止 2,4-D 在果蔬保鲜上使用，原因是可能含有二噁英杂质。我国国标还允许在柑橘保鲜、豆芽催芽上使用。

② TCDD（氯化氧撑萘类化合物）：TCDD 是一类重要的除草剂，其中最重要的化合物是 4-氯-2-苯-*p*-二噁英（TCDD）。TCDD 具有亲脂性，其热稳定性高，在超过 700℃ 的温度下才发生化学分解。TCDD 中毒最常见的症状是氯痤疮和肾功能出现异常。长期摄入低剂量的 TCDD 可能使人致癌。

食品贮藏一般可以降低农药残留。谷物在仓储过程中农药残留量缓慢降低，但部分农药可逐渐渗入内部而致谷粒内部残留量增高。常用的食品加工过程一般可不同程度地降低农药残留量，但特殊情况下亦可使农药浓缩、重新分布或生成毒性更大的物质。

植物的烹饪原料应按照《食品安全国家标准　食品中农药最大残留限量》（GB2763—2019）中关于食品中农药最大残留限量的要求。

2. 食物中的兽药残毒

兽药残留是指动物产品的任何可食部分所含兽药的母体化合物或其代谢物，以及与兽药有关的杂质的残留。兽药对食品的污染途径有畜禽疾病用药、饲料添加剂、保鲜使用药物。兽药残留物主要有两大类，即抗生素残留和激素类残留。残留兽药没有急性毒性，但会慢慢蓄积而导致各种器官的病变。药物或其代谢产物与内源大分子共结合产物称为

结合残留。动物组织中存在结合残留。主要残留兽药有抗生素类、磺胺药类、呋喃药类、抗球虫药、激素药类和驱虫药类。

(1) 兽药的危害

① 一般毒性。如磺胺类药物可引起肾损害，氯霉素可以造成再生障碍性贫血，氨基β-糖苷类的链霉素可以引起药物性耳聋等。一些兽药具有急性毒性，如β-受体阻断剂、β-受体激动剂、镇静剂、血管扩张剂以及致敏药物如青霉素等。

② 过敏反应和变态反应。例如青霉素、四环素、磺胺类药物以及某些氨基糖苷类抗生素等。

③ 增加细菌耐药性。当人体发生疾病时，会给临床上的治疗带来困难，导致人体内菌群失调，造成对人体的危害。

④ 致畸、致癌、致突变作用。苯并咪唑类药物有潜在的致畸性和致突变性。苯咪唑、阿苯达唑和苯胺硫酯有致畸作用。同时，洛硝达唑有很高的致突变性，残留于食品中的克球酚和某些雌激素具有致癌作用。

⑤ 儿童食用给予促生长激素的食品导致性早熟。一些属于类甲状腺素药物的β-受体激动剂，如盐酸克伦特罗，可导致嗜睡等不良反应。

(2) 兽药残留污染的主要原因

① 不遵守休药期规定。休药期是指畜禽停止给药到其产品允许上市或制成为食品的间隔时间。

② 未正确使用兽药和滥用兽药。

③ 使用未经批准的药物。例如为了使动物改变肌肉和脂肪比例，多长瘦肉而使用盐酸克伦特罗。为了使甲鱼和鳗鱼长得肥壮而使用已烯雌酚等。

④ 饲料在加工、生产过程中受到污染。

1985 年，美国兽医中心的调查结果则是不遵守休药期的占 51%，使用未经批准的药物占 17%，未做用药记录的占 12%。

肝、肾中兽药浓度比较高。在鸡蛋中，与蛋白质结合率高的脂溶性药物容易在卵黄中蓄积。使用了激素或抗生素的乳牛可将其代谢产物通过泌乳过程而排到牛奶中。一般说来，各种畜禽、鱼类的肌肉、脂肪组织、肝、肾、奶、蛋、蜂蜜等都可成为抗生素和激素的污染对象。

(3) 兽药残留的种类

① 抗生素类药物残留。美国曾检出 12%的肉牛、58%的犊牛、23%的猪、20%的禽肉有抗生素残留。日本曾有 60%的牛和 93%的猪被检出有抗生素残留。但是抗生素残留很少超过法定的允许量标准。近几年来，抗生素在蜜蜂中逐渐增多。因为在冬季蜜蜂常发生细菌性疾病，抗生素治疗致使蜂蜜中残留抗生素，主要的抗生素残留有四环素、土霉素、金霉素等。

② 磺胺类药物的残留。磺胺类药物可在肉、蛋、乳中残留。其主要发生在猪肉中，其次是小牛肉和禽肉中残留。

③ 呋喃类药物的残留。呋喃西林毒性太大，我国已经不允许使用。

④ 重组牛生长激素(rBST)。牛生长激素(BST)是动物脑垂体分泌的内源性激素，1993 年美国 FDA 允许在奶牛中使用重组牛生长激素，以提高牛奶产量。但荷兰、英国等欧洲国家认为 rBST 的摄入会降低牲畜免疫力，使动物易于受到病毒和细菌的侵袭，并会

摄入更多的抗生素。我国未允许这类促泌乳激素的使用。

⑤ 盐酸克伦特罗。盐酸克伦特罗又称为瘦肉精，它是一种 β-受体阻断剂。其毒性中等，毒性作用有嗜睡、心动过速以及强直性惊厥。盐酸克伦特罗是世界上许多国家包括中国都明令禁用的药物。

除以上药物的残留问题外，激素类药物残留主要是已烯雌酚、已烷雌酚、双烯雌酚和雌二酚。1993 年以前，湖北省在出口香港的鸡中均检出以上 4 种激素残留。这 4 种激素可使儿童患肥胖症。

目前，农业农村部严禁使用的促生长作用的激素和兽药包括以下几种。

① β-受体激动剂，如盐酸克伦特罗、沙丁胺醇等。

② 性激素，如已烯雌酚。

③ 促性腺激素。

④ 同化激素。

⑤ 具有雌激素样作用的物质，如玉米赤霉醇等。

⑥ 催眠镇静药，如安定、安眠酮。

⑦ 拟肾上腺素药，如异丙肾上腺素、多巴胺等。

控制动物性食品中的兽药残留措施主要是加强药物的合理使用规范，严格规定休药期和制定动物性食品药物的最大残留限量，加强监督检测工作。另外，消费者可通过烹调加工、冷藏等方法减少食品中的兽药残留。世界卫生组织估计肉制品中的四环素类兽药残留经加热烹调后，5~10 mg/kg 的残留量可降低至 1 mg/kg。氯霉素经煮沸 30 min 后，至少有 85%失去活性。

动物烹饪原料按照《食品安全国家标准　食品中兽药最大残留限量》(GB31650—2019)中关于食品中兽药最大残留限量的要求。

3. 食品中的工业污染毒素

工业生产排出的废水、废气和废渣中含有各种有毒物质，可污染水中生物、农作物、牧草等，进而污染各种烹饪原料。例如 SO_2、NO_x、Cl_2、HCl、氟化物、汽车尾气、氧化剂、粉尘等。其中最突出的是工业生产和垃圾焚烧中产生的二噁英。无机有毒物，包括各类重金属(汞、镉、砷、铅、铬等)和氰化物、氟化物等。有机有毒物主要为苯酚、多环芳烃和各种人工合成的具有积累性的稳定的有机化合物，如多氯联苯。

对全球的大气、土壤和水源造成污染的工业污染物主要是多环芳烃、多氯联苯和二噁英等。其他如铅、汞、镉等重金属也是比较主要的工业污染物。

(1) 多氯联苯

多氯联苯是一大类含不等量氯的联苯化合物，种类有 210 多种。目前全世界年产多氯联苯超过 100 万吨，在美国每年有 400 吨以上的多氯联苯以废弃的润滑液、液压液和热交换液的形式排入江河，使河床沉积物中的多氯联苯含量达到13 mg/kg，而日本近海的多氯联苯蓄积残留总量在 25 万~30 万吨。这种化合物具有极强的稳定性，很难在自然界降解，其主要通过对水体的大面积污染，通过食物链的生物富集作用污染水生生物，因此这类物质最容易集中在海洋鱼类和贝类食品中。以美国和加拿大交界的大湖地区为例，受污染的湖水中的多氯联苯含量为 0.001 mg/L，而湖中鱼的该物质含量达到 10~24 mg/kg。此外，水生生物不同部位中的多氯联苯含量也有差异。例如，海洋鱼类可食部分(肌肉)的多氯联苯含量一般为 1~10 mg/kg，但鱼肝中的多氯联苯含量可高达 1 000~6 000 mg/kg。

非鱼类食物中多氯联苯的含量一般不超过 15 μg/kg,但有些食物油的多氯联苯含量可达 150 μg/kg。这是因为在食用油精炼过程中,传热油和润滑油渗入食品,从而导致多氯联苯污染。1978 年,在日本九州发生的米糠油精炼过程中加热管道的多氯联苯渗漏,有 14 000 人中毒,124 人死亡。另外,食品储罐的密封胶和废纸板中的多氯联苯含量也很高,可污染食品。

多氯联苯对人类具有急性毒性和致癌性,但多氯联苯是相对较弱的致癌物。食品中多氯联苯的允许量如表 17-4 所示。

表 17-4 食品中多氯联苯的允许量

单位:mg/kg

食物	世界卫生组织	美国食品药品监督管理局	日本	中国
鱼类等水产品	2.0	2.0	3.0	<3.0
牛奶等乳制品	—	1.5	0.1~1.0	—
家禽(脂肪)	0.5	3.0	—	<1.0
蛋类	0.2	0.3	0.2	—
肉类	0.5	0.5	0.5	0.5
饲料	—	0.5	0.5	—
婴儿奶粉	0.1	0.1	0.1	0.1

(2) 二噁英

二噁英是在有机氯化合物(如农药等)的合成过程中作为微量不纯物而生成的副产品。有机氯化合物燃烧时产生二噁英。因此,含氯固体垃圾的焚烧处理是城市二噁英污染的主要来源。其他来源有造纸工业的漂白过程、金属精炼等。因其毒性极高,故世界卫生组织规定人体暂定每日允许摄入量为 1~4 pg/kg。

二噁英确切的术语应为多氯代二苯并-对-二噁英(PCDDs)和氯代二苯并呋喃(PCDFs)。PCDDs 有 75 个异构体,而 PCDFs 有 135 个异构体。二噁英中毒性最强的是 2,3,7,8-TCDD。其为固体,沸点与熔点较高,加热到 800℃ 才降解,具有亲脂性而不溶于水。在食物链中,其可以通过脂质发生转移和生物富集。人体接触的二噁英 90%以上是通过膳食接触的,而动物性食品是其主要来源。二噁英对食物的污染主要是由于农田里各种沉积物、废弃的溢出物、淤泥的不恰当使用,奶牛、鸡和鱼食用污染的饲料。由于食物链的浓缩作用,在鱼类、贝类、肉类、蛋类和乳制品中可达到较高的浓度。二噁英在蔬菜类等农产品中含量甚少。纸张在氯漂白过程中产生二噁英,可以发生迁移造成食品污染。二噁英的主要吸收途径有消化道和肺。2,3,7,8-TCDD 可能无遗传毒性。它不是癌症直接的引发剂,而是强烈的促进剂,有致畸作用,免疫毒性大。农药 2,4,5-三氯苯氧基乙酸(2,4,5-T)容易产生 2,3,7,8-TCDD。

(3) 有害金属

金属元素主要通过食物和饮水摄入,一些金属元素在较低摄入量时就有明显的毒性作用。如铅、镉、汞等,常称之为有毒金属。另外,许多金属元素如铬、锰、锌、铜等,如摄入过量时也有毒或潜在的危害。

食品中的有害金属主要来源于以下几方面:自然环境中的高本底含量;人为的环境污染;食品加工器械等导致食品的污染。

食品中有害金属污染的毒作用特点为:强蓄积性,进入人体后排出缓慢;可通过食物链的生物富集作用而在生物体及人体内达到很高的浓度,如鱼、虾等水产品富集汞和镉等金属毒物的含量可能高达环境浓度的数百倍;有毒、有害金属污染食品对人体造成的危害常以慢性中毒和远期效应为主。

① 铅:地表水和地下水中的铅浓度分别为0.5 μg/L和1~60 μg/L。石灰地区的天然水中铅的含量可高达400~800 μg/L。世界卫生组织建议饮用水中的最大允许限量为50 μg/L。在远洋鱼中铅的自然含量为0.3 μg/kg。生长在城市郊区、交通干线、大型工业区和矿山附近的农作物往往有较高的含铅量。例如,生长在高速公路附近的豆荚和稻谷含铅量为0.4~2.6 mg/kg,是种植在乡村区域的同种植物的10倍。

使用含铅的铅锡金属管道和劣质上釉陶瓷器皿,可造成铅对食品的直接污染。铅锡焊罐是食品重要的铅污染源,例如在青鱼罐头生产中,其含铅量升高几十倍到几千倍。而电阻焊罐可降低铅的污染。我国传统食品松花蛋由于在加工过程中曾使用黄丹粉(Pb_3O_4),往往有很高的含铅量。我国规定一般食品中的含铅量不得超过1 mg/kg或1 mg/L。人每天摄入铅大多数来自食品中。食物中植物油增加,可促进对铅的吸收。

急性铅中毒现象比较少见。铅的毒性主要是由于其在人体的长期蓄积所造成的神经性和血液性中毒。儿童对铅特别敏感,儿童对食品中铅的吸收率要比成人高很多。

② 汞:甲基汞等有机汞是最具有毒性的汞成分,是人类汞中毒的主要原因。1953年,日本发生水俣病。受害人达20 000多人,严重中毒1 000人,其中有50多人死亡。熊本县水俣镇有多个生产乙醚和氯乙烯的化工厂,这些工厂均以汞作为催化剂,工厂的废水中金属汞在水体的淤泥中转化为甲基汞,然后通过食物链富集在鱼体中,从而导致了灾难的发生。1972年,伊拉克发生因食用汞杀虫剂处理过的小麦而出现中毒事件,有6 530人被送入医院,有459人死亡。

大多数植物性食物中汞水平通常很低。鱼和贝类是被汞污染的主要食品,对人体的危害最大。水生生物对汞有很强的蓄积能力。我国目前规定鱼和贝类的汞含量不得超过0.3 mg/kg,其中甲基汞不超过0.2 mg/kg,肉、蛋、油为0.05 mg/kg,乳制品为0.01 mg/kg,谷物为0.02 mg/kg,水果和蔬菜为0.02 mg/kg。胃肠道对金属汞的吸收率低于0.01%。但胃肠道对有机汞的吸收率很高。无机汞中毒主要影响肾,造成尿毒症。甲基汞有高度脂溶性,甲基汞中毒主要影响神经系统和生殖系统。

③ 镉:镉主要通过对水源的直接污染以及通过食物链的生物富集作用造成危害。日本的富山县神通川在1946—1955年发现了骨痛病。该病主要是因人食用了镉污染的大米所致。

一般食物中含镉量很低。被镉污染的食物主要是鱼类、贝类等水生生物。鱼和贝类可从周围的水体中富集镉,其体内浓度比水高出4 500倍。在镉污染严重的海域中捕获的牡蛎体内含镉比鱼还高几千倍。在通常情况下,饮食中的镉水平并未引起人的健康损害。

大多数肉类含镉量比较低,吸收的镉大约有50%分布在肾和肝中。特别是氧化镉的毒性非常大。急性中毒症为中枢神经中毒。镉的慢性毒性主要表现在使肾中毒和骨中毒,并对生殖系统造成损害,镉还有致癌活性。

4. 硝酸盐和亚硝酸盐

N-亚硝基化合物(NOC)是对动物具有较强致癌作用的一类化学物质,有300多种亚

硝基化合物,其中90%具有致癌性。根据分子结构不同,*N*-亚硝基化合物可分为*N*-亚硝胺和*N*-亚硝酰胺。

(1) 亚硝胺

亚硝胺在中性和碱性环境中较稳定,在酸性环境中易破坏。加热到70~110℃,N—N之间可发生断裂。

(2) 亚硝酰胺

亚硝酰胺的化学性质活泼,在酸性和碱性条件下均不稳定。

一般蔬菜中的硝酸盐含量较高,而亚硝酸盐含量较低。但腌制不充分的蔬菜、不新鲜的蔬菜中、泡菜中含有较多的亚硝酸盐(部分硝酸盐在细菌作用下,转变成亚硝酸盐)。腌制动物性食品如腊肠、肉肠、灌肠、火腿和午餐肉中常加硝酸盐和亚硝酸盐作为防腐剂和发色剂。在适宜的条件下,亚硝酸盐可与肉中的氨基酸发生反应,生成亚硝基化合物,生成*N*-亚硝胺和亚硝酰胺致癌物。同时,食用亚硝酸和有机胺,胃可能是合成亚硝胺的主要场所,口腔和感染的膀胱也可以合成一定量的亚硝胺。亚硝胺是一种很强的致癌物质,并具有较强的致畸性,使胎儿神经系统畸形。

由于大量使用氮肥,一些蔬菜如卷心菜、花椰菜、胡萝卜、芹菜和菠菜通常有很高的硝酸盐含量(1 000~3 000 mg/kg),一般成年人每天摄入约100 mg硝酸盐。其中70%~90%的硝酸盐来自叶类和根类蔬菜,而腌肉仅占9%。硝酸盐在人体的口腔和肠道中可由细菌还原形成亚硝酸盐。亚硝酸盐在大多数食物中的含量不是很高,成人每天摄入亚硝酸盐为2.0~11.2 mg,主要来自腌制食品。蔬菜在腌制过程中,亚硝酸盐含量在7~15 d时会升高,20 d后明显下降,食用比较安全。腌制蔬菜中有一种浮在液体表面的霉菌——白地霉菌,可将蔬菜中的硝酸盐转变为亚硝酸盐。大量摄入硝酸盐和亚硝酸盐可诱导高铁血红蛋白血症,可致死亡。该病经常发生在饮用水中硝酸盐含量较高的地区,而且多发于婴儿。硝酸盐的摄入也能减少人体对碘的消化吸收,从而导致甲状腺肿大。硝酸盐也有致畸性。

海产品、肉制品、啤酒及不新鲜的蔬菜等含有比较高的亚硝酸盐。腌制的肉类、熏肉和咸鱼含有亚硝胺。腌制食品如果再用烟熏,则亚硝胺化合物的含量将会更高。鱼类在经亚硝酸盐处理后会自然形成亚硝胺化合物。对用亚硝酸盐处理过的食物进行加热或油煎也可产生亚硝胺。经亚硝酸盐处理的腌肉(咸肉)在油煎时,可产生含量高达100 mg/kg的强致癌物——亚硝基吡咯烷。

预防方面应该减少其前体物的摄入量,应该限制食品加工过程中的硝酸盐和亚硝酸盐的添加量,尽量食用新鲜蔬菜等。在腌制肉类食品时加入异抗血酸盐或抗坏血酸盐等还原剂,可大大减少腌制食品中亚硝胺的形成。通过增加新鲜蔬菜和水果的摄入量来阻断亚硝基化反应,能有效地预防由亚硝胺诱发的肿瘤的发生。

烹饪原料需要符合《食品安全国家标准　食品中污染物限量》(GB2762—2017)中关于食品中污染物限量的要求。广泛测定的有铅、镉、汞、砷、铬。也有一些特别测定:锡(镀锡版包装的婴幼儿食品和饮料)、镍(氢化植物油及其产品)、亚硝酸盐(蔬菜及其制品,乳及其制品,包装饮用水,特殊膳食食品)、硝酸盐(矿泉水,特殊膳食食品)、苯并[a]芘(谷类、油脂、肉和水产熏烧烤类)、*N*-二甲基亚硝胺(肉和肉制品,水产动物及其制品)、多氯联苯(水产动物及其制品)、3-氯-1,2-丙二醇(酸水解植物蛋白调味品)。

5. 食品化学添加剂

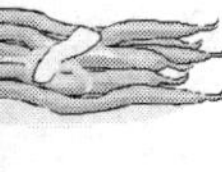

联合国粮食及农业组织与世界卫生组织推荐使用的食品添加剂有400多种(不包括香精、香料)。香精、香料占总食品添加剂的80%左右。一般认为有安全(GRAS)标志的添加剂相对比较安全。另外,要严格控制使用量。

国内外因为添加剂毒性问题,不断地禁止使用一些原来一直使用的食品添加剂,例如甲醛、硼酸、硼砂、β-萘酚、水杨酸、吊白块、硫酸铜、黄樟素、香豆素等。但是目前还有一些不良商人违法使用。

食品添加剂的毒性如下。

① 急性和慢性中毒:天津市、江苏省、新疆维吾尔自治区等地皆因使用含砷的盐酸、面碱及过量食用添加剂如亚硝酸盐、漂白剂、色素而发生急性、慢性中毒。

② 引起变态反应:糖精可引起皮肤瘙痒症、日光性过敏性皮炎,苯甲酸及偶氮类染料皆可引起哮喘,香料中的很多物质可引起呼吸道器官发炎,柠檬黄引起支气管哮喘、荨麻疹等。

③ 体内蓄积:国外在儿童食品中加入维生素A作为强化剂,如在蛋黄酱、奶粉、饮料中加入这些强化剂,经摄食后3~6个月总摄入量达到25万~84万U时,出现慢性中毒。维生素D过多摄入也可引起慢性中毒。食用油和肉制品抗氧化剂二丁基羟基甲苯(BHT)如过量也可在体内蓄积。

④ 食品添加剂转化产物问题:糖精中的邻甲苯磺酰胺杂质,用氨法生产的焦糖色中的4-甲基咪唑,赤癣红色素转化成荧光素,焦碳酸二乙酯转化成强烈致癌物质氨基甲酸乙酯,亚硝酸盐形成亚硝基化合物,偶氮染料形成游离芳香族胺等。

(1) 防腐剂

① 苯甲酸及钠盐:苯甲酸钠能够改变细胞膜的透性,抑制细胞膜对氨基酸的吸收,抑制脂肪酶等酶的活性,使ATP合成受阻。苯甲酸没有慢性毒性。大量摄入苯甲酸导致肝、胃严重病变,甚至死亡。

② 对羟基苯甲酸乙酯:对羟基苯甲酸乙酯有明显的膜毒性,它可破坏细胞膜的结构,对细胞的电子传递链有抑制作用。大量摄入对羟基苯甲酸酯类将影响发育。

(2) 抗氧化剂

丁基羟基茴香醚(BHA)、二丁基羟基甲苯(BHT)和没食子酸丙酯(PG)是目前食品工业中最常用的抗氧化剂。BHA、BHT和PG的急性毒性较弱。BHA可导致试验动物胃肠道上皮细胞的损伤。BHA具有致癌和防癌的双重作用,取决于癌发生的不同时期。

(3) 合成甜味剂

食品工业中常用的合成甜味剂包括阿斯巴甜、糖精钠和甜蜜素等。在一些低热量软饮料及糖尿病患者的食品中往往添加合成的甜味剂。

① 糖精钠:糖精钠从1884年开始生产和使用,是最有争议的合成甜味剂。糖精钠在生物体内不被分解,由肾排出体外。其急性毒性不强,其争议主要在其致癌性。动物试验表明糖精钠除了引起肝癌、肝肿瘤、尿道结石外,还能引起中毒。美国食品药品监督管理局要求在食品中禁止使用糖精钠。我国国家标准允许使用。最大使用量为0.15 g/kg。

② 甜蜜素:甜蜜素的化学名称为环己基氨基磺酸钠。1968年,美国食品药品监督管理局在大鼠中发现了甜蜜素的致畸、致癌和致突变性。蜜饯常存在糖精钠和甜蜜素超标的情况。甜蜜素在生物体内可转化形成毒性更强的环己胺,具有一定的致癌性。但在食品中达不到致癌性的剂量。

③ 阿斯巴甜:阿斯巴甜又名蛋白糖、甜味素,其化学名称为天门冬酰苯丙氨酸甲酯。阿斯巴甜几乎无毒,但阿斯巴甜含有苯丙氨酸成分,对苯丙酮酸尿患儿不利。

④ 甘草素:甘草素是从植物甘草根部提取的天然甜味剂。甘草素的甜味来自甘草酸和甘草次酸。甘草酸的苷元即甘草次酸具有细胞毒性,长时间大量食用甘草糖(100 g/d)可导致严重的高血压和心脏肥大。甘草次酸对体内糖皮质激素受体有激活作用。因此,甘草次酸不适合加入经常和普遍食用的食品中。

(4) 食用色素

① 苋菜红和柠檬黄:苋菜红具有致癌作用,1976 年,美国食品药品监督管理局和英国等国家禁止其在食品中使用。我国部分食品可以限量使用。致癌性方面有争议,可能致畸胎。柠檬黄有致畸性。每 1 万人中就有 1 人对柠檬黄敏感,尤其是阿司匹林过敏者,过敏症状包括风疹、哮喘和血管性水肿等。柠檬黄在我国烹饪中的添加还是非常普遍的。

② 焦糖色:焦糖色含有少量致癌的苯并[a]芘。用氨法制造的焦糖色还含有致惊厥的 4-甲基咪唑,对中枢神经系统有强烈的毒性。在慢性毒性试验中,发现试验动物摄入该物质后淋巴细胞和白细胞数目减少。

烹饪原料需要符合《食品安全国家标准　食品添加剂使用标准》(GB2760—2014)中关于食品添加剂使用标准的要求,目前存在问题主要是超范围使用和超剂量使用。

(5) 香料和风味增强剂

有的天然香料可能有一定的毒性。大茴香和生姜也含有微量的黄樟素,黄樟素有毒。香兰素和乙基香兰素大多是合成产品,广泛添加于奶粉等食品中,该物质的急性毒性不强,但具有嗜神经性,可产生麻醉作用。其他芳香醛类如苦杏仁油(苯甲醛)对中枢神经也有麻醉作用,对皮肤、黏膜和眼睛也有刺激性作用。邻氨基苯甲醛是一种具有葡萄甜香的无色液体,广泛用于制造具有葡萄香味的食品,会引起人类皮肤的过敏。

6. 烹饪原料的包装对安全性的影响

包装容器及包装材料的有害物质,主要是金属容器中的铅,塑料中的稳定剂、增塑剂、单体以及溶剂等。这些有害物质可能会转移到食品中。

(1) 塑料的安全问题

塑料的安全性主要涉及部分单体、部分塑料添加剂、溶剂残留、催化剂残留毒性,另外,其热解产物可能有毒。从塑料种类来看,主要有以下几种。

① 聚氯乙烯(PVC):聚氯乙烯安全性的主要问题是未参与聚合的氯乙烯单体、塑料添加剂(特别是增塑剂)、热解产物。氯乙烯单体是一种致癌物质。

② 聚苯乙烯(PS):聚苯乙烯的主要安全问题是苯乙烯单体及甲苯、乙苯和异丙苯等溶剂。聚苯乙烯容器贮存牛奶、肉汁、糖液及酱油等可产生异味。

③ 聚对苯二甲酸乙二醇酯(PET):在聚合中使用含锑、锗、钴和锰的催化剂容易残留。聚乙烯(PE)、聚丙烯(PP)、聚碳酸酯塑料(PC)安全性较好,基本无毒。

塑料添加剂主要有以下几种。

① 增塑剂:为了塑料柔软,添加量很大。邻苯二甲酸酯类是应用最广泛的一种,其毒性较低。

② 热稳定剂:为了塑料耐高温。大多数为金属盐类。铅盐、钡盐和镉盐对人体危害较大,不能用于食品包装,但是农用和工业用的塑料可能有这些成分。食品包装材料常用有机锡稳定剂,毒性较低。

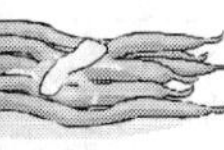

③ 抗氧化剂:食品包装材料上使用的有 BHA、BHT 等,非食品包装材料有双酚 A 等抗氧化剂,对人有害。另外,抗静电剂、润滑剂、着色剂并非安全性关注的重点。最重要的是烹饪原料的包装不能使用非食品用塑料材料。

(2) 橡胶制品的安全性

橡胶可分为天然橡胶和合成橡胶两大类。天然橡胶存在添加剂残留,合成橡胶有单体和添加剂残留问题。主要有硫化促进剂、抗氧化剂和增塑剂,如二硫化氨基甲酸盐。硫化促进剂有致畸倾向。其他促进剂例如醛胺类、胍类、硫脲类、噻唑类、次磺酰胺类和秋兰姆类等大多具有毒性。防老剂中的萘胺类化合物,如 8-萘胺具有明显的致癌性,能引起膀胱癌。橡胶制品可能接触酒精饮料、含油的食品或高压水蒸气而溶出有毒物质,造成烹饪原料的安全问题。

(3) 涂料的安全性

① 溶剂挥发型成膜涂料:例如过氧乙烯漆、虫胶漆等。与烹饪原料接触,常可溶出造成食品污染。加入的增塑剂也可污染食品。严禁采用多氯联苯和磷酸三甲酚酯等有毒的增塑剂。溶剂也应选用无毒者。

② 加固化剂交联成膜树脂:主要为环氧树脂和聚酯树脂。常用固化剂为胺类化合物。其毒性主要是单体环氧丙烷和未反应的固化剂,如乙二胺、二乙烯三胺等。用作罐头内壁涂料时,应控制游离酚的含量。

③ 环氧成膜树脂:不耐浸泡,不宜盛装液态食品。接触酸性食品、金属盐类或防锈漆中的红丹(Pb_3O_4)溶入食品。

④ 高分子乳液涂料:以聚四氟乙烯树脂为代表,多涂于煎锅或烘干盘表面,以防止烹调食品黏附于容器上。其卫生问题主要是聚合不充分,可能会有含氟低聚物溶于油脂中。另外,加热超过 280℃,会使其分解产生挥发性很强的有毒害的氟化物,造成烹饪加工中的安全性问题。

(4) 陶瓷、搪瓷的安全性

陶瓷、搪瓷的安全性主要是由釉彩而引起的,釉的彩色主要是硫化镉、氧化铬、硝酸锰。用搪瓷容器装烹饪原料,釉料中重金属移入食品中带来危害,常见的为铅、镉、锑。特别是酸性食品。

(5) 金属包装材料的安全性

① 铝制品:铝制品主要的卫生问题在于回收铝的制品。杂质金属常见的有锌和镉。

② 不锈钢:不锈钢有铅、铬、镍、镉和砷杂质,在乙酸中容易溶解出来。

(6) 玻璃制品的安全性

应注意原料的纯度,在 4%的乙酸中溶出的金属,主要为铅。而高档玻璃器皿(如高脚酒杯)制作时,常加入铅化合物,其数量可达玻璃质量的 30%,是较突出的卫生问题。

(7) 包装纸的安全性

① 荧光增白剂。

② 回收制作的纸的化学污染和微生物污染。

③ 浸非食品级蜡的包装纸中的多环芳烃,例如苯并[*a*]芘。

④ 彩色或印刷图案中油墨的污染等。彩色油墨可能含有多氯联苯,容易向富含油脂的食物中移溶。不能用非食品用纸包装烹饪原料。

(8) 复合包装材料的安全性

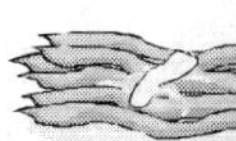

主要是黏合剂,它常含有甲苯二异氰酸酯(TDI)。蒸煮食物时,可以使 TDI 移入食品,TDI 水解可以产生具有致癌作用的 2,4-二氨基甲苯(TDA)。不能用非食品级材料。

烹饪原料接触的包装需要符合《食品安全国家标准　食品接触材料及制品通用安全要求》(GB 4806.1—2016),其他涉及包装的还有 GB 4806.3~11—2016,都是 2016 年制定的,分别是搪瓷、陶瓷、玻璃、树脂、塑料、纸、金属、涂料、橡胶。另外还有一个《食品安全国家标准　奶嘴》(GB 4806.2—2015)。其添加剂要符合《食品安全国家标准 食品接触材料及其制品用添加剂使用标准》(GB 9685—2016)。

四、烹饪原料的物理安全性

物理安全性主要是食品中出现金属、玻璃、石块等危害健康的物质。这些东西的危害是容易避免的。但是烹饪原料还有一种物理安全性——辐照食品的安全性困扰了很多人。目前食品实际污染情况主要以半衰期较长的^{139}Cs和^{90}Sr最严重。食品放射性污染对人体的危害主要是由于摄入污染食品后放射性物质对人体内各种组织、器官和细胞产生的低剂量长期内照射效应。主要表现为对免疫系统、生殖系统的损伤和致癌、致畸、致突变作用。

环境中人为的放射性核素污染主要来源于以下几个方面。

(1) 核爆炸。

(2) 核废物的排放。

(3) 意外事故。

环境中的放射性物质可以通过水、大气、土壤污染农作物、水产品、饲料和牧草,经过生物圈进入食品,最终进入人体。其主要的转移途径有以下几方面。

(1) 向水生生物体内转移。

(2) 向植物转移。

(3) 向动物转移。

人为污染的放射性核素主要有以下几种,即^{131}I、^{90}Sr、^{89}Sr 、^{137}Cs。在核试验及和平利用原子能产生的放射性物质即人为的放射性污染,^{90}Sr 的沉降量增加,随之膳食和牛奶中含量也明显增加。浮游植物对放射性核素的浓集能力最强。某些海底动物如软体动物和鱼类能蓄积特别危险的^{90}Sr。牡蛎能蓄积大量^{65}Zn,某些鱼类能蓄积^{55}Fe。

辐照食品是用^{60}Co、^{137}Cs 产生的 γ 射线或电子加速器产生的低于 10 MeV 电子束辐照加工处理的食品。一般来说经 10 kGy 以下剂量的辐照处理,食品在安全性上都不存在问题。但是食品辐照是利用电离辐射照射物体,激活被照射物质中的分子形成离子或自由基。

辐照食品可能存在的安全性问题主要有以下 3 个方面。

(1) 有害物质的生成。根据过高剂量(大于 10 kGy)照射有害物质生成的报道,能够带来慢性病害和致畸的问题。

(2) 营养成分的破坏。经辐照处理的食品,食品中的营养素受到一定的影响。特别是对维生素 A、E 和 K 及维生素 C 的破坏。在 10 kGy 以上剂量的食品辐照灭菌中,辐照食品可在风味、组织结构上产生一些不良感官性状变化,出现所谓的辐照气味及褐变反应等。

(3) 伤残微生物的危害和毒性问题。已有实验证实,在完全杀菌剂量(4.5×10^{-2}~5.0×10^{-2} Gy)以下,微生物出现耐放射性,而且反复照射,其耐性成倍增长。这种伤残微生物菌丛的变化，生成与原来腐败微生物不同的有害生成物有可能造成新的危害。

五、食品生产加工过程产生的毒性物质

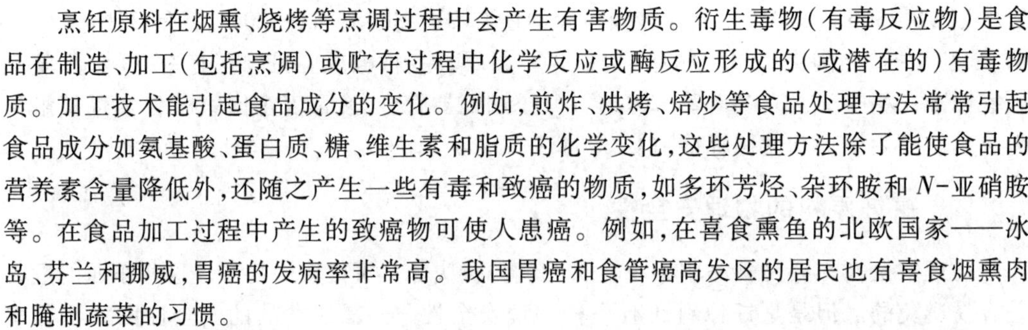

烹饪原料在烟熏、烧烤等烹调过程中会产生有害物质。衍生毒物（有毒反应物）是食品在制造、加工（包括烹调）或贮存过程中化学反应或酶反应形成的（或潜在的）有毒物质。加工技术能引起食品成分的变化。例如，煎炸、烘烤、焙炒等食品处理方法常常引起食品成分如氨基酸、蛋白质、糖、维生素和脂质的化学变化，这些处理方法除了能使食品的营养素含量降低外，还随之产生一些有毒和致癌的物质，如多环芳烃、杂环胺和 *N*-亚硝胺等。在食品加工过程中产生的致癌物可使人患癌。例如，在喜食熏鱼的北欧国家——冰岛、芬兰和挪威，胃癌的发病率非常高。我国胃癌和食管癌高发区的居民也有喜食烟熏肉和腌制蔬菜的习惯。

（一）多环芳烃

多环芳烃是煤、石油、木材、烟草、有机高分子化合物等有机物不完全燃烧时产生的挥发性碳氢化合物，是重要的环境和食品污染物。迄今已发现有 200 多种多环芳烃，苯并[a]芘是已发现的 200 多种多环芳烃中最主要的环境和食品污染物，苯并[a]芘是一种较强的致癌物。

大多数加工食品中的多环芳烃主要源于加工过程本身，而环境污染只起到很小的作用。苯并[a]芘[B(*a*)P]性质稳定，沸点为 310~312℃，熔点为 178℃，稍溶于乙醇中。在难溶的水中，有致癌性和致突变性，通过水和食物进入人体。在城市及大型工厂附近生长的谷物、水果和蔬菜中的苯并[a]芘含量明显高于农村和偏远山区谷物和蔬菜中所含的量，用这一地区的谷物制成的植物油和用这一地区谷物喂养的食用动物的肉及奶制品中都有较高的苯并[a]芘含量。不过，即使在远离工业中心地区的土壤中，多环芳烃的水平也可能很高，主要是腐烂的蔬菜残留造成的。我国一些地区的农民在沥青路面上晾晒粮食，可造成多环芳烃对食物的直接污染。另外，甲壳类动物由于降解多环芳烃的能力较差，因此往往在体内积聚相当多的苯并[a]芘。

食品中的多环芳烃主要有以下几个来源。

（1）食品在烘烤或熏制时往往产生大量的多环芳烃。

（2）植物性食物可吸收土壤、水中污染的多环芳烃，并可受大气飘尘直接污染。

（3）食品在加工过程中，受机油污染，或食品包装材料的污染，以及在柏油马路上晾晒粮食可使粮食受到污染。

（4）污染的水体可使水产品受到污染。

（5）植物和微生物体内可合成微量的多环芳烃。

熏制食品（熏鱼、熏香肠、腊肉、火腿等）、烘烤食品（饼干、面包等）和煎炸食品（罐装鱼、方便面等）中主要的毒素和致癌物是多环芳烃，主要是苯并[a]芘。在烤制过程中动物食品所滴下的油粒中苯并[a]芘的含量高于动物食品本身的量达 10~70 倍。烟熏时产生的苯并[a]芘直接附着在食品表面，随着保藏时间的延长而逐步深入到食品内部。一般烧烤油和熏红肠的苯并[a]芘含量要高于烤肉和腊肠。用煤炭和木材烧烤的食品往往有较高的苯并[a]芘含量。烧烤和熏制食品的苯并[a]芘含量一般在0.5~20 μg/kg的范围内。熏鱼的苯并[a]芘含量更高，一盒油浸熏鱼的苯并[a]芘含量相当于60 包香烟或一个人在一年内从空气中呼吸到的苯并[a]芘量的总和。苯并[a]芘在人体中有累积效

应，而且也有极强的致癌性。

煎炸油经常反复使用。方便面和罐装鱼等食品的煎炸温度一般可高达185~200℃或更高。煎炸油产生一系列酮环氧化物、过氧化物、脂肪杂环化合物及大量的脂质自由基。脂肪酸和氨基酸在高温下反应形成苯并[a]芘。面包和饼干的烘烤温度一般高达400℃，也会产生苯并[a]芘。淀粉在加热至390℃时产生0.7 μg/kg的苯并[a]芘。淀粉在650℃产生17 μg/kg的苯并[a]芘，每百克葡萄糖产生0.7 mg苯并[a]芘，每百克脂肪酸产生的苯并[a]芘含量高达8.8 mg。另外，油料种子在榨油前一般要进行烘烤，产生多环芳烃。咖啡和茶叶在炒制过程中也可形成类似的多环芳烃。防止苯并[a]芘危害的预防措施包括防止污染、去毒和制定食品中最高允许限量标准。

（二）美拉德反应产物

1912年，法国化学家美拉德发现葡萄糖和甘氨酸溶液共热时可产生褐变反应，并证明蛋白质（氨基酸）的氨基与葡萄糖的羰基发生了聚合反应，这一反应称为美拉德反应或羰氨反应。在面包、糕点和咖啡等食品的烘烤过程中，美拉德反应能产生诱人的焦黄色和独特风味。美拉德反应除形成褐色素、风味物质和多聚物外，还可形成许多杂环化合物。美拉德反应形成的一些产物具有较强的致突变性，可能形成致癌物。

（三）杂环胺

20世纪70年代末，人们发现从烤鱼或烤牛肉炭化表层中提取的化合物具有致突变性。这类物质主要是复杂的杂环胺类化合物，主要是咪唑喹啉（IQ）、甲基咪喹啉（MelQx）和咪唑吡啶（如PhIP）。是在高温下由肌酸、肌酐、某些氨基酸和糖形成的带杂环的伯胺。PhIP是烹饪食品中含量最多的杂环胺。含IQ和MelQx的牛肉提取物在人体肝组织中被代谢转化为活性致突变物。IQ化合物和PhIP可诱发肿瘤，而其他氨基酸的热解产物也可以诱发肿瘤。

在烹调富含蛋白质的食物时，蛋白质的降解产物——色氨酸和谷氨酸首先形成一组多环芳胺化合物，如色胺热解产物（Trp-*p*-1和Trp-*p*-2）和谷胺热解产物（Glu-*p*-1）。色胺和谷胺的热解产物有致突变性，能够提高肿瘤的发生率。氨基酸和蛋白质的热解对实验动物的消化管表现为致癌性。但是其他富含蛋白质的食品如牛奶、奶酪、豆腐和各种豆类在高温处理时，虽然严重炭化但仅有微弱的致突变性。

防止杂环胺危害的措施有以下几方面。

（1）改进烹调方法，尽量不要采用油煎和油炸的烹调方法，避免过高的温度，不要烧焦食物。

（2）增加蔬菜和水果的摄入量。膳食纤维可以吸附杂环胺，而蔬菜和水果中的一些活性成分又可抑制杂环胺的致突变作用。

（3）建立杂环胺的检测方法，尽早制定食品中的允许含量标准。

六、转基因食品及其安全性

转基因食品是指利用生物技术，将有利于人类的外源基因转入受体生物体内（动物、植物、微生物）改变其遗传特性，获得原先不具备的品质与特性，这种以转基因生物为直接食品或为原料加工生产的食品就是转基因食品。转基因食品又称为基因工程食品或基因修饰食品。目前我国采用转基因农产品的标识管理办法。

根据转基因食品的来源，可以将转基因食品分为以下3类。

(1) 转基因微生物食品

直接用作食品的转基因微生物,市场上还未曾出现,但利用转基因微生物发酵生产的产品却并不鲜见,如葡萄酒、啤酒、酱油、食品用酶以及食品添加剂等。

(2) 转基因植物食品

转基因植物食品主要有转基因大豆、玉米、番茄、马铃薯、油菜及其产品。

(3) 转基因动物食品

转基因动物食品主要用于医药领域,而在食品方面较少。

目前国外的转基因的番茄、水稻、马铃薯、大豆、西葫芦、芦笋都是安全的。但也有报道转巴西坚果 2S 清蛋白基因的大豆中,新增加了蛋白质,其很可能是过敏原。这是迄今已知的唯一拒绝批准商业应用的例子。现已培育出生长加速的红鲤、镜鲤、普通鲫鱼和白鲫等转基因鱼。

全球普遍关注的转基因食品存在的安全性问题主要包括以下 3 个方面。

(1) 食品本身的安全性

① 可能有食品毒性。因为未进行较长时间的安全性试验。

② 食品过敏性。存在食品过敏性可能。

③ 抗生素的抗性。目前在基因工程中运用的标记基因大多数为抗生素抗性基因(如抗卡那霉素、氨苄西林、新霉素、链霉素等)来标识转基因化的农作物,它们进入食物链,可能会进入人和动物体内的微生物中,从而产生耐药的细菌或病毒。

④ 食物的营养价值下降或降解食品中重要的成分。例如具有芳香、有光泽的红色番茄能贮藏几周,但营养价值较低。

(2) 生态环境的安全

① 基因扩散——所转基因向野生植物漂移。

② 食物链的破坏、打破物种的动态平衡和多样性。

③ 出现新的病毒和毒素。

(3) 国家经济安全

发达国家凭借先进的生物技术水平,在专利权方面导致新的垄断,如“终止子技术”专利就使农民无法留种,使遗传工程技术公司能够谋取高额利润。

第三节　安全的烹饪原料

一、无公害食品

无公害农产品是指产地环境、生产过程、产品质量符合国家有关标准和规范的要求,经认证合格获得认证证书并允许使用无公害农产品标志的未经加工或初加工的食用农产品。

无公害食品标准主要包括无公害食品行业标准和农产品安全质量国家标准,二者同时颁布。无公害食品行业标准由农业农村部制定,是无公害农产品认证的主要依据。农产品安全质量国家标准由国家质量技术监督检验检疫总局制定。

无公害农产品认证分为产地认定和产品认证,产地认定由省级农业行政主管部门组织实施,产品认证由农业农村部相关部门组织实施,获得无公害农产品产地认定证书的产品方可申请产品认证。

无公害农产品认证是由农业农村部相关部门依据认证认可规则和程序，按照无公害农产品质量安全标准，对未经加工或初加工的食用农产品产地环境、农业投入品、生产过程和产品质量等环节进行审查验证，向经评定合格的农产品颁发无公害农产品认证证书，并允许使用全国统一的无公害农产品标志。

无公害农产品要求有一个无污染的良好生态环境的生产基地，产品的卫生品质标准严于国家颁布的食品卫生标准。无公害农产品生产技术的核心是通过优化的无公害栽培技术、施肥技术，以及无公害的病虫防治等技术，允许限量、限品种、限时间使用化肥、农药。这类无公害农产品是以农业的初级产品为主，农产品加工品为辅。

（一）无公害食品行业标准

原农业部从 2001 年开始制定、发布了无公害食品标准。包括产地环境标准、产品质量标准、生产技术规范和检验检测方法等，标准涉及 120 多个(类)农产品品种，大多数为蔬菜、水果、茶叶、肉、蛋、奶、鱼等。无公害食品标准以全程质量控制为核心，主要包括产地环境质量标准、生产技术标准和产品标准 3 个方面，无公害食品标准主要参考绿色食品标准的框架而制定。按照国家法律法规规定和食品对人体健康、环境影响的程度，无公害食品的产品标准和产地环境标准为强制性标准，生产技术规范为推荐性标准。

如图 17-1 所示，无公害农产品标志图案主要由麦穗、对钩和“无公害农产品”字样组成，麦穗代表农产品，对钩表示合格，金色寓意成熟和丰收，绿色象征环保和安全。

（二）农产品安全质量国家标准

国家市场监督管理总局制定农产品安全质量标准 GB 18406 和 GB/T 18407，以提供无公害农产品产地环境和产品质量国家标准。农产品安全质量分为两部分，即无公害农产品产地环境要求和无公害农产品产品安全要求。

如图 17-2 所示，无公害农产品标志以一棵象形的大白菜为底，意指农产品的纯净安全，白菜的上面是中文“无公害农产品”6 个黑体字，中间是大写的英文字母“GB”，是“国家标准”汉语拼音的缩写，下面是英文单词“safe crop”，即“安全农作物”。

图 17-1 农业农村部制定的无公害农产品标志

图 17-2 国家市场监督管理总局制定的无公害农产品标志

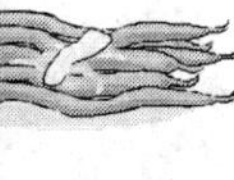

二、绿色食品

绿色食品是遵循可持续发展原则，按照特定的生产方式生产，经中国绿色食品发展中心认定，许可使用绿色食品标志商标的无污染的安全、优质、营养类食品。绿色食品是从普通食品向有机食品发展的一种过渡产品。绿色食品种类繁多，它涉及酒、肉、菜、奶、罐头、水果、饮料、粮食、蛋品、调料等。

绿色食品分为A级绿色食品和AA级绿色食品。A级绿色食品标志许可使用的期限为3年，AA级绿色食品标志有效使用期为1年。绿色食品按技术分级分为AA级绿色食品标准和A级绿色食品标准。AA级绿色食品的要求实际就是有机食品的要求。AA级食品标准要求生产地的环境质量符合《绿色食品产地环境质量标准》，在生产过程中不使用化学合成的农药、肥料、食品添加剂、饲料添加剂、兽药及有害于环境和人体健康的生产资料。在AA级食品生产过程中禁止使用基因工程技术。A级绿色食品标准要求，生产地的环境质量符合《绿色食品产地环境质量标准》，在生产过程中严格按绿色食品生产资料使用准则和生产操作规程要求，限量使用限定的化学合成生产资料，并积极采用生物学技术和物理方法，保证产品质量符合绿色食品产品标准要求。AA级产品标准应达到或优于国家标准、部颁行业标准或地方标准。A级产品采用原农业部（现农业农村部）的行业标准，例如，《绿色食品　苹果》（NY/T 268—1995）至《绿色食品　西番莲果汁饮料》（NY/T 292—1995）。

绿色食品必须同时具备以下条件。

（1）产品或产品原料产地必须符合绿色食品生态环境质量标准。

（2）农作物种植、畜禽饲养、水产养殖及食品加工必须符合绿色食品的生产操作规程。

（3）产品必须符合绿色食品质量和卫生标准。

（4）产品外包装必须符合国家食品标签通用标准，符合绿色食品特定的包装、装潢和标签规定。

如图17-3和图17-4所示，绿色食品标志由特定的图形来表示。它包括绿色食品标志图形、中文“绿色食品”、英文“Green food”及中英文与图形组合共4种形式。绿色食品标志图形由三部分构成，即上方的太阳、下方的叶片和蓓蕾。标志图形为正圆形，意为保护、安全。整个图形描绘了一幅明媚阳光照耀下的和谐生机，告诉人们绿色食品是出自纯净、良好生态环境的安全、无污染食品，能给人们带来蓬勃的生命力。AA级绿色食品标志与字体为绿色，底色为白色。A级绿色食品标志与字体为白色，底色为绿色。

图17-3　绿色食品标志图案

图 17-4 A 级绿色食品和 AA 级绿色食品标志图案的区别

无公害食品产品标准与绿色食品产品标准的主要区别是二者卫生指标差异很大，绿色食品产品卫生指标明显严于无公害食品产品卫生指标。以黄瓜为例，无公害食品黄瓜卫生指标 11 项，绿色食品黄瓜卫生指标 18 项；无公害食品黄瓜卫生要求敌敌畏 ≤0.2 mg/kg，绿色食品黄瓜卫生要求敌敌畏 ≤0.1 mg/kg。另外，绿色食品蔬菜还规定了感官和营养指标的具体要求，而无公害蔬菜没有。绿色食品有包装通用准则，无公害食品没有。

三、有机食品

南京国际有机产品认证中心（OFDC）认证标准中有机食品的定义是来自于有机农业生产体系，根据有机认证标准生产、加工并经独立的有机食品认证机构认证的农产品及其加工品等，包括粮食、蔬菜、水果、奶制品、禽畜产品、蜂蜜、水产品、调料等。有机食品原料产地无任何污染，在生产过程中不使用任何化学合成的农药、肥料、除草剂和生长素等，在加工过程中不使用任何化学合成的食品防腐剂、添加剂、人工色素和用有机溶剂提取等，在贮藏、运输过程中不能受有害化学物质污染，必须符合国家食品卫生法的要求和食品行业质量标准。

国际有机农业运动联盟（IFOAM）给有机农业下的定义为：根据有机食品种植标准和生产加工技术规范而生产的、经过有机食品颁证组织认证并颁发证书的一切食品和农产品。其在动植物生产过程中不使用化学合成的农药、化肥、生长调节剂、饲料添加剂等物质，以及基因工程生物及其产物，而是遵循自然规律和生态学原理，采取一系列可持续发展的农业技术，协调种植和养殖业的平衡，维持农业生态系统持续稳定的一种农业生产方式。至今，经 OFDC 认证的有机食品有茶叶、蜂蜜、奶粉、大豆、芝麻、荞麦、小麦、核桃、松子、向日葵子、南瓜子、八角、中药材等近 100 个品种。

（一）有机食品的必备条件

（1）原料必须来自已建立的或正在建立的有机农业生产体系，或采用有机方式采集的野生天然产品。

（2）在整个生产过程中必须严格遵循有机食品生产、采集、加工、包装、贮藏、运输标准。

（3）生产者在有机食品的生产和流通过程中，有完善的质量控制和跟踪审查体系，有完整的生产和销售记录档案。

(4) 必须通过独立的有机食品认证机构的认证。

(二) 有机食品生产的基本要求

(1) 生产基地在最近3年内未使用过农药、化肥等违禁物质。

(2) 种子或种苗来自自然界,未经基因工程技术改造过。

(3) 生产基地应建立长期的土地培肥、植物保护、作物轮作和畜禽养殖计划。

(4) 生产基地无水土流失、风蚀及其他环境问题。

(5) 作物在收获、清洁、干燥、贮存和运输过程中应避免污染。

(6) 从常规生产系统向有机生产转换通常需要两年以上时间,新开荒地、撂荒地需至少经12个月才有可能获得颁证。

(7) 在生产和流通过程中,必须有完善的质量控制和跟踪审查体系,并有完整的生产和销售记录档案。

(三) 有机食品加工的基本要求

(1) 原料必须是来自已获得有机认证的产品和野生(天然)产品。

(2) 已获得有机认证的原料在终产品中所占的比例不得少于95%。

(3) 只使用天然的调料、色素和香料等辅助原料及《OFDC有机认证标准》允许使用的物质,不用人工合成的添加剂。

(4) 有机产品在生产、加工、贮存和运输的过程中应避免污染。

(5) 加工、贸易全过程必须有完整的档案记录,包括相应的票据。

(6) 从常规生产系统向有机生产转换通常需要两年以上时间,新开荒地、撂荒地需至少经12个月才有可能获得颁证。

原国家环境保护总局有机食品发展中心检查认证部,2003年改称为"南京国际有机产品认证中心",简称OFDC。同年,OFDC获得IFOAM的国际认可。2004年,OFDC获得中国认证认可监督管理委员会(CNCA)批准,2005年通过了中国国家合格评定国家认可委员会(CNAS)的认可,成为中国第一个同时获得国内和国际认可的有机认证机构。2006年,OFDC获得国际有机认可委员会(IOAS)的国际认可证书,同时OFDC标准也被确认为等同于欧盟EEC2092/91的标准。

认证标志如图17-5所示,图案由两个同心圆、图案以及中英文文字组成。内圆表示太阳,其中的既像青菜又像绵羊头的图案泛指自然界的动植物;外圆表示地球。整个图案采用绿色。

有机(生态)产品

图17-5 "有机认证"标志(左)和"有机(天然)食品"的质量认证标志(右)

如图 17-6 所示，农业农村部中绿华夏有机食品认证中心有机食品图形标志采用人手和叶片为创意元素。

图 17-6　农业农村部中绿华夏有机食品中心（COFCC）设计并注册的有机食品标志

国家市场监督管理总局发布的有机产品标志，如图 17-7 所示。

考虑到某些物质在环境中会残留相当一段时间，土地从生产其他农产品到生产有机农产品需要 2 到 3 年的过渡，早期阶段可以对这个过渡期生产的食品申请有机转换食品标志，2014 年 4 月 1 日后，取消了有机转换食品标志。

有机食品正式标志

图 17-7　国家市场监督管理总局发布的国家有机食品标志

有机食品与绿色食品、无公害食品的区别：根据我国目前有关法规与标准，有机食品、绿色食品与无公害食品都属于安全食品，但在生产、加工及产品质量等要求和标准上有一定的区别，以满足不同消费层次的需求。有机食品的安全要求最高，在生产、加工和消费过程中以生态为目标，更强调环境的安全性，突出人类、自然和社会的持续与协调发展。有机食品在其生产加工过程中绝对禁止使用农药、化肥、激素等人工合成物质，并且不允许使用基因工程技术。而无公害农产品、绿色食品则允许有限使用这些技术，且不禁止基因工程技术的使用。有机农产品在土地生产转型方面有严格的规定。考虑到某些物质在环境中会残留相当一段时间，土地从生产其他农产品到生产有机农产品需要 2~3 年的转换期。AA 级绿色食品对应于有机食品。A 级绿色食品兼顾了可持续农业和有机农业的特点并结合我国国情，追求的是经济效益和生态效益相结合的双重效应，如在生产、加工过程中允许有限制地使用化学合成物，但与国际标准尚无法接轨。无公害食品在生产、加工过程中的要求与标准，低于 A 级绿色食品，但符合现行国家卫生标准。

第四节　主要烹饪原料常见的卫生问题和管理

一、粮豆的卫生与管理

（一）粮豆可能存在的卫生问题

影响粮豆质量变化的主要因素有温度、水分、氧气，还有微生物、仓虫及现代工业带来的有害毒物。粮豆可能存在的卫生问题有以下几方面。

（1）自然陈化：粮豆在贮存过程中，由于自身酶的作用，营养素发生分解，从而导致其风味和品质发生改变的现象，称为自然陈化。

（2）微生物的污染：粮豆表面常有真菌、细菌、酵母的污染，被微生物污染后会出现发热、营养品质下降、变色变味、产毒及加工性能降低等现象。

（3）农药和工业“三废”污染。

（4）仓储害虫及其他：常见的仓储害虫有甲虫、螨虫及蛾类等。此外，粮豆还易受有毒植物种子、泥土、砂石和金属等无机夹杂物的污染。

（二）粮豆的卫生管理

1. 原料贮藏的卫生

粮豆入库前做好质量检查；仓库应定期清扫，以保证清洁卫生；严格控制库内温度、湿度，按时翻仓、晾晒；定期监测粮豆温度和水分含量的变化，加强粮豆的质量检查，防止霉菌和昆虫的污染；粮豆如果使用药剂熏蒸，其残留量应符合国家卫生标准方可使用。

2. 原料加工的卫生

粮豆在加工时应去除有毒植物种子、无机夹杂物、霉变粮豆；粮豆的水分含量应控制在粮食为12%~14%，豆类为10%~13%；面粉加工时使用的增白剂应该符合国家食品添加剂卫生标准，严格控制使用量，以免过量添加危害人体健康。

3. 原料流通环节的卫生

粮豆运输工具应该定期清洗消毒和专车运输；使用符合卫生标准的专用粮豆包装袋；粮豆在销售过程中应防虫、防鼠和防潮，禁止使用霉变和不符合卫生要求的粮豆。

二、蔬菜、水果的卫生与管理

（一）蔬菜、水果可能存在的卫生问题

蔬菜、水果污染主要来自农药、工业废水、亚硝酸盐的化学污染及来自粪便的微生物与寄生虫污染。

1. 微生物和寄生虫卵污染

蔬菜、水果易受肠道致病菌及侵染蔬菜水果的霉菌和细菌的污染。微生物来源为果蔬本身的致病菌、采后侵入的致病菌、表面接触污染的微生物。这些微生物一方面造成腐败变质，另一方面可能引起人体疾病。例如镰刀属菌、青霉属菌、链格孢属菌等霉菌都可能产毒。寄生虫卵主要污染接近地面的蔬菜和部分水果，来源主要因为施用粪便。

2. 农药污染

滥用和不合理使用农药，使蔬菜、水果上的农药残留较多。

3. 工业废水污染

工业废水中往往含有有毒化学物质如酚、氰化物、重金属等，直接灌溉菜地，毒物可经过蔬菜、水果进入人体造成危害。

4. 亚硝酸盐

亚硝酸盐污染主要是由于果蔬生长时碰到干旱、收获后不合理或长期存放、土壤长期过量使用氮肥，使硝酸盐及亚硝酸盐含量增加。

（二）蔬菜、水果的卫生管理

1. 蔬菜、水果的生产环节卫生管理

选择远离工业污染源的区域种植的蔬菜、水果。避免使用没有经过发酵熟化的粪便作为肥料。采收前不能施用化肥。农药使用种类、使用次数、使用剂量符合农业行业有关标准，农药使用后的采收间隔期，符合有关的时间规定。

2. 蔬菜、水果的贮藏流通环节卫生管理

根据蔬菜、水果的不同种类和特性选择适宜的贮藏条件，一般可采用冷藏、速冻，结合《食品安全国家标准　食品添加剂使用标准》（GB 2760—2014）中允许在新鲜蔬菜、水果中使用的保鲜剂等方法来延长保藏期，防止蔬菜、水果腐败变质。

三、畜禽肉类食品的卫生与管理

（一）畜禽肉类食品的卫生问题

肉类食品的卫生质量与畜禽活体的健康状况、宰后贮存条件和加工方法等因素有关。畜禽肉类可能存在的卫生问题有以下几方面。

1. 生物性污染

生物性污染主要包括人畜共患传染病病原体的污染、寄生虫及虫卵的污染与细菌污染。

2. 化学性污染

化学性污染主要是指肉品中残留的有毒有害化学物质（农药、抗生素等）、加工过程中产生的化学物质（多环芳族物质）和食品添加剂等的污染。

（二）畜禽肉的卫生管理

1. 屠宰场的卫生管理

应严格遵守我国《食品安全国家标准　畜禽屠宰加工厂卫生规范》（GB 12694—2016）的规定。厂房设计应符合流水作业的要求，按饲养、屠宰、分割、加工、冷藏的作业线合理设置，避免交叉污染。

2. 流通环节的卫生管理

不收售腐败变质或未经兽医卫生检验的肉及肉制品。运输鲜肉和冻肉要使用密闭冷藏车。临时贮藏期间，库内的温度、湿度应按不同的肉制品设置。定期检查肉品的质量，及时处理已有变质迹象的肉品。贮藏库有防蝇、防尘、防鼠措施，定期进行清洗消毒工作。鲜肉与熟肉制品不可混合运输和贮藏，鲜肉与内脏也不可混放。操作人员应穿戴清洁消毒的工作衣帽、鞋和手套。操作人员、工具和容器必须做到生熟分开，避免交叉污染。实行工具售货制度，做到货款分开。未售完的熟肉制品要低温冷藏，隔日需进行质量检查，若无变质迹象时回锅加热杀菌再销售。用于熟肉制品的包装材料或容器必须符合卫生要求。

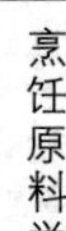

四、鱼类的卫生与管理

（一）鱼类的卫生问题

主要包括重金属污染、化学污染、农药污染、病原微生物污染、寄生虫污染、腐败菌污染及有毒有害的水产品。有些水产品体内含有天然毒素，如几乎全身都含毒的河豚，肝脏含毒的鲨鱼、旗鱼、鳕鱼等。

（二）鱼类的卫生管理

1. 鱼类的来源卫生管理

捕捞或养殖鱼类的水域应该没有工业污染、生活污水污染和赤潮危害。

2. 鱼类的流通环节卫生管理

宰杀后的鱼类采用冷藏或冷冻保藏的方式。鱼类在冷冻前应进行卫生质量检验。盐腌保藏一般要求盐浓度达到15%以上，但盐浓度高时常使鱼体出现发红现象，故盐腌的保藏时间也不宜太长。活鱼可养在水中进行运输和销售，但应避免污水和化学毒物污染。所有接触鱼类的设备、容器、工具做到清洗消毒。为了确保鱼体的卫生质量，供销各环节应该建立质量验收制度。沿海地区有生食鱼类的饮食习惯，在鱼体的加工、贮藏、运输和销售过程中必须严格遵守卫生规程，防止食物中毒。

五、蛋类的卫生与管理

（一）蛋类的卫生问题

1. 沙门菌及其他微生物的污染

鲜蛋的微生物污染途径有以下两个。

（1）产前污染

禽类感染沙门菌及其他微生物后，可通过血液循环而进入卵巢，当卵黄在卵巢内形成时可被污染。

（2）产蛋后污染

蛋壳可被环境中的微生物污染。此外，蛋因搬运、贮藏受到机械损伤，蛋壳破裂，极易受微生物污染，发生变质。

2. 农药及其他有害物质的污染

饲料受农药、重金属污染，以及饲料本身含有的有害物质如棉饼中的游离棉酚、菜籽中的硫代葡萄糖苷可以向蛋内发生转移和蓄积，造成蛋的污染。

（二）鲜蛋的卫生管理

1. 鲜蛋生产的卫生管理

为了防止微生物对鲜蛋的污染，应加强对禽类饲养过程中的卫生管理，确保禽体和产蛋场所的清洁卫生。

2. 鲜蛋流通环节的卫生管理

鲜蛋最适宜的贮藏条件是在1～5℃、相对湿度为87%～97%的条件下存放。销售的鲜蛋必须经过卫生检验，符合鲜蛋要求方可食用。

六、调料的卫生与管理

（一）调料的卫生问题

1. 酱油、食醋

酱油、食醋可能存在的卫生问题有以下几方面。

（1）微生物的污染

在生产过程中如果卫生条件差，不仅易引起腐败菌污染，还可能存在霉菌产毒问题。

（2）食品添加剂超标和滥用

酱油中加入的食品添加剂有防腐剂和着色剂。酱油中使用的防腐剂超标。为了改善酱油的色泽，常添加按传统方法生产的酱色作为着色剂，我国禁止添加加胺法生产的酱色。

2. 酒类

根据生产方法可将饮料酒分为 3 类，即蒸馏酒、发酵酒和配制酒。

蒸馏酒的卫生问题为甲醇、杂醇油、醛类等的超标问题。

发酵酒的卫生问题包括黄曲霉毒素、*N*-二甲基亚硝胺含量超标，二氧化硫残留及微生物污染等。

配制酒的卫生问题主要存在于配制酒所使用的原辅料。酒基的质量是配制酒卫生质量的根本，不得使用工业酒精和医用酒精，添加剂必须符合相关的卫生要求，不得滥用中药。

3. 食盐

食盐易出现的主要卫生问题是井盐、矿盐的杂质及精制盐、强化盐的添加剂问题。食盐卫生标准规定钡含量不得超过 20 mg/kg，矿盐中的氟含量不得超过 5 mg/kg。部分食盐含铁等杂质过高，可能引起蔬菜腌制、烹饪中的褐变等问题。

（二）调料的卫生管理

（1）酱油、食醋生产应按卫生规范进行，原料均应符合我国规定的粮食卫生标准，酿造用水应符合我国饮用水的卫生标准。控制生产中可能的化学性污染，严格控制化学法配制酱油的蛋白水解液的质量和 3-氯丙醇的含量以及砷、铅的含量，所使用的防腐剂应符合食品添加剂使用标准的要求。防止微生物污染与腐败变质，搞好厂区的环境卫生。产品符合卫生标准后方可出售。

（2）酿酒用的原料不应有微生物污染及变质发生。纯种发酵所用菌种应防止退化、变异、污染，酒曲及菌种的培养严格控制工艺技术条件，确保微生物生长繁殖。固态法制酒必须严格掐头去尾，以降低甲醇和杂醇油含量。液态法制酒采用甲醇分馏塔或精馏可有效降低甲醇含量。搞好厂区、车间、酒窖的清洁卫生，发酵酒所用设备、容器和管道及时清洗消毒。生产所用的消毒剂、添加剂必须符合卫生标准。

（3）食盐是专卖产品，应该根据烹饪用途需要选择不同的食盐，不得采购非法销售的食盐。

七、干货制品的卫生与管理

（一）干货制品的卫生问题

1. 霉烂变质

水分是干货制品的一个重要理化指标。产品在生产或分装过程中的烘干工艺控制不

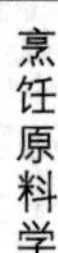

严。产品在运输、贮存等过程中的包装不密封等会造成水分超标。而水分含量过高，会影响干货产品的保质期，使其在储藏过程中易霉烂变质，失去食用价值。

2. 铝含量超标

水产干制品在加工过程中通常会使用明矾（硫酸铝钾及硫酸铝铵）来沉淀藻类泥沙，在后续工序中又没有冲洗干净，导致残留超标。如果长期大量食用铝超标的食品，导致人体摄入铝过多，就有可能引起神经系统的病变。

3. 二氧化硫超标

二氧化硫类物质是食品加工过程中常用的漂白剂和防腐剂，若过量使用会造成干货制品中二氧化硫超标，尤其是食用菌类制品。若长期食用二氧化硫含量超标的食品，则会对人体健康造成危害。

（二）干货制品的卫生管理

商品验货和出厂检验以及生产工艺方面遵守严格的规定，保证产品质量。产品包装合格密封，避免在流通过程中引起的二次污染。

八、奶类的卫生与管理

（一）奶类的卫生问题

奶类可能存在的卫生问题有以下几方面。

（1）微生物的污染：奶中微生物的来源主要有乳房内的微生物污染和环境中的微生物污染。

（2）农药残留的污染：由于动物饲料、生存环境日益受到农药污染，而使奶中农药残留量增加。

（3）动物激素和抗生素残留的污染。

此外，奶牛饲料也容易受到来自环境的金属毒物和放射性物质的污染，以及霉菌和霉菌毒素的污染，从而对奶造成污染。牛奶的掺假，如掺水、掺尿素等，既降低了牛奶的质量，又可造成有毒物质的污染。

（二）奶类的卫生管理

注意挤奶的卫生、场所卫生。搞好奶类的净化、冷却、杀菌等。贮运奶的容器每次使用前后，应用净水、1%~2%的碱水冲洗，再用净水清洗，用蒸汽彻底消毒。运输和贮奶设备要有制冷设备。禁止饮用生乳。乳品应该来自正规企业生产，包装必须严密完整，乳汁中的添加剂符合《食品安全国家标准　食品添加剂使用标准》（GB2760—2014）。

九、食用油脂的卫生与管理

（一）食用油脂的卫生问题

油脂可能存在的主要卫生问题是酸败问题。没有经过检验合格的油脂可能还有霉菌毒素、多环芳烃类污染及天然有毒物质（棉酚、芥子苷、芥酸）。

（二）食用油脂的卫生管理

食用油脂必须符合国家有关的食品卫生标准或规定。应保证油脂的纯度，尽量避免微生物污染及抑制或破坏脂肪酶活性，水分含量控制在0.2%以下。油脂应尽量低温储藏，长期储油应用密封、隔氧、遮光的容器。

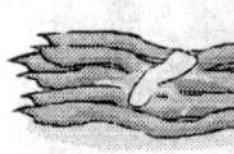

十、烹饪用水的卫生与管理

（一）烹饪用水的卫生问题

水体污染是烹饪用水存在的主要卫生问题，造成水体污染的原因主要有工业“三废”和生活污水。

（二）烹饪用水的卫生管理

安全饮用水应符合四项基本卫生要求。

首先是流行病学上的安全，饮水中不含致病性微生物，不会造成肠道传染病、寄生虫病及其他感染性疾病的发生。

其次是化学组成对人体有益无害，水中可含适量的对人体有益的物质，对人体有害的物质应控制在卫生标准允许的范围内。

再次，水的感官性状良好，应透明无色、无臭无味，不含肉眼可见物。

最后，水量充足，使用方便。

参考文献

艾启俊，陈辉. 食品原料安全控制. 北京：中国轻工业出版社，2006.

刘志诚，陈炳卿，王茂起. 现代食品卫生学. 北京：人民卫生出版社，2001.

陈君石，闻芝梅. 转基因食品——基础知识及安全性. 北京：人民卫生出版社，2003.

崔桂友. 烹饪原料学. 北京：中国商业出版社，1997.

崔桂友. 烹饪原料学. 北京：中国轻工业出版社，2001.

戴永明. 宁波菜与宁波海鲜. 宁波：宁波出版社，1997.

邓平建. 转基因食品食用安全性和营养质量评价及验证. 北京：人民卫生出版社，2003.

董绍华，陈健初. 农产品加工学. 天津：天津科学技术出版社，1994.

冯德培，等. 简明生物学词典. 上海：上海辞书出版社，1982.

葛长荣，马美湖. 肉与肉制品工艺学. 北京：中国轻工业出版社，2002.

黄仲华. 中国调味食品技术实用手册. 北京：中国标准出版社，1997.

季鸿崑. 烹饪技术科学原理. 北京：中国商业出版社，1993.

季鸿崑. 烹饪学基本原理. 上海：上海科学技术出版社，1993.

江汉湖，张晓东. 食品安全性与质量控制. 北京：中国轻工业出版社，2002.

江英，廖小军. 豆类薯类贮藏与加工. 北京：中国农业出版社，2002.

李正明，吕宁，俞超. 无公害安全食品生产技术. 北京：中国轻工业出版社，1999.

李正明. 安全食品的开发与质量管理. 北京：中国轻工业出版社，2004.

刘连馥. 绿色食品导论. 北京：企业管理出版社，1998.

刘凌云，郑光美. 普通动物学. 北京：高等教育出版社，1997.

秦玉川，丁自勉，赵纪文. 绿色食品——21世纪的食品. 南京：江苏人民出版社，2002.

檀先昌，邬健纯. 粮食储藏技术指南. 北京：化学工业出版社，1999.

汤兆铮. 杂粮主食品及其加工新技术. 北京：中国农业出版社，2002.

王向阳. 食品贮藏与保鲜. 杭州：浙江科学技术出版社，2002.

吴法信. 肉品科学及肉品卫生检验. 北京：中国商业出版社，1985.

吴永宁. 现代食品安全科学. 北京：化学工业出版社，2003.

萧帆. 中国烹饪辞典. 北京：中国商业出版社，1992.

徐幸莲，等. 食品原料学. 北京：中国计量出版社，2006.

杨洁彬，王晶. 食品安全性. 北京：中国轻工业出版社，1999.

杨先芬，杨风光，王金英. 农产品贮藏与加工. 北京：中国农业出版社，1998.

张伯福，张俊，林瑞珍. 食品鉴别选购问答. 济南：山东科学技术出版社，1998.

张国平，周伟军. 作物栽培学. 杭州：浙江大学出版社，2001.

张起钧. 烹调原理. 北京：中国商业出版社，1985.

中国科学院海洋研究所. 中国淡水鱼类原色图集. 上海：上海科学技术出版社，1992.

中国科学院海洋研究所. 中国海洋鱼类原色图集. 上海：上海科学技术出版社，1992.

中国科学院植物研究所. 中国高等植物图鉴(1~5册). 北京：科学出版社，1972.

陈炳卿. 营养与食品卫生学. 4版. 北京：人民卫生出版社，2000.

食品卫生学编写组. 食品卫生学. 北京：中国轻工业出版社，1997.

刘毓谷.中国医学百科全书·营养与食品卫生学.上海:上海科学技术出版社,1988.

张水华,刘耘.调味品生产工艺学.广州:华南理工大学出版社,2000.

王洪新,等.食品新资源.北京:中国轻工业出版社,2002.

张洪宾,等.低聚木糖生产现状及其应用.粮食与油脂,2012,(11):46-48.

李加红.常用烹饪方法对营养素的作用和影响.烹调知识,2007,(1):36-37.

王媛.烹饪形式对大豆异黄酮含量的影响.食品与健康,2005,(3):16.

任航.浅谈烹饪中减少营养物质流失的对策.健康大视野,2013,21(2):564.

刘健.试论不同烹调加工方法对食物营养素的影响.黑龙江科技信息,2011,(29):44.

丁玲.热处理对几种植物原料主要营养素的影响及合理烹调方式初论.中国食品,1991,(2):30-31.

卢靖.初加工和烹调对肉类原料营养素的影响.烹调知识,1997,(9):6.

杨铭铎,缑仲轩.烹调中挂糊工艺与原料成分变化关系的研究.食品科学,1995,(2):45-48.

钱小妹,等.烹饪加工对食品中甲醛残留影响因素的探讨和研究.医学动物防制,2005,21(2):88-90.

王恒鹏,彭景,王引兰.烹调温度对青椒中维生素 C 的影响.扬州大学烹饪学报,2013,(1):31-33.

高梅,刘晓庚,陈梅梅等.不同加工方式对胡萝卜中胡萝卜素保留率的影响.粮食科技与经济,2012,37(5):53-57.

陈茹珍.合理烹饪与食品安全.烹调知识,2010,(7):8-9.

赵旭乾,等. 浅谈我国三文鱼养殖现状及未来展望. 南方农机,2018,(5):97.

王彩理,等. 我国三文鱼养殖品种开发简述. 海洋与渔业,2014,(1):44-47.

王兰.烹饪原料学.2 版.南京:东南大学出版社,2018.

陈金标.烹饪原料.第 2 版.北京:中国轻工业出版社,2015.

孙传虎,许磊.烹饪原料学.重庆:重庆大学出版社,2019.

关于全面禁止非法野生动物交易、革除滥食野生动物陋习、切实保障人民群众生命健康安全的决定,第十三届全国人大常委会第十六次会议,2020.

中华人民共和国野生动物保护法,第十三届全国人大常委会第六次会议,2018.

国家保护的有益的或者有重要经济、科学研究价值的陆生野生动物名录,国家林业局,2000.

中华人民共和国畜牧法,第十届全国人大常委会第十九次会议,2005.

国家重点保护经济水生动植物资源名录,农业部,2007.

小麦(GB 1351—2008).

小麦粉(GB 1355—1986).

食品安全国家标准 生乳(GB 19301—2010).

粮油检验 粮食、油料的色泽、气味、口味鉴定(GB/T 5492—2008).

粮油检验 稻谷、大米蒸煮食用品质感官评价方法(GB/T 15682—2008).

小麦储存品质判定规则(GB/T20571—2006).

鲜鸡蛋、鲜鸭蛋分级(SB/T 10638—2011).

农产品等级规格标准编写通则(NY/T 2113—2012).

牛肉等级规格(NY/T 676—2010).

猪肉等级规格(NY/T 1759—2009).

羊肉质量分级(NY/T 630—2002).

黄瓜等级规格(NY/T 1587—2008).

大米(GB/T 1354—2018).

粮油检验 米类加工精度检验(GB/T 5502—2018).

牛肉分级(NY/T 3379—2018).

荔枝等级规格(NY/T 1648—2015).

食品安全性毒理学评价程序和方法 (GB 15193.1—2003).

食品安全国家标准 食品中致病菌限量的要求(GB 29921—2013).
食品安全国家标准 食品中真菌毒素限量(GB 2761—2017).
食品安全国家标准 食品中农药最大残留限量(GB 2763—2019).
食品安全国家标准 食品中兽药最大残留限量(GB 31650—2019).
食品安全国家标准 食品中污染物限量(GB 2762—2017).
食品安全国家标准 食品添加剂使用标准(GB 2760—2014).
食品安全国家标准 食品接触材料及制品用添加剂使用标准(GB 9685—2016).

高等教育出版社　高等职业教育出版事业部　综合分社

地　　址：北京朝阳区惠新东街4号富盛大厦1座19层

邮　　编：100029

联系电话：010-58582742　　传真：010-58556017

QQ：285674764

旅游专业QQ群：612412804

旅游专业QQ群